电子信息科学与工程类专业教材
中国电子教育学会电子信息类高等教育优秀教材

微波技术基础

（第3版）

李秀萍　主编

刘凯明　高泽华　编

U0209202

电子工业出版社

Publishing House of Electronics Industry

北京·BEIJING

内 容 简 介

本书从介绍基本电路分析到微波理论的过渡入手，引出了传输线理论、Smith 圆图分析与运用，以及微波网络分析理论，在此基础上介绍了实际微波传输线和微波器件。主要内容包括绪论、从低频电路到微波分析、分布电路与传输线理论、Smith 圆图与阻抗匹配、微波网络理论与分析、实用微波传输线与波导、微波谐振器、功率分配器和定向耦合器、微波滤波器等。本书的特点是，提供"经验总结""提示""术语表"，以及大量的习题和应用实例等。

本书可作为电磁场与微波技术、通信工程、电路与系统等专业学生的教材。对于从事射频与微波电路及器件设计的工程技术人员而言，本书也是一本兼备理论和实践的参考书。

图书在版编目（CIP）数据

微波技术基础/李秀萍主编. —3版. —北京：电子工业出版社，2023.8
ISBN 978-7-121-46046-3

Ⅰ.①微… Ⅱ.①李… Ⅲ.①微波技术－高等学校－教材 Ⅳ.①TN015

中国国家版本馆CIP数据核字（2023）第136826号

责任编辑：谭海平
印　　刷：河北鑫兆源印刷有限公司
装　　订：河北鑫兆源印刷有限公司
出版发行：电子工业出版社
　　　　　北京市海淀区万寿路 173 信箱　　邮编：100036
开　　本：787×1 092　1/16　印张：18.5　字数：497 千字
版　　次：2013 年 5 月第 1 版
　　　　　2023 年 8 月第 3 版
印　　次：2023 年 8 月第 1 次印刷
定　　价：65.00 元

凡所购买电子工业出版社图书有缺损问题，请向购买书店调换。若书店售缺，请与本社发行部联系，联系及邮购电话：（010）88254888，88258888。

质量投诉请发邮件至 zlts@phei.com.cn，盗版侵权举报请发邮件至 dbqq@phei.com.cn。

本书咨询联系方式：（010）88254552，tan02@phei.com.cn。

前　言

  射频与微波技术已渗透到工程应用和设计的各个方面，当前的个人通信系统、全球定位系统、射频识别系统的普及应用，毫米波和太赫兹系统的发展，都要求工程师必须掌握微波技术的基础知识。本书结合工程应用，注重概念和理解，通过细致而详实的解释与注释，可加深读者对微波技术的理论和应用的理解。

  第 1 章是绪论部分。第 2 章"从低频电路到微波分析"，给出从低频电路到微波分析过渡基本电路元件的性能变化，以及阻抗和导纳、功率等物理量的基本单位的转换。从低频电路分析自然过渡到微波分析，让读者容易理解"集总"和"分布"的概念，逐步深入"场"为"路"的分析方法。第 3 章"分布电路与传输线理论"、第 4 章"Smith 圆图与阻抗匹配"和第 5 章"微波网络理论与分析"等核心内容得到了细化。通过添加注释和知识回顾及梳理等形式，解释读者可能会混淆的概念；通过增加不同类型的例题，可强化读者的理解；通过彩色图片和彩色曲线的形式，可使读者更易掌握 Smith 圆图及其应用。这三章的内容通过注释并结合工程应用的解释，应能很容易被读者接受。第 6 章"实用微波传输线与波导"主要介绍工程上常用的矩形波导、圆波导、同轴线以及微带线和共面波导等的场的求解与分析。第 7 章到第 9 章主要介绍无源器件的工作原理与设计，如微波谐振器、功率分配器、耦合器和滤波器等，并结合微波实验及软件设计仿真微波器件，对学过的理论知识进行验证，以便培养读者对该领域的兴趣。这些器件是在前面理论学习基础上的实际应用。

  本书在每个主题之后提供"经验总结"及"提示"和"注释"等内容，以便加深学生理解和掌握学习方法；在每章的小结后面，提供"术语表"，既便于学生掌握相关专业英语词汇，又便于教师进行双语教学；每章结尾提供大量习题和应用实例等，以帮助学生加深对概念的理解。

  本书可作为高年级本科生或一年级研究生的教材，并配有相应的教学资源，需要的教师可登录华信教育资源网（www.hxedu.com.cn）免费注册并下载。

  本书的撰写得到了很多人的大力支持与帮助。高泽华副教授充实了第 4 章的内容，刘凯明副教授充实了第 5 章的内容，张阳安副教授提供了宝贵的建议。此外，北京邮电大学射频研究实验室研究生齐紫航、冯魏巍、夏青、朱华、曾骏杰、李晴文、侯雅静、黄雨菡、于立等参与了大量的文字修订和校对工作，在此表示衷心的感谢！

  本书得到了国家自然科学基金（61072009、61372036）和国家重大专项 2009ZX03007-003-01 的资助，在此表示特别感谢！由于编者水平有限，书中难免存在缺点和错误，希望读者批评指正。

李秀萍

Smith 圆图

全书彩图

目　　录

第1章 绪 论

微波是无线电波中的一个有限频带的简称，即波长在1米到1毫米之间的电磁波，是分米波、厘米波、毫米波和亚毫米波的统称。微波作为一种电磁波，也具有波粒二象性。微波具有穿透、反射和吸收三个特性。微波几乎可能穿透玻璃、塑料和瓷器，而不被它们吸收；水和食物等吸收微波使自身发热，金属类材料则反射微波。微波具有穿透云雾的强大能力，可用于全天候遥感。

1.1 微波的起源和波段划分

1864—1873 年，James Clark Maxwell（詹姆斯·克拉克·麦克斯韦）集人类有关电与磁的知识于一体，提出了描述经典电磁场特性的 4 个相关且相容的一组方程。如麦克斯韦当时在论文中提到的，这是微波工程的开端。他从纯数学的角度出发，以一定的理论为基础，预言了电磁波的存在，并且指出光也是一种电磁能——这两个论断在当时都是全新的概念。

1885—1887 年，Oliver Heaviside（奥利弗·赫维赛德）在其发表的多篇论文中对麦克斯韦所做的工作逐步做了简化。1887—1891 年，德国物理学教授 Heinrich Hertz（海因里希·赫兹）验证了麦克斯韦的预言，在实验室中演示了电磁波的传播，并且研究了电磁波沿传输线和天线的传播现象，开发了几个有用的传输结构。因此，称赫兹为第一代微波工程师是当之无愧的。

Marconi（马可尼）试图将频率相对较低的无线电应用到长距离通信的商业运行中，但他所做的工作太商业化，因此算不上是科学研究。

当时人们都认为电磁波和电磁能量必须通过两根导体传播，因此赫兹和赫维赛德都未对电磁波在空心导体中传播的可行性进行研究。1897 年，Lord Rayleigh（瑞利勋爵）从数学角度出发，证明了电磁波是可以在波导（包括圆形和矩形波导）中传播的。他认为存在无穷组 TE 型和 TM 型的电磁波模型，每种波型都有其自身的截止频率；但是，这些都是未经过实验验证的理论预测。

1897—1936 年，波导几乎被人们遗忘，直到 George Southworth（乔治·索斯沃斯）和 W. L. Barron（巴伦）重新对它进行研究。他们通过实验证明了波导可以作为窄带传输媒介，用以传输高功率信号。

随着 20 世纪 50 年代晶体管的发明和 20 世纪 60 年代微波集成电路的出现，在基片上构成微波系统成为现实。同时，在微波应用方面也有了许多进展，使得射频和微波成为极其有用的研究领域。

麦克斯韦方程容纳了整个电磁学领域的基础和定律，而射频和微波只是该领域中的一小部分。因为这些定律准确而全面地描述了电磁现象，加上大量的分析和实验研究，现在我们足以将射频和微波工程领域视为一门成熟的学科。

微波在整个电磁频谱中所处的位置如图 1.1 所示。

在实际应用中，为方便起见，对微波波段进行了细分，如表 1.1 所示。习惯上，我们仍用拉丁字母表示微波中的常用波段，如表 1.2 所示。表 1.3 和表 1.4 分别给出了家用电器频段和民用移动通信频段，可见其工作频率都在微波频率范围内。

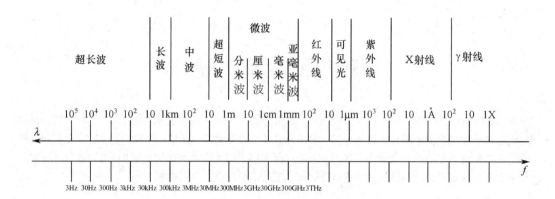

图 1.1　电磁频谱分布图

表 1.1　微波波段细分

名　称	波长范围	频率范围	名　称	波长范围	频率范围
分米波	1m～10cm	300MHz～3GHz	毫米波	1cm～1mm	30～300GHz
厘米波	10～1cm	3～30GHz	亚毫米波	1～0.1mm	300GHz～3THz

表 1.2　微波常用波段代号

波段名称	波长范围（cm）	频率范围（GHz）	波段名称	波长范围（cm）	频率范围（GHz）
P	130～30	0.23～1	Ka	1.13～0.75	26.5～40
L	30～15	1～2	U	0.75～0.5	40～60
S	15～7.5	2～4	E	0.5～0.33	60～90
C	7.5～3.75	4～8	W	0.4～0.272	75～110
X	3.75～2.4	8～12	F	0.33～0.215	90～140
Ku	2.4～1.67	12～18	G	0.215～0.136	140～220
K	1.67～1.13	18～26.5	R	0.136～0.09	220～325

表 1.3　家用电器频段

名　称	频率范围
调幅无线电	535～1605kHz
短波无线电	3～30MHz
调频无线电	88～108MHz
商用电视	
1～3 频道	48.5～72.5MHz
4～5 频道	76～92MHz
6～12 频道	167～223MHz
13～24 频道	470～566MHz
25～68 频道	606～958MHz
微波炉	2.45GHz
蓝牙	2.40～2.48GHz

表 1.4　民用移动通信频段

名　称	频率范围
2G 频率分配表	
GSM900	890～960MHz
GSM1800	1710～1880MHz
3G 频率分配表	
主要工作频段：	
FDD 方式	1920～1980MHz/2110～2170MHz
TDD 方式	1880～1920MHz/2010～2025MHz
补充工作频段：	
FDD 方式	1755～1785MHz/1850～2170MHz
TDD 方式	2300～2400MHz 与无线电定位业务工作频段
卫星移动通信系统工作频段	1980～2010MHz/2170～2200MHz
CDMA800	825～880MHz

1.2 微波的特点和应用

从电子学和物理学的观点来看，微波具有如下不同于其他波段的重要特点。

（1）穿透性。与其他用于辐射加热的电磁波（如红外线、远红外线）相比，微波的波长更长，因此具有更好的穿透性。微波进入介质后，介质损耗使得介质材料的内部和外部几乎同时升温，形成体热源，缩短了常规加热过程中的热传导时间，且当介质损耗因数与介质的温度负相关时，材料内部和外部的加热是均匀且一致的。

（2）选择性加热。物质吸收微波的能力主要由其介质损耗因数决定。介质损耗因数大的物质吸收微波的能力强，介质损耗因数小的物质吸收微波的能力弱。不同物质的损耗因数存在差异，因此微波加热会表现出选择性加热的特点。物质不同，产生的热效果也不同。水分子的介电常数较大，介质损耗因数也较大，吸收微波的能力强；蛋白质、碳水化合物等的介电常数相对较小，与水分子相比，吸收微波的能力要弱得多。因此，对食品来说，含水量的多少对微波加热效果影响很大。

（3）似光性和似声性。微波波长很短，与地球上普通物体（如飞机、舰船、汽车、建筑物等）的尺寸相比要小得多；然而，微波的特点与几何光学的相似，即微波具有似光性。因此，使用微波工作，可以减小电路元件的尺寸。例如，我们可以制成体积小、波束窄、方向性强、增益高的天线系统，接收来自地面或空中各物体反射回来的微弱信号，进而确定物体的方位和距离，分析物体的特征。微波波长与实验室中无线设备的尺寸量级相同，因此微波又与声波相似，即微波具有似声性。例如，微波波导类似于声学中的传声筒，喇叭天线和缝隙天线类似于声学喇叭、箫或笛，微波谐振腔类似于声学共鸣腔。

（4）信息性。微波的频率很高，在不大的相对带宽下，其可用的频带宽达数百甚至上千兆赫兹，是低频无线电波无法比拟的。这意味着微波的信息容量大，因此现代多路通信系统（包括卫星移动通信系统）几乎毫无例外都工作在微波波段。另外，微波信号还可提供相位信息、极化信息和多普勒频率信息，这在目标检测、遥感目标特征分析等应用中十分重要。

1.3 微波问题的分析方法

微波的研究方法与低频波段的研究方法不同。在低频波段（普通无线电波段），电路系统内传输线（导线）的几何长度 l 远小于所传输电磁波的波长 λ（即 l/λ 很小），因此称为短线；此外，系统内元器件的几何尺寸也远小于波长 λ。于是，波在传输过程中的相位滞后效应可以忽略，而且一般也不计趋肤效应和辐射效应的影响，电压和电流也都有确定的定义。因此，在稳定状态下，我们可以近似地认为系统内各处的电压或电流是同时随时间变化的量，而与空间位置无关；电场能量和磁场能量分别集总于电容和电感内，且电磁场的能量只消耗于电阻上。对连接元（器）件的导线，我们可以近似地认为其既无电容和电感，又不消耗能量（即没有串联电阻和并联电导）。这就是我们通常所说的集总参数电路的情况。研究集总参数电路时，所用方法是低频条件下的电路理论，一般来说不需要采用电磁场的方法求解。

在微波波段，电路系统内传输线的几何长度 l 大于所传输电磁波的波长 λ，或者可与波长 λ 相比拟，因此称为长线；而且，系统内元（器）件的几何尺寸也大于波长 λ，或者可与波长 λ 相比拟。这样，波在传输过程中的相位滞后、趋肤效应和辐射效应等都不能忽略，而且一般而言，电压和电流也不再具有明确的物理意义。因此，系统内各点的电场或磁场随时间的变化不是同步的，即它们不仅是时间的函数，而且还是空间位置的函数；系统内的电场和磁场均呈分布状态，而非"集总"状态。因此，与电场能量相联系的电容和与磁场能量相联系的电感，以及与能量损耗相联系的电阻和电导，也都呈分布而非"集总"状态；此外，传输线本身的电容、电感、串联电阻和并联电导效应均不能忽略。这样，就构成了所谓的分布参数系统（分布参数电路）。研究分布参数系统时，一般来说不能采用低频波段中的电路理论，而应采用电磁场理论，即在一定边界和初始条件下求电磁场波动方程的解，得出场量随时间和空间的变化规律，进而研究波的各种特性。

对于微波频段的问题，我们通常采用"路"和"场"的方法求解。场理论的解通常给出空间中每点的电磁场的完整描述，比我们在绝大多数实际应用中所需的信息多得多。通常，我们更关心终端的量，如功率、阻抗、电压和电流这些常用电路理论概念表达的量。于是，在一定条件下，如果我们将本质上属于"场"的问题等效为"路"的问题来处理，就可使问题较容易地得到解决。

概括地讲，微波技术所研究的内容就是微波的产生、传输、变换（包括放大、调制）、检测、发射和测量，以及与此对应的微波器件和设备的设计等。

本书主要讨论微波的传输问题，即传输线问题，这是研究微波技术中的其他问题的基础，传输线的概念几乎贯穿于本书的各个章节。此外，本书还讨论微波网络基础、微波谐振器、常用微波元器件的基本工作原理与应用。

第2章 从低频电路到微波分析

工程背景

一般来说，电路分析适用于元件尺寸远小于工作波长、各元件（如电阻、电容和电感）彼此独立且位置固定的低频电路。这意味着在所讨论的频率范围内，基本电路元件电阻 R、电容 C 和电感 L 在各自所在的区域内分别表现为电阻消耗能量、电容存储电能和电感产生磁场，因此我们可将低频电路中的所有元件都视为集总元件。而在微波频段，这些电路元件不再表现为纯电阻、电容和电感，而具有额外的阻抗和电抗（寄生效应）。在微波频段，同一个元件在不同频率下可能表现出不同的容性、感性或阻性。本章在复习低频电路分析的前提下，为微波分析和设计做好准备。

自学提示

电路分析技能是射频微波工程师必须具备的。本章重在回顾、复习和总结。

2.1 基本电路元件

电路的基本元件是电阻 R、电容 C 和电感 L。

1. 电阻 R

通过电阻的电流 I 等于外加电压除以其阻值，即

$$I = V/R \tag{2.1}$$

注意，上式适用于直流电及任何一种时变波形。对交流信号来说，通过理想电阻的电流和其两端的电压是同相的（见图 2.1）。

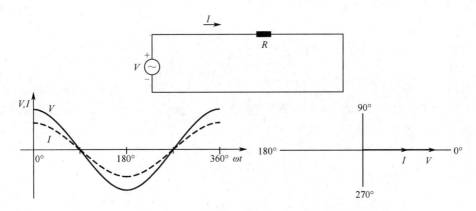

图 2.1　对理想电阻 R 来说，交流电压 V 和电流 I 是同相的

若不考虑电压和电流的时变性，则电阻上消耗的瞬时功率是

$$P(t) = v(t)i(t) \tag{2.2}$$

式中，$v(t)$ 是元件两端的瞬时电压，$i(t)$ 是此刻通过电阻的电流。正弦信号激励下的双端口元件的平

均功率为

$$P_{AVG} = \frac{1}{2}VI\cos\theta \qquad (2.3)$$

式中，V 和 I 为电压和电流的峰值，θ 为 V 和 I 的相位的夹角。常用均方根（rms）来描述电压和电流幅度值。采用均方根时，由相同幅值的直流电压或电流得到的平均功率是相同的。对于正弦波，均方根值和峰值的关系为

$$V_{rms} = V_{peak}/\sqrt{2} \qquad (2.4)$$

$$I_{rms} = I_{peak}/\sqrt{2} \qquad (2.5)$$

和

$$P_{AVG} = V_{rms}I_{rms}\cos\theta \qquad (2.6)$$

【知识梳理】周期信号的有效值或均方根值

为了将周期信号（电压或电流）作用在负载电阻 R 上的平均功率 P_{av} 表示成等效的直流信号（电压或电流）的功率，人们提出了"有效值"的概念。信号的有效值（V_{eff} 或 I_{eff}）是其作用在负载电阻 R 上的实功率的一种度量。

为了求信号的有效值，我们需要求出等效直流值（V_{eff} 或 I_{eff}）。信号作用在负载电阻 R 上的功率 P_{av} 应等于周期信号的平均功率。因此，我们有如下结论。

对直流（DC）信号，有

$$(P_{av})_{DC} = RI_{eff}^2 \qquad (2.7)$$

对周期信号，有

$$P_{av} = \frac{1}{T}\int_0^T v(t)i(t)\mathrm{d}t \qquad (2.8)$$

将 $v(t) = Ri(t)$ 代入，并且令上面两式相等，有

$$P_{av} = \frac{1}{T}\int_0^T Ri(t)^2\mathrm{d}t = RI_{eff}^2 \qquad (2.9)$$

$$I_{eff} = \left[\frac{1}{T}\int_0^T i(t)^2\mathrm{d}t\right]^{1/2} \qquad (2.10)$$

从上式可以看出，I_{eff} 是电流的平方取平均后的开方值（均方根值）。因此，有效电流 I_{eff} 通常指的是均方根电流值 I_{rms}，即

$$I_{eff} = I_{rms} \qquad (2.11)$$

类似地，V_{eff} 的求解如下：

$$P_{av} = \frac{1}{T}\int_0^T \frac{v(t)^2}{R}\mathrm{d}t = \frac{V_{eff}^2}{R} \qquad (2.12)$$

$$V_{eff} = \left[\frac{1}{T}\int_0^T v(t)^2\mathrm{d}t\right]^{1/2} = V_{rms} \qquad (2.13)$$

结论：由于 $V_{rms} = RI_{rms}$，可以得到

$$P_{\text{av}} = RI_{\text{rms}}^2 = V_{\text{rms}}^2/R \qquad (2.14)$$

$$P_{\text{av}} = I_{\text{eff}}V_{\text{eff}} = I_{\text{rms}}V_{\text{rms}} \qquad (2.15)$$

特例：正弦信号。当周期信号正弦变化时，即 $i(t) = I_m \cos \omega t$ 时，I_{rms} 或 I_{eff} 可按如下方法求解：

$$i(t) = I_m \cos \omega t \qquad (2.16)$$

或

$$I_{\text{rms}} = I_{\text{eff}} = I_m/\sqrt{2} = I_{\text{peak}}/\sqrt{2} \qquad (2.17)$$

对 $i(t) = I_m \sin \omega t$ 的求解结果与上述结果一致：

$$I_{\text{rms}} = \left(\frac{1}{T}\int_0^T I_m^2 \sin^2 \omega t \mathrm{d}t\right)^{1/2} = \left(\frac{I_m^2}{T}\int_0^T \frac{1-\cos 2\omega t}{2}\mathrm{d}t\right)^{1/2} = \left(\frac{I_m^2}{T}\frac{T}{2}\right)^{1/2} \qquad (2.18)$$

$$I_{\text{rms}} = I_{\text{eff}} = I_m/\sqrt{2} = I_{\text{peak}}/\sqrt{2} \qquad (2.19)$$

注意，

$$\cos \omega^2 t = \frac{1+\cos 2\omega t}{2} \qquad (2.20)$$

$$\sin \omega^2 t = \frac{1-\cos 2\omega t}{2} \qquad (2.21)$$

$$\int_0^T \cos 2\omega t \mathrm{d}t = 0 \qquad (2.22)$$

类似地，对正弦电压有

$$v(t) = V_m \cos \omega t \qquad (2.23)$$

或

$$v(t) = V_m \sin \omega t \qquad (2.24)$$

其有效值（或均方根值）为

$$V_{\text{rms}} = V_{\text{eff}} = V_m/\sqrt{2} = V_{\text{peak}}/\sqrt{2} \qquad (2.25)$$

2. 电感 L

和电阻相比，理想电感 L 不消耗功率。一般来说，电感上的电压与通过它的电流的关系为

$$v(t) = L\frac{\mathrm{d}i(t)}{\mathrm{d}t} \qquad (2.26)$$

通过电感的瞬时电流可通过积分运算得到：

$$i(t) = \frac{1}{L}\int_0^t v(t)\mathrm{d}t \qquad (2.27)$$

存储在电感中的能量 U_{L} 等于其功率 $v(t)i(t)$ 对时间的积分，设通过电感的电流 i 的起始条件为 $i = 0$：

$$U_{\mathrm{L}} = \int_0^t v(t)i(t)\mathrm{d}t = L\int_0^t \frac{\mathrm{d}i(t)}{\mathrm{d}t}\,i(t)\mathrm{d}t \qquad (2.28)$$

积分得出瞬时存储能量为

$$U_{\mathrm{L}} = \frac{1}{2}L\big[i(t)\big]^2 \qquad (2.29)$$

通过电感的任意波形的电流都与外加电压的积分成比例。采用正弦电压 $v(t) = V_0 \cos \omega t$ 时，通过积分可以得到电流 I。注意到处理直流电问题时的积分常数在处理交流电问题时可以忽略，我们有

$$I = \frac{1}{L}\int V_0 \cos \omega t \mathrm{d}t = \frac{V_0 \sin \omega t}{\omega L} \qquad (2.30)$$

由欧姆定律可知电压除以电流得到的度量单位是欧姆，因此 ωL 的单位为"欧姆"。在电感中，没有能量消耗。对于相角为 θ 的直流电激励，电压和电流的夹角为 $-90°$（见图 2.2），其消耗的功率 P_{Diss} 为

$$P_{\mathrm{Diss}} = \frac{1}{2}|V||I|\cos\theta = 0 \qquad (2.31)$$

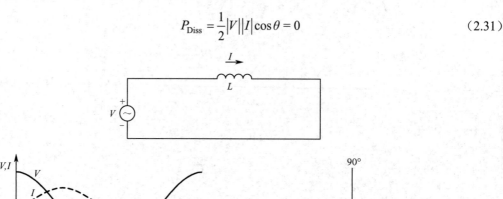

图 2.2　对于正弦激励，通过电感 L 的电流 I 的相位比电压 V 的相位滞后 90°

3. 电容 C

和电感一样，电容 C 也不消耗能量。因此，与其说电容存储电荷，不如说电容存储能量。按照定义，电容 C 是瞬时电荷 q 与存储电荷的瞬时电压 $v(t)$ 的比值，即

$$C = \frac{q}{v(t)} \qquad (2.32)$$

电流流入电容后，存储的电荷增加。q 随时间的变化率等于电流，式（2.32）的两边同时乘以 $v(t)$，然后分别对 t 求偏导数得

$$\frac{\partial q}{\partial t} = i(t) = C\frac{\partial v(t)}{\partial t} \qquad (2.33)$$

分别对 t 积分得

$$v(t) = \frac{1}{C}\int i\mathrm{d}t \qquad (2.34)$$

当直流电通过电容时，电容两端的电压是从电容器为 0 电压开始对电流积分的。电容器不消耗功率，而且能存储能量。能量的存储可视为一个电势场中存在电荷或者电容器平行板间存在电场。对最初不带电的电容即 $v(0)=0$，以电压 V 对电容充电时，传给电容的瞬时功率即 $v(t)i(t)$ 关于 t 的积分就是电容存储的能量 U_C，即

$$U_C = \int_0^t v(t)i(t)\mathrm{d}t = C\int_0^t v(t)\frac{\mathrm{d}v}{\mathrm{d}t}\,\mathrm{d}t \tag{2.35}$$

整理得到瞬时存储的能量为

$$U_C = \frac{1}{2}C\big[v(t)\big]^2 \tag{2.36}$$

注意，这个结果不依赖于用来存储电荷的电压电流波形。使用正弦电压时，电流波形也是正弦的，且相位超前 90°，如图 2.3 所示。

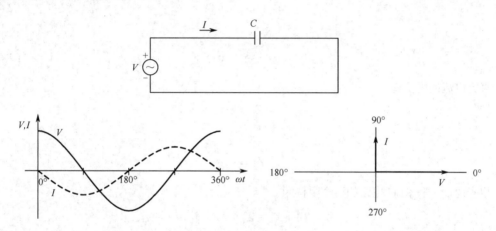

图 2.3 对于正弦激励，通过电容 C 的电流 I 的相位比电压 V 的相位超前 90°

$$v(t) = V_0 \cos \omega t \tag{2.37}$$

$$i(t) = C\frac{\partial v(t)}{\partial t} = -V_0 \omega C \sin \omega t \tag{2.38}$$

从式（2.38）可以推出 $\frac{1}{\omega C}$ 的单位为欧姆，ωL 的单位也是欧姆。

2.2 电压和电流相量

RLC 电路分析采用复数量是为了用相量电压 V 来表示正弦电压 $v(t)$，并用相量电流 I 来表示产生的电流 $i(t)$。这些相量都是有实部和虚部的复数。采用复数电压和电流相量只是一种数学技巧，用于分析交流电路的复平面上的矢量，实际中并不存在。相量不能旋转，是固定位置的矢量，作用是表明其所代表的正弦波形的大小和相位。

然而，如果在复平面上以速度 ω 逆时针方向旋转这些相量（保持它们间的夹角 φ 不变），那么它们在实轴上的投影正比于它们所代表的时变电压和电流的瞬时波形。水平轴投影代表瞬时波形幅度，因为我们选择 $v(t) = V_0 \cos \omega t$ 作为该分析的参考，而它在 $t=0$ 时有最大值。

对于给定的频率，时域中需要 $t=0$ 时的值和峰值幅度来详细确定每个正弦变量。复数相量在

其实部和虚部中也包含这些信息。给定 $v(t) = V_0\cos\omega t$，为了将相量 V 和 I 转换成各自的时域变量，我们将相量在实轴上的投影作为它们的瞬时时域值，即

$$v(t) = \mathrm{Re}[Ve^{j\omega t}] \tag{2.39}$$

$$i(t) = \mathrm{Re}[Ie^{j\omega t}] \tag{2.40}$$

式中，V 和 I 分别代表电流和电压的相量值。例如，若 $V = 20\angle 30°$，即 $V = 20\angle 30° \equiv 20e^{j30°}$，且

$$v(t) = \mathrm{Re}\{20e^{j30°}e^{j\omega t}\} = \mathrm{Re}\{20e^{j(\omega t+30°)}\} = 20\cos(\omega t + 30°) \tag{2.41}$$

则该相量的峰值与其代表的正弦波形的峰值相同。若采用的是均方根值，则相量的均方根值大小与其代表的正弦波的均方根值也相同。

按照惯例，元件 L 和 C 的电抗是单位为欧姆的正实数，比如

$$X_L = \omega L \quad （\Omega） \tag{2.42a}$$

和

$$X_C = \frac{1}{\omega C} \quad （\Omega） \tag{2.42b}$$

直流电流的阻抗为

$$Z_L = j\omega L \tag{2.43}$$

和

$$Z_C = -j\frac{1}{\omega C} \tag{2.44}$$

相应地，串联 RLC 电路的整个阻抗为

$$Z = R + j(X_L - X_C) = R + j\left(\omega L - \frac{1}{\omega C}\right) \tag{2.45}$$

基尔霍夫电压和电流定律也适用于相量形式的 V 和 I。

有了这些定义和复数运算规则，就可以在相量域中分析任意复杂度的电路，以求解线性元件网络在任意假定频率下电压和电流之间的关系。需要瞬时时间函数时，可使用式（2.39）和式（2.40）。

2.3 阻抗和导纳

2.3.1 阻抗

1. 电抗估算

电感 L 的电抗为 ωL，电容 C 的电抗为 $\frac{1}{\omega C}$。电抗的单位为欧姆。

实际工作中的射频微波工程师要能迅速估算电感和电容的电抗值。

记住两个电抗值和一个简单的比例因子后，不用计算器就可得出非常接近的近似值。电感 L 的电抗为

$$X_L = \omega L, \quad \omega = 2\pi f \tag{2.46}$$

当频率为 1GHz 时，一个 1nH 电感的电抗值为 6.28Ω。于是，在其他频率下，其他电感的电抗值就为

$$X_L = 6.28f\,L \quad (f\text{ 的单位为 GHz，} L \text{ 的单位为 nH}) \tag{2.47}$$

记住 $6.28\,\Omega/(\text{nH}\cdot\text{GHz})$ 这个比例因子后，就可以很快地估算出其他感抗值。例如，当频率为 500MHz 时，一个 3nH 电感的电抗为

$$X_L = 6.28\times0.5\times3 = 9.42\Omega \tag{2.48}$$

同样，电容 C 的电抗为

$$X_C = \frac{1}{\omega C} = \frac{159}{fC} \quad (f \text{ 的单位为 GHz，} C \text{ 的单位为 pF}) \tag{2.49}$$

记住，根据 1pF 在 1GHz 下产生 159Ω 就可估算出其他容抗值。例如，一个 2pF 的电容在 3GHz 下的电抗可以直接写为

$$X_C = \frac{159\Omega}{2\times3} = 26.5\Omega \tag{2.50}$$

感抗正比于 f 和 L，同时容抗反比于 f 和 C。

1GHz 下 1nH 的电感和 1pF 的电抗可让我们简单地衡量其他值：

$$X_L = 6.28f\,L \quad (\Omega) \tag{2.51}$$

$$X_C = \frac{159}{fC} \quad (\Omega) \tag{2.52}$$

式中，f 的单位为 GHz，L 的单位为 nH，C 的单位为 pF。电抗前面加一个 j 因子后成为阻抗。因此，ωL 是电感 L 的电抗，$j\omega L$ 是其阻抗。同样，$\frac{1}{\omega C}$ 是电容的电抗，$-\frac{j}{\omega C}$ 是其阻抗。

2. 串联阻抗相加

实际电路的内部连接可能非常复杂。为了进行分析，必须结合多路阻抗和导纳，以便寻找等效的整体值。

串联元件的总阻抗是其实部和虚部分别相加之和。例如，如果

$$Z_1 = a + jb \quad \text{和} \quad Z_2 = c + jd \tag{2.53}$$

那么

$$Z_T = Z_1 + Z_2 = (a+c) + j(b+d) \tag{2.54}$$

又如，如果

$$Z_1 = 5 + j9\Omega \tag{2.55a}$$

和

$$Z_2 = 3 - 15\Omega \tag{2.55b}$$

那么

$$Z_1 + Z_2 = (5+3) + j(9-15)\Omega = 8 - j6\Omega \tag{2.56}$$

2.3.2 导纳

1. 导纳的定义

导纳 Y 是阻抗 Z 的复倒数，其单位为西门子（S）：

$$Y = 1/Z = G + jB \tag{2.57}$$

式中，G 为 Y 的电导，B 为其电纳。

电感的电纳为

$$B_L = \frac{1}{X_L} = \frac{1}{\omega L} \tag{2.58}$$

电感的导纳为

$$-jB_L = \frac{1}{jX_L} = \frac{1}{j\omega L} = \frac{-j}{\omega L} \tag{2.59}$$

同样，电容的电纳为

$$B_C = \frac{1}{X_C} = \frac{1}{\frac{1}{\omega C}} = \omega C \tag{2.60}$$

电容的导纳为

$$jB_C = \frac{1}{-jX_C} = \frac{1}{\frac{-j}{\omega C}} = j\omega C \tag{2.61}$$

2. 并联导纳相加

并联元件的总导纳是其实部和虚部分别相加之和。通常给出的是并联元件的阻抗。要确定总导纳，可求出每个元件的等效导纳，然后将它们相加。注意，不能简单地让阻抗实部和虚部的倒数相加来得到导纳。正确的方法是求出阻抗的复倒数，即等效导纳。因此，如果元件最初是用阻抗值表示的，那么首先要换算成导纳，然后进行实部和虚部相加：

$$Z_T = \frac{1}{Y_T} = \frac{1}{Y_1 + Y_2} \tag{2.62}$$

直流电路欧姆定律也能写成导纳的形式：

$$I = VY \tag{2.63}$$

式中，V 和 I 照例为相量，Y 为导纳。

例如，假设我们要求阻抗 $Z_1 = 5 + j8\Omega$ 和 $Z_2 = 3 - j5\Omega$ 并联后的总等效阻抗 Z_T。首先，将它们换算成极坐标形式：

$$Z_1 = 9.43\angle 58°\Omega \tag{2.64a}$$
$$Z_2 = 5.83\angle -59.0°\Omega \tag{2.64b}$$

然后，求出它们的等效导纳（复倒数）：

$$Y_1 = 1/Z_1 = 0.106\angle -58°S \tag{2.65a}$$
$$Y_2 = 1/Z_2 = 0.172\angle 59°\,S \tag{2.65b}$$

接着，换算成直角坐标形式：

$$Y_1 = 1/Z_1 = (0.056 - j0.09)S \tag{2.66a}$$
$$Y_2 = 1/Z_2 = (0.089 + j0.147)S \tag{2.66b}$$

分别将实部和虚部相加得

$$Y_T = Y_1 + Y_2 = (0.145 + j0.057)S \qquad (2.67)$$

要求出 Z_T，可将 Y_T 换算成极坐标形式：

$$Z_T = 1/Y_T = 1/(0.156\angle 21.46°)\Omega = 6.41\angle -21.46°\Omega = (5.97 - j2.35)\Omega \qquad (2.68)$$

2.4　电路分析基本定律

1. 基尔霍夫电流定律（KCL）

基尔霍夫电流定律以电荷守恒定律为基础，其内容为：对所有集总元件网络，在任意时刻，电路中任一节点上的各支路电流总和恒等于零，即

$$\sum_{n=1}^{N} i_n(t) = 0 \qquad (2.69)$$

式中，N 为支路总数，$i_n(t)$ 为第 n 条支路中的电流，如图 2.4 所示。

图 2.4　支路电流总和

KCL 成立基于以下假设：

- 假设 1：所讨论的频率很低，以致在电路中的任何节点位置都没有辐射。
- 假设 2：电路中每个节点处的各支路电流具有线性可加性。
- 假设 3：方程所示的 KCL 表达式在时域和频域中都成立。

2. 基尔霍夫电压定律（KVL）

基尔霍夫电压定律以能量守恒定律为基础，其内容为：对所有集总元件网络，在任意时刻，电路中任一回路中的各支路电压总和恒等于零，即

$$\sum_{m=1}^{M} v_m(t) = 0 \qquad (2.70)$$

式中，M 为回路中各支路的总数，$v_m(t)$ 为第 m 条支路上的支路电压，如图 2.5 所示。

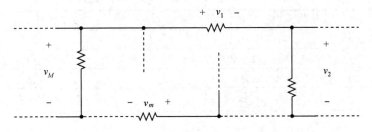

图 2.5　支路电压总和

KVL 成立基于以下假设：

- 假设 1：电路中的所有电场均为"守恒场"，即在电路中将一个粒子从一点移动到另一点时所做的功与路径无关，而只与粒子的初始位置和终点位置有关。
- 假设 2：回路中的各支路电压间具有线性可加性。
- 假设 3：方程所示的 KVL 表达式在时域和频域中均成立。

KCL 和 KVL 与元件无关，即对所有集总元件网络，无论电路元件是线性的还是非线性的、是有源的还是无源的，KCL 和 KVL 均适用。

3. 欧姆定律

欧姆定律只适用于阻性元件，其内容为：任何集总定值电阻元件两端的电压 V 等于通过该元件的电流 I 与电阻值 R 的乘积，如图 2.6 所示：

$$v(t) = Ri(t) \tag{2.71}$$

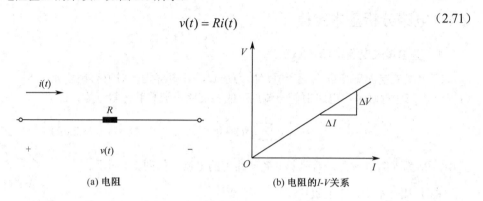

(a) 电阻　　　　　　　　　(b) 电阻的 I-V 关系

图 2.6　欧姆定律

注意，欧姆定律只适用于线性电阻元件，对诸如二极管这样的非线性元件不成立。

4. 广义欧姆定律

当时谐信号作用于线性电路时，稳态条件下欧姆定律在频域中的表述如下：任意集总线性元件两端的相量电压 V 等于其元件阻抗 Z 与通过该元件的相量电流 I 的乘积，即

$$V = ZI \tag{2.72}$$

式中，$Z = R + \mathrm{j}\left(\omega L - \frac{1}{\omega C}\right)$。

表 2.1 中给出上述基本定律在时域和频域中的表达式。

表 2.1　基本定律在时域和频域中的表达式

名　称	时　域	频　域
电容	$i(t) = C\mathrm{d}v(t)/\mathrm{d}t$	$I = \mathrm{j}\omega CV$
电感	$v(t) = L\mathrm{d}i(t)/\mathrm{d}t$	$V = \mathrm{j}\omega LI$
欧姆定律	$v(t) = Ri(t)$	$V = RI$
广义欧姆定律	$v(t) = Ri + \frac{1}{C}\int_0^t i\,\mathrm{d}t + L\mathrm{d}i/\mathrm{d}t$	$V(\omega) = Z(\omega)I(\omega),\ Z = R + \mathrm{j}\left(\omega L - \frac{1}{\omega C}\right)$
KCL	$\sum\limits_{n=1}^{N} i_n(t) = 0$	$\sum\limits_{n=1}^{N} I_n(\omega) = 0$
KVL	$\sum\limits_{m=1}^{M} v_m(t) = 0$	$\sum\limits_{m=1}^{M} V_m(\omega) = 0$

2.5　正弦稳态条件下的功率计算

如图 2.7 所示，令

$$v(t) = V_m \cos(\omega t + \phi_v) \tag{2.73}$$

$$i(t) = I_m \cos(\omega t + \phi_i) \tag{2.74}$$

式中，$\omega = 2\pi f = 2\pi/T$ 为信号工作角频率，f 和 T 分别为正弦信号的频率和周期。

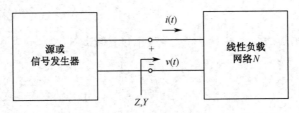

图 2.7　信号源与负载网络框图

下面定义正弦稳态条件下的瞬时功率、平均功率和复功率。

1．瞬时功率

瞬时功率为

$$\begin{aligned}
p(t) = v(t)i(t) &= I_m V_m \cos(\omega t + \phi_v)\cos(\omega t + \phi_i) \\
&= \tfrac{1}{2} I_m V_m \cos(\phi_v - \phi_i) + \tfrac{1}{2} I_m V_m \cos(2\omega t + \phi_v + \phi_i)
\end{aligned} \tag{2.75}$$

2．平均功率

平均功率为

$$P_{av} = \frac{1}{T}\int_0^T p(t)\mathrm{d}t = \frac{1}{T}\int_0^T v(t)i(t)\mathrm{d}t \tag{2.76}$$

我们知道，任何正弦信号的周期积分等于零，即

$$\int_0^T \cos(n\omega t + \phi) = 0, \quad n = 1, 2, 3, \cdots \tag{2.77}$$

因此，式（2.76）可以写为

$$P_{av} = \tfrac{1}{2}\left[I_m V_m \cos(\phi_v - \phi_i) \right] \tag{2.78}$$

图 2.8 中显示了 P_{av}、$p(t)$ 与 $v(t)$ 和 $i(t)$ 的关系。

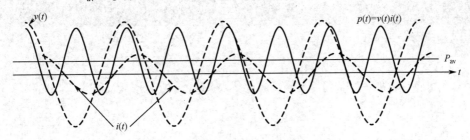

图 2.8　P_{av}、$p(t)$ 与 $i(t)$ 和 $v(t)$ 的关系

注 1：对于线性电阻，$\phi_v = \phi_i = 0$，式（2.76）可以写为

$$P_{av} = \tfrac{1}{2}(I_m V_m) = P_{av} = \tfrac{1}{2}(R \cdot I_m^2) = \tfrac{1}{2}(V_m^2/R) \tag{2.79}$$

注 2：对于直流信号 $\omega = 0$，有 $\phi_v = \phi_i = 0$、$V_m = V_{DC}$ 和 $I_m = I_{DC}$，供给电阻 R 的平均功率为

$$P_{av} = V_{DC} \cdot I_{DC} = R \cdot I_{DC}^2 = V_{DC}^2/R \tag{2.80}$$

3. 复功率

复功率为

$$P = \frac{1}{2}VI^{*} \tag{2.81}$$

式中，V 和 I 分别为 $v(t)$ 和 $i(t)$ 的相量表示，$*$ 表示复共轭运算：

$$V = V_m \mathrm{e}^{\mathrm{j}\phi_v} \tag{2.82}$$

$$I = I_m \mathrm{e}^{\mathrm{j}\phi_i} \tag{2.83}$$

因此，式（2.81）可以写为

$$P = \frac{1}{2}\left[I_m V_m \mathrm{e}^{\mathrm{j}(\phi_v - \phi_i)}\right] = \frac{1}{2}\left\{I_m V_m \left[\cos(\phi_v - \phi_i) + \mathrm{j}\sin(\phi_v - \phi_i)\right]\right\} \tag{2.84}$$

显然，

$$P_{\mathrm{av}} = \mathrm{Re}(P) = \frac{1}{2}\mathrm{Re}(VI^{*}) \tag{2.85}$$

令 $Z(\mathrm{j}\omega)$ 和 $Y(\mathrm{j}\omega)$ 为负载网络的输入阻抗和输入导纳，则有

$$Z(\mathrm{j}\omega) = \frac{1}{Y(\mathrm{j}\omega)} = \frac{V}{I} = \frac{V_m}{I_m}\mathrm{e}^{\mathrm{j}(\phi_v - \phi_i)} = Z_m \mathrm{e}^{\mathrm{j}\phi_z} \tag{2.86}$$

式中，$Z_m = V_m/I_m$，$\phi_z = \phi_v - \phi_i$，

$$P_{\mathrm{av}} = \frac{1}{2}(I_m V_m \cos\phi_z) = \frac{1}{2}I_m^2 \mathrm{Re}\left[Z(\mathrm{j}\omega)\right] = \frac{1}{2}V_m^2 \mathrm{Re}\left[Y(\mathrm{j}\omega)\right] \tag{2.87}$$

4. 平均功率的叠加

下面考虑电源由 n 个不同频率（$\omega_1, \omega_2, \cdots, \omega_n$）的正弦信号组合而成的情况。对于稳态网络，因为负载网络是线性的，所以其总输出可视为各个输入信号的独立输出之和（见叠加原理）。瞬时功率是非线性函数，不满足叠加原理，但叠加原理仍然适用于平均功率，即有

$$(P_{\mathrm{av}})_{\mathrm{total}} = P_{\mathrm{av},\omega_1} + P_{\mathrm{av},\omega_2} + \cdots + P_{\mathrm{av},\omega_n} \tag{2.88}$$

【注意】

注 1：叠加原理除适用于平均功率外，也适用于有限个正弦信号的均方根功率，即有

$$(P_{\mathrm{rms}})_{\mathrm{total}} = P_{\mathrm{rms},\omega_1} + P_{\mathrm{rms},\omega_2} + \cdots + P_{\mathrm{rms},\omega_n} \tag{2.89}$$

注 2：方程描述的一般负载的平均功率可用 I_{rms} 和 V_{rms} 来表示：

$$Z = R + \mathrm{j}X = |Z|\mathrm{e}^{\mathrm{j}\phi_z} \tag{2.90}$$

$$P_{\mathrm{av}} = \frac{I_m V_m}{2}\cos(\phi_v - \phi_i) \tag{2.91}$$

或

$$P_{\mathrm{av}} = I_{\mathrm{rms}} V_{\mathrm{rms}} \cos(\phi_z) \tag{2.92}$$

有效值（或均方根值）的概念常用于交流电压表和安培表中，它们的读数都是有效值，这意味着峰值应为有效值乘以 $\sqrt{2}$ 。

2.6 分贝

分贝（dB）是传输增益（或损耗）和相对功率的标准单位，其定义为：分贝是两个功率或功率密度之比，或者是一个功率相对于参考功率的比值。分贝的大小为国际单位"贝尔"的十分之一，常用来度量信号在电缆中的衰减。

贝尔定义为功率比值的以10为底的对数，即

$$\mathrm{Bel} = \lg(P_2/P_1) \tag{2.93}$$

因此，若 P_1（常指输入功率）和 P_2（常指输出功率）为两个功率量，则我们说后者比前者大 N 分贝（N 为正值），即

$$N(\mathrm{dB}) = 10\lg(P_2/P_1) \tag{2.94}$$

若 $N < 0$，则我们说 P_2 比 P_1 小 N 分贝。

为了将分贝转换为功率比，可由上式得到

$$\frac{P_2}{P_1} = 10^{N(\mathrm{dB})/10} \tag{2.95}$$

分贝瓦（dBW）：若所选参考功率 $P_1 = 1\mathrm{W}$，则可用分贝瓦的单位，其定义为

$$N(\mathrm{dBW}) = 10\lg(P_2/1\mathrm{W}) \tag{2.96}$$

分贝毫瓦（dBmW）：若所选参考功率 $P_1 = 1\mathrm{mW}$，则可用分贝毫瓦的单位，其定义为

$$N(\mathrm{dBmW}) = 10\lg(P_2/1\mathrm{mW}) \tag{2.97}$$

分贝微瓦（dBμW）：若所选参考功率 $P_1 = 1\mathrm{\mu W}$，则可用分贝微瓦的单位，其定义为

$$N(\mathrm{dB\mu W}) = 10\lg(P_2/1\mathrm{\mu W}) \tag{2.98}$$

【注意】

分贝（dB）是"功率比的对数"，不是功率单位；但 dBμW、dBm 和 dBW 是以对数形式表示的功率单位。

电压或电流增益：工程中常常要求使用分贝数来表示相对电压或相对电流的大小。这个概念的引出是以相同的阻抗来衡量输入端、输出端功率大小为基础的。假设在相同阻抗上测量得到的功率分别是 P_{out} 和 P_{in}，则可用电压和电流将它们分别表示为

$$P_{\mathrm{in}} = V_{\mathrm{in}}^2/R = I_{\mathrm{in}}^2 R \tag{2.99}$$

$$P_{\mathrm{out}} = V_{\mathrm{out}}^2/R = I_{\mathrm{out}}^2 R \tag{2.100}$$

若用电压来描述功率增益，则有

$$G(\mathrm{dB}) = 10\lg(P_{\mathrm{out}}/P_{\mathrm{in}}) = 10\lg(V_{\mathrm{out}}/V_{\mathrm{in}})^2 = 20\lg(V_{\mathrm{out}}/V_{\mathrm{in}}) \tag{2.101}$$

若用电流来描述功率增益，则有

$$G(\mathrm{dB}) = 10\lg(I_{\mathrm{out}}/I_{\mathrm{in}})^2 = 20\lg(I_{\mathrm{out}}/I_{\mathrm{in}}) \tag{2.102}$$

注 1：损耗比值定义为增益比值的倒数，即

$$Loss(ratio) = P_{in}/P_{out} = 1/Gain(ratio) \qquad (2.103)$$

以分贝表示时，损耗为增益的负值，即

$$L(dB) = 10\lg(P_{in}/P_{out}) = -G(dB) \qquad (2.104)$$

注 2：对以 dB 表示的增益分别为 $G_1, G_2, \cdots, G_k$、损耗分别为 $L_1, L_2, \cdots, L_m$ 的多级级联网络，网络总增益的分贝数等于各级增益分贝数之和减去各级损耗分贝数之和，即

$$G_{total} = (G_1 + G_2 + \cdots + G_k) - (L_1 + L_2 + \cdots + L_m)(dB) \qquad (2.105)$$

奈培（Np）：奈培定义为两个电流、电压或场强的比值的自然对数（以 e 为底的对数），是表征衰减的单位。如果电压从 V_1 衰减至 V_2，那么有

$$V_2/V_1 = e^{-N} \qquad (2.106)$$

式中，N 是以奈培（通常为一个正数）表示的衰减量，其定义为

$$N(Np) = \ln(V_2/V_1)^{-1} = -\ln(V_2/V_1) \qquad (2.107)$$

在阻抗匹配的电路中，奈培与分贝单位上的相互转换关系推导如下：

$$1Np = -\ln(V_2/V_1) \quad \Rightarrow \quad V_2/V_1 = 1/e \qquad (2.108)$$

若以分贝来表示奈培，则有

$$1Np = 20\lg[1/(V_2/V_1)] = 20\lg e = 8.686dB \qquad (2.109)$$

因此，1Np 等于 8.686dB。反之，1dB = 0.115Np。注意，分贝数可正可负，但奈培数只能为正。表 2.2 中给出了常用对数及其分贝值，表 2.3 中给出了常用功率等级。

表 2.2　常用对数及分贝值

P_2/P_1	V_2/V_1	$\lg(P_2/P_1)$	dB*	P_2/P_1	V_2/V_1	$\lg(P_2/P_1)$	dB*
0.01	0.1	−2	−20	2	1.414	0.3	3
0.1	0.316	−1	−10	2.51	1.58	0.4	4
0.5	0.707	−0.3	−3	3.16	1.78	0.5	5
1	1	0	0	4	2	0.6	6
1.12	1.06	0.05	0.5	5	2.24	0.7	7
1.2	1.10	0.08	0.8	6.3	2.5	0.8	8
1.26	1.12	0.10	1	8	2.82	0.9	9
1.58	1.26	0.2	2	10	3.16	1	10

*dB $= 10\lg(P_2/P_1)$ 和 $20\lg(V_2/V_1)$

表 2.3　常用功率等级

dBmW	dBW	功　率	功率（W）	dBmW	dBW	功　率	功率（W）
−120	−150	1fW	10^{-15}	+37	+7	5W	5
−90	−120	1pW	10^{-12}	+40	+10	10W	10
−60	−90	1nW	10^{-9}	+50	+20	100W	10^2

dBmW	dBW	功　率	功率（W）	dBmW	dBW	功　率	功率（W）
−30	−60	1μW	10^{-6}	+60	+30	1kW	10^{3}
−3	−33	0.5mW	0.5×10^{-3}	+70	+40	10kW	10^{4}
0	−30	1mW	10^{-3}	+80	+50	100kW	10^{5}
+10	−20	10mW	10^{-2}	+90	+60	1MW	10^{6}
+20	−10	100mW	10^{-1}	+100	+70	10MW	10^{7}
+30	0	1W	1	+110	+80	100MW	10^{8}
+33	+3	2W	2	+120	+90	1GW	10^{9}

2.7　趋肤效应

设计电路时，需要考虑的重要事项之一是高频下导体的有效阻抗增加相当大，这是由趋肤效应导致的，而趋肤效应是由接近导体表面的地方的电流密度的拥挤造成的。

在任何情况下，电流都和欧姆定律的增量一致，即

$$J = \sigma E \qquad (2.110)$$

式中，J 是电流密度（单位为 A/m^2），E 是该点的电场（单位为 V/m），σ 是材料的电导率（单位为 S/m）。这个方程适用于任意时变情况。微波频率下（正弦激励），麦克斯韦方程组在分析导体影响时起特殊作用。正弦变化的电场 E 产生正弦变化的电流密度 J，继而产生正弦变化的磁场 H，然后产生反方向的电场。最后的结果是，导体中的电场 E 随着表面向下深度的增加迅速下降，电流密度同样如此，如图 2.9 所示。

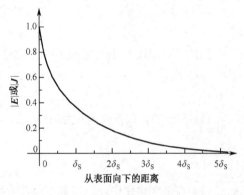

图 2.9　电场 E 和电流密度 J 随着表面向下深度的增加迅速下降

导体中的电流密度为

$$J = J_0 e^{-z/\delta_S} \qquad (2.111)$$

式中，趋肤深度为

$$\delta_S = \frac{1}{\sqrt{\pi f \mu \sigma}} \qquad (2.112)$$

对无磁材料，f 为频率（单位为 Hz），$\mu = 4\pi\times10^{-7}$ H/m，银的 $\sigma = 6.17\times10^7$ S/m。

在 1GHz 频率下，银的趋肤深度按此计算为

$$\delta_S = \frac{1}{\sqrt{3.14\times10^9\,\text{Hz}\times4\times3.14\times10^{-7}\,\text{H/m}\times6.17\times10^7\,\text{S/m}}} = 2.03\times10^{-6}\,\text{m} \qquad (2.113)$$

因此，银在 1GHz 时的趋肤深度仅为 2μm，或者说约为 0.1mil。铜的电导率约为银的 90%，因此其趋肤深度仅比银的大 5%，即在 1GHz 时约为 2.1μm。

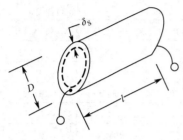

图 2.10　实心圆导线的趋肤深度

注意，在趋肤深度以下，仍有电流流动，但在该深度电流密度减小到表面密度的1/e（约 37%）。在 10 倍趋肤深度（银或铜上约 1mil）处，电流密度减小为其表面电流的1/22026。

为方便计算，当趋肤深度很小时，可以认为导体的交流阻抗和所有电流在等于趋肤深度的物体厚度上都相同。

对圆导线，交流阻抗 R_{AC} 由导线直径为 D 且厚度为趋肤深度 δ_S 的空心导线的横截面部分决定（见图 2.10），这可与导线的整个横截面都有效的直流（DC）阻抗相比较：

$$R_{AC} = \frac{1}{\pi D \delta_S \sigma} \tag{2.114}$$

$$R_{DC} = \frac{1}{\pi (D^2/4)\sigma} \tag{2.115}$$

AC 对 DC 阻抗的比率为

$$\frac{R_{AC}}{R_{DC}} = \frac{D}{4\delta_S} \tag{2.116}$$

因此，对用在 1GHz 电路的 30 号规格（直径为 0.254mm）连接线，有

$$\frac{R_{AC}}{R_{DC}} = \frac{D}{4\delta_S} = \frac{0.254\mathrm{mm} \times 0.001\mathrm{m/mm}}{4 \times 2 \times 10^{-6}\mathrm{m}} = 32 \tag{2.117}$$

该导线的直流阻抗仅为 $0.3281\,\Omega/\mu\mathrm{m}$，但在 1GHz 下其阻抗 $10.5\,\Omega/\mu\mathrm{m}$，比直流阻抗大 32 倍。

本章小结

（1）在低频电路中，电路基本元件的特性表现为电阻消耗能量、电容存储电能、电感产生磁场；而在微波频段，这些电路元件不再表现为纯电阻、电容和电感，而有额外的阻抗和电抗（寄生效应）。

（2）电感 L 的电抗为 ωL，电容 C 的电抗为 $\frac{1}{\omega C}$。串联阻抗相加，导纳是阻抗的复倒数。并联导纳相加。

（3）电路分析的基本定律包括基尔霍夫电流定律（KCL）、基尔霍夫电压定律（KVL）、欧姆定律和广义欧姆定律等。

（4）分贝是传输增益（或损耗）和相对功率的标准单位，是两个功率或功率密度的比值，是相对量。分贝瓦、分贝毫瓦、分贝微瓦是选取不同参考功率下的绝对功率，是绝对量。奈培是两个电流、电压或场强的比值的自然对数，是表征衰减的单位。

（5）微波频率下导体等效阻抗的增加主要由趋肤效应引起。

术 语 表

periodic signal　周期信号	average power　平均功率
instantaneous power　瞬时功率	peak value　峰值

KVL 基尔霍夫电压定律	transmission gain 传输增益
KCL 基尔霍夫电流定律	skin effect 趋肤效应
effective value 有效值	skin depth 趋肤深度

习 题

2.1 描述相量的定义及其应用。

2.2 确定下列各瞬时函数的相量表示式：

（1）$A(t) = 10\cos(2t + 30°) + 5\sin 2t$

（2）$B(t) = \sin(3t - 90°) + 10\sin(3t + 45°)$

（3）$C(t) = \cos(t) + \cos(t + 30°) - \cos(t + 60°)$

2.3 将下列各信号表示成单个正弦信号 $(A\cos\omega t)$ 的形式：

（1）$A(t) = 2\cos(6t + 120°) + 4\sin(6t - 60°)$

（2）$B(t) = 5\cos(8t) + 10\sin(8t + 45°)$

（3）$C(t) = 2\cos(2t + 60°) - 4\sin(2t) + \mathrm{d}(2\sin 2t)/\mathrm{d}t$

2.4 通过某一元件的电流为 $2\cos(100t)$。求该元件的瞬态电压，如果元件分别为

（1）电阻，$R = 20\Omega$

（2）电感，$L = 20\text{nH}$

（3）电容，$C = 20\text{mF}$

2.5 在题图 2.5 所示的电路中，$I_s = 20\cos\omega t$，$\omega = 1000\text{rad/s}$，求该电路的稳态电压。

2.6 计算下列分贝值对应的功率比：（1）3；（2）30；（3）60；（4）75。

2.7 一个三级级联系统的输入信号功率为 -30dBmW，第一级的功率增益为 20dB，第二级的损耗为 3dB，第三级的增益为 9dB。求以毫瓦表示的每一级的输出功率。

2.8 求下列各电压的均方根值：

（1）$v = 2 - 4\cos 2t$

（2）$v = 3\sin \pi t + 2\cos \pi t$

（3）$v = 2\cos 2t + 4\cos(2t + \pi/4) + 12\sin 2t$

2.9 求题图 2.9 所示电路的瞬时功率、平均功率和复功率，其中 $V_s = 10\cos(2\pi \times 10^9 t)$。

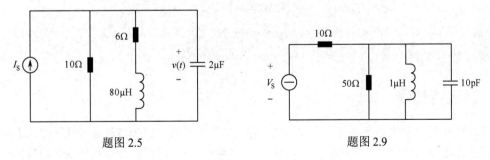

题图 2.5 题图 2.9

2.10 思考如电阻、电感和电容这类集总元件在微波频段的表现是怎样的。

第3章 分布电路与传输线理论

工程背景

18 世纪到 19 世纪，工业革命改变了世界的面貌，同时对通信提出了要求。在英国，C. Wheatstone 和 W. F. Cooke 共同于 1837 年获得了关于电报的第一个专利。从 1845 年到 1853 年，欧洲各国普遍建成了自己的电报线路，广泛采用的方法是架设双导体传输线网。1851 年，英法之间成功铺设了第一条海底电缆。在这一时期，传输线起到了历史上前所未有的作用，沟通了不同地区人们之间的电信联系。1857 年和 1858 年，两次大西洋海底电缆铺设工程均以失败告终，直到 1866 年才成功完成。在这个时期，人们没有同轴线和同轴电缆的概念，海底电缆的主要成分是中心导体，外导体由一组导线层和海水环组成。这种形式的电缆，自感未发挥作用，无法存储磁场能量。指导铺设大西洋海底电缆的理论是由开尔文提出的海底电缆理论，即不含电感项的经典电报员方程。1889 年，开尔文承认了自己的电报方程的局限性，并且认可了亥维赛提出的带电感项的电报方程。1903 年，英国建成一条用电感加载的线路，连接了利物浦和瓦灵顿两个城市。无疑，电报方程既适用于双导线这种最常见的传输线形式，又适用于同轴线等双导体导波系统。

通信联系是人类社会进步的基本条件，是现代社会的重要要求。传输线的发展一直是与扩大通信容量、延长通信距离相联系的，是促进社会进步的巨大动力。

自学提示

本章主要研究均匀传输线的一般理论、传输线的计算方法等问题。传输线理论本质上属于分布参数电路理论。传输线既可以作为传输媒介，又可以用来制作各类器件，如谐振电路、滤波器、阻抗匹配电路等，现代天线也与传输线密切相关。

电报方程是描述传输线的基本方程，读者需要知道如何推导和求解电报方程，了解传输线上电压波和电流波的物理含义，理解和熟练掌握传输线的几个基本特征参数。

推荐学习方法

原则上讲，求解本章中的问题时可以采用前半部分的理论推导方式，也可以采用第 4 章中介绍的圆图方法。在学习中，要注意将传输线理论和后面的 Smith 圆图学习关联起来。

3.1 微波传输线

微波传输线由于线长可与其工作波导波长相比拟而称长线。因为微波频段的传输线上的趋肤效应、变化电流，导线间电压及漏电流等引起分布参数效应，即微波传输线特性可用等效的集总参数电路表示。本章取一小段传输线，其上除了起点和终点，其他位置的电压和电流的相位一致，以便可以应用传统电路理论进行分析，将得到的电压电流方程（电报方程）应用到整个微波传输线上。

传输线理论是场分析和基本电路理论之间的桥梁，在电磁学和微波科学技术的研究中有重要意义。电磁能量的传输方式有两种：一是由传输线导体中的电流携带；二是由传输线导体周围的介质进行传播。传输线中的波现象可由电路理论的延伸或麦克斯韦方程组的一种特殊情况来解释。

3.1.1 定义

微波传输线是传输微波能量和信息的可用来构成各种微波元件的电磁装置。

对传输线的基本要求如下：

（1）传输损耗小，传输效率高。

（2）工作频带要宽，以增加传输信息容量及保证信号的无畸变传输。

（3）在大功率系统中，要求传输功率容量大。

（4）尺寸小，重量轻，且便于生产和安装。

3.1.2 分类

在微波频段，导线的趋肤效应和辐射效应增大，低频时的传输线无法直接应用于微波频段。因此，在高频和微波波段必须采用与低频时完全不同的传输线形式。

按照传输电磁波的模式，可分为如下三类传输线：

- TEM 波传输线，如双导线、同轴线、带状线和微带线（严格来说是准 TEM 波）等，属于双导体传输系统，如图 3.1 中的（1）所示。
- TE 波和 TM 波传输线，如矩形、圆形、脊形和椭圆形波导等，由空心金属管构成，属于单导体传输系统，如图 3.1 中的（2）所示。
- 表面波传输线，如介质波导等，电磁波聚集在传输线内部及其表面附近沿轴线方向传播，一般是混合波型（TE 波和 TM 波的叠加），也可传播 TE 波或 TM 波。

图 3.1 中显示了三类传输线及更复杂传输线的典型结构简图，其中，(i)是介质波导（光纤属于介质波导的一种），其基本工作原理是，只要介质的介电常数大于其周围物质（如空气）的介电常数，进入介质内的电磁波就会在两种介质的分界面处产生反射（理论上讲是全反射），使大部分电磁波集中于介质及其表面附近，形成沿介质波导轴线方向传播的波。(j)是镜像线，是由半圆形介质棒和一块薄金属板构成的传输线，电磁波的能量主要集中在介质棒及其表面附近，并

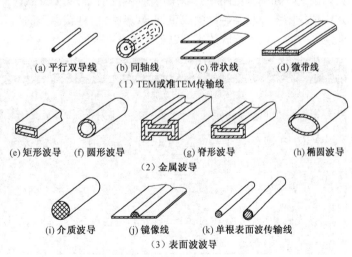

（a）平行双导线　（b）同轴线　（c）带状线　（d）微带线
（1）TEM或准TEM传输线

（e）矩形波导　（f）圆形波导　（g）脊形波导　（h）椭圆波导
（2）金属波导

（i）介质波导　（j）镜像线　（k）单根表面波传输线
（3）表面波波导

图 3.1　三类传输线及更复杂传输线的典型结构简图

且沿棒的轴线方向传播。(k)是单根表面波传输线，左边是一根介质棒，右边是由在金属导体表面上涂覆一层薄介质构成的传输线。

3.2 长线理论与分布参数

3.2.1 电路理论与传输线理论的区别

电路理论和传输线理论之间的关键区别是电尺寸。

在低频电路分析中，任意网络的尺寸要比工作波长小得多，因此在电路中可以不考虑各点电压、电流的振幅和相位变化，沿线电压、电流只与时间因子有关，而与空间位置无关，分布参数产生的影响可以忽略。

微波传输线长度与工作波长可以比拟，或者其长度是多个波长，这时传输线上电压、电流的振幅和相位不仅是时间的函数，而且是位置的函数。

3.2.2 分布参数效应

当高频信号通过传输线时，产生下列分布参数：导线中流过电流时，周围产生高频磁场，因此沿导线各点存在串联分布电感；两根导线之间加上电压后，线间存在高频电场，于是线间产生分布电容；电导率有限的导线流过电流时发热，且高频时由于趋肤效应，电阻加大，这表明线本身有分布电阻；导线间介质非理想时，有漏电流，这意味着导线间有分布漏电导。这些分布参数在低频时的影响较小，可以忽略，但在高频时引起的沿线电压、电流振幅变化、相位滞后是不能忽略的，这就是所谓的分布参数效应。

交变电流通过导体时，由于感应作用，导体截面上的电流分布不均匀，越靠近导体表面，电流密度越大，这种现象称为趋肤效应。趋肤效应使导体的有效电阻增加。频率越高，趋肤效应越显著。当频率很高的电流通过导线时，可以认为电流只在导线表面很薄的一层中流过，等效于导线的截面减小，电阻增大。既然导线的中心部分几乎没有电流通过，就可去除中心部分以节省材料。因此，在高频电路中可以采用空心导线代替实心导线。此外，为了减弱趋肤效应，在高频电路中往往用多股相互绝缘的成束细导线代替同样截面积的粗导线，这种多股线束称为辫线。在工业应用方面，利用趋肤效应可以对金属进行表面淬火。

【知识梳理】直流和微波频率下同一段圆导线电阻比较

对圆导线，微波频率下的电阻 R_{MW} 由导线直径为 $D = 1mm$、厚度等于趋肤深度 δ_S 的空心导线的横截面部分决定，假设圆导体金属为铜，比较工作频率 3GHz 和直流工作情况下的电阻差异。$\mu = 4\pi \times 10^{-7} H/m$，$\sigma = 5.8 \times 10^7 S/m$，由计算得知 $\delta_S = \dfrac{1}{\sqrt{\pi f \mu \sigma}} = 1.2\mu m$。

3GHz 频率下的电阻 $R_{MW} = \dfrac{l}{\pi D \delta_S \sigma}$，直流工作产生的电阻 $R_{DC} = \dfrac{l}{\pi(D^2/4)\sigma}$，$\dfrac{R_{MW}}{R_{DC}} = \dfrac{D}{4\delta_S} = 208$。

l 为导线的长度，假定其为 5cm，则直流电阻仅为 $0.1\Omega/cm$，但是在 3GHz 下，其阻抗为 $20.8\Omega/cm$，大出 208 倍之多。

3.2.3 长线理论

在微波下工作的传输线，其几何长度 l 比工作波长 λ 还长，或者两者可以相比拟。我们将 l/λ 称为传输线的电长度，通常认为 $l/\lambda > 0.1$ 的传输线为长线。因此，长线是一个相对的概念，指的是电长度而不是几何长度。例如，当 $f = 10\text{GHz}$（$\lambda = 3\text{cm}$）时，几厘米长的传输线就应视为长线；而当 $f = 50\text{Hz}$（$\lambda = 6000\text{km}$）时，即使长为几百米的线仍是短线。

在短线上，某时刻各点的电压 v（电流 i）可认为是处处相同的，因此电压 v（电流 i）仅是时间 t 的函数，而与位置无关。但在长线上，某时刻各点的 v 和 i 均不同，电压 v（电流 i）不仅是时间 t 的函数，而且是位置 z 的函数，如图 3.2 所示。

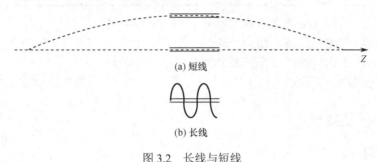

(a) 短线

(b) 长线

图 3.2　长线与短线

3.2.4　分布参数

在低频电路中，任何网络的物理尺寸比工作波长都要小很多，电路中各点电压、电流的振幅和相位变化不大，一般可以忽略，因此不用考虑分布参数产生的影响；对于长线，这时传输线上的电压、电流振幅和相位相差很大，必须考虑分布参数效应。

传输线的分布参数主要包括：由构成传输线的导体的非理想性质产生的分布电阻 R；由传输线两导线间介质的非理想性质产生的分布电导 G；由传输线的自感产生的分布电感 L；由两导线间存在的电压降导致的分布电容。这些分布参数具有实际的物理含义：存储在磁场中的能量由单位长度的串联分布电感计算；存储在电场中的能量由单位长度的并联分布电容计算；导体上的功率损耗由单位长度的串联电阻计算；介质中的功率损耗可以包含在单位长度并联电导中。

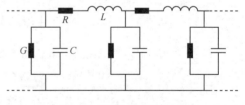

因此，任何一段传输线都存在串联电感和电阻，以及并联电容和电导。于是，根据上述分析，我们可将传输线等效为如图 3.3 所示的电路。

图 3.3　传输线等效电路

3.3　传输线的等效电路

传输线的分布参数可用单位长度传输线上的分布电感 L_0、分布电容 C_0、分布电阻 R_0 和分布电导 G_0 描述，它们的数值由传输线的型式、尺寸、导体材料及周围介质的参数决定，而与其工作情形无关。表 3.1 中列出了常见传输线的分布参数计算公式。

表 3.1　常见传输线的分布参数计算公式

型　式	结　构	L_0（H/m）	C_0（F/m）	R_0（Ω/m）	G_0（S/m）
平行双导线		$\dfrac{\mu}{\pi}\ln\left(\dfrac{2D}{d}\right)$	$\dfrac{\pi\varepsilon}{\ln\frac{2D}{d}}$	$\dfrac{2}{\pi d}\sqrt{\dfrac{\omega\mu_0}{\sigma_0}}$	$\dfrac{\pi\sigma}{\ln\frac{2D}{d}}$

型　式	结　构	L_0（H/m）	C_0（F/m）	R_0（Ω/m）	G_0（S/m）
同轴线	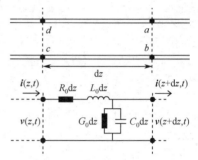	$\dfrac{\mu}{2\pi}\ln\dfrac{D}{d}$	$\dfrac{2\pi\varepsilon}{\ln\frac{D}{d}}$	$\dfrac{1}{\pi}\sqrt{\dfrac{\omega\mu_0}{2\sigma_0}}\left(\dfrac{1}{d}+\dfrac{1}{D}\right)$	$\dfrac{2\pi\sigma}{\ln\frac{D}{d}}$

根据传输线沿线的分布参数是否均匀不变，传输线可分为均匀传输线和非均匀传输线。对于均匀传输线，若在线上任取一段线元 dz，因 dz ≪ λ，故可将它视为集总参数电路。均匀传输线的等效电路如图 3.4 所示。

3.4　电报方程及其求解

3.4.1　电报方程

将均匀传输线用图 3.4 所示的电路等效后，根据基尔霍夫电压、电流定律，线元 dz 上电压、电流的变化为

图 3.4　均匀传输线的等效电路

$$\begin{cases} \boldsymbol{v}(z,t)-(R_0\mathrm{d}z)\,\boldsymbol{i}(z,t)-\dfrac{\partial \boldsymbol{i}(z,t)}{\partial t}(L_0\mathrm{d}z)-\boldsymbol{v}(z+\mathrm{d}z,t)=0 \\[2mm] \boldsymbol{i}(z,t)-(G_0\mathrm{d}z)\,\boldsymbol{v}(z+\mathrm{d}z,t)-\dfrac{\partial \boldsymbol{v}(z+\mathrm{d}z,t)}{\partial t}(C_0\mathrm{d}z)-\boldsymbol{i}(z+\mathrm{d}z,t)=0 \end{cases} \tag{3.1}$$

当 dz 很小时，可以忽略高阶小量，电压和电流的增量表示为

$$\begin{cases} \boldsymbol{v}(z+\mathrm{d}z,t)-\boldsymbol{v}(z,t)=\dfrac{\partial \boldsymbol{v}(z,t)}{\partial z}\mathrm{d}z \\[2mm] \boldsymbol{i}(z+\mathrm{d}z,t)-\boldsymbol{i}(z,t)=\dfrac{\partial \boldsymbol{i}(z,t)}{\partial z}\mathrm{d}z \end{cases} \tag{3.2}$$

联立式（3.1）与式（3.2），得到如下微分方程：

$$\begin{cases} -\dfrac{\partial \boldsymbol{v}(z,t)}{\partial z}=R_0\boldsymbol{i}(z,t)+L_0\,\dfrac{\partial \boldsymbol{i}(z,t)}{\partial t} \\[2mm] -\dfrac{\partial \boldsymbol{i}(z,t)}{\partial z}=G_0\boldsymbol{v}(z,t)+C_0\,\dfrac{\partial \boldsymbol{v}(z,t)}{\partial t} \end{cases} \tag{3.3}$$

这就是一般的传输线方程，也称电报方程。

对 $\boldsymbol{v}$、$\boldsymbol{i}$ 随时间简谐变化的波，即

$$\begin{matrix}\boldsymbol{v}\\\boldsymbol{i}\end{matrix}(z,t)=\mathrm{Re}\begin{bmatrix} V(z)\\ I(z)\end{bmatrix}\mathrm{e}^{\mathrm{j}\omega t} \tag{3.4}$$

则由式（3.3）和式（3.4）可得 $\boldsymbol{v}$、$\boldsymbol{i}$ 的复振幅方程为

$$\begin{cases} -\dfrac{\partial V(z)}{\partial z}=(R_0+\mathrm{j}\omega L_0)\,I(z) \\[2mm] -\dfrac{\partial I(z)}{\partial z}=(G_0+\mathrm{j}\omega C_0)\,V(z) \end{cases} \tag{3.5}$$

令阻抗 $Z = R_0 + \mathrm{j}\omega L_0$，导纳 $Y = G_0 + \mathrm{j}\omega C_0$，它们分别称为单位长度传输线的串联阻抗和并联导纳。此时，式（3.5）可以改写为

$$\begin{cases} -\dfrac{\mathrm{d}V(z)}{\mathrm{d}z} = ZI(z) \\ -\dfrac{\mathrm{d}I(z)}{\mathrm{d}z} = YV(z) \end{cases} \tag{3.6}$$

【注意】

这里的 V 代表的是电压波，对应于电磁场理论中 TEM 波传输线的电场强度 $\boldsymbol{E}_z$；I 代表的是电流波，对应于电磁场理论中 TEM 波传输线的磁场强度 $\boldsymbol{H}_z$。

3.4.2　电报方程的解

1．通解

式（3.6）两边对 z 微分得

$$\begin{cases} \dfrac{\mathrm{d}^2 V(z)}{\mathrm{d}z^2} + Z\dfrac{\mathrm{d}I(z)}{\mathrm{d}z} = 0 \\ \dfrac{\mathrm{d}I^2(z)}{\mathrm{d}z^2} + Y\dfrac{\mathrm{d}V(z)}{\mathrm{d}z} = 0 \end{cases} \tag{3.7}$$

将式（3.6）代入以上两式，并令 $\gamma = \sqrt{ZY} = \sqrt{(R_0 + \mathrm{j}\omega L_0)(G_0 + \mathrm{j}\omega C_0)} = \alpha + \mathrm{j}\beta$（$\gamma$ 为传输线的传播常数，α 为衰减常数，β 为相位常数），则有

$$\begin{cases} \dfrac{\mathrm{d}^2 V(z)}{\mathrm{d}z^2} - \gamma^2 V(z) = 0 \\ \dfrac{\mathrm{d}I^2(z)}{\mathrm{d}z^2} - \gamma^2 I(z) = 0 \end{cases} \tag{3.8}$$

式（3.8）的通解分别求得如下：

$$V(z) = V_0^+ \mathrm{e}^{-\gamma z} + V_0^- \mathrm{e}^{+\gamma z}$$
$$I(z) = I_0^+ \mathrm{e}^{-\gamma z} + I_0^- \mathrm{e}^{+\gamma z} \tag{3.9}$$

由式（3.6）中的第一式可得

$$I(z) = -\frac{1}{Z}\frac{\mathrm{d}V(z)}{\mathrm{d}z} = \frac{\gamma}{Z}\left(V_0^+ \mathrm{e}^{-\gamma z} - V_0^- \mathrm{e}^{+\gamma z}\right) = \frac{1}{Z_0}\left(V_0^+ \mathrm{e}^{-\gamma z} - V_0^- \mathrm{e}^{+\gamma z}\right) \tag{3.10}$$

因此式（3.8）的通解可以简化为

$$V(z) = V_0^+ \mathrm{e}^{-\gamma z} + V_0^- \mathrm{e}^{+\gamma z} \tag{3.11}$$

$$I(z) = \frac{1}{Z_0}\left(V_0^+ \mathrm{e}^{-\gamma z} - V_0^- \mathrm{e}^{+\gamma z}\right) \tag{3.12}$$

式（3.11）和式（3.12）的物理含义如下：传输线上电压和电流的通解分别是传输线上入射波与反射波的叠加。

【基本概念】传输线特征参数

特征参数 1

传播常数 γ：

$$\gamma = \sqrt{(R_0 + \mathrm{j}\omega L_0)(G_0 + \mathrm{j}\omega C_0)} = \alpha + \mathrm{j}\beta \qquad (3.13)$$

特征参数 2

特征阻抗 Z_0：传输线没有反射（匹配）时，入射波电压与入射波电流之比（或者行波电压与行波电流之比）。

$$Z_0 = \frac{Z}{\gamma} = \sqrt{\frac{Z}{Y}} = \sqrt{\frac{R_0 + \mathrm{j}\omega L_0}{G_0 + \mathrm{j}\omega C_0}} \qquad (3.14)$$

称为传输线的特征阻抗。

2. 低损耗传输线

大多数微波传输线的损耗都很小，当损耗较小时，可以做出一些近似来简化普通传输线参量 $\gamma = \alpha + \mathrm{j}\beta$ 和 Z_0 的表达式：

$$\gamma = \sqrt{(\mathrm{j}\omega L_0)(\mathrm{j}\omega C_0)\left(1 + \frac{R_0}{\mathrm{j}\omega L_0}\right)\left(1 + \frac{G_0}{\mathrm{j}\omega C_0}\right)} = \mathrm{j}\omega\sqrt{L_0 C_0}\sqrt{1 - \mathrm{j}\left(\frac{R_0}{\omega L_0} + \frac{G_0}{\omega C_0}\right) - \frac{R_0 G_0}{\omega^2 L_0 C_0}} \qquad (3.15)$$

若传输线是低损耗的，我们假定导体损耗很小，$R_0 \ll \omega L_0$，电介质损耗也很小，$G_0 \ll \omega C_0$。在这种情况下，$R_0 G_0 \ll \omega^2 L_0 C_0$，于是有

$$\gamma = \mathrm{j}\omega\sqrt{L_0 C_0}\sqrt{1 - \mathrm{j}\left(\frac{R_0}{\omega L_0} + \frac{G_0}{\omega C_0}\right)} \qquad (3.16)$$

若忽略 $\left(\frac{R_0}{\omega L_0} + \frac{G_0}{\omega C_0}\right)$ 项，则会得到 γ 为纯虚数（无损耗）的结果。于是，我们采用泰勒级数展开式 $\sqrt{1+x} = 1 + x/2 + \cdots$ 中的前两项来求 γ 的一级实数项：

$$\gamma = \mathrm{j}\omega\sqrt{L_0 C_0}\left[1 - \frac{\mathrm{j}}{2}\left(\frac{R_0}{\omega L_0} + \frac{G_0}{\omega C_0}\right)\right] \qquad (3.17)$$

得到

$$\alpha = \frac{1}{2}\left(R_0\sqrt{C_0/L_0} + G_0\sqrt{L_0/C_0}\right), \quad \beta \approx \omega\sqrt{L_0 C_0} \qquad (3.18)$$

可以看出，低损耗情况下的传播常数 β 与下面介绍的无耗传输线的相同。

3. 无耗传输线

无耗传输线作为一种理想模型，在理论研究与实际工程应用中都有重要意义。下面从通解和特解两方面进行分析。

对无耗传输线，有 $R_0 = 0$ 和 $G_0 = 0$，于是 $\gamma = \mathrm{j}\omega\sqrt{L_0 C_0} = \mathrm{j}\beta$，$Z_0 = \sqrt{L_0/C_0}$。因此，在无耗传输线上，电压和电流波的一般解可写为

$$\begin{cases} V(z) = V_0^+ \mathrm{e}^{-\mathrm{j}\beta z} + V_0^- \mathrm{e}^{+\mathrm{j}\beta z} \\ I(z) = \frac{1}{Z_0}\left(V_0^+ \mathrm{e}^{-\mathrm{j}\beta z} - V_0^- \mathrm{e}^{+\mathrm{j}\beta z}\right) \end{cases} \qquad (3.19)$$

【例 3.1】根据传输线始端或终端边界条件确定均匀传输线方程的特解。

解：下面以终端（即负载）边界条件为例，确定均匀传输线方程的特解。

已知负载电压为 V_L，负载电流为 I_L，如图 3.5 所示。将边界条件 $z=0$ 处的 $V(0)=V_L$ 和 $I(0)=I_L$ 代入式（3.11）和式（3.12），求出待定系数 V_0^+ 和 V_0^- 为

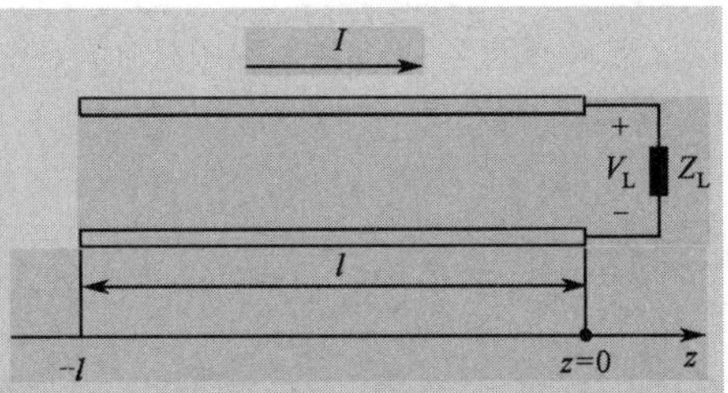

$$\begin{cases} V_0^+ = \frac{1}{2}(V_L + I_L Z_0) \\ V_0^- = \frac{1}{2}(V_L - I_L Z_0) \end{cases} \tag{3.20}$$

图 3.5 以终端边界条件确定均匀传输线方程的待定系数

已知终端电压及终端电流时，传输线上距离负载 $z=-l$ 处的电压及电流分布的表达式为

$$\begin{cases} V(-l) = \dfrac{V_L + I_L Z_0}{2} e^{+\gamma l} + \dfrac{V_L - I_L Z_0}{2} e^{-\gamma l} \\ I(-l) = \dfrac{V_L + I_L Z_0}{2 Z_0} e^{+\gamma l} - \dfrac{V_L - I_L Z_0}{2 Z_0} e^{-\gamma l} \end{cases} \tag{3.21}$$

利用双曲函数表示即 $\mathrm{ch}\,x = \dfrac{e^x + e^{-x}}{2}$ 和 $\mathrm{sh}\,x = \dfrac{e^x - e^{-x}}{2}$，可将上式简化为

$$\begin{cases} V(-l) = V_L \mathrm{ch}(\gamma l) + I_L Z_0 \mathrm{sh}(\gamma l) \\ I(-l) = I_L \mathrm{ch}(\gamma l) + \frac{V_L}{Z_0} \mathrm{sh}(\gamma l) \end{cases} \tag{3.22}$$

【知识梳理】由麦克斯韦电磁场方程组推导电报方程

假定传输线无耗且无泄漏，即 $R_0 = 0$，$G_0 = 0$。麦克斯韦第二定律为

$$\nabla \times \boldsymbol{E} = -\frac{\partial \boldsymbol{B}}{\partial t} \tag{3.23}$$

式中，$\boldsymbol{E}$ 是电场强度矢量，$\boldsymbol{B}$ 是磁感应强度矢量。相应的积分形式为

$$\oint_L \boldsymbol{E}\mathrm{d}\boldsymbol{l} = -\frac{\partial}{\partial t} \iint_s \boldsymbol{B}\mathrm{d}\boldsymbol{S} \tag{3.24}$$

式中，S 是由 l 闭合的面积。假设图 3.4 所示的平行双导线无损耗，且在导线之间取一个矩形积分回路（$a \to b \to c \to d$），则横向长度恰好为 $\mathrm{d}z$；在回路平面上，电力线处处与导线垂直，对 $b \to c$ 和 $d \to a$ 路径有 $\boldsymbol{E}\mathrm{d}\boldsymbol{l} = E(\mathrm{d}l)\cos 90° = 0$，于是

$$\oint_L \boldsymbol{E}\mathrm{d}\boldsymbol{l} = \int_a^b \boldsymbol{E}\mathrm{d}\boldsymbol{l} + \int_c^d \boldsymbol{E}\mathrm{d}\boldsymbol{l} = v_{ab} - v_{dc} \tag{3.25}$$

当 $\mathrm{d}z \to 0$ 时，有

$$v_{ab} - v_{dc} = \frac{\partial v}{\partial z}\mathrm{d}z \tag{3.26}$$

进而有

$$\oint_L \boldsymbol{E}\mathrm{d}\boldsymbol{l} = \frac{\partial v}{\partial z}\mathrm{d}z \tag{3.26}$$

另一方面，若用 Φ 表示单位长传输线环链的磁通，则有

$$\Phi = Li \tag{3.28}$$

然而，磁通应等于磁感应强度 $\boldsymbol{B}$ 在面 $\boldsymbol{S}$ 上的积分，即

$$\Phi \mathrm{d}z = \iint_s \boldsymbol{B}\mathrm{d}\boldsymbol{S} \qquad (3.28)$$

则有

$$-\frac{\partial}{\partial t}\iint_s \boldsymbol{B}\mathrm{d}\boldsymbol{S} = -\frac{\partial}{\partial t}(\Phi \mathrm{d}z) = -L_0 \frac{\partial i}{\partial t}\mathrm{d}z \qquad (3.30)$$

于是，由麦克斯韦第二定律的积分形式有

$$\frac{\partial v}{\partial z} = -L_0 \frac{\partial i}{\partial t} \qquad (3.31)$$

电报方程的另一形式可由电流与电荷的关系直接得出。在 $\mathrm{d}z$ 内，若电荷改变，则流出的电流不等于流入的电流；电流在减少，减少量等于电量随时间的增加率，即

$$-\frac{\partial i}{\partial z} = C_0 \frac{\partial v}{\partial t} \qquad (3.32)$$

于是有

$$\frac{\partial i}{\partial z} = -C_0 \frac{\partial v}{\partial t} \qquad (3.33)$$

式（3.21）和式（3.33）就是无耗传输线的电报方程。

3.5 传输线的特征参数

3.5.1 输入阻抗

输入阻抗用来描述传输线上由反射波和入射波叠加而成的合成波的阻抗特性。传输线上任意一点的输入阻抗 Z_{in} 定义为该点合成波电压与合成波电流之比，即

$$Z_{\mathrm{in}}(z) = \frac{V(z)}{I(z)} \qquad (3.34)$$

式中，括号内的 z 为坐标，即传输线上任意一点 z 处都有相应的输入阻抗 Z_{in}。将式（3.22）代入上式，可以求出传输线上与负载相距 l 处的输入阻抗 Z_{in} 为

$$Z_{\mathrm{in}}(-l) = \frac{V_{\mathrm{L}}\mathrm{ch}(\gamma l) + I_{\mathrm{L}}Z_0\mathrm{sh}(\gamma l)}{I_{\mathrm{L}}\mathrm{ch}(\gamma l) + \frac{V_{\mathrm{L}}}{Z_0}\mathrm{sh}(\gamma l)} = Z_0 \frac{Z_{\mathrm{L}} + Z_0\mathrm{th}(\gamma l)}{Z_0 + Z_{\mathrm{L}}\mathrm{th}(\gamma l)} \qquad (3.35)$$

式中，Z_{L} 为终端负载阻抗，$Z_{\mathrm{L}} = V_{\mathrm{L}}/I_{\mathrm{L}}$。

对于均匀无耗传输线，$\alpha = 0$，$\gamma = \mathrm{j}\beta$，$\mathrm{th}(\mathrm{j}\beta l) = \mathrm{j}\tan(\beta l)$，则均匀无耗传输线上与负载相距 l 处的输入阻抗为

$$Z_{\mathrm{in}} = Z_0 \frac{Z_{\mathrm{L}} + \mathrm{j}Z_0 \tan(\beta l)}{Z_0 + \mathrm{j}Z_L \tan(\beta l)} \qquad (3.36)$$

特征参数 3

输入阻抗 Z_{in}：传输线上任意位置朝负载端看去的阻抗，为该位置的电压与电流之比：

$$Z_{\text{in}} = \frac{V(z)}{I(z)} = Z_0 \frac{Z_{\text{L}} + Z_0 \text{th}(\gamma l)}{Z_0 + Z_{\text{L}} \text{th}(\gamma l)} \tag{3.37}$$

式中，l 表示观察点与负载之间的距离。上式显然与输入阻抗的求解和坐标无关，而只与特征阻抗 Z_0、负载阻抗 Z_{L} 及观察点与负载之间的距离 l 有关。

事实上，传输线上任意一点的输入阻抗相当于从该点向负载看去的阻抗；换句话说，它是负载经过一段长为 l 的传输线变换后，该点的反应阻抗。因此，传输线上某点右侧的一段传输线及负载的作用，可用在该点接一个值等于该处输入阻抗 Z_{in} 的集总阻抗来等效，如图 3.6 所示。

由式（3.36）可以看出，当 $Z_{\text{L}} = Z_0$ 时，$Z_{\text{in}} = Z_0$，且与 z 无关，表明端接匹配负载的传输线上各点的输入阻抗都等于特征阻抗。显然，这是此时线上不存在反射波的结果；当 $Z_{\text{L}} \neq Z_0$ 时，$Z_{\text{in}}(z)$ 是 z 的周期函数，周期为 $\lambda/2$。因此，对于一个固定的负载阻抗，只要改变连接它的传输线的长度 l，即可改变其输入端的 Z_{in}。

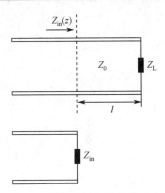

图 3.6　传输线输入阻抗的含义

表 3.2 中列出了 $\lambda/4$ 和 $\lambda/2$ 传输线的阻抗变换特性。

表 3.2　$\lambda/4$ 和 $\lambda/2$ 传输线的阻抗变换特性

线长 l	计 算 公 式	负载阻抗 Z_{L}	输入阻抗 Z_{in}	变 换 作 用
$\dfrac{\lambda}{4}$	$Z_{\text{in}} = \dfrac{Z_0^2}{Z_{\text{L}}}$	0	∞	短路变开路
		∞	0	开路变短路
		R_{L}	Z_0^2/R_{L}	电阻变换器
		jX_{L}	$-jZ_0^2/X_{\text{L}}$	电容（感）变电感（容）
$\dfrac{\lambda}{2}$	$Z_{\text{in}} = Z_{\text{L}}$	Z_{L}	Z_{L}	阻抗还原

运用经典传输线理论可以演化出某些非常实用的结果，$\lambda/4$ 波长和 $\lambda/2$ 波长阻抗变换器就是这样的例子。在工程中，四分之一阻抗变换器具有"阻抗倒置"的作用，二分之一阻抗变换器具有"阻抗还原"的作用。

3.5.2　反射系数

1．传输线方程的解的物理意义

当坐标轴方向指向负载时，如图 3.5 所示，传输线上任意一点电压和电流瞬时值的表达式为

$$\begin{cases} v(z,t) = V_0^+ \text{e}^{-\alpha z} \cos(\omega t - \beta z) + V_0^- \text{e}^{\alpha z} \cos(\omega t + \beta z) \\ i(z,t) = \dfrac{1}{Z_0} \left[V_0^+ \text{e}^{-\alpha z} \cos(\omega t - \beta z) - V_0^- \text{e}^{\alpha z} \cos(\omega t + \beta z) \right] \end{cases} \tag{3.38}$$

可见，线上任意一点的电压和电流均由两部分组成。例如，对电压波来说，第一部分为 $V_0^+ \mathrm{e}^{-\alpha z} \cos(\omega t - \beta z)$，在同一时刻，$\mathrm{e}^{-\alpha z}$ 表示其振幅随 z 的增加而减小，$\cos(\omega t - \beta z)$ 表示其相位随 z 的增加而滞后；随着时间 t 的增加，上述振动沿 $+z$ 方向传播，如图 3.7(a) 所示。它表示的是由电源向负载方向传输的衰减波，称为电压入射波。

类似地，第二部分 $V_0^- \mathrm{e}^{\alpha z} \cos(\omega t + \beta z)$ 表示由负载向电源方向传输的衰减波，如图 3.7(b) 所示，称为电压反射波。

对于线上的电流 $i(z,t)$，也有完全类似的分析。因此，一般情况下，传输线上任意一点的电压波 v（或电流波 i）应等于入射电压波 v^+（或电流波 i^+）和反射电压波 v^-（或电流波 i^-）的叠加，即

$$\begin{cases} v(z,t) = v^+(z,t) + v^-(z,t) \\ i(z,t) = \frac{1}{Z_0}\left[v^+(z,t) - v^-(z,t) \right] = i^+(z,t) + i^-(z,t) \end{cases} \tag{3.39}$$

上式还表明，当 Z_0 为实数时，线上各点的电压入射波与电流入射波的相位相同，而电压反射波与电流反射波的相位相反。

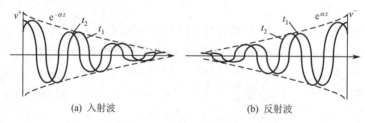

(a) 入射波　　　　　　　　　　　(b) 反射波

图 3.7　入射波与反射波

2. 反射系数

反射系数是描述传输线上波传播的一个重要概念。与电磁场理论中空间电磁波传播时反射系数的定义相同，我们将传输线上任意一点的电压反射系数定义为该点的反射电压波与入射电压波之比，并用 $\Gamma_V(z)$ 表示，即

$$\Gamma_V(z) = \frac{V^-(z)}{V^+(z)} \tag{3.40}$$

也可用反射电流波与入射电流波之比来定义，这时称其为电流反射系数，即

$$\Gamma_I(z) = \frac{I^-(z)}{I^+(z)} \tag{3.41}$$

对比式（3.40）和式（3.41）可以得出 $\Gamma_V(z) = -\Gamma_I(z)$，即电压反射系数与电流反射系数大小相等、相位相反。通常使用电压反射系数来表征反射特性，记为 $\Gamma(z)$。本书中如无特殊说明，所涉反射系数都表示电压反射系数。

因为反射系数 $\Gamma(z)$ 为反射波电压与入射波电压之比，若终端为无源负载，则一般有 $0 \leqslant |\Gamma(z)| \leqslant 1$。

如图 3.5 所示，若已知负载 Z_L 及其两端电压和电流，则由式（3.11）可知 $V_0^+ = \frac{V_L + I_L Z_0}{2}$ 和 $V_0^- = \frac{V_L - I_L Z_0}{2}$，代入式（3.40），可求出传输线上任意一点 z 处反射系数的表达式为

$$\Gamma(z) = \frac{Z_L - Z_0}{Z_L + Z_0} e^{2\gamma z} = \Gamma_L e^{2\alpha z} e^{j2\beta z} \tag{3.42}$$

式中，在负载端（$z = 0$）有 $\Gamma(z) = \Gamma_L$，称为终端反射系数，即

$$\Gamma_L = \frac{Z_L - Z_0}{Z_L + Z_0} = |\Gamma_L| e^{j\phi_L} \tag{3.43}$$

因此，传输线上任意一点 $z = -l$ 处反射系数的表达式可改写为

$$\Gamma(-l) = |\Gamma_L| e^{-2\alpha l} e^{j(\phi_L - 2\beta l)} \tag{3.44}$$

对于均匀无耗传输线，如图 3.8 所示，在 $z = -l$ 处有

$$V(-l) = V_0^+ e^{j\beta l} \left[1 + \Gamma_L e^{-j2\beta l} \right] = V_0^+ e^{j\beta l} \left[1 + |\Gamma_L| e^{j(\phi_L - 2\beta l)} \right] \tag{3.45}$$

令 $\varphi = \phi_L - 2\beta l$，$l$ 是从负载端到观察点的距离，如图 3.8 所示，
则有

$$V = V_0^+ e^{j\beta l} \left(1 + |\Gamma_L| e^{j\varphi} \right) \tag{3.46}$$

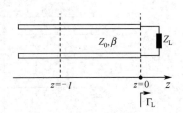

图 3.8　端接负载 Z_L 的传输线

均匀无耗传输线上各点反射系数的模相同，观察点的相位滞后于终端反射系数的相位 $2\beta l$，式（3.46）中括号内的求解如图 3.9 所示，Γ 表示观察点的反射系数。Γ 相位的变化周期为 2π，对应的传输线长度变化为 $\lambda/2$。

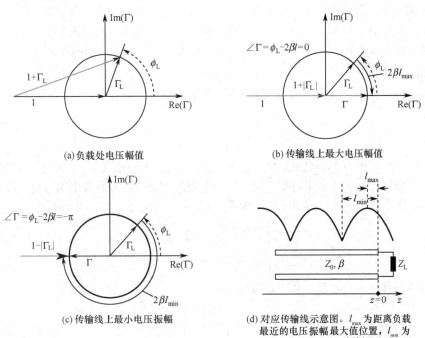

(a) 负载处电压幅值　　　　　　(b) 传输线上最大电压幅值

(c) 传输线上最小电压振幅

(d) 对应传输线示意图。l_{max} 为距离负载最近的电压振幅最大值位置，l_{min} 为距离负载最近的电压振幅最小值位置

图 3.9　求解图示

图 3.8 所示传输线上的总电压和总电流可以写为

$$\begin{cases} V(z) = V_0^+ \left(\mathrm{e}^{-\mathrm{j}\beta z} + \Gamma_\mathrm{L} \mathrm{e}^{+\mathrm{j}\beta z} \right) \\ I(z) = \dfrac{V_0^+}{Z_0} \left(\mathrm{e}^{-\mathrm{j}\beta z} - \Gamma_\mathrm{L} \mathrm{e}^{+\mathrm{j}\beta z} \right) \end{cases} \tag{3.47}$$

Z_L 不同，Γ_L 也不同，如表 3.3 所示。

表 3.3　不同负载阻抗下的不同反射情形

Z_L 值	负 载 情 况	Γ_L 值	反 射 情 况
$Z_\mathrm{L} = Z_0$	终端匹配	$\Gamma_\mathrm{L} = 0$	无反射
$Z_\mathrm{L} = 0$	终端短路	$\Gamma_\mathrm{L} = -1$	
$Z_\mathrm{L} = \infty$	终端开路	$\Gamma_\mathrm{L} = 1$	全反射
$Z_\mathrm{L} = \mathrm{j}X_\mathrm{L}$	终端接纯电抗负载	$\left\| \Gamma_\mathrm{L} \right\| = 1$	
$Z_\mathrm{L} = R_\mathrm{L} \neq Z_0$	终端接不匹配电阻负载	$\left\| \Gamma_\mathrm{L} \right\| < 1$	部分反射
$Z_\mathrm{L} = R_\mathrm{L} + \mathrm{j}X_\mathrm{L}$	终端接复阻抗负载		

【工程应用】回波损耗

回波损耗：当负载失配时，并非所有来自源的可用功率都传给了负载。这种"损耗"称为回波损耗（RL），它定义（以 dB 为单位）为

$$\mathrm{RL} = -20 \lg \left| \Gamma \right| \, \mathrm{dB} \tag{3.48}$$

3.5.3　驻波比

在微波测量中，直接测量反射系数通常是不方便的，因为我们不易分别测出线上某点的入射波电压和反射波电压，以及它们的相位差，但测量沿线各点电压（或电流）的大小分布，即线上入射波和反射波合成的驻波图形是方便的。因此，我们引入另一个便于直接测量的量——驻波比 ρ 来描述传输线上的反射情况。

传输线上的驻波比 ρ 定义为传输线上电压振幅的最大值与最小值之比，即

$$\rho = \frac{\left| V \right|_{\max}}{\left| V \right|_{\min}} \tag{3.49}$$

显然，有 $1 \leqslant \rho \leqslant \infty$。因为传输线任意一点上的电压是由入射波电压与反射波电压叠加而成的，所以当入射波电压与反射波电压同相位时，电压出现最大值，当入射波电压与反射波电压反相位时，电压出现最小值。因此，对于无耗传输线，有

$$\begin{aligned} \left| V \right|_{\max} &= \left| V^+(z) \right| + \left| V^-(z) \right| = \left| V^+(z) \right| \left[1 + \left| \Gamma \right| \right] \\ \left| V \right|_{\min} &= \left| V^+(z) \right| - \left| V^-(z) \right| = \left| V^+(z) \right| \left[1 - \left| \Gamma \right| \right] \end{aligned} \tag{3.50}$$

由此可以得到驻波比与反射系数之间的关系为

$$\rho = \frac{1 + \left| \Gamma \right|}{1 - \left| \Gamma \right|} = \frac{1 + \left| \Gamma_\mathrm{L} \right|}{1 - \left| \Gamma_\mathrm{L} \right|} \tag{3.51}$$

或

$$\left| \Gamma \right| = \frac{\rho - 1}{\rho + 1} \tag{3.52}$$

传输线上的驻波比也称驻波系数，用 VSWR（Voltage Standing Wave Ratio）表示。有时，也用行波系数 K 表示，它定义为

$$K = \frac{|V|_{\min}}{|V|_{\max}} = \frac{1}{\rho} \tag{3.53}$$

3.5.4 输入阻抗 Z_{in} 与反射系数 Γ 的关系

参数输入阻抗 Z_{in}、反射系数 Γ 都描述传输线上有反射时的特性，因此二者之间必有一定的关系。在坐标 z 处，容易得到

$$Z_{\text{in}} = \frac{V(z)}{I(z)} = \frac{V^+(z) + V^-(z)}{I^+(z) + I^-(z)} = \frac{V^+(z)\left[1 + \Gamma\right]}{I^+(z)\left[1 - \Gamma\right]} = Z_0 \frac{1 + \Gamma}{1 - \Gamma} \tag{3.54}$$

$$\Gamma = \frac{Z_{\text{in}} - Z_0}{Z_{\text{in}} + Z_0} \tag{3.55}$$

式（3.54）与式（3.55）就是输入阻抗 Z_{in} 与反射系数 Γ 的关系。由此，可以得出终端负载阻抗与终端反射系数的关系：

$$Z_{\text{L}} = Z_0 \frac{1 + \Gamma_{\text{L}}}{1 - \Gamma_{\text{L}}} \tag{3.56}$$

【基本概念】传输线特征参数

特征参数 4

反射系数 Γ：传输线上某位置的反射系数，是该位置反射波电压与入射波电压之比，即

$$\Gamma = \frac{V^-(z)}{V^+(z)} \tag{3.57}$$

若该位置的输入阻抗为 Z_{in}，传输线特征阻抗为 Z_0，则反射系数与输入阻抗之间的关系为

$$\Gamma = \frac{Z_{\text{in}} - Z_0}{Z_{\text{in}} + Z_0} \tag{3.58}$$

特征参数 5

驻波比 ρ：传输线上电压振幅的最大值与最小值之比，即

$$\rho = |V|_{\max} / |V|_{\min} \tag{3.59}$$

驻波比与反射系数之间的关系为

$$|\Gamma| = \frac{\rho - 1}{\rho + 1} \tag{3.60}$$

3.5.5 传输功率

如图 3.8 所示，均匀无耗传输线上任意一点 z 处的电压和电流可以表示为

$$\begin{cases} V(z) = V_0^+ (\mathrm{e}^{-\mathrm{j}\beta z} + \Gamma_{\text{L}} \mathrm{e}^{+\mathrm{j}\beta z}) \\ I(z) = \dfrac{V_0^+}{Z_0} (\mathrm{e}^{-\mathrm{j}\beta z} - \Gamma_{\text{L}} \mathrm{e}^{+\mathrm{j}\beta z}) \end{cases} \tag{3.61}$$

则传输功率的一般表达式为

$$P(z) = \frac{1}{2}\mathrm{Re}\left\{V(z)I^*(z)\right\} = \frac{1}{2}\frac{\left|V_0^+\right|^2}{Z_0}\mathrm{Re}\left\{1 - \Gamma_L^* \mathrm{e}^{-\mathrm{j}2\beta z} + \Gamma_L \mathrm{e}^{\mathrm{j}2\beta z} - \left|\Gamma_L\right|^2\right\} = \frac{1}{2}\frac{\left|V_0^+\right|^2}{Z_0}\left(1 - \left|\Gamma_L\right|^2\right) \quad (3.62)$$

显然，入射功率可以表示为

$$P^+(z) = \frac{1}{2}\frac{\left|V_0^+\right|^2}{Z_0} \quad (3.63)$$

而反射功率可以表示为

$$P^-(z) = \frac{1}{2}\frac{\left|V_0^+\right|^2}{Z_0}\left|\Gamma_L\right|^2 \quad (3.64)$$

因此，传输功率等于入射功率减去反射功率，入射波和反射波没有相互作用。换句话说，对于无耗传输线，反射波和入射波是独立的。

3.6 传输线的工作状态

传输线的工作状态是指传输线上电压、电流的分布状态，传输线根据其端接负载阻抗的不同，具有三种不同的工作状态，即行波、驻波和行驻波状态。下面讨论无耗传输线上的三种工作状态。

3.6.1 行波状态

行波状态是指传输线上无反射波的工作状态，这时终端反射系数 $\Gamma_L = 0$，传输线上各点的反射系数 $\Gamma_L(z) = 0$。由式（3.56）可知传输线处于行波状态的条件是

$$Z_L = Z_0 \quad (3.65)$$

即终端负载阻抗等于传输线的特征阻抗，此时也称终端匹配，终端负载阻抗 Z_L 称为匹配负载。

由式（3.51）和式（3.54）可知行波状态下的输入阻抗 $Z_{in} = Z_0$，驻波比 $\rho = 1$，所以行波状态下任意一点的输入阻抗均等于传输线特征阻抗。

行波状态下传输线上电压和电流的表达式为

$$V(z) = V^+(z) = V_0^+ \mathrm{e}^{-\gamma z}$$
$$I(z) = I^+(z) = \frac{V_0^+}{Z_0}\mathrm{e}^{-\gamma z} \quad (3.66)$$

对于无耗传输线，$\alpha = 0$，$\gamma = \mathrm{j}\beta$，传输线上电压和电流的表达式为

$$V(z) = V^+(z) = V_0^+ \mathrm{e}^{-\mathrm{j}\beta z}$$
$$I(z) = I^+(z) = \frac{V_0^+}{Z_0}\mathrm{e}^{-\mathrm{j}\beta z} \quad (3.67)$$

由上式可以看出，传输线上任意一点的电压与电流是同相位的，振幅保持不变。传输线不消耗能量，全部入射功率都被负载吸收，即行波状态能够最有效地传输功率。传输线行波状态如图3.10所示。

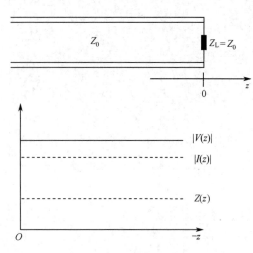

图 3.10 传输线行波状态

3.6.2　驻波状态

驻波状态是指传输线处于全反射状态，此时反射系数 $|\Gamma_L| = 1$，$\rho = \infty$。传输线处于驻波状态的条件是 $Z_L = 0$、$Z_L = \infty$ 或 $Z_L = \pm jX_L$，即终端短路、终端开路或终端接纯电抗负载。下面讨论这三种情况。

1. 终端短路

终端短路时，$Z_L = 0$，$\Gamma_L = -1$，任意一点 z 处的反射系数 $\Gamma(z) = \Gamma_L e^{2j\beta z} = -e^{2j\beta z}$，传输线上的电压和电流可以表示为

$$
\begin{aligned}
V(z) &= V^+(z) + V^-(z) = V_0^+ e^{-j\beta z}\left[1 + \Gamma_L e^{j2\beta z}\right] = V_0^+ e^{-j\beta z}\left[1 - e^{j2\beta z}\right] = -j2V_0^+ \sin(\beta z) \\
I(z) &= I^+(z) - I^-(z) = \frac{V_0^+}{Z_0} e^{-j\beta z}\left[1 - \Gamma_L e^{j2\beta z}\right] = \frac{V_0^+ e^{-j\beta z}}{Z_0}\left[1 + e^{j2\beta z}\right] = \frac{2V_0^+}{Z_0}\cos(\beta z)
\end{aligned}
\tag{3.68}
$$

在终端（$z = 0$）处，$V(0) = 0$，$I(0) = \frac{2V_0^+}{Z_0}$。

式（3.50）表明，终端短路时，无耗传输线上电压和电流的振幅按余弦变化，根据 $\lambda/2$ 阻抗周期性可知，在距离负载 $l = \lambda/2$ 的整数倍处电压为零，而电流振幅最大，这些点称为电压波节点或电流波腹点。根据 $\lambda/4$ 倒置性可得，在 $l = \lambda/4$ 的奇数倍处电压振幅最大，电流总为零，这些点称为电压波腹点或电流波节点。此时，任意一点 z 处的输入阻抗为 $Z_{in}(z) = -jZ_0\tan(\beta z)$，传输线上任意一点处的阻抗均呈电抗性。当 $z = 0$ 时，$Z_{in}(0) = 0$，相当于串联谐振；当 $-\lambda/4 < z < 0$ 时，输入阻抗为纯电感；当 $z = -\lambda/4$ 时，$Z_{in}(\lambda/4) = \infty$，相当于并联谐振；当 $-\lambda/2 < z < -\lambda/4$ 时，输入阻抗为纯电容。根据 $\lambda/4$ 倒置性和 $\lambda/2$ 阻抗周期性，下一波长重复出现前一波长的情况，以此类推。

注意，当终端负载短路时，距离负载 l 处的输入阻抗 $Z_{in} = jZ_0\tan(\beta l)$。

传输线上的功率为

$$
P(z) = \frac{1}{2}\text{Re}\left[V(z)I^*(z)\right] = 0
\tag{3.69}
$$

这是因为这时传输线上各点的电压和电流的相位差为 $\pi/2$，所以其传输功率为零。也就是说，在驻波状态下，传输线不能传输能量，只能存储能量，并且可以证明，在 $\lambda/4$ 线长范围内，电磁场总能量为常数，随时间变化以电场能和磁场能的形式相互转换。

整个无耗传输线上电压、电流的振幅和阻抗分布如图 3.11 所示。

2. 终端开路

终端开路时 $Z_L = \infty$，$\Gamma_L = 1$，任意一点 z 处的反射系数 $\Gamma(z) = \Gamma_L e^{j2\beta z} = e^{j2\beta z}$，传输线上的电压、电流可以表示为

$$
\begin{aligned}
V(z) &= V^+(z) + V^-(z) = V_0^+ e^{-j\beta z}\left[1 + \Gamma_L e^{j2\beta z}\right] = V_0^+ e^{-j\beta z}\left[1 + e^{j2\beta z}\right] = 2V_0^+ \cos(\beta z) \\
I(z) &= I^+(z) - I^-(z) = \frac{V_0^+}{Z_0} e^{-j\beta z}\left[1 - \Gamma_L e^{j2\beta z}\right] = \frac{V_0^+ e^{-j\beta z}}{Z_0}\left[1 - e^{j2\beta z}\right] = -j2V_0^+ \frac{\sin(\beta z)}{Z_0}
\end{aligned}
\tag{3.70}
$$

传输线上的功率为

$$
P(z) = \frac{1}{2}\text{Re}\left[V(z)I^*(z)\right] = 0
\tag{3.71}
$$

在任意一点 z 处的输入阻抗为 $Z_{in}(z) = jZ_0 \cot(\beta z)$，将它们与终端短路时的相应表达式进行比较，可知这时线上电压、电流的瞬时分布、振幅分布和阻抗分布及功率传输与终端短路时的情形完全类似，它们之间的差别仅在于电压、电流和阻抗沿线的分布相对于负载偏移了 $\lambda/4$ 距离，如图 3.12 所示。

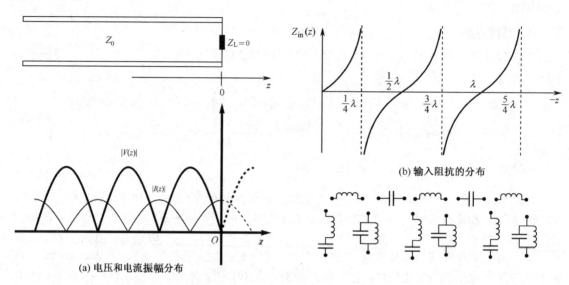

(b) 输入阻抗的分布

(a) 电压和电流振幅分布

图 3.11　传输线终端短路状态

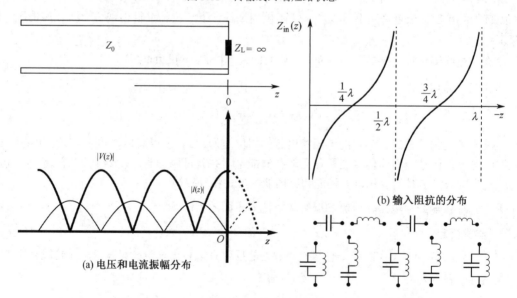

(b) 输入阻抗的分布

(a) 电压和电流振幅分布

图 3.12　传输线终端开路状态

3. 终端接纯电抗负载

终端为纯电抗负载（$Z_L = \pm jX_L$）时，假设 $Z_L = jX_L$，则

$$\Gamma_L = \frac{jX_L - Z_0}{jX_L + Z_0} = |\Gamma_L| e^{j\phi_L} \tag{3.72}$$

为一复数，且有

$$|\Gamma_L| = 1 , \quad \rho = \infty , \quad \phi_L = \arg(\Gamma_L) \tag{3.73}$$

可见，当传输线接纯电抗负载时，线上也产生全反射，传输线也工作于驻波状态，但与终端短路或开路时不同，负载处既不是驻波电压节点（$\phi_L = \pm\pi$），又不是驻波电压腹点（$\phi_L = 0$）。

这时，传输线上电压、电流和阻抗的分布及功率传输情况也完全与终端短路或开路时的类似，差别只是相对负载偏移了一定的距离，如图 3.13 所示。

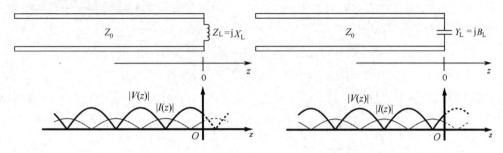

图 3.13 传输线终端接纯电抗负载状态

3.6.3 行驻波（混合波）状态

当终端接任意负载（$Z_L = R_L + jX_L$、$R_L \neq 0$ 或 $Z_L = R_L \neq Z_0$）时，入射波的部分能量被终端负载吸收，部分能量被反射，因此传输线上既有行波又有驻波，叠加形成行驻波状态。

在行驻波状态下，

$$\Gamma_L = \frac{(R_L + jX_L) - Z_0}{(R_L + jX_L) + Z_0} = |\Gamma_L| e^{j\phi_L} \tag{3.74}$$

式中，

$$|\Gamma_L| = \sqrt{\frac{(R_L - Z_0)^2 + X_L^2}{(R_L + Z_0)^2 + X_L^2}} < 1, \quad \phi_L = \arg(\Gamma_L) \tag{3.75}$$

沿传输线各点的电流、电压振幅表达式为

$$|V(z)| = \frac{|V_0^+|}{Z_0} \sqrt{1 + |\Gamma_L|^2 + 2|\Gamma_L|\cos(2\beta z + \phi_L)} \tag{3.76}$$

$$|I(z)| = \frac{|V_0^+|}{Z_0} \sqrt{1 + |\Gamma_L|^2 - 2|\Gamma_L|\cos(2\beta z + \phi_L)} \tag{3.77}$$

由它们可以确定线上行驻波电压、电流腹点和节点的位置及振幅的大小；它们都呈非正弦周期分布，周期为 $\lambda/2$。

对于行驻波状态下的传输线，在传输线上距离负载 $l = \frac{\lambda}{4\pi}\phi_L + n\frac{\lambda}{2}$（$n = 0,1,2,\cdots$）处，电压振幅最大，电流振幅最小，分别称为电压波腹点和电流波节点。该处的输入阻抗为纯电阻，$R_{max} = Z_0\rho$；在传输线上距离负载 $l = \frac{\lambda}{4\pi}\phi_L + (2n+1)\frac{\lambda}{4}$（$n = 0,1,2,\cdots$）处，电压振幅最小，电流振幅最大，分别称为电压波节点和电流波腹点，该处的输入阻抗也为纯电阻，$R_{min} = Z_0/\rho$。

3.6.4　无限长均匀无耗传输线

如图 3.14 所示，无限长均匀无耗传输线上电压和电流的表达式为

$$V(z) = V_0^+ \mathrm{e}^{-\mathrm{j}\beta z} \tag{3.78}$$

$$I(z) = \frac{1}{Z_0} V_0^+ \mathrm{e}^{-\mathrm{j}\beta z} = I_0^+ \mathrm{e}^{-\mathrm{j}\beta z} \tag{3.79}$$

考虑一个特征阻抗为 Z_0 的传输线馈接到特征阻抗为 Z_1 的负载传输线，如图 3.15 所示。若负载线无限长，或者说它端接到了自身的特征阻抗线上，则没有来自其终端的反射，于是由馈线（左）看到的输入阻抗是 Z_1，求得反射系数 Γ 为

$$\Gamma = \frac{Z_1 - Z_0}{Z_1 + Z_0} \tag{3.80}$$

并非所有入射波都被反射；其中的一些会传输到第二传输线上，其电压振幅由传输系数 T 给出。

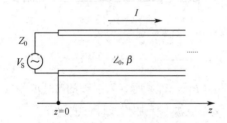

图 3.14　无限长均匀无耗传输线　　　图 3.15　两端接无限长均匀无耗传输线

由式（3.35）可知 $z \leqslant 0$ 处的电压为

$$V(z) = V_0^+ (\mathrm{e}^{-\mathrm{j}\beta z} + \Gamma \mathrm{e}^{\mathrm{j}\beta z}), \ z \leqslant 0 \tag{3.81}$$

式中，V_0^+ 为馈线上入射电压波的振幅。

$z \geqslant 0$ 处不存在反射波，因此有

$$V(z) = V_0^+ T \mathrm{e}^{-\mathrm{j}\beta z}, \quad z \geqslant 0 \tag{3.82}$$

式（3.56）和式（3.57）表示的电压值在 $z = 0$ 处相等，于是得到传输系数 T 为

$$T = 1 + \Gamma = 1 + \frac{Z_1 - Z_0}{Z_1 + Z_0} = \frac{2Z_1}{Z_1 + Z_0} \tag{3.83}$$

3.7　广义无耗传输线求解

通常，我们主要关注负载对传输线上电压和电流的影响，但位于电路另一端的波源的内阻抗对传输线上波的传播也具有重要作用。到目前为止，我们均默认信号源的内阻抗是与传输线特征阻抗相同的实数，而仅对负载端产生不匹配的影响，这显然是一个特例。最普遍的情况是电路两端均不匹配，下面对其做详细讨论。

如图 3.16 所示，考虑一段特征阻抗为 Z_0、长度为 l 的无耗传输线，它由 $z = 0$ 处内阻为 Z_S 的信号源激励，且在 $z = l$ 处端接阻抗为 Z_L 的负载。

两端的边界条件如下。

（1）$z = 0$ 处的电压和电流为

$$V_i = V_S - Z_S I_i = V_0^+ + V_0^- \tag{3.84}$$

$$I_i = \frac{V_0^+ - V_0^-}{Z_0} \tag{3.85b}$$

（2）$z = l$ 处的电压和电流为

$$V_L = Z_L I_L \tag{3.86}$$

$$I_L = \frac{1}{Z_0}\left(V_0^+ e^{-j\beta l} - V_0^- e^{j\beta l}\right) \tag{3.87}$$

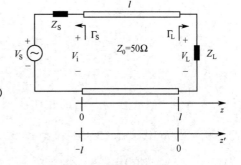

图 3.16　一般传输线电路

（3）$0 \leqslant z \leqslant l$ 处的电压和电流为

$$V(z) = V^+(z) + V^-(z) = V_0^+ e^{-j\beta z}\left[1 + \Gamma(z)\right] \tag{3.88}$$

$$I(z) = I^+(z) - I^-(z) = \frac{V_0^+}{Z_0} e^{-j\beta z}\left[1 - \Gamma(z)\right] \tag{3.89}$$

式中，$\Gamma(z) = \frac{V^-(z)}{V^+(z)} = \frac{V_0^- e^{j\beta z}}{V_0^+ e^{-j\beta z}} = \Gamma_L e^{-2j\beta(l-z)}$。

应用边界条件（1）有

$$V_i = V(0) = V_S - Z_S \frac{V_0^+ - V_0^-}{Z_0} = V_0^+ + V_0^- \tag{3.90}$$

$$V_S = V_0^+\left(1 + \frac{Z_S}{Z_0}\right) + V_0^-\left(1 - \frac{Z_S}{Z_0}\right) \tag{3.91}$$

由 $\Gamma_S = \frac{Z_S - Z_0}{Z_S + Z_0}$ 得

$$V_0^- = V_S \frac{Z_0}{Z_0 - Z_S} + \frac{V_0^+}{\Gamma_S} \tag{3.92}$$

应用边界条件（2）有

$$V_L = Z_L I_L = \frac{Z_L}{Z_0}\left(V_0^+ e^{-j\beta l} - V_0^- e^{j\beta l}\right) = V_0^+ e^{-j\beta l} + V_0^- e^{j\beta l} \tag{3.93}$$

得到

$$V_0^+\left(Z_0 - Z_L\right)e^{-j\beta l} + V_0^-\left(Z_0 + Z_L\right)e^{j\beta l} = 0 \tag{3.94}$$

联立式（3.91）和式（3.93）得

$$V_0^+ = V_S \frac{Z_0}{Z_0 + Z_S} \cdot \frac{1}{1 - \Gamma_S \Gamma_L e^{-2j\beta l}} \tag{3.95}$$

式中，$\Gamma_L = \frac{Z_L - Z_0}{Z_L + Z_0}$。

因此，将式（3.95）代入式（3.87），即可得到一般情况下 $V(z)$ 和 $I(z)$ 的表达式：

$$V(z) = \frac{Z_0 V_S}{Z_0 + Z_S} e^{-j\beta z}\left(\frac{1 + \Gamma_L e^{-j2\beta(l-z)}}{1 - \Gamma_S \Gamma_L e^{-j2\beta l}}\right) \tag{3.96}$$

$$I(z) = \frac{V_S}{Z_0 + Z_S} e^{-j\beta z}\left(\frac{1 - \Gamma_L e^{-j2\beta(l-z)}}{1 - \Gamma_S \Gamma_L e^{-j2\beta l}}\right) \tag{3.97}$$

根据二项式公式

$$(1+x)^n = 1 + nx + \frac{n(n-1)}{2!}x^2 + \cdots \qquad (3.98)$$

得

$$\left(1 - \Gamma_S\Gamma_L e^{-2j\beta l}\right)^{-1} = 1 + \Gamma_S\Gamma_L e^{-2j\beta l} + \Gamma_S^2\Gamma_L^2 e^{-4j\beta l} + \cdots \qquad (3.99)$$

将式（3.99）代入式（3.96）和式（3.97）得

$$V(z) = \frac{V_S}{Z_0+Z_S} \cdot Z_0 \left[e^{-j\beta z} + \Gamma_L e^{-j\beta(2l-z)} + \Gamma_S\Gamma_L e^{-j\beta(2l+z)} + \Gamma_S\Gamma_L^2 e^{-j\beta(4l-z)} + \cdots \right] \qquad (3.100)$$

$$I(z) = \frac{V_S}{Z_0+Z_S} \left[e^{-j\beta z} - \Gamma_L e^{-j\beta(2l-z)} + \Gamma_S\Gamma_L e^{-j\beta(2l+z)} - \Gamma_S\Gamma_L^2 e^{-j\beta(4l-z)} + \Gamma_S^2\Gamma_L^2 e^{-j\beta(4l+z)} - \cdots \right] \qquad (3.101)$$

式（3.100）可展开为

$$V(z) = V_1^+ + V_1^- + V_2^+ + \cdots = \sum_{i=1}^{\infty}(V_i^+ + V_i^-) \qquad (3.102)$$

式中，

$$\left|V_1^+\right| - \left|\left(\frac{Z_0}{Z_0+Z_S}\right)V_S\right|, \qquad\qquad \left|V_1^-\right| = \left|\Gamma_L\right|\left|\left(\frac{Z_0}{Z_0+Z_S}\right)V_S\right|$$

$$\left|V_2^+\right| = \left|\Gamma_S\right|\left|\Gamma_L\right|\left|\left(\frac{Z_0}{Z_0+Z_S}\right)V_S\right|, \qquad \left|V_2^-\right| = \left|\Gamma_S\right|\left|\Gamma_L\right|^2\left|\left(\frac{Z_0}{Z_0+Z_S}\right)V_S\right| \qquad (3.103)$$

式（3.101）可展开为

$$I(z) = I_1^+ - I_1^- + I_2^+ - I_2^- + \cdots = \sum_{i=1}^{\infty}(I_i^+ - I_i^-) \qquad (3.104)$$

对于传输线上电流达到稳态的物理过程，我们可以理解如下。

（1）在 $z = 0$ 处注入的电流波为

$$I^+(0) = \frac{V_S}{Z_0+Z_S} \qquad (3.105)$$

（2）正行至 z 处有

$$I_1^+ = \frac{V_S}{Z_0+Z_S}e^{-j\beta z} \qquad (3.106)$$

（3）正行至终端有

$$I^+(l) = \frac{V_S}{Z_0+Z_S}e^{-j\beta l} \qquad (3.107)$$

（4）经负载反射后，乘以 Γ_L，再反行 $(l-z)$ 至 z 处有

$$I_1^- = \Gamma_L \frac{V_S}{Z_0+Z_S}e^{-j\beta l}e^{-j\beta(l-z)} = \Gamma_L \frac{V_S}{Z_0+Z_S}e^{-j\beta(2l-z)} \qquad (3.108)$$

（5）再反行至源端有

$$I^-(0) = \Gamma_L \frac{V_S}{Z_0+Z_S}e^{-2j\beta l} \qquad (3.109)$$

（6）经源端反射后，乘以 Γ_S，再正行到 z 处有

$$I_2^+ = \Gamma_S \Gamma_L \frac{V_S}{Z_0 + Z_S} e^{-j\beta(2l+z)} \tag{3.110}$$

$$\vdots$$

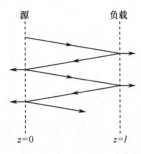

图 3.17 波在传输线上的来回反射

式（3.102）和式（3.104）所示为正弦电压馈源 V_S 端接任意负载 Z_L 时沿线电压、电流的相量表达式，代表传输线两端产生的无穷次反射波的叠加总和，反映传输线加上馈源后，在源和负载之间的来回反射达到稳态波的过程，这个过程是以极快的速度完成的，无论是在源端还是在负载端，都是既有吸收的又有反射的，如图 3.17 所示。

我们可由式（3.100）和式（3.101）导出如下一些有用的特殊应用。

应用 1 两端均匹配。

如图 3.18 所示，此时有 $Z_S = Z_L = Z_0$，$\Gamma_S = \Gamma_L = 0$，

$$V(z) = \frac{V_S}{2} e^{-j\beta z} \tag{3.111}$$

$$I(z) = \frac{V_S}{2Z_0} e^{-j\beta z} \tag{3.112}$$

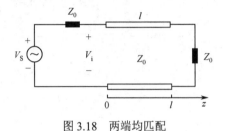

图 3.18 两端均匹配

在源端（$z = 0$），有

$$V(0) = V_i = \frac{V_S}{2} \tag{3.113}$$

$$I(0) = I_i = \frac{V_S}{2Z_0} \tag{3.114}$$

在负载端（$z = l$），有

$$V(l) = V_L = \frac{V_S}{2} e^{-j\beta l} \tag{3.115}$$

$$I(l) = I_L = \frac{V_S}{2Z_0} e^{-j\beta l} \tag{3.116}$$

在这种情况下，传输线上不存在驻波，沿线各处电压和电流的振幅均相等，即

$$\left| V_0^+ \right| = |V_i| = |V_L| = |V(z)| = \frac{V_S}{2} \tag{3.117}$$

$$\left| I_0^+ \right| = |I_i| = |I_L| = |I(z)| = \frac{V_S}{2Z_0} \tag{3.118}$$

【注意】

某些书中将传输线的参考点定在负载端而非源端，这意味着沿 z 轴有 $-l$ 的偏移，$z' = z - l$。

因此，式（3.102）和式（3.104）可以用 z' 坐标表示为

$$V(z') = \frac{V_S}{2} e^{-j\beta(z'+l)}, \qquad I(z') = \frac{V_S}{2Z_0} e^{-j\beta(z'+l)} \tag{3.119}$$

应用 2 仅源端匹配。

如图 3.19 所示，此时有 $Z_S = Z_0$，$Z_L \neq Z_0$，$\Gamma_S = 0$，$\Gamma_L \neq 0$，

$$V(z) = \frac{V_S}{2} e^{-j\beta z} (1 + \Gamma_L e^{-j2\beta(l-z)}) \tag{3.120}$$

$$I(z) = \frac{V_S}{2Z_0} e^{-j\beta z} (1 - \Gamma_L e^{-j2\beta(l-z)}) \tag{3.121}$$

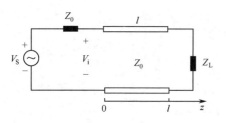

图 3.19　仅源端匹配

在源端（$z=0$），有

$$V(0) = V_i = \frac{V_S}{2}(1 + \Gamma_L e^{-j2\beta l}) \qquad (3.122)$$

$$I(0) = I_i = \frac{V_S}{2Z_0}(1 - \Gamma_L e^{-j2\beta l}) \qquad (3.123)$$

在负载端（$z=l$），有

$$V(l) = V_L = \frac{V_S}{2} e^{-j\beta l}(1 + \Gamma_L) \qquad (3.124)$$

$$I(l) = I_L = \frac{V_S}{2Z_0} e^{-j\beta l}(1 - \Gamma_L) \qquad (3.125)$$

应用 3　仅负载端匹配。

如图 3.20 所示，此时有 $Z_S \neq Z_0$，$Z_L = Z_0$，$\Gamma_S \neq 0$，$\Gamma_L = 0$，

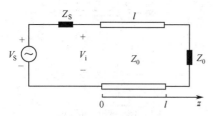

图 3.20　仅负载端匹配

$$V(z) = \frac{Z_0 V_S}{Z_0 + Z_S} e^{-j\beta z} \qquad (3.126)$$

$$I(z) = \frac{V_S}{Z_0 + Z_S} e^{-j\beta z} \qquad (3.127)$$

在源端（$z=0$），有

$$V(0) = V_i = \frac{Z_0 V_S}{Z_0 + Z_S} \qquad (3.128)$$

$$I(0) = I_i = \frac{V_S}{Z_0 + Z_S} \qquad (3.129)$$

在负载端（$z=l$），有

$$V(l) = V_L = \frac{Z_0 V_S}{Z_0 + Z_S} e^{-j\beta l} \qquad (3.130)$$

$$I(l) = I_L = \frac{V_S}{Z_0 + Z_S} e^{-j\beta l} \qquad (3.131)$$

这种情况简化为源的内阻抗 Z_S 与恒输入阻抗 Z_0 之间的分压关系,沿线各处的电压和电流除相位随线长而变化外,振幅不变,即

$$V_i = V_L e^{j\beta l} \qquad (3.132)$$

$$V(z) = V_L e^{-j\beta(z-l)} \qquad (3.133)$$

类似地,对于电流,有

$$I_i = I_L e^{j\beta l} \qquad (3.134)$$

$$I(z) = I_L e^{-j\beta(z-l)} \qquad (3.135)$$

【注意】

式（3.78a）和式（3.78b）可用 z' 坐标表示为

$$V(z') = \frac{Z_0 V_S}{Z_0 + V_S} e^{-j\beta(z'+l)} = V_L e^{-j\beta z'} \qquad (3.136)$$

$$I(z') = \frac{V_S}{Z_0 + Z_S} e^{-j\beta(z'+l)} = I_L e^{-j\beta z'} \qquad (3.137)$$

【例 3.2】如图 3.21 所示，一段长度 $l = 1\text{m}$ 的无耗传输线的特征阻抗 $Z_0 = 50\Omega$，其源端所接信号源的工作频率 $f = 1\text{GHz}$，$V_S = 10\text{V}$，$Z_S = 50\Omega$，终端所接负载 $Z_L = 100\Omega$，求：

（1）沿线任意点处的电压和电流。

（2）源端的电压 V_i 和负载端电压 V_L。

（3）沿线任意点处的反射系数和驻波比 ρ。

（4）传至负载处的平均功率。

解：（1）$Z_S = Z_0 = 50\Omega \Rightarrow \Gamma_S = 0$。根据应用 2，可求得

$$\beta = \frac{\omega}{c} = \frac{2\pi \times 10^9}{3 \times 10^8} = 20\pi/3\,(\text{rad}/\text{m}) \qquad (3.138)$$

$$\Gamma_L = \frac{Z_L - Z_0}{Z_L + Z_0} = \frac{100 - 50}{100 + 50} = \frac{1}{3} \qquad (3.139)$$

$$V(z) = \frac{V_S}{2} e^{-j\beta z}\left(1 + \Gamma_L e^{-j2\beta(l-z)}\right) = 5e^{-j20\pi z/3}\left[1 + \frac{1}{3}e^{-j\frac{40\pi}{3}(l-z)}\right]\text{V} \qquad (3.140)$$

$$I(z) = \frac{V_S}{2Z_0} e^{-j\beta z}\left(1 - \Gamma_L e^{-j2\beta(l-z)}\right) = \frac{10}{2\times 50}e^{-j20\pi z/3}\left[1 - \frac{1}{3}e^{-j\frac{40\pi}{3}(l-z)}\right] = 0.1e^{-j20\pi z/3}\left[1 - \frac{1}{3}e^{-j\frac{40\pi}{3}(l-z)}\right]\text{A} \qquad (3.141)$$

（2）在源端（$z = 0$），有

$$V_i(0) = 5 \cdot \left(1 + \frac{1}{3}e^{-j\frac{40\pi}{3}}\right) = (-4.16 + j1.44)\text{V} \qquad (3.142)$$

在负载端（$z = 1\text{m}$），有

$$V_i(1) = 5 \cdot e^{-j\frac{20\pi}{3}}\left(1 + \frac{1}{3}\right) = \frac{20}{3}e^{-j20\pi/3}\text{V} \qquad (3.143)$$

（3）沿线的反射系数和驻波比 ρ 为

$$\Gamma(z) = \Gamma_L e^{-j2\beta(l-z)} = \frac{1}{3}e^{-j\frac{40\pi}{3}(l-z)} \qquad (3.144)$$

$$\rho = \frac{1 + |\Gamma_L|}{1 - |\Gamma_L|} = \frac{1 + \frac{1}{3}}{1 - \frac{1}{3}} = 2 \qquad (3.145)$$

（4）传输线无耗，传至负载处的平均功率为

$$P_L(z) = \frac{1}{2}\text{Re}[V_L(z) \cdot I_L^*(z)] = \frac{1}{2}\text{Re}\left[V_L \cdot \frac{V_L^*}{Z_L^*}\right] = |V_L|^2 \frac{\text{Re}[Z_L]}{2|Z_L|^2} \qquad (3.146)$$

即

$$P_L(z) = \frac{|V_L|^2}{2Z_L} = \frac{\left|\frac{20}{3}e^{-j20\pi/3}\right|^2}{2 \times 100} = \frac{2}{9} = 0.22\text{W} \qquad (3.147)$$

若负载与传输线完全匹配，$Z_L = 50\Omega$，$|V_i| = |V_L| = \frac{V_S}{2} = 5\text{V}$，则传至负载的功率为

$$(P_L)_{\text{max}} = \frac{|V_L|^2}{2Z_L} = \frac{25}{2 \times 50} = 0.25\text{W} \qquad (3.148)$$

由于无反射功率 $(P_L)_{\text{max}}$ 就是入射功率 P^+，则反射功率为

$$P^- = (P^+ - P_L) = 0.25 - 0.22 = 0.03\text{W} \qquad (3.149)$$

我们注意到 $P^- = |\Gamma_L|^2 P^+$。

本章小结

1. 本章知识框架

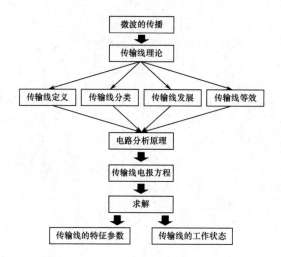

2. 知识要点

（1）一般传输线方程

$$\begin{cases} -\dfrac{\partial \boldsymbol{v}(z,t)}{\partial z} = R_0 \boldsymbol{i}(z,t) + L_0 \dfrac{\partial \boldsymbol{i}(z,t)}{\partial t} \\ -\dfrac{\partial \boldsymbol{i}(z,t)}{\partial z} = G_0 \boldsymbol{v}(z,t) + C_0 \dfrac{\partial \boldsymbol{v}(z,t)}{\partial t} \end{cases}$$

（2）传输线方程的一般解

$$\begin{cases} V(z) = V_0^+ \mathrm{e}^{-\gamma z} + V_0^- \mathrm{e}^{+\gamma z} \\ I(z) = \dfrac{1}{Z_0}\left(V_0^+ \mathrm{e}^{-\gamma z} - V_0^- \mathrm{e}^{+\gamma z}\right) \end{cases}$$

对于均匀无耗传输线，电报方程的解为

$$\begin{cases} V(z) = V_0^+ \mathrm{e}^{-\mathrm{j}\beta z} + V_0^- \mathrm{e}^{+\mathrm{j}\beta z} \\ I(z) = \dfrac{1}{Z_0}\left(V_0^+ \mathrm{e}^{-\mathrm{j}\beta z} - V_0^- \mathrm{e}^{+\mathrm{j}\beta z}\right) \end{cases}$$

（3）传输线特征参数之间的关系

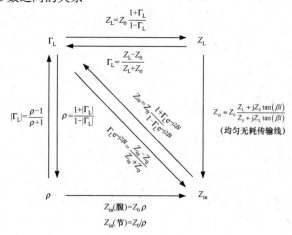

（4）传输线的工作状态

行波状态—无反射—阻抗匹配。

驻波状态—全反射—终端短路、开路或纯电抗。

行驻波状态—混合波—其他。

术 语 表

characteristic impedance　特征阻抗　　　　reflection coefficient　反射系数

attenuation constant　衰减常数　　　　　　return loss　回波损耗

distribution parameter　分布参数　　　　　insertion loss　插入损耗

field analysis　场分析　　　　　　　　　　voltage standing wave ratio (VSWR)　电压驻波比

conjugate matching　共轭匹配　　　　　　　input impedance　输入阻抗

propagation constant　传播常数

习　题

3.1 某双导线的直径为 2mm，间距为 10cm，周围介质为空气，求其特征阻抗。某同轴线的外导体内直径为 23mm，内导体外直径为 10mm，求其特征阻抗；若在内外导体之间填充 ε_r 为 2.25 的介质，求其特征阻抗。

3.2 试证明无耗传输线的负载阻抗为

$$Z_L = Z_0 \frac{K - \mathrm{j}\tan(\beta d_{\min 1})}{1 - \mathrm{j}K\tan(\beta d_{\min 1})}$$

式中，K 为行波系数，$d_{\min 1}$ 为第一个电压最小点至负载的距离。

3.3 长度为 $3\lambda/4$、特征阻抗为 600Ω 的双导线端接负载阻抗 300Ω，输入端电压为 600V，试画出沿线电压、电流和阻抗的振幅分布图，并求其最大值和最小值。

3.4 如题图 3.4 所示，画出电路沿线电压、电流和阻抗的振幅分布图，并求其最大值和最小值。

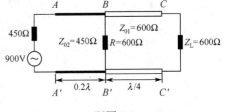

题图 3.4

3.5 试证明长度为 $\lambda/2$ 的两端短路的无耗线，不论信号从线上的哪一点馈入，均对信号频率呈并联谐振。

3.6 无耗传输线特征阻抗 $Z_0 = 50\Omega$，已知在距离负载 $z_1 = \lambda/8$ 处的反射系数为 $\Gamma(z_1) = \mathrm{j}0.5$。试求：（1）传输线上任意观察点 z 处的反射系数 $\Gamma(z)$ 和等效阻抗 $Z(z)$；（2）利用负载反射系数 Γ_L 计算负载阻抗 Z_L；（3）通过等效阻抗 $Z(z)$ 计算负载阻抗 Z_L。

3.7 在特征阻抗为 200Ω 的无耗双导线上，测得负载处为电压最小点，$|V|_{\min}$ 为 8V，距离负载 $\lambda/4$ 处为电压最大点，$|V|_{\max}$ 为 10V，试求负载阻抗及负载吸收的功率。

3.8 无耗传输线的特征阻抗 $Z_0 = 50\Omega$，已知传输线上的行波比 $K = 3 - 2\sqrt{2}$，距离负载 $l = \lambda/6$ 处是电压波腹点。试求：（1）传输线上任意观察点 z 处反射系数 $\Gamma(z)$ 的表达式；（2）负载阻抗 Z_L。

3.9 如题图 3.9 所示，求各电路 1-1'处的输入阻抗、反射系数及线 A 的电压驻波比。

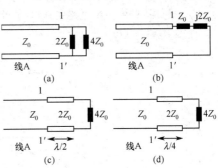

题图 3.9

3.10 Z_0 为 50Ω 的无耗线端接未知负载 Z_L，测得相邻两电压最

小点间的距离 $d = 8\text{cm}$，$\rho = 2$，$d_{\text{min}1} = 1.5\text{cm}$，求此 Z_{L}。

3.11 设无耗线的特征阻抗为 100Ω，负载阻抗为 $50 - \text{j}50\Omega$，试求 Γ_{L}、ρ 及距离负载 0.15λ 处的输入阻抗。

3.12 无耗线的特征阻抗为 125Ω，第一个电流最大点距负载 15cm，$\rho = 5$，工作波长为 80cm，求负载阻抗。

3.13 求题图 3.13 所示的输入阻抗 Z_{in}，传输线无损耗。

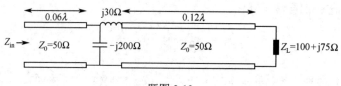

题图 3.13

3.14 在某时刻观察到无耗传输线沿线各点电压的瞬时值皆为零，而在另一时刻沿线各点电流的瞬时值皆为零。问线上反射系数的模是多少？驻波比是多少？

3.15 设一特征阻抗为 Z_0 的无耗传输线的驻波比为 ρ，第一个电压波节点到负载的距离为 $l_{\text{min}1}$，证明此时的终端负载为

$$Z_{\text{L}} = Z_0 \frac{1 - \text{j}\rho\tan(\beta l_{\text{min}1})}{\rho - \text{j}\tan(\beta l_{\text{min}1})}$$

3.16 传输线具有以下单位长度参量：$L_0 = 0.2\mu\text{H/m}$，$C_0 = 300\text{pF/m}$，$R_0 = 5\Omega/\text{m}$，$G_0 = 0.01\text{S/m}$。计算该传输线在 500MHz 频率下的传播常数和特征阻抗。不存在损耗时（$R_0 = G_0 = 0$），再计算这些量。

3.17 一无耗传输线端接一个 100Ω 的负载，若线上的 SWR 为 1.5，求该线的特征阻抗的两个可能值。

3.18 在题图 3.18 所示的无耗传输线电路中，设 $V_{\text{S}} = 20\text{V}$，$Z_{\text{L}} = 50 + \text{j}100\Omega$。

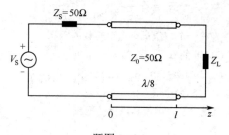

题图 3.18

（1）求 $z = 0$ 和 $z = \lambda/8$ 处的电压系数 $V^+(0)$、$V^+(\lambda/8)$、$V^-(0)$ 和 $V^-(\lambda/8)$。

（2）分别计算 $z = 0$ 和 $z = \lambda/8$ 处的电压和电流。

（3）计算 $z = 0$ 和 $z = \lambda/8$ 处的平均输入功率，并证明 $P(0) = P(\lambda/8)$。

（4）求 $z = 0$ 处的输入阻抗 $Z_{\text{in}}(0)$。

3.19 求题图 3.19 所示电路中端口 1 处的输入阻抗、反射功率以及传至端口 2 负载处的功率。假设 $V_{\text{S}} = \cos 2\pi \times 10^9 t$。

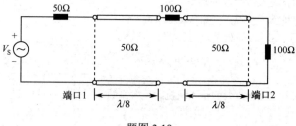

题图 3.19

3.20 对题图 3.20 所示电路，计算负载处的反射系数和传输线上的驻波比 ρ。

3.21 对题图 3.21 所示的无耗传输线，计算：（1）负载阻抗；（2）传输线输入端的反射系数；（3）传输线上的驻波比 ρ。

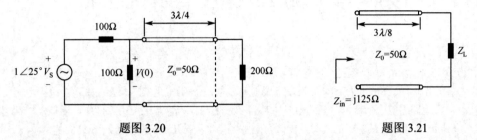

题图 3.20 　　　　　　　　　　　　　题图 3.21

3.22 一段无耗传输线终端接 200Ω 负载，若传输线上的驻波比 ρ 为 2.0，求传输线的特征阻抗。

3.23 一段无耗传输线终端接电抗性负载 Z_L，求反射系数、驻波比 ρ 和 $|\Gamma|$。

第 4 章　Smith 圆图与阻抗匹配

工程背景

在微波工程中，Smith 圆图是一种最有效、最常见的图形工具。它于 1939 年由贝尔实验室的 P. Smith 先生发明并开始使用。Smith 圆图全面反映了反射系数与阻抗/导纳之间的相互关系，能极大地简化传输线及集总参数电路中复杂问题的分析与设计。应用实践证明，无论是采用手工操作，还是采用计算机辅助设计，Smith 圆图都是最有用的工具。因此，它被频繁地用于电路分析和实际设计的各个阶段。

在微波传输系统的设计中，传输线路中的反射会带来功率损失、干扰信号源等问题，为了避免传输线路中的反射，需要进行阻抗匹配。实际工程中常用 Smith 圆图进行阻抗匹配，这对微波元器件设计、微波测量乃至微波传输系统都是必不可少的步骤。因此，本章介绍的 Smith 圆图和阻抗匹配对微波工程而言非常重要。

自学提示

本章主要讨论 Smith 圆图的概念、原理和特点，利用 Smith 圆图进行阻抗匹配的方法，以及宽带匹配的原理与应用。Smith 圆图与阻抗匹配是微波技术课程中最重要的内容之一，学习 Smith 圆图与阻抗匹配可以先从 Smith 圆图的构思方法入手，以便彻底理解并掌握 Smith 圆图的结构，理解阻抗圆图和导纳圆图，熟练使用 Smith 圆图进行阻抗匹配，掌握宽带匹配方法：最大平坦特性（二项式）变换器和等波纹特性（切比雪夫）变换器的原理与应用。

推荐学习方法

鉴于本章的实用性较强，因此在学习过程中应先清楚推导过程，明白 Smith 圆图各部分的物理意义，再配合适量的阻抗匹配练习，熟练匹配过程，结合直观想象力，熟练掌握本章的内容。

Smith 圆图于 1939 年由菲利普·史密斯（Phillip Smith）在贝尔电话实验室工作时开发，史密斯说过："在我能够使用计算尺的时候，我对以图表方式来表达数学上的关联很有兴趣。"Smith 圆图是一款用于电动机与电子工程学的图表，它在求解传输线问题时是非常有用的，主要用于无耗传输线的分析，特别是传输线的阻抗匹配。Smith 圆图全面反映了反射系数与阻抗/导纳之间的相互换算关系，能极大地简化传输线及集总参数电路中复杂问题的分析与设计。

有人也许认为，在科学计算器和计算机功能强大的今天，图形求解在现代工程中已没有地位。然而，Smith 圆图不只是一种图形技术，除了作为微波设计的众多流行计算机辅助设计（CAD）软件和检测设备中的组成部分，Smith 圆图还提供一种使传输线现象可视化的有用方法。学会用 Smith 圆图思考后，可以开发出关于传输线和阻抗匹配问题的直观想象力。

传输线的阻抗随其长度变化，要设计匹配的线路，就需要不少繁复的计算程序，而 Smith 圆图的特点是可以省去一些计算程序。实践证明，Smith 圆图仍是计算传输线阻抗的基本工具。

4.1　Smith 圆图

本章主要介绍无耗传输线与 Smith 圆图的使用。除非特别说明，以下章节所述传输线均为无耗传输线。下面分析 Smith 圆图的基本构成和基本功能。

4.1.1　Smith 圆图的基本构成

根据反射系数的定义（传输线示意图如图 4.1 所示）可知反射系数为

$$\Gamma(-l) = \Gamma_L e^{-2\beta l} \tag{4.1}$$

传输线上该点的电流反射系数为

$$\Gamma_i(z) = -\Gamma(z) \tag{4.2}$$

对于无耗传输线，任意距离负载 l 处的反射系数为

$$\Gamma = \Gamma_L e^{-j2\beta l} \tag{4.3}$$

由式（4.3）可以看到，任意一点的反射系数与负载处的反射系数只差一个相位。对任意一点，反射系数是复数，复数的模已知（对给定的负载是一个常数），于是反射系数随相位变化的图形在复平面上就是一个圆。

如图 4.2 所示，负载处的反射系数为

$$\Gamma_L = \frac{Z_L - Z_0}{Z_L + Z_0} = |\Gamma_L| e^{j\theta_L} \tag{4.4}$$

 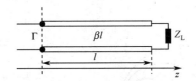

图 4.1　传输线示意图　　　　　　　图 4.2　反射系数

根据负载阻抗的不同，$|\Gamma_L|$ 的变化范围为 0~1，这意味着任意负载传输线都对应一个圆，这些圆是同心圆，半径 r 的范围是 $0 \leqslant r \leqslant 1$，$\theta_L$ 的变化范围是 0~2π。阻抗归一化后有

$$z_l = \frac{Z_L}{Z_0} = r + jx \tag{4.5}$$

式中，r 为归一化电阻，x 为归一化电抗。将归一化阻抗代入反射系数得

$$\Gamma = \frac{z_l - 1}{z_l + 1} = |\Gamma_L| e^{j\theta_L} = \Gamma_r + j\Gamma_i \tag{4.6}$$

式中，Γ_r 为反射系数的实部，Γ_i 为反射系数的虚部。将 z_l 代入式（4.6），可分别求解 r 和 x：

$$\Gamma = \frac{z_l - 1}{z_l + 1} = \frac{r + jx - 1}{r + jx + 1} = \Gamma_r + j\Gamma_i \tag{4.7}$$

$$r + jx - 1 = (r+1)\Gamma_r - x\Gamma_i + j[x\Gamma_r + (r+1)\Gamma_i] \tag{4.8}$$

$$\begin{cases} r - 1 = (r+1)\Gamma_r - x\Gamma_i \\ x = x\Gamma_r + (r+1)\Gamma_i \end{cases} \tag{4.9}$$

于是有

$$r = \frac{1 - \Gamma_r^2 - \Gamma_i^2}{(1 - \Gamma_r)^2 + \Gamma_i^2} \tag{4.10}$$

$$x = \frac{2\Gamma_i}{(1-\Gamma_r)^2 + \Gamma_i^2} \tag{4.11}$$

由 $z_l = \frac{Z_L}{Z_0} = r + jx$ 和

$$\Gamma = \frac{z_l - 1}{z_l + 1} = \frac{r + jx - 1}{r + jx + 1} = \frac{r^2 + x^2 - 1 + j2x}{(1+r)^2 + x^2} = \Gamma_r + j\Gamma_i \tag{4.12}$$

有

$$\Gamma_r = \frac{r^2 + x^2 - 1}{(1+r)^2 + x^2} \tag{4.13}$$

$$\Gamma_i = \frac{2x}{(1+r)^2 + x^2} \tag{4.14}$$

由归一化电阻

$$r = \frac{1 - \Gamma_r^2 - \Gamma_i^2}{(1-\Gamma_r)^2 + \Gamma_i^2} \tag{4.15}$$

可得

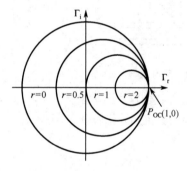

图 4.3　Smith 电阻圆图

$$\left(\Gamma_r - \frac{1}{1+r}\right)^2 + \Gamma_i^2 = \left(\frac{1}{1+r}\right)^2, \qquad |\Gamma| \leqslant 1 \tag{4.16}$$

这是一簇圆的方程，圆心位于 $\left(\frac{r}{1+r}, 0\right)$，半径为 $\frac{1}{1+r}$。表 4.1 中列出了不同 r 值时的圆心位置及半径的值，相应的电阻圆图如图 4.3 所示。归一化阻抗为

$$z_l = \frac{Z_L}{Z_0} = r + jx \tag{4.17}$$

式中，归一化电阻 r 的取值范围为 $(0, \infty)$，归一化电抗 x 的取值范围为 $(-\infty, \infty)$。

表 4.1　不同 r 值时的圆心位置及半径的值

参量 r	圆　心	半　径	参量 r	圆　心	半　径
0	(0, 0)	1	2	(2/3, 0)	1/3
1/2	(1/3, 0)	2/3	∞	(1, 0)	0
1	(1/2, 0)	1/2			

这簇圆的特点如下：

（1）r 越小，圆越大，当 $r = 0$ 时，对应最大半径圆，即单位圆。

（2）r 越大，圆越小，当 $r \to \infty$ 时，圆缩成一个开路（Open Circuit）点 $P_{OC}(1, 0)$。

（3）所有圆都过点 $P_{OC}(1, 0)$。

由归一化电抗

$$x = \frac{2\Gamma_i}{(1-\Gamma_r)^2 + \Gamma_i^2} \qquad (4.18)$$

可得

$$(\Gamma_r - 1)^2 + \left(\Gamma_i - \tfrac{1}{x}\right)^2 = \left(\tfrac{1}{x}\right)^2, \qquad |\Gamma| \leqslant 1 \qquad (4.19)$$

这也是一簇圆的方程，圆心为 $(1, 1/x)$，半径为 $1/|x|$。表 4.2 中列出了不同 x 值时的圆心位置及半径的值，相应的电抗圆图如图 4.4 所示。

表 4.2　不同 x 值时的圆心位置及半径的值

参量 x	圆心 $(1, 1/x)$	半径 $1/|x|$	参量 x	圆心 $(1, 1/x)$	半径 $1/|x|$
0	$(1, \infty)$	∞	± 2	$(1, \pm 1/2)$	$1/2$
$\pm 1/2$	$(1, \pm 2)$	2	∞	$(1, 0)$	0
± 1	$(1, \pm 1)$	1			

这簇圆的特点如下：

（1）$x = 0$ 的含义是以无穷大为半径的圆，即与横坐标轴重合的直线，表示纯电阻性负载。

（2）当 $|x| \rightarrow \infty$ 时，圆缩成一点 $P_{OC}(1, 0)$。

（3）所有圆都过点 $P_{OC}(1, 0)$。

（4）外界为单位圆，反射系数的绝对值不能大于 1，即单位圆及其内部为有效值。

（5）上部 $x > 0$ 对应于电感性电抗（$+jx$），下部 $x < 0$ 对应于电容性电抗（$-jx$）。

现在将电阻圆和电抗圆绘在一起，构成一个完整的阻抗圆图，如图 4.5 所示。圆图上的任意一点都对应 r、x、Γ_r 和 Γ_i（或 $|\Gamma|$ 和 θ）4 个参量，若已知前两个参量或者后两个参量，则均可确定该点在圆图上的位置。注意 r 和 x 均为归一化值，求实际值时要分别乘以传输线的特征阻抗。

已知 $Z_L = R + jX$，归一化 $z_L = r + jx$ 同时满足式（4.16）和式（4.19）的 r 和 x，即为交点，找到对应的 (Γ_r, Γ_i)，可以得到反射系数。

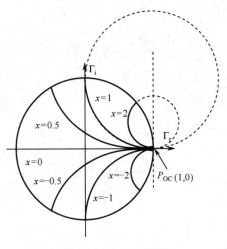

图 4.4　Smith 电抗圆图

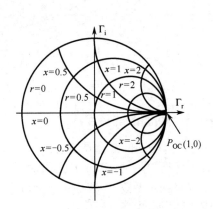

图 4.5　Smith 阻抗圆图

下面来认识 Smith 圆图。如图 4.6 所示，在圆图上的任意一点都能读出两对坐标 (r, x) 和 (Γ_r, Γ_i)，任意一点都有 4 个坐标值，它们当然是相关的，可视为关联的四维图。Smith 圆图实际上就是一把特殊的尺子。

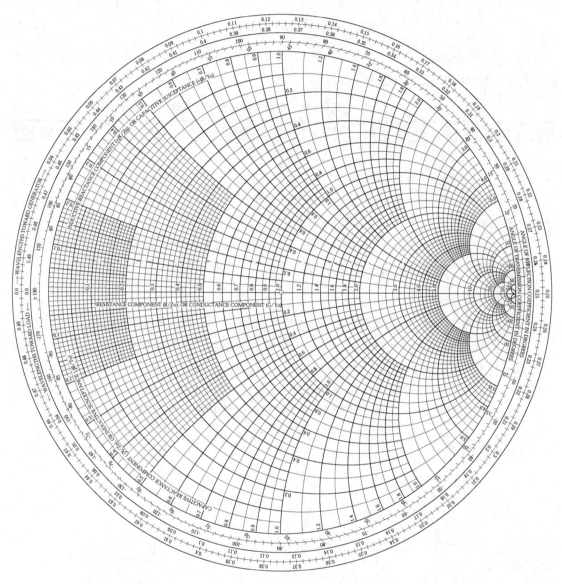

图 4.6　Smith 圆图

4.1.2　Smith 圆图的特点

注意：①Smith 圆图是反射系数的平面图；②图中阻抗是归一化后的阻抗。Smith 圆图中任意一点与一定的归一化阻抗和反射系数一一对应。Smith 圆图上的几个特殊点如表 4.3 所示。

表 4.3　Smith 圆图上几个特殊点

(Γ_r, Γ_i)	(r, x)	负　　载	含　　义
$(-1, 0)$	$(0, 0)$	$Z_L = 0$	短路点
$(1, 0)$	(∞, ∞)	$Z_L = \infty$	开路点
$(0, 0)$	$(1, 0)$	$Z_L = Z_0$	匹配点

分析

观察点的反射系数为（设观察点到负载的距离为 l）

$$\Gamma = \Gamma_{\text{L}} \text{e}^{-\text{j}2\beta l} = |\Gamma_{\text{L}}| \text{e}^{\text{j}(\phi_{\text{L}}-2\beta l)} = |\Gamma_{\text{L}}| \text{e}^{\text{j}\theta_{\Gamma}} = \{|\Gamma_{\text{L}}|, \theta_{\Gamma}\} \qquad (4.20)$$

（1）当 l 增大时，位置向电源的方向移动，此时 θ_{Γ} 减小，在圆图上顺时针方向转动，所以在 Smith 圆图上，顺时针方向代表朝源移动，逆时针方向代表朝负载移动。

（2）无论 l 如何变化，反射系数的大小都不变，所以在 Smith 圆图上的轨迹是圆。

（3）假设传输线是有损耗的，有 $\Gamma = |\Gamma_{\text{L}}| \text{e}^{\text{j}(\phi_{\text{L}}-2\beta l)-2\alpha l}$，随着 l 的增加，$\text{e}^{-2\alpha l}$ 变小，因此轨迹是半径逐渐减小的螺旋线。

由式（4.20）可以计算 l 的周期。由 $2\beta l = 2\pi$ 得 l 的周期为 $\frac{2\pi}{2\beta} = \frac{2\pi}{2(2\pi/\lambda)} = \frac{\lambda}{2}$，对应的圆图刻度为 0.5，因此圆图上一个周期（即转动 2π）的电长度刻度为 0.5。

Smith 圆图的特点总结如下：

（1）单位圆上 $r = 0$ 的圆（实轴的两个端点除外）表示纯电抗圆。

（2）$x = 0$ 对应的线表示纯电阻线。

（3）图 4.6 所示 Smith 圆图实轴上、下平面分别为电感性和电容性阻抗面。

（4）正实半轴为电压波腹点，线上 r 值为与此等 r 圆相切的等反射系数圆所对应的传输线的驻波比。

（5）负实半轴为电压波节点，线上 r 值为与此等 r 圆相切的等反射系数圆所对应的传输线的行波系数。

（6）原点：表示阻抗匹配（无反射）。

（7）在 Γ_{r}-Γ_{i} 平面上，对应于 $|\Gamma| \leqslant 1$ 时的 r 圆和 x 圆。

（8）r 圆和 x 圆曲线处处相互正交。

（9）圆中任意一点对应于归一化阻抗 $z_{\text{L}} = r + \text{j}x$，且与反射系数一一对应。

（10）若负载处反射系数为 Γ_{L}（$|\Gamma_{\text{L}}| \text{e}^{\text{j}\phi_{\text{L}}}$），则传输线上距离负载 l 处的反射系数 $\Gamma = |\Gamma_{\text{L}}| \text{e}^{\text{j}\theta_{\Gamma}}$，用极坐标系表示为（$|\Gamma_{\text{L}}|, \theta_{\Gamma}$），用直角坐标系表示为（$\Gamma_{\text{r}}, \Gamma_{\text{i}}$），$\theta_{\Gamma} = \phi_{\text{L}} - 2\beta l$。

（11）相位：圆图上转一圈（半波长）相位改变 2π，读数改变 0.5。

（12）任意一点归一化阻抗 z 旋转 $180°$ 的读数是归一化导纳 y。

（13）顺时针方向表示朝信号源方向，逆时针方向表示朝负载方向。

4.1.3 Smith 圆图的应用

1. 利用圆图求驻波比 ρ

$$\rho = \frac{1+|\Gamma|}{1-|\Gamma|} = \frac{1+|\Gamma_{\text{r}0}+\text{j}0|}{1-|\Gamma_{\text{r}0}+\text{j}0|} = \frac{1+\Gamma_{\text{r}0}}{1-\Gamma_{\text{r}0}} \qquad (4.21)$$

如图 4.7 所示，考虑右横轴上的 A 点（$\Gamma_{\text{r}0}, 0$），它是 r 圆与横轴的左交点。利用圆方程

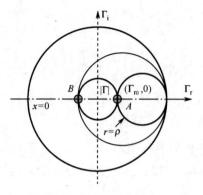

图 4.7　利用圆图求驻波比

$$\left(\Gamma_r - \frac{r}{1+r}\right)^2 + \Gamma_i^2 = \left(\frac{1}{1+r}\right)^2, \quad |\Gamma| \leqslant 1 \tag{4.22}$$

对 A 点 $(\Gamma_{r0}, 0)$ 有

$$\left(\Gamma_{r0} - \frac{r}{1+r}\right)^2 + 0 = \left(\frac{1}{1+r}\right)^2 \tag{4.23}$$

所以

$$\Gamma_{r0} - \frac{r}{1+r} = -\frac{1}{1+r} \tag{4.24}$$

式中，选 "−" 的原因是该点是圆的左交点。因此，有

$$\Gamma_{r0} = \frac{r-1}{r+1} \tag{4.25}$$

从而有

$$r = \frac{1+\Gamma_{r0}}{1-\Gamma_{r0}} = \rho \tag{4.26}$$

同理，对 B 点有

$$r = 1/\rho \tag{4.27}$$

总之，对理想传输线 $\alpha = 0$，求驻波比（ρ）的方法有如下 3 种（读者可以思考其他方法）。

（1）按定义

$$\rho = \frac{|V_{max}|}{|V_{min}|} \tag{4.28}$$

（2）利用反射系数

$$\rho = \frac{1+|\Gamma|}{1-|\Gamma|} = \frac{1+\Gamma_{r0}}{1-\Gamma_{r0}} \tag{4.29}$$

（3）利用 Smith 圆图。已知 $|\Gamma|$，在圆图上作出等反射系数圆，利用上面的方法找到 A 点对应的 r 圆，读出 r 值，即为驻波比。

2．利用 Smith 圆图求带载无耗传输线的输入阻抗

如图 4.8 和图 4.9 所示，求解过程如下：

（1）由负载阻抗归一化定出 A 点。

（2）延长射线 OA，与 $r = 0$ 的圆有个交点为 B，读出 B 点的电长度刻度值。

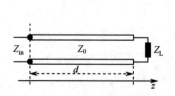

图 4.8　Smith 圆图求带载无耗传输线的输入阻抗

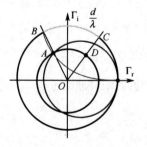

图 4.9　Smith 图法

（3）由 B 点向源（顺时针）转动 d/λ 刻度，到 C 点。

（4）OC 与过 A 点的等反射系数圆的交点为 D。

（5）由 D 点得归一化输入阻抗，读出 r 和 x 值。

（6）反归一化即可得到输入阻抗。

【例4.1】如图 4.10 所示，已知无耗传输线的特征阻抗为 50Ω，长度为 0.1λ，终端短路，求输入阻抗。

解法 1：直接利用阻抗公式

$$Z_{in} = Z_0 \frac{Z_L + jZ_0 \tan(\beta l)}{Z_0 + jZ_L \tan(\beta l)} \tag{4.30}$$

因为 $Z_L = 0$，所以

$$Z_{in} = jZ_0 \tan(\beta l) = jZ_0 \tan\left(\frac{2\pi}{\lambda}l\right) = j36.4\Omega \tag{4.31}$$

解法 2：利用 Smith 圆图

如图 4.11 所示，根据题目首先找出终端短路点 P_{SC}，向源方向旋转 0.1λ（顺时针方向旋转 0.1），到圆图上的 A 点，读出 $x = 0.72$。于是，有

$$Z_{in} = Z_0 z_{in} = 50 \times j0.72 = j36\Omega \tag{4.32}$$

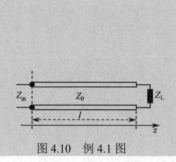

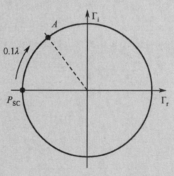

图 4.10　例 4.1 图　　　　图 4.11　例 4.1 的 Smith 圆图图解

【例4.2】已知无耗传输线的特征阻抗为 $Z_0 = 50\Omega$，端接负载阻抗为 $Z_L = (85 + j30)\Omega$，用圆图求驻波比。

解：首先对负载归一化得

$$z_L = Z_L / Z_0 = 1.7 + j0.6 \tag{4.33}$$

在 Smith 圆图上确定负载位置 A 点：$r = 1.7$，$x = 0.6$，画出负载所在的等反射系数圆，如图 4.12(a) 所示。

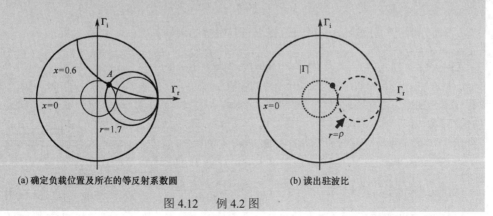

(a) 确定负载位置及所在的等反射系数圆　　　　(b) 读出驻波比

图 4.12　例 4.2 图

由图读出与等反射系数圆相切的电阻圆的 r 值即为驻波比，如图 4.12(b)所示：

$$\rho = 2.0 \tag{4.34}$$

【例 4.3】已知传输线长 $l = 25\mathrm{m}$，特征阻抗为 100Ω，端接负载阻抗为 $Z_\mathrm{L} = (100 - \mathrm{j}200)\Omega$，信号源频率为 $f = 10\mathrm{MHz}$，利用 Smith 圆图求输入阻抗及导纳。

解：首先对负载归一化，得

$$z_\mathrm{L} = Z_\mathrm{L}/Z_0 = 1 - \mathrm{j}2 \tag{4.35}$$

在图中定位 A 点：$r = 1$，$x = -2$，如图 4.13(a)所示。由题知 $\lambda = 30\mathrm{m}$，传输线长 $l = 25\mathrm{m}$，所以应由 A 点沿过 A 点的等反射系数圆顺时针方向转动

$$\frac{l}{\lambda} = \frac{5}{6} = 0.833 \tag{4.36}$$

到输入阻抗点，而

$$2\beta l = 4\pi\frac{5}{6} = 2\pi + \frac{4}{3}\pi \tag{4.37}$$

由负载对应的点 A 先沿等反射系数圆顺时针方向转动 0.5 刻度，对应 2π，即一周，再转 $\frac{4}{3}\pi$，对应 0.333 刻度，到达 B 点，B 点即为输入阻抗点。从图中读出该点的读数：$0.45 + \mathrm{j}1.2$，如图 4.13(b)所示，反归一化得到输入阻抗

$$Z_\mathrm{in} = (0.45 + \mathrm{j}1.2) \times 100 = (45 + \mathrm{j}120)\Omega \tag{4.38}$$

再由 OB 反向延长到 C 点，为归一化导纳点，读出该点的值为 $y_\mathrm{in} = 0.27 - \mathrm{j}0.73$，所以输入导纳为

$$Y_\mathrm{in} = (0.27 - \mathrm{j}0.73)/100 = 0.0027 - \mathrm{j}0.0073 \tag{4.39}$$

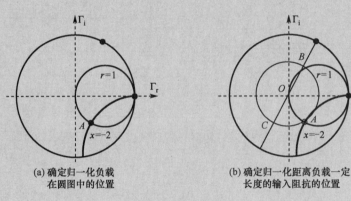

(a) 确定归一化负载
在圆图中的位置

(b) 确定归一化距离负载一定
长度的输入阻抗的位置

图 4.13 例 4.3 图

下面分析已知驻波比 ρ 和 $|V_\mathrm{min}|$ 位置求负载阻抗的例题。

【例 4.4】如图 4.14 所示，已知一无耗传输线的特征阻抗为 50Ω，驻波比 $\rho = 3$，相邻两个电压最小值点的距离为 0.2m，距离负载最近的电压驻波最小值点距负载 0.05m，求：（1）负载处的反射系数；（2）负载阻抗。

解：由题可知 $\lambda/2 = 0.2\mathrm{m}$，所以 $\lambda = 0.4\mathrm{m}$。由已知条件有

$$\rho = |V_\mathrm{max}|/|V_\mathrm{min}| = 3 \tag{4.40}$$

因为 $\rho = \dfrac{1 + |\Gamma|}{1 - |\Gamma|}$，所以

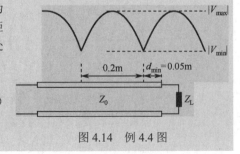

图 4.14 例 4.4 图

$$|\Gamma_L| = |\Gamma| = \frac{\rho - 1}{\rho + 1} = \frac{1}{2} \qquad (4.41)$$

解法1：第一个最小值点处的反射系数为 $\Gamma(d_{min}) = |\Gamma_L| e^{j(\phi_L - 2\beta d_{min})}$，第一个最小值点处反射波的相位比入射波的相位落后 π，所以有

$$\phi_L - 2\beta d_{min} = -\pi \qquad (4.42)$$

由 $\lambda = 0.4 \text{m}$ 有

$$\beta = \frac{2\pi}{\lambda} = 5\pi \qquad (4.43)$$

因此

$$\phi_L = -0.5\pi \qquad (4.44)$$

由 $\Gamma_L = |\Gamma_L| e^{j\theta_L}$ 有

$$\Gamma_L = 0.5 e^{-j0.5\pi} = -j0.5 \qquad (4.45)$$

代入

$$\Gamma(L) = \frac{Z_L - Z_0}{Z_L + Z_0} \qquad (4.46)$$

得

$$Z_L = (30 - j40)\Omega \qquad (4.47)$$

解法2：把负载阻抗求解转化为求输入阻抗。构造新传输系统，如图 4.15 所示，原阻抗点向右延长 l_m，端接负载 R_m，使得负载处对应电压驻波的最小值，因此有

$$Z_L = Z_0 \cdot \frac{R_m + jZ_0 \tan(\beta l_m)}{Z_0 + jR_m \tan(\beta l_m)} \qquad (4.48)$$

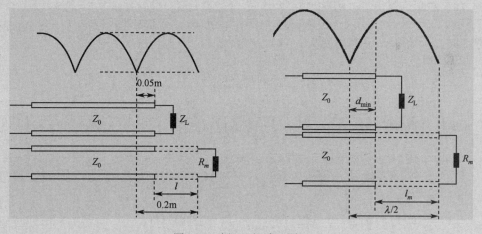

图 4.15　例 4.4 解法 2 图示

由式（4.26）有

$$R_m = \frac{Z_0}{\rho} = 16.7\Omega \qquad (4.49)$$

同时

$$l_m = \frac{\lambda}{2} - d_{min} = 15 \text{cm} \qquad (4.50)$$

所以负载阻抗为

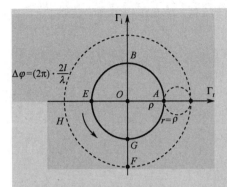

$$Z_L = Z_0 \cdot \frac{R_m + jZ_0 \tan(\beta l_m)}{Z_0 + jR_m \tan(\beta l_m)} = (30 - j40)\Omega \qquad (4.51)$$

由

$$\Gamma(L) = \frac{Z_L - Z_0}{Z_L + Z_0} \qquad (4.52)$$

得反射系数为

$$\Gamma_L = -j0.5 \qquad (4.53)$$

解法 3：利用 Smith 圆图。先求驻波比

$$\rho = |V_{max}|/|V_{min}| = 3 \qquad (4.54)$$

图 4.16　例 4.4 解法 3 图示

画出等反射系数圆，如图 4.16 所示。

$$|\Gamma| = 0.5 \qquad (4.55)$$

第一个最小值点处反射波相位为 $-\pi$，对应 E 点。延长 OE，与单位圆交于点 H 点，由 H 点向负载（逆时针方向）转动 $\frac{d_{min}}{\lambda} = \frac{1}{8}$ 刻度，得到 F 点。等反射系数圆与 OF 的交点为 G 点。由 G 点读出的即为归一化负载阻抗 $0.6 - j0.8$。反归一化，得到负载阻抗为 $(0.6 - j0.8) \times 50 = 30 - j40$。

由 G 点读出反射系数为

$$\Gamma_L = -j0.5 \qquad (4.56)$$

【注意】

题中最近的电压驻波最小值点距负载 0.05m，如果改为已知电压驻波最大值点距负载 0.05m，则由 A 点开始转到 B 点，负载阻抗为 $Z_L = (0.6 + j0.8) \times 50 = (30 + j40)\Omega$。

【例 4.5】 已知一无耗传输线的特征阻抗为 50Ω，端接负载阻抗 Z_L，驻波电压最大值和最小值分别为 $V_{max} = 2.5V$ 和 $V_{min} = 1V$，相邻两个电压最小值点的距离为 0.05m。当负载处由接纯电阻 R ($R < Z_0$) 改为接负载 Z_L 时，电压最小值向源方向移动 1.25cm，求负载阻抗 Z_L。

解：$Z_0 = 50\Omega$，由 $V_{max} = 2.5V$ 和 $V_{min} = 1V$ 得驻波比为

$$\rho = |V_{max}|/|V_{min}| = 2.5 \qquad (4.57)$$

相邻两个电压最小值点的距离为 0.05m，即半波长 $\lambda/2 = 0.05$m，所以 $\lambda = 0.1$m，从而移动 1.25cm 为 $\lambda/8$。当负载处由接纯电阻换为接负载 Z_L 时，电压最小值向源方向移动 $\lambda/8$，如图 4.17(a) 所示。现在将波画在一起，结果如图 4.17(b) 所示，相当于纯电阻点向源移动 $\lambda/8$。

对图 4.17(b)，端接负载 Z_L 的传输系统的 A 点的输入阻抗为 R，由 $\rho = 2.5 = r$ 可以确定等反射系数圆 $|\Gamma|$。

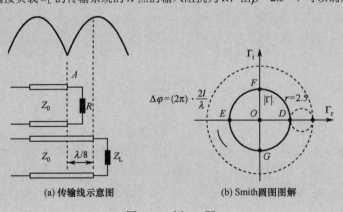

(a) 传输线示意图　　　　(b) Smith圆图图解

图 4.17　例 4.5 图

由于端接纯电阻时对应电压最小值，R 处电压最小，$r = R/Z_0 < 1$，说明纯电阻点在横轴负半轴上 E 点。对于图 4.17(a)端接负载 Z_L 的传输系统，对应圆图上点 E 向负载逆时针方向旋转$\lambda/8$ 到 G 点，即得到 Z_L。从圆图上读出归一化阻抗为 $0.69 - j0.72$，所以负载阻抗为

$$Z_L = (0.69 - j0.72) \times 50 = (34.5 - j36)\Omega \tag{4.58}$$

导纳为（对应 F 点）

$$Y_L = 1/Z_L = 0.02006\angle 46.23°\text{S} \tag{4.59}$$

4.1.4 Smith 导纳圆图

下面从 Smith 阻抗圆图开始分析。如图 4.18 所示，对于端接负载的双导线传输线，其输入阻抗为

$$Z_{\text{in}} = Z_0 \cdot \frac{1 + \Gamma_L e^{-j2\beta l}}{1 - \Gamma_L e^{-j2\beta l}} = Z_0 \frac{1 + |\Gamma_L| e^{j\phi_L} e^{-j2\beta l}}{1 - |\Gamma_L| e^{j\phi_L} e^{-j2\beta l}}$$
$$= Z_0 \cdot \frac{Z_L + jZ_0 \tan(\beta l)}{Z_0 + jZ_L \tan(\beta l)} \tag{4.60}$$

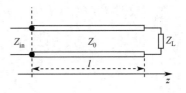

图 4.18　端接负载的双导线传输线

对于 $\lambda/4$ 线（$l = \lambda/4$），有 $2\beta l = \pi$，输入阻抗

$$Z_{\text{in}}\big|_{\lambda/4} = \lim_{\beta l \to \pi/2}\left(Z_0 \frac{Z_L + jZ_0 \tan(\beta l)}{Z_0 + jZ_L \tan(\beta l)} \right) = (Z_0)^2 \left(\frac{1}{Z_L} \right) \tag{4.61}$$

归一化阻抗

$$z_{\text{in}}\big|_{\lambda/4} = \frac{1}{z_L} \tag{4.62}$$

对归一化的输入阻抗，通过 $\lambda/4$ 线 $l = \lambda/4$ 实现了阻抗倒置，即 $\lambda/4$ 阻抗变换器可以实现阻抗倒置功能。

由上面的结论可以看出，对归一化阻抗对应的圆图上的点旋转 180°，即得到归一化导纳。由此，我们进一步考虑对整个阻抗圆图作中心对称图，或对阻抗圆图作 180° 旋转，就可作出导纳圆图，如图 4.19 所示。

对这个导纳圆（整个图，包括坐标系）再以原点为中心转 180°，则变为图 4.20。

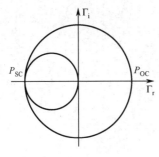

图 4.19　导纳圆图

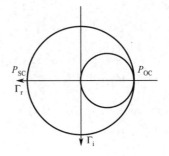

图 4.20　旋转后的导纳圆图

再考虑电压反射系数与电流反射系数的关系：

$$\Gamma_I(z) = -\Gamma(z) \tag{4.63}$$

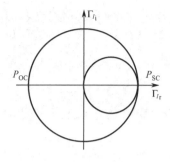

图 4.21　改变坐标后的圆图

图 4.20 中的反射系数是电压反射系数，现将它改为电流反射系数，坐标发生改变，如图 4.21 所示。该导纳圆图变得和阻抗圆图完全一样，包括图形形状、坐标系、读数，最重要的是转动性质不变，即顺时针朝源方向，逆时针朝负载方向。差别在于每一点的含义不同，阻抗圆图的开路点在最右侧$(1, 0)$点，导纳圆图的开路点在最左侧$(-1, 0)$点，阻抗圆图的短路点在最左侧$(-1, 0)$点，导纳圆图的开路点在最右侧$(1, 0)$点；导纳圆图对应电流反射系数坐标，阻抗圆图对应电压反射系数坐标。因此，阻抗圆图形状不变，作为导纳圆图使用，但各点的意义变化了。

现在换个角度考虑这一问题。导纳为

$$Y_L = \frac{1}{Z_L} = \frac{1}{Z_0}\frac{1-\Gamma}{1+\Gamma} = Y_0\frac{1-\Gamma}{1+\Gamma} = Y_0 y_L \qquad (4.64)$$

式中，

$$y_L = \frac{1+\Gamma_I}{1-\Gamma_I} = g + jb \qquad (4.65)$$

为归一化导纳。电流反射系数为

$$\Gamma_I = \Gamma_{Ir} + j\Gamma_{Ii} \qquad (4.66)$$

根据以上关系，同样可以画出导纳圆图，它的读数与阻抗圆图的一样。阻抗圆图和导纳圆图的对应关系如表 4.4 所示。

表 4.4　阻抗圆图和导纳圆图的对应关系

阻 抗 圆 图	导 纳 圆 图
r	g
x	b
$\Gamma(z)$	$\Gamma_I(z)$
电压振振幅腹点	电流振振幅腹点
电压振振幅节点	电流振振幅节点
开路点	短路点
短路点	开路点

【例 4.6】负载 $Z_L = 100 + j50\Omega$ 端接 50Ω 传输线，传输线长 0.15λ，用 Smith 圆图解负载导纳及输入导纳。

解：负载归一化得

$$z_L = \frac{Z_L}{R_0} = 2 + j1 \qquad (4.67)$$

利用 Smith 阻抗圆图，在图 4.22 中定位 A 点，旋转 $180°$ 得到 B 点，阻抗圆图中读出的是归一化阻抗数值，这个数值即为负载归一化导纳：

$$y_L = 0.4 - j0.2 = \frac{1}{2+j1} = \frac{1}{z_L} \qquad (4.68)$$

用导纳圆图求归一化输入导纳（反射系数为电流反射系数，形状读数不变）：在导纳圆图中找到负载归一化导纳点 $y_L = 0.4 - j0.2$，顺时针方向转 0.15λ，得到归一化输入导纳 $y_{in} = 0.61 + j0.66$，反归一化得到输入导纳：

$$Y_{in} = y_{in}/50 = (0.61 + j0.66)/50 = 0.0122 + j0.0132S \qquad (4.69)$$

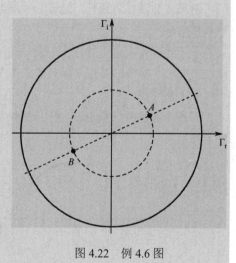

图 4.22　例 4.6 图

4.2　阻抗匹配

图 4.23 所示的无耗传输线，其特征阻抗为 Z_0，传播常数为 β，长度为 l，具有任意的可能为复数的源阻抗 Z_S 和负载阻抗 Z_L。

设在源端向源看去的反射系数为 $\Gamma_S = \frac{Z_S - Z_0}{Z_S + Z_0}$，在负载端向负载

看去的反射系数 $\Gamma_L = \frac{Z_L - Z_0}{Z_L + Z_0}$。取波源参考面 T 来讨论，由 T 向负载

看去的输入阻抗为

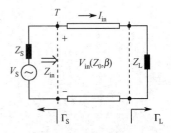

$$Z_{in} = R_{in} + jX_{in} = Z_0 \frac{Z_L + jZ_0 \tan(\beta l)}{Z_0 + jZ_L \tan(\beta l)} \qquad (4.70)$$

传输给负载的功率为

图 4.23　一般传输线电路

$$P = \tfrac{1}{2} \operatorname{Re}\{V_{in} I_{in}^*\} = \tfrac{1}{2}|V_{in}|^2 \operatorname{Re}\left(\frac{1}{Z_{in}}\right) = \tfrac{1}{2}|V_S|^2 \left|\frac{Z_{in}}{Z_{in} + Z_S}\right|^2 \operatorname{Re}\left(\frac{1}{Z_{in}}\right) \qquad (4.71)$$

令 $Z_S = R_S + jX_S$，则

$$P = \tfrac{1}{2}|V_S|^2 \frac{R_{in}}{(R_{in} + R_S)^2 + (X_{in} + X_S)^2} \qquad (4.72)$$

假定源阻抗 Z_S 是固定的，下面考虑三种情况。

1. 负载与传输线匹配（$Z_L = Z_0$）

$\Gamma_L = 0$，输入阻抗 $Z_{in} = Z_0$，则由式（4.72）知传递至负载的功率为

$$P_{L1} = \tfrac{1}{2}|V_S|^2 \frac{Z_0}{(Z_0 + R_S)^2 + X_S^2} \qquad (4.73)$$

2. 源与带载传输线匹配

在这种情况下，通过选择负载阻抗 Z_L 和/或传输线参量 βl 和 Z_0，使输入阻抗 $Z_{in} = Z_S$。这种

情况下 Γ_S 不一定为 0，但是可令从源端参考面 T 向源看去的总反射系数为

$$\Gamma = \frac{Z_{in} - Z_S}{Z_{in} + Z_S} = 0 \qquad (4.74)$$

因为 Γ_L 可能不为 0，所以传输线上可能有驻波。这时，传至负载的功率为

$$P_{L2} = \tfrac{1}{2}|V_S|^2 \frac{R_S}{4(R_S^2 + X_S^2)} \qquad (4.75)$$

比较式（4.73）和式（4.75）可知，尽管带载传输线与源是匹配的，但是传送到负载的功率仍
然无法满足大于由式（4.73）所给出的功率［式（4.73）中带载线可以不与源匹配］。因此，我们
很关注对给定源阻抗的优化负载阻抗是多少时才能使负载得到最大的传输功率。

3. 共轭匹配

已知 Z_S 固定，我们可以改变输入阻抗 Z_{in} 直到实现传向负载的功率最大。为了使功率 P 最大，
可以对 Z_{in} 的实部和虚部微分：

$$\frac{\partial P}{\partial R_{in}} = 0 \qquad (4.76)$$

$$\rightarrow \quad \frac{1}{(R_{in} + R_S)^2 + (X_{in} + X_S)^2} + \frac{-2R_{in}(R_{in} + R_S)}{\left[(R_{in} + R_S)^2 + (X_{in} + X_S)^2\right]^2} = 0 \qquad (4.77)$$

或

$$R_S^2 - R_{in}^2 + (X_{in} + X_S)^2 = 0 \qquad (4.78)$$

$$\frac{\partial P}{\partial X_{in}} = 0 \qquad (4.79)$$

$$\rightarrow \quad \frac{-2R_{in}(X_{in} + X_S)}{\left[(R_{in} + R_S)^2 + (X_{in} + X_S)^2 \right]^2} = 0 \qquad (4.80)$$

或

$$X_{in}(X_{in} + X_S) = 0 \qquad (4.81)$$

联立式（4.78）和式（4.81）得

$$R_{in} = R_S, \quad X_{in} = -X_S \qquad (4.82)$$

或

$$Z_{in} = Z_S^* \qquad (4.83)$$

如图 4.24 所示，该情况称为共轭匹配。

传递到负载的功率为

$$P_{L3} = \frac{1}{2}|V_S|^2 \frac{1}{4R_S} \qquad (4.84)$$

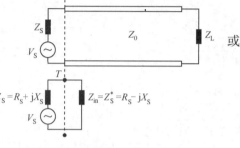

图 4.24　传输线共轭匹配示意图

比较式（4.73）、式（4.75）和式（4.84）可以看出

$$P_{L3} \geqslant P_{L1}, \quad P_{L3} \geqslant P_{L2} \qquad (4.85)$$

这是可以由源得到的最大功率，还注意到反射系数 Γ_L、Γ_S 和 Γ 都可能是非零的。物理上，这意味着在某些情况下，失配线上多次反射的功率可能是同相叠加的，从而使传送到负载的功率大于传输线上无起伏（无反射）时所传输的功率。若源阻抗是实数（$X_S = 0$），$P_{L3} = P_{L2}$，则后两种情况简化为同样的结果。

无论是无反射匹配（$Z_L = Z_0$）还是共轭匹配（$Z_{in} = Z_S^*$），都不一定使得到的系统具有最高效率。例如 $Z_S = Z_L = Z_0$，这时源和负载都是匹配的，但是由源产生的功率只有一半传到负载（另一半损耗于 Z_S 中），效率为 50%。这个效率只有通过使 Z_S 尽量小才能得到改善。

【共轭匹配的工程应用】

在射频识别（RFID）标签天线的设计中，要求 RFID 标签天线的输入阻抗和芯片共轭匹配，才能最有效地利用接收到的微弱信号的能量。

在实际应用中，无论哪种匹配，常常不是自然实现的，而是人为实现的。对负载匹配来说，就是人为地在导波系统中引入新的不均匀性导致新的反射，以抵消（或大大削弱）失配引起的反射，进而达到匹配的。

理想的负载匹配是指反射系数为零、驻波比为 1 的匹配。实际工程中的匹配是指在某一给定频率范围内，反射系数或驻波比小于规定的匹配。

【工程应用中驻波比的规定】

一般来说，工程上定义匹配的驻波比一般小于 2 或 1.5。

下观以负载匹配为例介绍匹配元件。当信号源和负载与传输线不匹配时，可以在它们之间插入阻抗变换元件或二端口网络，使包括该元件或网络在内的新负载与传输匹配。这种阻抗变换元件或网络称为匹配元件、匹配器或匹配网络。例如，在信号源处（传输线始端）和终端负载处分别加入始端和终端匹配网络，以期达到共轭匹配和无反射匹配，如图 4.25 所示。

匹配网络的基本要求如下：①简单、易行、可靠；②附加损耗小；③频带宽；④可调节，以匹配可变的负载阻抗（仅用于测量系统）。

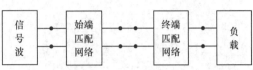

图 4.25 传输系统匹配示意图

匹配器有多种类型。按工作频带分，有窄带匹配器和宽带匹配器；按形式分，有支节匹配器、$\lambda/4$ 变换器和渐变变换器等；对波导，还有膜片、销钉匹配器等。

4.3 支节匹配器

前面介绍了串联 $\lambda/4$ 阻抗变换器可以实现纯电阻负载的阻抗匹配，如果负载是复数形式的，该如何实现匹配呢？能否利用串联 $\lambda/4$ 阻抗变换器实现纯电阻负载阻抗匹配的结论？如果要利用这个结论，就需要先把复数负载实数化。

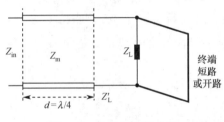

图 4.26 支节匹配器电路

如何实现复数负载实数化？这就需要提供纯虚数，以抵消复数负载中的虚数部分。前面讲过终端短路或开路情况下，任意一点的输入阻抗为纯电抗，即纯虚数，因此可以利用一定长度的终端短路或开路传输线提供纯电抗，即纯虚数来抵消负载的虚部，进而就可利用串联 $\lambda/4$ 阻抗变换器实现纯电阻负载阻抗匹配的结论，如图 4.26 所示。

上述方法中的并联短路线只能位于负载处，不够灵活。为了适应实际需求，需要更加灵活的处理方法，于是有了支节匹配器的方法。

支节匹配器是用一定长度的终端短路或开路的均匀传输线段（简称支节）接入负载与传输线之间来实现匹配的装置。常用的支节匹配器有单支节、双支节和三支节，其中单支节又分为并联单支节和串联单支节，双支节和三支节常采用并联形式。对于单支节匹配器的具体结构形式，因传输线的类型和结构不同而异。例如，对一般的双导线、同轴线而言，它是一个终端短路或终端开路的双导线、终端短路或终端开路的同轴线，其长度可以调节；对矩形波导管（工作于 TE_{10} 模）而言，单支节可以是一个金属螺钉，它安置在波导宽壁中心线位置的槽缝中，并且可沿波导轴线方向在槽缝中移动，还可穿过槽缝伸入波导管，伸入深度是可调节的，这样就构成了一个单支节匹配器。

终端短路或开路的无耗支节，其输入阻抗（或导纳）是纯电抗（或纯电纳），因此这类匹配器又称电抗匹配器。

4.3.1 单支节匹配器

单支节匹配器是在距离负载 d 处并联或串联长度为 l 的终端短路或开路的短截线构成的。调节 d 和 l 就可实现阻抗调配，从而达到阻抗匹配目的。从结构形式看，单支节匹配器电路可采用串联和并联形式来实现，如图 4.27 所示。下面分别予以介绍。

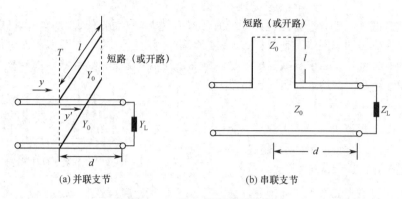

$$\text{(a) 并联支节} \qquad \text{(b) 串联支节}$$

图 4.27　单支节匹配器电路

1. 并联单支节匹配器

并联单支节匹配器的工作原理如图 4.27(a)所示。图中传输线终端接一般负载，负载的归一化导纳为 $y_L = g_L + jb_L$。此时，传输线工作于行驻波状态，在波腹点和波节点因为 $y_{max} = 1/\rho < 1$，$y_{min} = \rho > 1$，所以在两相邻的波腹点与波节点之间必定可以找到一处（如参考面 T）归一化导纳值为 $y' = g' + jb' = 1 + jb'$。在此处，若使用并入归一化输入电纳 $jb = -jb'$ 的支节（选择支节的特性导纳与主线的特性导纳相同），则可使从 T 向负载看去的总导纳的归一化值为 $y = 1 + jb' + jb = 1$，即 $Y = Y_0$。根据匹配条件可知，包括支节在内的右边部分作为一个新负载与传输之间达到了匹配。

由此可知，设计并联单支节匹配器的任务是确定负载到参考面 T 的距离 d 和支节长度 l，确定的方法有两种：解析法和图解法。

（1）解析法。 当负载导纳 y_L 为复数时，解析法稍显麻烦，下面分两种情况进行讨论。

情况 1：y_L 为纯电阻负载，即 $y_L = g_L$。

支节接入位置 d 的输入导纳 y' 可由下面的方程解得：

$$y' = 1 + jb' = \frac{g_L + j\tan(\beta d)}{1 + jg_L \tan(\beta d)} \tag{4.86}$$

移项后比较等式两边的实部、虚部得

$$1 - b'g_L \tan(\beta d) = g_L \tag{4.87}$$

$$g_L \tan(\beta d) + b' = \tan(\beta d) \tag{4.88}$$

消去 b' 得

$$\tan^2(\beta d) = 1/g_L \tag{4.89}$$

利用 $\tan^2(\beta d) = (1 - \cos^2(\beta d))/\cos^2(\beta d)$ 得

$$\cos^2(\beta d) = g_L/(g_L + 1) \tag{4.90}$$

$$\cos^2(\beta d) = g_L/(g_L + 1)$$

再利用 $\cos^2(\beta d) = (1 + \cos(2\beta d))/2$ 得

$$\cos(2\beta d) = (g_L - 1)/(g_L + 1) \tag{4.91}$$

因此有

$$d = \frac{\lambda}{4\pi}\arccos\left(\frac{g_{\mathrm{L}}-1}{g_{\mathrm{L}}+1}\right) \tag{4.92}$$

若 d_1 是式（4.92）的一个解，则 $\lambda/2 + d$ 是另一个解，d 的一般解为 $d_1 \pm n\lambda/2$。由于周期性，传输线的每个波腹、波节之间都有解，可取尽量靠近负载的解且 d 取正值。

下面求支节长度 l。取短路支节（对开路支节，计算方法完全一样，仅结果不同），支节输入端的导纳为

$$y_{\mathrm{stub}} = \mathrm{j}b = -\mathrm{j}\cot(\beta l) \tag{4.93}$$

利用式（4.88）得

$$b' = (1 - g_{\mathrm{L}})\tan(\beta d) \tag{4.94}$$

再利用式（4.89）得

$$b' = \pm(1 - g_{\mathrm{L}})/\sqrt{g_{\mathrm{L}}} \tag{4.95}$$

为了在支节匹配点消除电纳 b'，可令 $b = -b'$，考虑式（4.93），得

$$\cot(\beta l) = \pm(1 - g_{\mathrm{L}})/\sqrt{g_{\mathrm{L}}} \tag{4.96}$$

所以

$$l = \frac{\lambda}{2\pi}\arctan\left(\frac{\pm\sqrt{g_{\mathrm{L}}}}{1 - g_{\mathrm{L}}}\right) \tag{4.97}$$

式中，根号前"$\pm$"号的取法由 $\tan(\beta d) = \pm 1/\sqrt{g_{\mathrm{L}}}$ 得到：$0 < d < \lambda/4$ 时取"$+$"，$\lambda/4 < d < \lambda/2$ 时取"$-$"。

情况 2：$y_{\mathrm{L}} = g_{\mathrm{L}} + \mathrm{j}b_{\mathrm{L}}$ 为复数。

为了简化分析，可以引用第一种情况的结论。首先确定离该负载最近的电压波节位置 $l_{\min}$，如图 4.28 所示。电压波节点的归一化输入导纳 $y_{\min}$ 等于驻波比 ρ，为实数。其次，将该波节点右面的传输线与负载一起作为新负载来进行计算。新负载的导纳为纯阻性，因此计算方法变为与第一种情况相同，可以直接利用式（4.92）和式（4.97），且两式中的 g_{L} 用 ρ 代替。设支节接入位置到电压波节点的距离为 d_0，可得

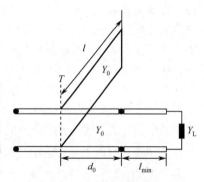

图 4.28　复数负载阻抗的匹配

$$d_0 = \frac{\lambda}{4\pi}\arccos\left(\frac{\rho - 1}{\rho + 1}\right) \tag{4.98}$$

$$d = l_{\min} + d_0 = l_{\min} + \frac{\lambda}{4\pi}\arccos\left(\frac{\rho - 1}{\rho + 1}\right) \tag{4.99}$$

$$l = \frac{\lambda}{2\pi}\arccos\left(\frac{\pm\sqrt{\rho}}{1 - \rho}\right) \tag{4.100}$$

上面的计算采用了波节点，其实在波腹点处导纳也是实数，也可取为新负载来匹配复数导纳。此时，波腹点输入导纳 $y_{\max} = g_{\mathrm{L}} = 1/\rho$，处理方法与上面相同。

（2）图解法。如图 4.29 所示，特征阻抗为 Z_0 的传输线终端接一负载 Z_L，如果 $Z_L \neq Z_0$，就有反射，这里采用并联单支节匹配器实现匹配，如图 4.29(b)所示。并联支节匹配器的工作原理可利用导纳圆图来说明，如图 4.29(c)所示。首先计算出负载导纳 Y_L 及归一化导纳 y_L，在导纳圆图上找到与它对应的 A 点，过 A 点作等反射系数圆与 $g = 1$ 的匹配圆分别交于 B_1 点和 B_2 点，从 A 点沿等反射系数圆顺时针方向（朝源的方向）转到 $g = 1$ 的圆上的 B_1 点和 B_2 点，分别测出旋转长度为 d_1 和 d_2，圆图上 B_1 点和 B_2 点对应的归一化输入导纳值分别为 $1 + jb'$ 和 $1 - jb'(b' > 0)$。

【匹配圆（单位电导圆）】

在导纳圆图中，对应 $g = 1$ 的圆称为匹配圆或单位电导圆。

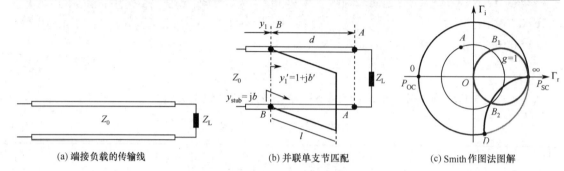

(a) 端接负载的传输线	(b) 并联单支节匹配	(c) Smith 作图法图解

图 4.29　Smith 作图法实现阻抗匹配

如果选择参考面 AA 和 BB 间的长度为 $d = d_1$，对应圆上 B_1 点的归一化输入导纳值为 $1 + jb'$，需要在 B 处并联一个短路支节，并调节其长度 l_1 使其归一化的输入电纳为 $y_{\text{stub}} = jb = -jb'$，则在 B 处总的等效归一化输入导纳为 $1 + jb' + jb = 1$，于是传输线在 B 处得到匹配。若并联接入终端短路的支节，因短路处的导纳为 ∞，对应于导纳圆图上的 P_{SC} 点，由 P_{SC} 点在单位圆（纯电纳圆）上沿顺时针方向转到归一化电纳为 $-jb'$ 的 D 点，则 D 点和 P_{SC} 点对应的电长度之差即为并联短路支节归一化电长度 l_{11}。若并联接入终端开路的支节，因短路处的导纳为 0，对应于导纳圆图上的 P_{OC} 点，由 P_{OC} 点在单位圆（纯电纳圆）上沿顺时针方向转到归一化电纳为 $-jb'$ 的 D 点，则 D 点和 P_{OC} 点对应的电长度之差即为并联开路支节归一化电长度 l_{12}。

如果选择参考面 AA 和 BB 间的长度为 $d = d_2$，对应圆图上 B_2 点的归一化输入导纳值为 $1 - jb'$，如果在 B 处并联一个短路支节，并调节其长度 l_{21}，使其归一化的输入电纳为 $y_{\text{stub}} = jb = jb'$，则在 B 处总的等效归一化的输入导纳为 1，传输线得到匹配。如果在 B 处并联一个开路支节，并调节其长度 l_{22}，使其归一化的输入电纳为 $+jb'$，则在 B 处总的等效归一化输入导纳为 1，传输线得到匹配。可见，满足匹配要求的有 4 组数据，在实际应用中可视具体情况进行选择。

具体图解如图 4.30 所示：

(a) 求得归一化负载阻抗，确定其在 Smith 圆图上的位置。

(b) 画出该阻抗所在的等反射系数圆（红色）。

(c) 找到该阻抗关于圆心的对称点，即归一化负载导纳。

(d) 将归一化负载导纳在等反射系数圆上沿顺时针方向旋转，直到与匹配圆（蓝色）相交，有两个交点，即两种解法，得到 y'_1，根据归一化负载导纳和与匹配圆的交点之间的电长度确定支节的位置。

(e) 读出 y'_1，考虑支节分别为短路线和开路线两种情况，在单位圆上确定支节的长度。

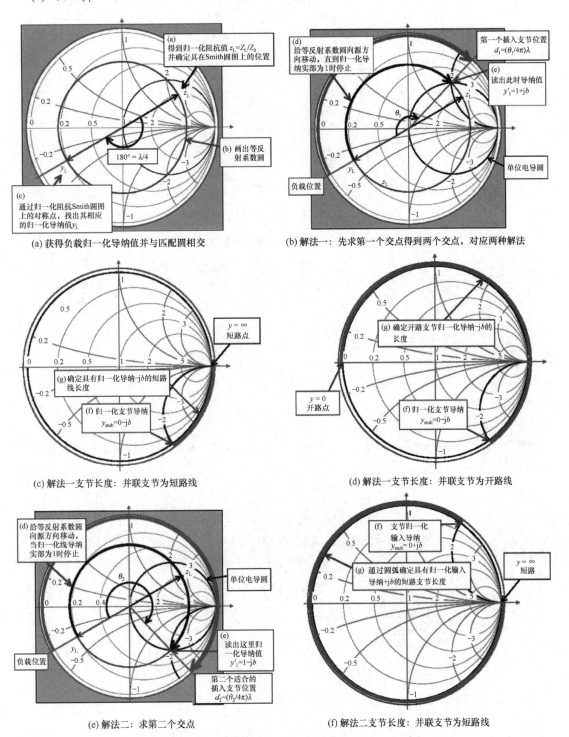

(a) 获得负载归一化导纳值并与匹配圆相交

(b) 解法一：先求第一个交点得到两个交点，对应两种解法

(c) 解法一支节长度：并联支节为短路线

(d) 解法一支节长度：并联支节为开路线

(e) 解法二：求第二个交点

(f) 解法二支节长度：并联支节为短路线

图 4.30　并联单支节匹配的两种解法图解

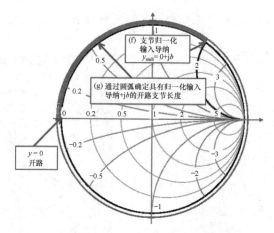

(g) 解法二支节长度：并联支节为开路线

图 4.30 并联单支节匹配的两种解法图解（续）

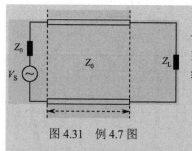

图 4.31 例 4.7 图

【例 4.7】 如图 4.31 所示，特征阻抗为 100Ω 的传输线端接阻抗为 (75 + j200)Ω 的负载，信号源频率为 $f = 1\text{GHz}$，利用 Smith 圆图设计短路单支节（特征阻抗为 100Ω）进行阻抗匹配（此题只求与负载距离最近的那组解）。

解：由题可知归一化阻抗为

$$z_\text{L} = \frac{75 + j200}{100} = 0.75 + j2 \tag{4.101}$$

波长为

$$\lambda = c/f = 30\text{cm} \tag{4.102}$$

分析：如图 4.32(a) 所示，d 为并联单支节接入位置，确保在未接入支节前，从该位置向负载看去的输入导纳 $y_1' = 1 \pm jb'$，因此只要引入一个输入导纳为 $\mp jb'$ 的支节，就可保证加入支节后从该位置向负载看去的输入导纳为 $y_1' = 1$，从而实现匹配。

（1）在阻抗圆图上标出归一化负载阻抗，如图 4.32(b) 所示，转 180° 到 A 点，得到归一化导纳 $y_\text{L} = 0.16 - j0.44$。

（2）转换到 Smith 导纳圆图上，如图 4.32(c) 所示，由 y_L 向源方向（顺时针）转 l/λ，到 $g = 1$ 的圆上，交点 B 的读数为 $y_1' = 1 + j2.36$，d 的作用是把负载归一化导纳 A 点转到 $g = 1$ 的圆上的 B 点，读出 $d/\lambda = 0.26$。

（3）并联短路线归一化电纳为 $jb = 1 - y' = -j2.36$ ［对应导纳图 4.32(d) 中的 C 点］，由短路点向源方向移动 l/λ 达到 C 点，读出 $l/\lambda = 0.06$。

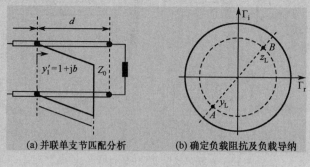

(a) 并联单支节匹配分析   (b) 确定负载阻抗及负载导纳

图 4.32 例 4.7 的圆图法求解步骤

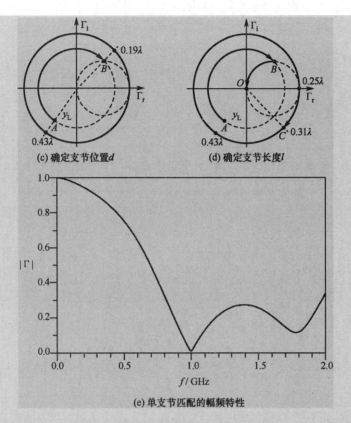

(c) 确定支节位置 d (d) 确定支节长度 l

(e) 单支节匹配的幅频特性

图 4.32　例 4.7 的圆图法求解步骤（续）

并联短路线 l 的作用是把 $g=1$ 的圆上的 B 点转到 O 点，这时反射系数等于 0，实现匹配。所以

$$d=0.26\times30=78\text{cm}，\quad l=0.06\times30=1.8\text{cm}$$

【例 4.8】 如图 4.33 所示，空气介质中 50Ω 无耗传输线接未知负载，传输线上 $V_{\max}=2.5\text{V}$，$V_{\min}=1\text{V}$，连续电压最小值点间的距离为 5cm，从负载看第一个电压最小值到负载的距离为 1.25cm，设计短路单支节阻抗匹配器。

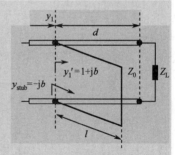

解： 该题首先确定负载值，然后分析如同例 4.7。由连续电压最小值点距离 5cm 得波长为 $\lambda=5\text{cm}\times2=10\text{cm}$。由传输线上 $V_{\max}=2.5\text{V}$，$V_{\min}=1\text{V}$，得驻波比为 $\rho=V_{\max}/V_{\min}=2.5$。从负载看第一个电压最小值与负载的距离为 1.25cm，即 $d_{\min}/\lambda=1.25/10=0.125$，在图 4.34(a) 所示 Smith 圆图中画过 $\rho=2.5$ 点的等反射系数圆，如图 4.34(b) 所示，确定该传输线所在的等反射系数圆。

图 4.33　例 4.8 示意图

（1）在实轴上找到第一个电压最小值点 A，对应归一化阻抗为 $1/\rho=1/2.5=0.4$，从 A 点向负载移动 $d_{\min}/\lambda$，到负载 B 点，读出归一化负载阻抗 $z_L=0.7-\text{j}0.75$。其对称点为 C 点，可以读出归一化负载导纳 $y_L=0.7+\text{j}0.75$。

（2）从 C 点向源方向移动 d/λ，与 $g=1$ 的圆的交点为 D 点，如图 4.34(b) 所示，得到归一化导纳 $y'=1+\text{j}0.95$。从负载到支节（由 C 到 D），从图中读出 $d/\lambda=0.035$。要做到匹配，并联短路线应该提供的归一化电纳为 $\text{j}b=-\text{j}0.95$（对应点 F），由短路电纳无限大点 E 向源方向移动 l/λ 达到 F 点，由图读出 $l/\lambda=0.13$，所以

$$l=0.13\lambda=1.3\text{cm}，\quad d=0.035\lambda=0.35\text{cm}$$

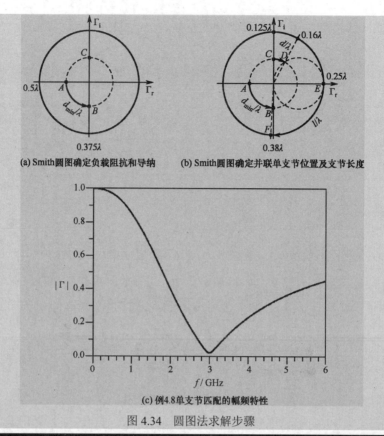

(a) Smith圆图确定负载阻抗和导纳

(b) Smith圆图确定并联单支节位置及支节长度

(c) 例4.8单支节匹配的幅频特性

图 4.34　圆图法求解步骤

【并联单支节匹配总结】

　　利用阻抗圆图，找到归一化负载阻抗所对应的归一化导纳值（即将阻抗圆图作为导纳圆图），串联节 d，使得负载归一化导纳 A 点沿等反射系数圆顺时针转到 $g=1$ 的圆上（交点 B：$1+jb'$ 和 B'：$1-jb'$）。并联短（开）路支 l，提供的归一化导纳为 $jb=-jb'$（对应 B 点）或 $jb=jb'$（对应 B' 点），使得圆图上 B（B'）点沿等电导圆转到 O 点，最终反射系数等于 0，实现匹配。

　　注意，若并联单支节提供的导纳大于或小于需要的值，则均不能实现匹配，其轨迹如图 4.35 所示。

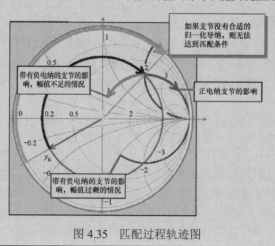

图 4.35　匹配过程轨迹图

2. 串联单支节匹配器

串联单支节匹配器的工作原理与并联单支节匹配器的类似。因为 $z_{\max} = \rho > 1$，$z_{\min} = 1/\rho < 1$，所以在电压波腹点与波节点之间必有一处 $z' = 1 + jx'$，在此处串入电抗 $x = -x'$ 的支节便能实现匹配。

用图解法计算：串联单支节的计算与并联单支节的完全类似，但应在阻抗圆图上进行。

用解析法计算：串联单支节的计算步骤也与并联单支节的相似，当负载阻抗为复数 $z_L = r_L + jx_L$ 时，可将 $l_{\min}$ 处的负载阻抗 $z_{\min} = 1/\rho$ 作为新负载来进行计算。采用与并联支节相似的分析（此时用阻抗而不用导纳），可得串联支节位置为

$$d = l_{\min} + \frac{\lambda}{4\pi} \arccos \left(\frac{\rho - 1}{\rho + 1} \right) \tag{4.103}$$

串联支节长度为

$$l = \frac{\lambda}{2\pi} \arctan \left(\frac{1 - \rho}{\pm \sqrt{\rho}} \right) \tag{4.104}$$

式中，"$\pm$"号的取法同前。

4.3.2 双支节匹配器

支节匹配器虽然会使支节接入处的左面主线上为行波状态，但是其右面和支节线上并非行波状态。为减小损耗，总是力求尽量靠近负载。单支节匹配器可匹配任意负载阻抗，为便于匹配不同大小的负载，单支节的 d、l 需要做成可调的。在很多情况下，调节 l 在结构上容易实现，调节 d 工程上较为麻烦。对单支节匹配，串并联的短路线必须放在特殊的位置，而对实际结构这不一定可行。为了克服这一缺点，出现了不改变 d 的双支节匹配器。

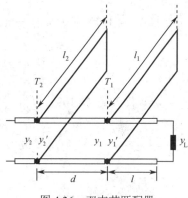

图 4.36 双支节匹配器

双支节匹配器常采用并联短路（或开路）支节，其工作原理可用图 4.36 来说明。图中归一化负载导纳 y_L 经长为 l 的一段传输线变换到 T_1 面的导纳为 y_1'，支节 l_1 的作用是给 y_1' 增加一适当的电纳 jb_1，使 T_1 处的总电纳 $y_1 = y_1' + jb_1$ 经长为 d 的传输线变换到 T_2 面时导纳为 $y_2' = 1 + jb_2'$，支节 l_2 提供电纳 $jb_2 = -jb_2'$ 使 T_2 处的总电纳 $y_2 = 1 + jb_2' + jb_2 = 1$ 而达到匹配。

【双支节匹配的物理意义】

调节 l_1 使 y_1' 改变，相当于将 y_1 视为新的可变负载，再经过传输线 d 变换到 T_2 面的 y_2'。调节 l_2 使 T_2 面的 y_2 发生改变。这样，改变 l_1 代替了单支匹配器支节在主线上的移动。支节 l_2 的作用与单支节匹配器 l 的作用相同。

下面用解析法和图解法予以说明。

（1）解析法。如图 4.36 所示，由传输线电路理论，参考面 T_1 处的总归一化输入导纳 y_1 可表示为

$$y_1 = g_1' + \mathrm{j}(b_1' + b_1) \tag{4.105}$$

b_1 由支节 l_1 提供。T_2 面（不含支节 2）的归一化输入导纳可表示为

$$y_2' = \frac{y_1 + \mathrm{j}\tan(\beta d)}{1 + \mathrm{j} y_1 \tan(\beta d)} = \frac{g_1' + \mathrm{j}(b_1' + b_1) + \mathrm{j}\tan(\beta d)}{1 + \mathrm{j}\left[g_1' + \mathrm{j}(b_1' + b_1)\right]\tan(\beta d)} \tag{4.106}$$

根据匹配要求，$y_2' = 1 + \mathrm{j} b_2'$。取式（4.106）的实部等于 1 得

$$g_1'^2 - g_1' \frac{1 + \tan^2(\beta d)}{\tan^2(\beta d)} + \frac{\left[1 - b_1'\tan(\beta d) - b_1\tan(\beta d)\right]^2}{\tan^2(\beta d)} = 0 \tag{4.107}$$

将上式作为 g_1' 的一元二次方程，解得

$$g_1' = \frac{1 + \tan^2(\beta d)}{2\tan^2(\beta d)} \left\{ 1 \pm \sqrt{1 - \frac{4\tan^2(\beta d)\left[1 - b_1'\tan(\beta d) - b_1\tan(\beta d)\right]^2}{\left[1 + \tan^2(\beta d)\right]^2}} \right\} \tag{4.108}$$

使式（4.106）的虚部等于 $\mathrm{j} b_2'$ 得

$$b_2' = \frac{\left[1 - b_1'\tan(\beta d) - b_1\tan(\beta d)\right]\left[b_1' + b_1 + \tan(\beta d)\right] - g_1'^2\tan(\beta d)}{\left[1 - b_1'\tan(\beta d) - b_1\tan(\beta d)\right]^2 + g_1'^2\tan^2(\beta d)} \tag{4.109}$$

将式（4.107）作为 b_1 的一元二次方程，解得

$$b_1 = -b_1' + \frac{1 \pm \sqrt{\left[1 + \tan^2(\beta d)\right] g_1' - g_1'^2\tan^2(\beta d)}}{\tan(\beta d)} \tag{4.110}$$

将 b_1 代入式（4.109）可得

$$b_2' = \frac{\pm\sqrt{\left[1 + \tan^2(\beta d)\right] g_1' - g_1'^2\tan^2(\beta d)} - g_1'}{g_1'\tan(\beta d)} \tag{4.111}$$

于是有

$$b_2 = \frac{\mp\sqrt{g_1'\left[1 + \tan^2(\beta d)\right] - g_1'^2\tan^2(\beta d)} + g_1'}{g_1'\tan(\beta d)} \tag{4.112}$$

利用式（4.110）和式（4.111）求得 b_1 和 b_2 后，容易确定出双支节匹配器的支节长度 l_1 和 l_2。

但是计算中同样会出现匹配禁区的问题。已知式（4.108）中 g_1' 必须为实数，因此根号中的值必定在 0 和 1 之间（含 1 和 0），于是有

$$0 \leqslant g_1' \leqslant \frac{1 + \tan^2(\beta d)}{\tan^2(\beta d)} = \csc^2(\beta d) = g_0 \tag{4.113}$$

式（4.113）表明，选定 d 后，$g_0 = \csc^2(\beta d)$ 圆以外的所有导纳 y_1' 均可匹配，而 g_0 圆内为匹配禁区，d 越小，匹配禁区越小；当 $d = 0$ 或 $\lambda/2$ 时，$\csc(\beta d) \to \infty$，匹配禁区缩小为一点，使能匹配的 y_1' 扩大到任意值。但实际上，因支节电纳的最大值受到导波系统损耗的限制，d 为上述值时，仍不能匹配任意的 y_1' 值。又因为 d 接近零或 $\lambda/2$ 时，βd 稍变化一点，$\csc(\beta d)$ 变化很大，匹

配器的频率敏感性很高。d 取得太小,实际结构上会遇到困难,因此实际中常取 d 为 $\lambda/8$ 或 $3\lambda/8$（对应 $g_0 = 2$），故双支节匹配器的匹配盲区总是存在的。

（2）图解法。下面用圆图法进行双支节匹配。

首先，向负载方向分析：如图 4.37 所示，要实现传输线上无反射，即匹配状态，传输线 A-A 处的归一化输入导纳应为 $y_2 = 1$。在 A-A 处除去并联的"支 l_2"，输入导纳必须为 $y_2' = 1 + \mathrm{j}b_2'$（因为并联"支 l_2"只能提供电纳 $\mathrm{j}b_2 = -\mathrm{j}b_2'$），位于图 4.38(a) 所示的匹配圆上，具体位置由 b_2' 决定，假设位于 A 点。传输线上由 A-A 处向负载方向走 $3\lambda/8$ 长度（也可选择其他长度，这里以 $3\lambda/8$ 长度为例），到达 B-B 处，那么对应图 4.38(a) 上 A 点沿等反射系数圆逆时针方向旋转 $3\lambda/8$，到圆图上的 B 点，因为 A 点可能为匹配圆上的任意一点，所以 B 点必须在一个圆上，即由 $g = 1$ 的匹配圆逆时针方向旋转 $3\lambda/8$ 得到的圆上，我们称该圆为辅助圆。

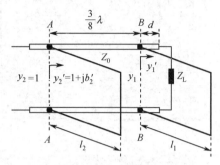

图 4.37　双支节匹配示意图

在 B-B 处的输入导纳是 $y_1 = y_1' + \mathrm{j}b_1$，$\mathrm{j}b_1$ 为并联"支 l_1"提供的电纳，因此在 B-B 处除去并联的"支 l_1"，向负载看去的输入导纳必须落在"和 B 点电导相同的等电导（实数）圆"上，假设为图 4.38(b) 上的 C 点。而 C 点是由负载归一化导纳点沿等反射系数圆顺时针（朝源的方向）旋转 d/λ 得到的。

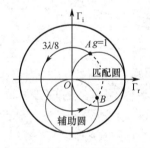 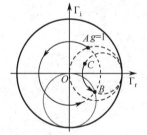

(a) 传输线上从 A-A 位置到 BB 位置　　(b) 传输线上 B-B 位置到负载

图 4.38　Smith 圆图法分析过程（假定传输线匹配）

根据以上分析，利用双支节结合导纳圆图实现阻抗匹配的步骤如图 4.39 所示（从负载向源方向求解）：

(a)　找到归一化负载阻抗 z_L，确定其在 Smith 圆图上的位置。

(b)　画出负载所在的等反射系数圆（红色）。

(c)　确定负载关于圆心的对称点，即归一化负载导纳 y_L 的位置（将阻抗圆图用作导纳圆图）。

(d)　在等反射系数圆上沿顺时针方向旋转到第一个支节位置，得到 y_1'。

(e)　画出辅助圆（橙色）。

(f)　第一个支节位置沿等电导圆（粉红色）找到与辅助圆的两个交点，得到 y_1 的两个解。

(g)　将该交点沿等反射系数圆（浅蓝色）顺时针方向旋转 $3\lambda/8$，得到 y_2'。

(h)　y_2' 沿等电导圆旋转到圆心，即实现匹配。

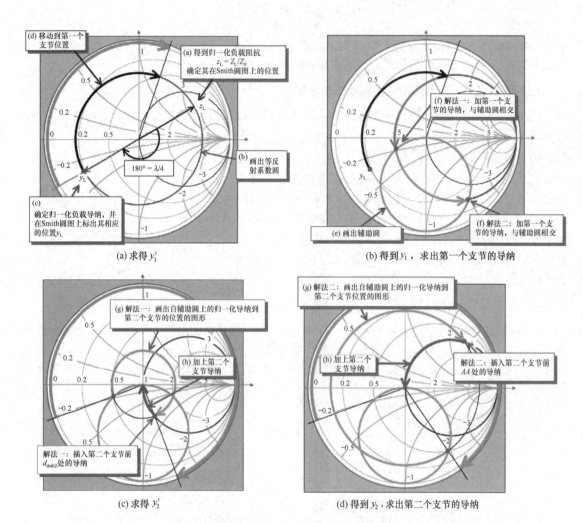

(a) 求得 y_1'

(b) 得到 y_1，求出第一个支节的导纳

(c) 求得 y_2'

(d) 得到 y_2，求出第二个支节的导纳

图 4.39　并联双支节匹配的两种解法图解

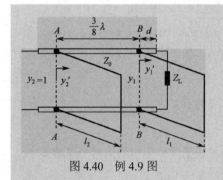

图 4.40　例 4.9 图

【例 4.9】如图 4.40 所示，特征阻抗为 75Ω 的同轴线端接负载 $(109.5 - \text{j}120)\Omega$，设计短路双支节匹配器，令负载距离第一并联支节的长度为 $d = 0.067\lambda$，所用短路双支节的特征阻抗也为 75Ω。

解： 由题知归一化导纳为

$$y_L = 0.31 + \text{j}0.35 \tag{4.114}$$

如图 4.41 所示，在导纳圆图上找到对应点 A，顺时针转到 $d/\lambda = 0.067$ 到 B 点，读出 $y_1' = 0.507 + \text{j}0.848$。

并联"支 l_1"不影响电导，使得圆图上的 B 点沿等电导圆与辅助圆交于 B' 和 B'' 两点。

（1）当交于 B' 点 $y_1 = 0.507 - \text{j}0.13$ 时，并联（短路线）的导纳为 $\text{j}b_1' = -\text{j}0.13 - \text{j}0.848 = -\text{j}0.978$，从短路点顺时针方向转到 $-\text{j}0.978$，读出 $l_1/\lambda = 0.127$。第二支节 $A\text{-}A$ 处与第一支节距离 $3\lambda/8$，对应圆图上 B' 点沿等反射系数圆顺时针旋转到 C 点，读出 $y_2' = 1 - \text{j}0.717$。并联"支 l_2"，由 $y_2' = 1 - \text{j}0.717$ 得并联支 l_2 的电纳应为 $b_2 = 0.717$，可以通过圆图读出 $l_2/\lambda = 0.349$。

（2）当交于 B'' 点 $y_1 = 0.507 - \text{j}1.870$ 时，并联（短路线）的导纳为 $\text{j}b_1' = -\text{j}1.87 - \text{j}0.848 = -\text{j}2.718$，从短路点顺时针方向转到 $-\text{j}2.718$ 读出 $l_1/\lambda = 0.056$。第二支节 $A\text{-}A$ 处与第一支节距离 $3\lambda/8$，对应圆图上 B'' 点沿等反

射系数圆顺时针旋转到 C 点，读出 $y_2' = 1 + j2.717$。并联"支 l_2"，由 $y_2' = 1 + j2.717$ 得并联支 l_2 的电纳应为 $b_2 = -2.717$，可以通过圆图读出 $l_2/\lambda = 0.056$。

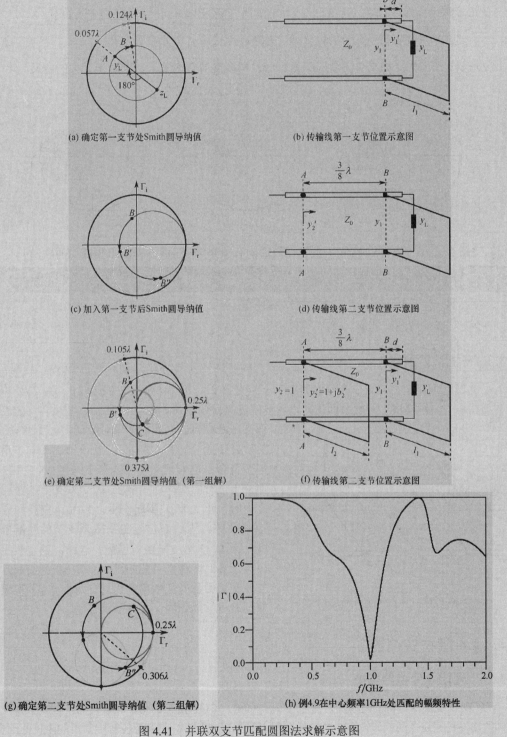

(a) 确定第一支节处Smith圆导纳值

(b) 传输线第一支节位置示意图

(c) 加入第一支节后Smith圆导纳值

(d) 传输线第二支节位置示意图

(e) 确定第二支节处Smith圆导纳值（第一组解）

(f) 传输线第二支节位置示意图

(g) 确定第二支节处Smith圆导纳值（第二组解）

(h) 例4.9在中心频率1GHz处匹配的幅频特性

图 4.41　并联双支节匹配圆图法求解示意图

双支节匹配器的匹配存在盲区问题。若图 4.38 中的 C 点（即 y_1'）落在图 4.42 所示的与辅助圆相切的等电导圆（浅蓝色）内，那么无论怎样沿等电导圆顺时针方向移动，也无法与辅助圆相交。此电导圆内为匹配盲区（$\lambda/8$ 和 $3\lambda/8$ 的匹配盲区相同），避免盲区的方法如下：

（1）设置好负载与第一支节的位置 d，使得 C 点（即 y_1'）不在盲区内。

（2）多支节匹配：如果 3 支节匹配无盲区，再多支节会太复杂，同时无太大的意义。

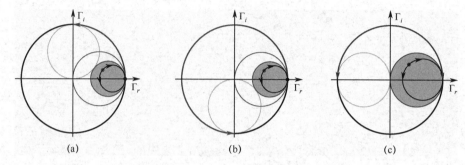

图 4.42 匹配盲区示意图：(a)两支节间距 $\lambda/8$；(b)两支节间距 $3\lambda/8$；(b)两支节间距 $\lambda/4$

【并联双支节匹配总结】

两个方向：向负载方向分析，向源的方向求解。

两个圆：匹配圆和辅助圆。

4.3.3 三支节匹配器

三支节匹配器是在双支节匹配器的主线上距支节 2 为 d（d 常取 $\lambda/8$ 或 $\lambda/4$）的 T_3 处再并联支节 3 构成的，它解决了双支节匹配器出现的匹配禁区问题。如图 4.43 所示，图中各 y 的表达同

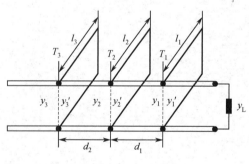

图 4.43 三支节匹配器

双支节匹配器。其匹配原理可简述为：当 y_1' 落在 1、2 双支节的匹配禁区之外时，让支节 3 不起作用，即调节支节长度 l_3 使支节输入端电纳 $b_3 = 0$，由 1、2 双支节进行匹配；当 y_1' 落在 1、2 双支节的匹配禁区之内时，让支节 1 不起作用，y_1' 经 d_1 向波源方向变换后得 y_2'，且 y_2' 必定落在 2、3 双支节的匹配禁区之外，由 2、3 双支节进行匹配。这样，三支节匹配器可以达到匹配任意负载的目的。基于上述分析，三支节匹配器中起匹配作用的仍只有两个支节，其尺寸计算与双支节的相同，此处不再赘述。

4.4 $\lambda/4$ 阻抗变换器

4.4.1 $\lambda/4$ 阻抗变换器类型

$\lambda/4$ 阻抗变换器是特征阻抗通常与主传输线不同、长度为 $\lambda/4$ 的传输线段，通常被置于特征阻抗不同的均匀传输线之间或传输系统与负载之间,起阻抗匹配作用,是实际工程中常用的阻抗匹配电路。

图 4.44 中给出了 $\lambda/4$ 阻抗变换器的几种类型，按照传输线连接的负载的不同，可分为实数负载和复数负载两种。在图 4.44 中，$\lambda/4$ 传输线段的特征阻抗为 Z_{02}，主传输线的特征阻抗为 Z_{01}。

图 4.44(a)中给出了实数负载的匹配情况，经过 $\lambda/4$ 线段变换后，T 处的输入阻抗为

$$Z_{in} = \frac{Z_{02}^2}{R_L} \tag{4.115}$$

为实现与主传输线匹配，必须有

$$Z_{in} = Z_{01} \tag{4.116}$$

于是有

$$Z_{02} = \sqrt{Z_{01}R_L} \tag{4.117}$$

在图 4.44(b)中，$\lambda/4$ 阻抗变换器在距离实数负载 $\lambda/4$ 处插入主线实现匹配。可以看到在参考面 T_1 处，输入阻抗 $Z_{in1} = Z_{01}^2/R_L$ 仍为实数。于是，在参考面 T_2 处要实现与主线匹配，就要有 $Z_{in2} = Z_{02}^2/Z_{in1} = Z_{01}$， 可以求出

$$Z_{02} = Z_{01}\sqrt{Z_{01}/R_L} \tag{4.118}$$

图 4.44(c)和(d)中给出了复数负载的匹配情况，当负载为复数阻抗且仍然需要用 $\lambda/4$ 阻抗变换器来匹配时，可在传输线上选择特殊的位置进行匹配。如果电压波腹（电压最大值）或电压波节（电压最小值）处的输入阻抗为纯电阻，则可将 $\lambda/4$ 阻抗变换器插在传输线的这些位置进行匹配。

在图 4.44(c)中，先求解负载 Z_L 处的反射系数 $|\Gamma_L| = \left|\frac{Z_L - Z_0}{Z_L + Z_0}\right|$，在参考面 T_1 处，输入阻抗 $Z_{in1} = Z_{01}\frac{1+|\Gamma_L|}{1-|\Gamma_L|}$ 为实数。于是，在参考面 T_2 处为实现与主线匹配，必须有 $Z_{in2} = \frac{Z_{02}^2}{Z_{in1}} = Z_{01}$，可以求出

$$Z_{02} = Z_{01}\sqrt{\frac{1+|\Gamma_L|}{1-|\Gamma_L|}} \tag{4.119}$$

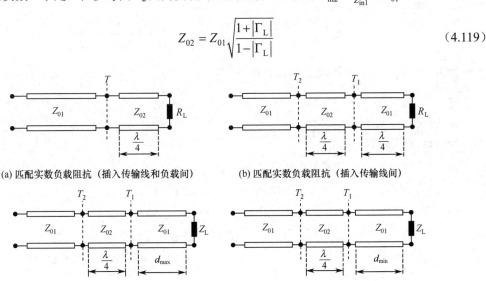

(a) 匹配实数负载阻抗（插入传输线和负载间）　　　(b) 匹配实数负载阻抗（插入传输线间）

(c) 匹配复数负载阻抗（插入电压最大值处）　　　(d) 匹配复数负载阻抗（插入电压最小值处）

图 4.44　不同类型的 $\lambda/4$ 阻抗变换器

在图 4.44(d)中，参考面 T_1 处的输入阻抗 $Z_{in1} = Z_{01}\frac{1-|\Gamma_L|}{1+|\Gamma_L|}$ 为实数。于是，在参考面 T_2 处为实现与主线匹配，必须有 $Z_{in2} = \frac{Z_{02}^2}{Z_{in1}} = Z_{01}$，可以求出

$$Z_{02} = Z_{01}\sqrt{\frac{1-|\Gamma_L|}{1+|\Gamma_L|}} \tag{4.120}$$

显然，$\lambda/4$ 阻抗变换器只能在变换器的长度为 $\lambda/4$ 或 $\lambda/4 + n\lambda/2$ 的频率上才能得到完全匹配。当频率偏移时，匹配将被破坏。因此，$\lambda/4$ 阻抗变换器属于点频匹配，即使考虑一定的反射容限，相对带宽也较窄。

若负载电阻与传输线特征阻抗之比过大（或过小），或者考虑宽带工作时，可采用多节 $\lambda/4$ 阻抗变换器，其特征阻抗 $Z_{01}, Z_{02}, Z_{03}, \cdots$ 按照一定的规律取值，可以获得更宽的工作频带，性能达到最佳。

4.4.2 $\lambda/4$ 阻抗变换器的幅频效应

对图 4.45 所示的单节 $\lambda/4$ 阻抗变换器，由式（4.117）可知匹配段的特征阻抗为 $Z_{02} = \sqrt{Z_{01}R_L}$。

在设计频率 f_0 处，匹配段的电长度为 $\lambda_0/4$，完全匹配。但是在其他频率下电长度是不同的，所以不再完全匹配。

下面推导失配与频率之间的近似表达式。

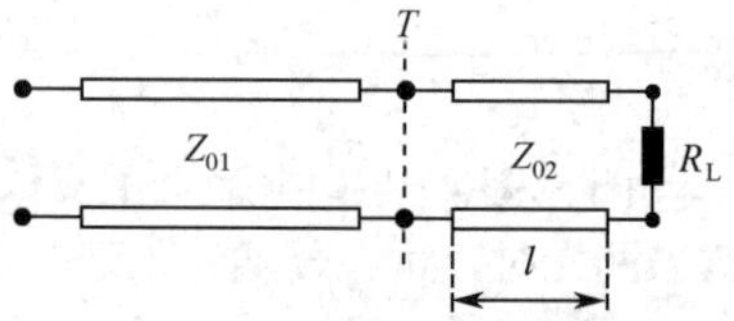

在参考面 T 处朝负载看去的输入阻抗为

$$Z_{in} = Z_{02} \cdot \frac{R_L + jZ_{02}\tan\theta}{Z_{02} + jR_L\tan\theta} \tag{4.121}$$

图 4.45　单节 $\lambda/4$ 阻抗变换器，在设计频率 f_0 处有 $l = \lambda_0/4$

在设计频率 f_0 处，$\theta = \beta l = \pi/2$，于是反射系数为

$$\Gamma = \frac{Z_{in} - Z_{01}}{Z_{in} + Z_{01}} = \frac{Z_{02}(R_L - Z_{01}) + j\tan\theta(Z_{02}^2 - Z_{01}R_L)}{Z_{02}(R_L + Z_{01}) + j\tan\theta(Z_{02}^2 + Z_{01}R_L)} \tag{4.122}$$

因为 $Z_{02}^2 = Z_{01}R_L$，所以式（4.122）可以化简为

$$\Gamma = \frac{R_L - Z_{01}}{R_L + Z_{01} + j2\tan\theta\sqrt{Z_{01}R_L}} \tag{4.123}$$

反射系数的模值为

$$
\begin{aligned}
|\Gamma| &= \left|\frac{Z_{in} - Z_{01}}{Z_{in} + Z_{01}}\right| = \left|\frac{Z_{02}(R_L - Z_{01}) + j\tan\theta(Z_{02}^2 - Z_{01}R_L)}{Z_{02}(R_L + Z_{01}) + j\tan\theta(Z_{02}^2 + Z_{01}R_L)}\right| \\
&= \frac{|R_L - Z_{01}|}{\left[(R_L + Z_{01})^2 + 4\tan^2\theta Z_{01}R_L\right]^{1/2}} = \frac{1}{\left[\dfrac{(R_L + Z_{01})^2}{(R_L - Z_{01})^2} + \dfrac{4\tan^2\theta Z_{01}R_L}{(R_L - Z_{01})^2}\right]^{1/2}} \\
&= \frac{1}{\left[1 + \dfrac{4R_L Z_{01}}{(R_L - Z_{01})^2} + \dfrac{4\tan^2\theta Z_{01}R_L}{(R_L - Z_{01})^2}\right]^{1/2}} = \frac{1}{\left[1 + \dfrac{4\sec^2\theta Z_{01}R_L}{(R_L - Z_{01})^2}\right]^{1/2}}
\end{aligned} \tag{4.124}
$$

如果假设频率接近设计频率 f_0，则 $l \approx \lambda_0/4$，$\theta \approx \pi/2$。于是 $\sec^2\theta \gg 1$，式（4.124）可以化简为

$$|\Gamma| \approx \frac{|R_L - Z_{01}|}{2\sqrt{Z_{01}R_L}}|\cos\theta| \qquad (4.125)$$

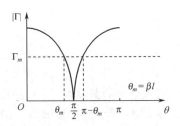

图 4.46　单节 $\lambda/4$ 阻抗变换器的幅频效应

式（4.125）给出了 $\lambda/4$ 阻抗变换器的幅频效应公式，其曲线如图 4.46 所示。

若将最大可容忍的反射系数振幅设为 Γ_m，则可以定义阻抗变换器的带宽为

$$\Delta\theta = 2(\pi/2 - \theta_m) \qquad (4.126)$$

式（4.126）关于 $\theta = \pi/2$ 对称，由式（4.124）解出 θ_m：

$$\frac{1}{\Gamma_m^2} = 1 + \left[\frac{2\sqrt{Z_{01}R_L}}{R_L - Z_{01}}\sec\theta_m\right]^2 \qquad (4.127)$$

或

$$\cos\theta_m = \frac{\Gamma_m}{\sqrt{1-\Gamma_m^2}}\frac{2\sqrt{Z_{01}R_L}}{|R_L - Z_{01}|} \qquad (4.128)$$

假设采用的是 TEM 传输线，则 $\theta = \beta l = \frac{2\pi f}{v_p}\frac{v_p}{4f_0} = \frac{\pi f}{2f_0}$。因此，在 $\theta = \theta_m$ 处，带宽低端的频率为 $f_m = \frac{2\theta_m f_0}{\pi}$。由式（4.128）可得相对带宽为

$$\frac{\Delta f}{f_0} = \frac{2(f_0 - f_m)}{f_0} = 2 - \frac{2f_m}{f_0} = 2 - \frac{4\theta_m}{\pi} = 2 - \frac{4}{\pi}\arccos\left[\frac{\Gamma_m}{\sqrt{1-\Gamma_m^2}}\frac{2\sqrt{Z_{01}R_L}}{|R_L - Z_{01}|}\right] \qquad (4.129)$$

注意，R_L 与 Z_0 的值越接近，变换器的带宽就越宽。

【有关单节阻抗变换器的幅频效应】

　　注意，上面所求的相对带宽只对 TEM 传输线严格有效，使用非 TEM 传输线（如波导）时，传播常数不再是频率的线性函数，而且波阻抗也与频率有关。这些因素使得非 TEM 传输线的一般特性更复杂。本书主要针对 TEM 模传输线展开讨论。

4.5　多节阻抗变换器近似求解方法（小反射理论）

　　前面介绍的 $\lambda/4$ 阻抗变换器提供了任意实数负载阻抗与任意传输线阻抗匹配的简单方法。由于单节 $\lambda/4$ 阻抗变换器的带宽较窄，常常无法满足实际应用的需求，于是可以考虑使用多节阻抗变换器。为了对多节 $\lambda/4$ 阻抗变换器做近似分析，需要先求得传输线达到稳态之前由各个不连续点的局部来回反射所造成的总反射的近似结果。我们称之为小反射理论。

　　在图 4.47 所示的单节变换器中，局部反射系数和传输系数为

$$\Gamma_1 = \frac{Z_2 - Z_1}{Z_2 + Z_1} \ , \quad \Gamma_2 = -\Gamma_1 \tag{4.130}$$

$$T_{21} = 1 + \Gamma_1 = \frac{2Z_2}{Z_1 + Z_2} \ , \quad T_{12} = 1 + \Gamma_2 = \frac{2Z_1}{Z_1 + Z_2} \ , \quad \Gamma_3 = \frac{Z_L - Z_2}{Z_L + Z_2} \tag{4.131}$$

设入射波的振幅为 1，总的反射波的复振幅为 Γ，它等于总的反射系数。当入射波投射到第一个接头时，产生一个振幅为 Γ_1 的部分反射波。而振幅为 T_{21} 的传输波则入射到第二个接头处。其中的一部分波反射，即有一个振幅为 $\Gamma_3 T_{21} e^{-2j\theta}$ 的波自右边入射到第一个接头处。而此波的一部分以振幅 $T_{12} T_{21} \Gamma_3 e^{-2j\theta}$ 向前传输，另一部分以振幅 $\Gamma_2 \Gamma_3 T_{21} e^{-2j\theta}$ 反射回负载 Z_L。图 4.47 中的右图表示所产生的无限多次反射波的前面几次反射。振幅为 Γ 的总反射波，是通过第一个接头处向左边传输的所有各部分波的总和，此和为

$$\Gamma = \Gamma_1 + T_{12} T_{21} \Gamma_3 e^{-2j\theta} + T_{12} T_{21} \Gamma_3^2 \Gamma_2 e^{-4j\theta} + \cdots = \Gamma_1 + T_{12} T_{21} \Gamma_3 e^{-2j\theta} \sum_{n=0}^{\infty} \Gamma_2^n \Gamma_3^n e^{-2jn\theta} \tag{4.132}$$

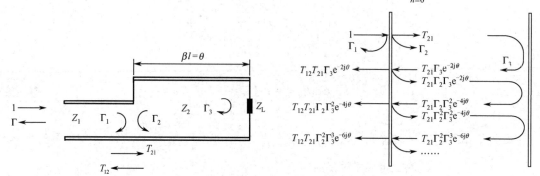

图 4.47　单节匹配变换器上的局部反射和传输

求这个几何级数的和，不难得出（注意 $\sum\limits_{n=0}^{\infty} r^n = (1-r)^{-1}$）

$$\Gamma = \Gamma_1 + \frac{T_{12} T_{21} \Gamma_3 e^{-2j\theta}}{1 - \Gamma_2 \Gamma_3 e^{-2j\theta}} \tag{4.133}$$

用 $1 + \Gamma_2 = 1 - \Gamma_1$ 代替 T_{12}，用 $1 + \Gamma_1$ 代替 T_{21}，得

$$\Gamma = \frac{\Gamma_1 + \Gamma_3 e^{-2j\theta}}{1 + \Gamma_1 \Gamma_3 e^{-2j\theta}} \tag{4.134}$$

若 $|\Gamma_1|$ 和 $|\Gamma_3|$ 都比 1 小得多，则 Γ 的良好近似为

$$\Gamma = \Gamma_1 + \Gamma_3 e^{-2j\theta} \tag{4.135}$$

这个结果表明，小反射时，总的反射系数正好是只考虑一次反射时所得到的反射系数，即 Z_1 和 Z_2 之间的不连续性反射 Γ_1 以及 Z_2 和负载 Z_L 之间的不连续性反射 $\Gamma_3 e^{-2j\theta}$，$e^{-2j\theta}$ 项是由输入波在线上前后行进时产生的相位延迟造成的。这个结果将用来作为讨论多级 $\lambda/4$ 变换器的一阶理论。应当指出，若 $|\Gamma_1| = |\Gamma_3| = 0.2$，则 Γ 的误差不超过 4%，这可作为近似公式精度的标志。

考虑如图 4.48 所示的 N 节 $\lambda/4$ 阻抗变换器，该阻抗变换器由 N 个等长传输线段组成，我们将

推导其总的反射系数的近似表示式。第一个连接处的局部反射系数为

$$\Gamma_0 = \frac{Z_1 - Z_0}{Z_1 + Z_0} \qquad (4.136)$$

同理，第 n 个连接处的局部反射系数为

$$\Gamma_n = \frac{Z_{n+1} - Z_n}{Z_{n+1} + Z_n} \qquad (4.137)$$

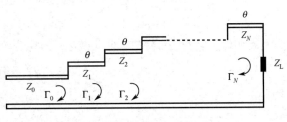

图 4.48　多节 $\lambda/4$ 变换器

最后一个连接处的局部反射系数为

$$\Gamma_N = \frac{Z_L - Z_N}{Z_L + Z_N} \qquad (4.138)$$

注意 Z_0 是特征阻抗，这里未必一定等于 $(\mu_0/\varepsilon_0)^{1/2}$。每一节都有同样的相位 $\beta l = \theta$，在匹配频率 f_0 上 l 等于 $\lambda/4$。负载阻抗 Z_L 假定为纯电阻，它可以大于或小于 Z_0。本书取负载阻抗 Z_L 大于 Z_0 的情况。若 Z_L 小于 Z_0，则所有 Γ_N 皆为负实数，理论上所要做的修改只是用 $-\Gamma_N$ 代替所有 Γ_N。

作为第一级近似，总的反射系数只取一次反射波的总和，即

$$\Gamma(\theta) = \Gamma_0 + \Gamma_1 e^{-j2\theta} + \Gamma_2 e^{-j4\theta} + \cdots + \Gamma_N e^{-j2N\theta} \qquad (4.139)$$

式中，$e^{-j2N\theta}$ 是考虑到各个部分波经过不同的距离而引入的相位延迟。

对这个问题，假定变换器是对称的，有 $\Gamma_0 = \Gamma_N, \Gamma_1 = \Gamma_{N-1}, \Gamma_2 = \Gamma_{N-2}, \cdots$。此时，式（4.139）变成

$$\Gamma(\theta) = e^{-jN\theta} \left[\Gamma_0 (e^{jN\theta} + e^{-jN\theta}) + \Gamma_1 (e^{j(N-2)\theta} + e^{-j(N-2)\theta}) + \cdots \right] \qquad (4.140)$$

式中的最后一项，当 N 为奇数时，为 $\Gamma_{(N-1)/2}(e^{j\theta} + e^{-j\theta})$；当 N 为偶数时，为 $\Gamma_{N/2}$。由此可见，对称变换器的反射系数 Γ 为傅里叶余弦级数：

$$\Gamma(\theta) = 2e^{-jN\theta} \left[\Gamma_0 \cos N\theta + \Gamma_1 \cos(N-2)\theta + \cdots + \Gamma_n \cos(N-2n)\theta + \cdots \right] \qquad (4.141)$$

式中的最后一项，当 N 为奇数时，为 $\Gamma_{(N-1)/2} \cos\theta$；当 N 为偶数时，为 $\frac{1}{2}\Gamma_{N/2}$。现在应该清楚的是，选取适当的反射系数 Γ_n（从而也就是 Z_n），就可得到各种通带特性。因为此级数为余弦级数，所以其规定的周期函数以间隔 π 为周期，相当于每节变换器的长度改变半个波长的频率范围。在多节阻抗变换器中，当各段的特征阻抗及相速度的频率响应特性均相同时（TEM 模式），称为均匀多节阻抗变换器；不同时则称为不均匀多节阻抗变换器。实际应用中若采用微带线（后面第 6 章介绍）形式的传输线，当频率不太高、色散效应可以忽略时，各微带线段的特征阻抗和相速均与频率无关，因此也属于均匀多节阻抗变换器。下面介绍两种通带特性的阻抗变换器：最大平坦度特性（二项式）和等波纹特性（切比雪夫）多节阻抗变换器。

4.6　二项式（最大平坦特性）多节阻抗变换器

二项式阻抗变换器的通带响应可提供最佳节数，在接近设计频率的位置，响应尽可能平坦。因此，该阻抗变换器又称最大平坦特性阻抗变换器。

如果 $\Gamma = |\Gamma_m|$，且在匹配频率 f_0（此时 $\theta_0 = \pi/2$）处对频率（或 θ）的前 $N-1$ 个导数为零，则可得到最平坦的通带特性。要获得这样的特性，需要取

$$\Gamma(\theta) = A(1 + e^{-2j\theta})^N \tag{4.142}$$

因此，

$$\left|\Gamma(\theta)\right| = |A|\left|e^{-j\theta}\right|^N\left|e^{j\theta} + e^{-j\theta}\right|^N = 2^N|A||\cos\theta|^N \tag{4.143}$$

当 $\theta = 0$ 时，特征阻抗为 Z_0 的传输线直接与负载相连接，得到 $\Gamma = \frac{Z_L - Z_0}{Z_L + Z_0}$，且由式（4.142）得到 $\Gamma = A \cdot 2^N$，因此常数 A 为

$$A = 2^{-N}\frac{Z_L - Z_0}{Z_L + Z_0} \tag{4.144}$$

利用二项式展开式（4.142）得

$$\Gamma(\theta) = 2^{-N}\frac{Z_L - Z_0}{Z_L + Z_0}(1 + e^{-2j\theta})^N = 2^{-N}\frac{Z_L - Z_0}{Z_L + Z_0}\sum_{n=0}^{N}C_N^n e^{-j2n\theta} \tag{4.145}$$

式中，二项式系数为

$$C_N^n = \frac{N(N-1)(N-2)\cdots(N-n+1)}{n!} = \frac{N!}{(N-n)!n!} \tag{4.146}$$

注意 $C_N^n = C_N^{N-n}, C_N^0 = 1, C_N^1 = N = C_N^{N-1}, \cdots$。现在令式（4.145）给出的通带响应与实际响应相等：

$$\Gamma(\theta) = \Gamma_0 + \Gamma_1 e^{-2j\theta} + \Gamma_2 e^{-4j\theta} + \cdots + \Gamma_N e^{-2jN\theta} \tag{4.147}$$

可以得到

$$\Gamma_n = 2^{-N}\frac{Z_L - Z_0}{Z_L + Z_0}C_N^n = \Gamma_{N-n} \tag{4.148}$$

因为 $C_N^n = C_N^{N-n}$。

为了使特征阻抗 Z_n 的解简单，最好做进一步的近似。因为已规定所有的 Γ_n 都很小，所以可以利用下面的结果：

$$\ln\frac{Z_{n+1}}{Z_n} \approx 2\frac{Z_{n+1} - Z_n}{Z_{n+1} + Z_n} = 2\Gamma_n \tag{4.149}$$

【关键公式】

利用泰勒公式 $\ln(1+x) = x - \dfrac{x^2}{2} + \dfrac{x^3}{3} - \dfrac{x^4}{4} + \cdots + (-1)^n\dfrac{x^{n+1}}{n+1} + o(x^{n+1})$，可得

$$\ln\frac{Z_{n+1}}{Z_n} = \ln\rho_n = \ln\frac{1+\Gamma_n}{1-\Gamma_n} = \ln(1+\Gamma_n) - \ln(1-\Gamma_n)$$

$$= \left[\ln(1) + \frac{\Gamma_n}{1} - \frac{(\Gamma_n)^2}{2} + \frac{(\Gamma_n)^3}{3} - \cdots\right] - \left[\ln(1) + \frac{-\Gamma_n}{1} - \frac{(\Gamma_n)^2}{2} + \frac{(-\Gamma_n)^3}{3} - \cdots\right]$$

$$= 2\Gamma_n + \frac{2}{3}(\Gamma_n)^3 + \cdots$$

$$= 2\frac{Z_{n+1} - Z_n}{Z_{n+1} + Z_n} + \frac{2}{3}\left(\frac{Z_{n+1} - Z_n}{Z_{n+1} + Z_n}\right)^3 + \cdots$$

注意，因为负载阻抗 $Z_L > Z_0$，每节变换器的特征阻抗 $Z_{n+1} > Z_n$，ρ_n 是当负载为 Z_{n+1} 时特征阻抗为 Z_n 的传输线上的驻波比。

于是有

$$\ln\frac{Z_{n+1}}{Z_n} \approx 2\Gamma_n = 2 \cdot 2^{-N}\frac{Z_L - Z_0}{Z_L + Z_0}C_N^n \approx 2^{-N}C_N^n\ln\frac{Z_L}{Z_0} \qquad (4.150)$$

式（4.150）中用到了下面的近似公式：

$$1n\frac{Z_L}{Z_0} = 2\frac{Z_L - Z_0}{Z_L + Z_0} + \frac{2}{3}\left(\frac{Z_L - Z_0}{Z_L + Z_0}\right)^3 + \cdots \approx 2\frac{Z_L - Z_0}{Z_L + Z_0} \qquad (4.151)$$

式（4.150）是阻抗的对数解，因为它们正比于二项式系数，所以将此变换器称为二项式变换器。这个理论是近似的。对于 $Z_L < Z_0$ 的情况，这些结果应该用于 Z_0/Z_L，Z_1 应在负载端开始。同一个阻抗变换器能匹配 Z_L 到 Z_0，反过来也可以匹配 Z_0 到 Z_L。

【例4.10】二项式阻抗变换器设计。

设计二项式阻抗变换器，节数 $N = 2$，将负载阻抗 $Z_L = 100\Omega$ 与特征阻抗 $Z_0 = 50\Omega$ 的传输线匹配，试求两节 $\lambda/4$ 传输线段的特征阻抗，并计算 $\Gamma_m = 0.05$ 的带宽。

解：因为 $C_2^0 = 1$ 和 $C_2^1 = 2$，所以由式（4.149）得

$$\ln\frac{Z_1}{Z_0} = \frac{1}{4}\ln\frac{Z_L}{Z_0} \quad 或 \quad Z_1 = Z_L^{\frac{1}{4}}Z_0^{\frac{3}{4}} = 59.4\Omega \qquad (4.152)$$

和

$$1n\frac{Z_2}{Z_1} = \frac{1}{2}\ln\frac{Z_L}{Z_0} \quad 或 \quad Z_2 = Z_L^{\frac{3}{4}}Z_0^{\frac{1}{4}} = 84\Omega \qquad (4.153)$$

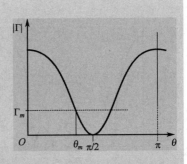

图 4.49　最平坦变换器的通带特性

虽然使用的是近似理论，但是在两节变换器的情况下，得出的上述 Z_1 和 Z_2 的值是准确的，这个结论表明了近似理论的可行性。

图 4.49 表示的这种通带特性是从最平坦的变换器得出的。设 Γ_m 是在通带内可容忍的反射系数最大值。由式（4.143）可得 $\Gamma_m = 2^N|A||\cos\theta_m|^N$，

$$A = 2^{-N}\frac{Z_L - Z_0}{Z_L + Z_0} \approx \frac{1}{2^{N+1}}\ln\frac{Z_L}{Z_0} = 0.087 \qquad (4.154)$$

式中，$\theta_m < \pi/2$ 是通带的低端，所以

$$\theta_m = \arccos\left[\frac{1}{2}\left(\Gamma_m/|A|\right)^{1/N}\right] = 67.7° \qquad (4.155)$$

在各级变换器由传输线组成的情况下，$\theta = \frac{\pi f}{2f_0}$，因此相对带宽为

$$\frac{\Delta f}{f_0} = \frac{2(f_0 - f_m)}{f_0} = 2 - \frac{4}{\pi}\arccos\left[\frac{1}{2}\left(\Gamma_m/|A|\right)^{1/N}\right] = 0.496 \quad 或 \quad 49.6\% \qquad (4.156)$$

图 4.50 比较了不同节数二项式阻抗变换器的带宽，可以看出多节变换器比单节变换器能提供更宽的带宽。

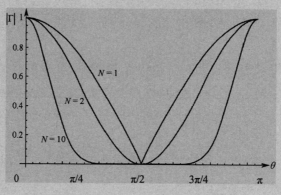

图 4.50　不同节数二项式阻抗变换器的带宽比较（小反射近似）

4.7　切比雪夫（等波纹特性）多节阻抗变换器

4.7.1　切比雪夫多项式

除了最平坦通带特性，另一个同样有用的特性是容许 Γ 在通带内以振荡的方式在零和 Γ_m 之间变动。为获得具有如图 4.51 所示的等波纹特性而设计的变换器就属于这种类型，在相同节数情况下，它可以获得比二项式变换器更宽的带宽，而且在起伏波纹不超过预先给定值的条件下，可以得到相当陡峭的带外衰减特性（这在第 9 章滤波器设计中很有用）。使 Γ 按照切比雪夫多项式变化，就得到等波纹特性，所以此变换器称为切比雪夫阻抗变换器，也称等波纹特征阻抗变换器。为了研究如何把切比雪夫多项式用于这个设计中，首先必须研究这些多项式的基本特性。

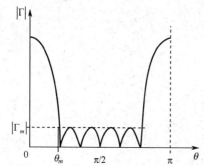

图 4.51　由切比雪夫变换器得到的等波纹特性

用 $T_n(x)$ 表示的切比雪夫多项式是一个以 x 为自变量的 n 次多项式，前 4 个多项式和递推公式为

$$
\begin{aligned}
T_1(x) &= x \\
T_2(x) &= 2x^2 - 1 \\
T_3(x) &= 4x^3 - 3x \\
T_4(x) &= 8x^4 - 8x^2 + 1
\end{aligned}
\tag{4.157}
$$

递推公式如下：

$$T_n(x) = 2xT_{n-1} - T_{n-2} \tag{4.158}$$

当 x 在 $|x| \leqslant 1$ 的范围内时，$T_n(x)$ 在 ±1 之间摆动；而当 x 在这个范围以外时，$T_n(x)$ 的大小无限地增加。前 4 个切比雪夫多项式绘制在图 4.52 中，从中可以归纳出切比雪夫多项式的特性如下：

（1）当定义域为[-1, +1] 时，值域 $|T_n(x)| \leqslant 1$。

（2）过定点(-1, +1)。

（3）零点个数为 n。

（4）n 为奇数和偶数时，分别关于中心和轴对称。

（5）$|x| > 1$，$|T_n(x)| > 1$。

（6）$T_n(x)$ 随着 x 和 n 的增加而迅速增加。

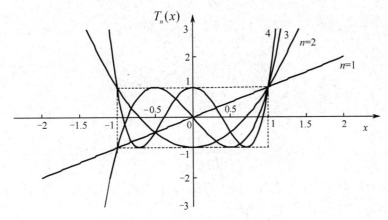

图 4.52　前 4 个切比雪夫多项式 $T_n(x)$

令 $x = \cos\theta$，其中 $|x| < 1$，则切比雪夫多项式可以表示为

$$T_n(\cos\theta) = \cos(n\theta) \tag{4.159}$$

或

$$T_n(x) = \cos(n\arccos x) \tag{4.160}$$

我们希望 Γ 只在 θ_m 到 $\pi - \theta_m$ 范围内具有等波纹特性，所以须使 θ_m 与 $x = 1$ 对应，$\pi - \theta_m$ 与 $x = -1$ 对应。将 $\cos\theta$ 用 $\cos\theta / \cos\theta_m$ 代替，可得

$$T_n\left(\frac{\cos\theta}{\cos\theta_m}\right) = T_n\left(\sec\theta_m \cos\theta\right) = \cos n\left(\arccos\frac{\cos\theta}{\cos\theta_m}\right) \tag{4.161}$$

则对于 $\theta_m < \theta < \pi - \theta_m$ 有 $|\sec\theta_m \cos\theta| \leqslant 1$，所以在同样的范围内有 $|T_n(\sec\theta_m \cos\theta)| \leqslant 1$。因此，这个函数把 $T_n(x)$ 和等波纹振荡限制在所要求的通带内。

若将式（4.161）中的 $T_n(\sec\theta_m \cos\theta)$ 按照式（4.157）的形式展开，则所得函数是以 $\cos\theta / \cos\theta_m$ 为自变量的 n 次多项式。因为 $(\cos\theta)^n$ 可以展开为 $\cos(n - 2m)\theta$ 形式的多项和，所以 $T_n(\sec\theta_m \cos\theta)$ 可以改写为如下形式：

$$T_1(\sec\theta_m \cos\theta) = \sec\theta_m \cos\theta \tag{4.162}$$

$$T_2(\sec\theta_m \cos\theta) = 2(\sec\theta_m \cos\theta)^2 - 1 = \sec^2\theta_m (1 + \cos 2\theta) - 1 \tag{4.163}$$

$$T_3(\sec\theta_m \cos\theta) = \sec^3\theta_m (\cos 3\theta + 3\cos\theta) - 3\sec\theta_m \cos\theta \tag{4.164}$$

$$T_4(\sec\theta_m \cos\theta) = \sec^4\theta_m (\cos 4\theta + 4\cos 2\theta + 3) - 4\sec^2\theta_m (\cos 2\theta + 1) \tag{4.165}$$

式（4.165）的结果可直接用于 4 节阻抗变换器的设计。

4.7.2　切比雪夫多节阻抗变换器设计

下面令阻抗变换器的节数为 N、反射系数通式 $\Gamma(\theta)$ 正比于 $T_n(\sec\theta_m\cos\theta)$ 来设计等波纹通带。于是，设计的变换器是对称的，利用式（4.145）有

$$\begin{aligned}\Gamma(\theta) &= 2\mathrm{e}^{-\mathrm{j}N\theta}\left[\Gamma_0\cos N\theta + \Gamma_1\cos(N-2)\theta + \cdots + \Gamma_n\cos(N-n)\theta + \cdots\right]\\ &= A\mathrm{e}^{-\mathrm{j}N\theta}T_N(\sec\theta_m\cos\theta)\end{aligned} \tag{4.166}$$

式中，最后一项当 N 为奇数时，为 $\Gamma_{(N-1)/2}\cos\theta$；当 N 为偶数时，为 $\tfrac{1}{2}\Gamma_{N/2}$；A 为待定常数。当 $\theta = 0$ 时，有

$$\Gamma(0) = \frac{Z_L - Z_0}{Z_L + Z_0} = AT_N(\sec\theta_m) \tag{4.167}$$

所以

$$A = \frac{Z_L - Z_0}{(Z_L + Z_0)T_N(\sec\theta_m)} \tag{4.168}$$

若在通带内的最大允许波纹（反射系数）为 Γ_m，则由式（4.166）可得 $|\Gamma_m| = A$，因为在通带内 $T_N(\sec\theta_m\cos\theta)$ 的最大值是 1。所以有

$$T_N(\sec\theta_m) = \left|\frac{Z_L - Z_0}{Z_L + Z_0}\right|\frac{1}{\Gamma_m} \tag{4.169}$$

因而有

$$\Gamma(\theta) = \mathrm{e}^{-\mathrm{j}N\theta}\frac{Z_L - Z_0}{Z_L + Z_0}\frac{T_N(\sec\theta_m\cos\theta)}{T_N(\sec\theta_m)} \tag{4.170}$$

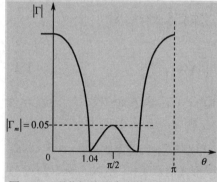

图 4.53　两节切比雪夫变换器的通带特性
（$\Gamma_m = 0.05$，$Z_L/Z_0 = 2$）

【例 4.11】切比雪夫阻抗变换器设计。

设计 $N = 2$ 的两节切比雪夫阻抗变换器，将 $Z_L = 100\Omega$ 的负载与 $Z_0 = 50\Omega$ 的传输线匹配。设通带内的最大容许波纹 $\Gamma_m = 0.05$，如图 4.53 所示。

解： 应用式（4.163）得

$$T_2(\sec\theta_m) = 2\sec^2\theta_m - 1 = \frac{1}{3\times0.05} = 6.67 \tag{4.171}$$

从而得到 $\sec\theta_m = 1.96$，$\theta_m = 1.04$。于是，得到的相对带宽为

$$\frac{\Delta\theta}{\pi/2} = \frac{\Delta f}{f_0} = \frac{4}{\pi}\left(\frac{\pi}{2} - 1.04\right) = 0.675 \text{ 或 } 67.5\% \tag{4.172}$$

当 $N = 2$ 时，式（4.145）为

$$\begin{aligned}\Gamma(\theta) &= \Gamma_0 + \Gamma_1\mathrm{e}^{-\mathrm{j}2\theta} + \Gamma_2\mathrm{e}^{-\mathrm{j}4\theta}\\ &= \mathrm{e}^{-\mathrm{j}2\theta}[(\Gamma_0\mathrm{e}^{\mathrm{j}2\theta} + \Gamma_2\mathrm{e}^{-\mathrm{j}2\theta}) + \Gamma_1]\\ &= \mathrm{e}^{-\mathrm{j}2\theta}(2\Gamma_0\cos2\theta + \Gamma_1)\end{aligned} \tag{4.173}$$

将 $N = 2$ 代入式（4.166）并利用 $\Gamma_m = |A|$ 得

$$\Gamma(\theta) = \Gamma_m\mathrm{e}^{-\mathrm{j}2\theta}T_2(\sec\theta_m\cos\theta) \tag{4.174}$$

按照式（4.163）展开得

$$\Gamma(\theta) = \Gamma_m e^{-j2\theta} \left[(\sec\theta_m)^2 (1 + \cos 2\theta) - 1 \right]$$
$$= e^{-j2\theta} \left[\Gamma_m \sec^2\theta_m \cos 2\theta + \Gamma_m (\sec^2\theta_m - 1) \right] \tag{4.175}$$

令式（4.173）和式（4.175）相等得

$$2\Gamma_0 \cos 2\theta + \Gamma_1 = \Gamma_m T_2 (\sec\theta_m \cos\theta) = \Gamma_m \sec^2\theta_m \cos 2\theta + \Gamma_m (\sec^2\theta_m - 1) \tag{4.176}$$

所以

$$\Gamma_0 = \tfrac{1}{2}\Gamma_m \sec^2\theta_m = \Gamma_2 = 0.096 \tag{4.177}$$

$$\Gamma_1 = \Gamma_m (\sec^2\theta_m - 1) = 0.142 \tag{4.178}$$

阻抗 Z_1 和 Z_2 为

$$Z_1 = \frac{1+\Gamma_0}{1-\Gamma_0} Z_0 = 60.5\Omega \ , \ \ Z_2 = \frac{1+\Gamma_1}{1-\Gamma_1} Z_1 = 81\Omega \tag{4.179}$$

图 4.53 给出了其通带特性曲线。与例 4.10 的二项式阻抗变换器的 49.6%的带宽相比，带宽有效地得到了展宽。当然，切比雪夫阻抗变换器的缺点是通带内交替变换的波纹，在以后的实际应用中，相比展宽带宽的特性，其陡峭的带外抑制效果更有吸引力。

4.8 多节阻抗变换器的直接求解方法

4.8.1 N 阶多节阻抗变换器的输入阻抗与反射系数

对 N 阶多节阻抗变换器，定义其各级传输线阻抗为 $Z_1, Z_2 \cdots, Z_N$，源端口阻抗和负载阻抗分别为 Z_0 和 Z_L，往负载方向看去的各级输入阻抗为 $Z_{\mathrm{in},1}, Z_{\mathrm{in},2} \cdots, Z_{\mathrm{in},N}$，并且假设各级传输线的相位相同且为 θ，具体电路如图 4.54 所示。

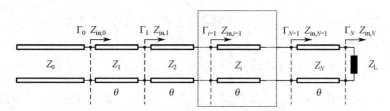

图 4.54 多节阻抗变换器示意图

由传输线的输入阻抗公式可知，各级输入阻抗之间的关系为

$$Z_{\mathrm{in},i} = Z_{i+1} \frac{Z_{\mathrm{in},i+1} + jZ_{i+1}\tan(\theta)}{Z_{i+1} + jZ_{\mathrm{in},i+1}\tan(\theta)}, \ i = N-1, N-2, \cdots, 0 \tag{4.180}$$

式中，$Z_{\mathrm{in},N} = Z_L$。为方便求解，将 $Z_{\mathrm{in},i}$ 拆分成分子分母多项式，定义 $Z_{\mathrm{in},i} = \mathrm{NZ}_{\mathrm{in},i} / \mathrm{DZ}_{\mathrm{in},i}$ 并代入式（4.180），可得递推迭代公式为

$$\begin{cases} \mathrm{NZ}_{\mathrm{in},i} = Z_{i+1}[\mathrm{NZ}_{\mathrm{in},i+1} + j\mathrm{DZ}_{\mathrm{in},i+1}\tan(\theta)] \\ \mathrm{DZ}_{\mathrm{in},i} = Z_{i+1}\,\mathrm{DZ}_{\mathrm{in},i+1} + j\mathrm{NZ}_{\mathrm{in},i+1}\tan(\theta) \end{cases} \tag{4.181}$$

根据反射系数公式有

$$\Gamma_0 = \frac{Z_{\mathrm{in},0} - Z_0}{Z_{\mathrm{in},0} + Z_0} \tag{4.182}$$

同理，定义 $\Gamma_0 = \mathrm{N}\Gamma_0 / \mathrm{D}\Gamma_0$，分离式（4.182）的分子分母得

$$\begin{cases} \mathrm{N}\Gamma_0 = \mathrm{N}Z_{\mathrm{in},0} - Z_0\,\mathrm{D}Z_{\mathrm{in},0} \\ \mathrm{D}\Gamma_0 = \mathrm{N}Z_{\mathrm{in},0} + Z_0\,\mathrm{D}Z_{\mathrm{in},0} \end{cases} \tag{4.183}$$

上面的计算方法提供了一种快速计算高阶多节阻抗变换器反射系数表达式的方法。通过以上计算发现，Γ_0 是一个关于 $\tan(\theta)$ 的多项式分式，展开得

$$\Gamma_0 = \frac{a_0 + a_1\tan(\theta) + \cdots + a_N\tan^N(\theta)}{b_0 + b_1\tan(\theta) + \cdots + b_N\tan^N(\theta)} \tag{4.184}$$

式中，系数 $a_0 \sim a_N$ 和 $b_0 \sim b_N$ 都是关于阻抗 $Z_1 \sim Z_N$、Z_0 和 Z_L 的函数。式（4.181）中含有 $\mathrm{j}\tan(\theta)$，因此系数 $a_0 \sim a_N$ 和 $b_0 \sim b_N$ 是实数和虚数交替的形式，即若 $a_1, a_3, \cdots$ 是虚数，则 $a_2, a_4, \cdots$ 是实数，若 $b_1, b_3, \cdots$ 是虚数，则 $b_2, b_4, \cdots$ 是实数。另外，$\Gamma_0^{(N)}$ 表示 N 阶阻抗变换器 Γ_0。

4.8.2　最大平坦特性多节阻抗（巴特沃斯）变换器

巴特沃斯的响应类型特点明显，只需利用 4.8.1 节中的表达式即可确定所需多节阻抗变换器。巴特沃斯响应也称最平坦响应，其关键特点是反射系数在中心频率 f_0 处的前 N 阶导数为零，即反射系数在中心频率处有 N 阶零点。

将式（4.183）中的 $\mathrm{N}\Gamma_0$ 和 $\mathrm{D}\Gamma_0$ 写成多项式的形式有

$$\begin{cases} \mathrm{N}\Gamma_0 = a_0 + a_1\tan(\theta) + \cdots + a_N\tan^N(\theta) \\ \mathrm{D}\Gamma_0 = b_0 + b_1\tan(\theta) + \cdots + b_N\tan^N(\theta) \end{cases} \tag{4.185}$$

为了满足巴特沃斯响应的条件，在中心频率处，式（4.185）需要满足

（1）$\mathrm{D}\Gamma_N$ 趋近于 N 阶无穷大。

（2）$\mathrm{N}\Gamma_N$ 趋近于某个非零常数。

首先，根据第一个条件，θ 在中心频率处需要等于 $\pi/2$，这与传统的 $\lambda/4$ 阻抗变换器一致；且 b_N 也需要不等于 0。其次，根据第二个条件可得 $a_0 \neq 0$，且 $a_1 \sim a_N$ 需要等于零。因为 $a_1 \sim a_N$、b_N 和 a_0 是关于传输线阻抗 $Z_1 \sim Z_N$ 的函数，所以可得 N 阶巴特沃斯多节阻抗变换器的设计条件为

$$\begin{cases} a_0(Z_1, Z_2, \cdots Z_N) \neq 0 \\ a_1(Z_1, Z_2, \cdots, Z_N) = 0 \\ \quad\quad\vdots \\ a_N(Z_1, Z_2, \cdots, Z_N) = 0 \\ b_N(Z_1, Z_2, \cdots, Z_N) \neq 0 \end{cases} \tag{4.186}$$

4.8.3　一阶至四阶巴特沃斯阻抗变换器的直接计算公式

当 $N = 1$ 时，反射系数的表达式为

$$\Gamma_0^{(1)} = \frac{-Z_0 Z_1 + Z_1 Z_L + \mathrm{j}(Z_1^2 - Z_0 Z_L)\tan(\theta)}{Z_0 Z_1 + Z_1 Z_L + \mathrm{j}(Z_1^2 + Z_0 Z_L)\tan(\theta)} \tag{4.187}$$

根据式（4.186），只需令

$$a_1 = Z_1^2 - Z_0 Z_L = 0 \tag{4.188}$$

就可得到 $Z_1 = \sqrt{Z_0 Z_L}$，这和 $\lambda/4$ 的阻抗变换器的结论一致。由于 $Z_0 \neq Z_L$，此时发现 $b_1 \neq 0$，$a_0 \neq 0$。由于 $Z_0 \neq Z_L$ 时 $a_0 \neq 0$ 恒成立，不再单独列出。

当 $N = 2$ 时，反射系数的表达式为

$$\Gamma_0^{(2)} = \frac{Z_1 Z_2 (Z_L - Z_0) + \mathrm{j}(Z_1 Z_2 - Z_0 Z_L)(Z_1 + Z_2)\tan(\theta) + (Z_2^2 Z_0 - Z_L Z_1^2)\tan^2(\theta)}{Z_1 Z_2 (Z_L + Z_0) + \mathrm{j}(Z_1 Z_2 + Z_0 Z_L)(Z_1 + Z_2)\tan(\theta) - (Z_2^2 Z_0 + Z_L Z_1^2)\tan^2(\theta)} \tag{4.189}$$

根据式（4.186），只需令

$$\begin{cases} a_0 = Z_1 Z_2 (Z_L - Z_0) \neq 0 \\ a_1 = \mathrm{j}(Z_1 Z_2 - Z_0 Z_L)(Z_1 + Z_2) = 0 \\ a_2 = (Z_2^2 Z_0 - Z_L Z_1^2) = 0 \\ b_2 = -(Z_2^2 Z_0 + Z_L Z_1^2) \neq 0 \end{cases} \tag{4.190}$$

利用代入消元法，可将上述方程组化简为一个三次方程。利用求根公式求解并舍去不合理的解后，可得

$$\begin{cases} Z_1 = Z_0^{\frac{3}{4}} Z_L^{\frac{1}{4}} \\ Z_2 = Z_0^{\frac{1}{4}} Z_L^{\frac{3}{4}} \end{cases} \tag{4.191}$$

尽管传统的二阶巴特沃斯阻抗变换器计算过程中存在多次近似，不仅包括小反射近似，而且包括反射系数的近似，但得到的最终结果和精确解恰好一致。

当 $N = 3$ 时，通过求解反射系数，可得对应的设计条件为

$$\begin{cases} a_0 = Z_1 Z_2 Z_3 (Z_L - Z_0) \neq 0 \\ a_1 = \mathrm{j}(Z_1^2 Z_2 Z_3 + Z_1 Z_2^2 Z_3 + Z_1 Z_2 Z_3^2 - Z_0 Z_1 Z_2 Z_L - Z_0 Z_1 Z_3 Z_L - Z_0 Z_2 Z_3 Z_L) = 0 \\ a_2 = -Z_L Z_1^2 Z_2 - Z_L Z_1 Z_2^2 - Z_L Z_1^2 Z_3 + Z_2^2 Z_3 Z_0 + Z_1 Z_3^2 Z_0 + Z_2 Z_3^2 Z_0 = 0 \\ a_3 = \mathrm{j}(-Z_1^2 Z_3^2 + Z_0 Z_2^2 Z_L) = 0 \\ b_3 = \mathrm{j}(Z_1^2 Z_3^2 + Z_0 Z_2^2 Z_L) \neq 0 \end{cases} \tag{4.192}$$

基于方程组的对称性，可以判断

$$Z_1 Z_3 = Z_0 Z_L \tag{4.193}$$

将式（4.193）代入式（4.192），并假设 $Z_L > Z_0$，通过求解四次方程，消去不合理的解后，得

$$\begin{cases} Z_1 = \sqrt{\sqrt{t} + Z_0 Z_L - \sqrt{-t + 3 Z_L Z_0^2 (Z_L - Z_0) + \dfrac{Z_L Z_0^3 (2 Z_L^2 - 3 Z_0 Z_L + Z_0^2)}{\sqrt{t}}}} \\ Z_2 = \sqrt{Z_0 Z_L} \\ Z_3 = \dfrac{Z_0 Z_L}{Z_1} \end{cases} \tag{4.194}$$

式中，

$$t = Z_L Z_0^2 (Z_L - Z_0) + 2^{-\frac{2}{3}} \left[Z_L^2 Z_0^8 (Z_L - Z_0)^2 \right]^{\frac{1}{3}} \tag{4.195}$$

其中 t 是中间变量。若 $Z_L < Z_0$，则可以先交换 Z_0 和 Z_L 的值，使用式（4.194）和式（4.195）计算传输线的特征阻抗后，再交换 Z_1 和 Z_3 对应的传输线位置。

当 $N = 4$ 时，使用这种方法求解会遇到困难。其他文献中采用其他方法给出了四阶巴特沃斯阻抗变换器的精确解的求解公式：

$$\begin{cases} Z_1 = t Z_0^{\frac{7}{8}} Z_L^{\frac{1}{8}} \\[2mm] Z_2 = t Z_0^{\frac{5}{8}} Z_L^{\frac{3}{8}} \\[2mm] Z_3 = \dfrac{Z_0^{\frac{3}{8}} Z_L^{\frac{5}{8}}}{t} \\[2mm] Z_4 = \dfrac{Z_0^{\frac{1}{8}} Z_L^{\frac{7}{8}}}{t} \end{cases}$$

式中，

$$t = \sqrt{\frac{1 + \sqrt{2}\sqrt{1 + \sqrt{\frac{Z_L}{Z_0}}} - \left(\frac{Z_L}{Z_0}\right)^{\frac{1}{4}}}{1 + \left(\frac{Z_L}{Z_0}\right)^{\frac{1}{4}}}}$$

【例 4.12】 最大平坦特性阻抗变换器直接设计。

设计二项式阻抗变换器，节数 $N = 3$，将负载阻抗 $Z_L = 5\Omega$ 与特征阻抗 $Z_0 = 50\Omega$ 的传输线匹配，试求三节 $\lambda/4$ 传输线段的特征阻抗。

解： 因为 $Z_0 > Z_L$，所以首先交换 Z_0 和 Z_L 的值，然后代入式（4.194）和式（4.195），计算得到

$$\begin{aligned} Z_1' &= 6.704 \\ Z_2' &= 5 \times \sqrt{10} = 15.811 \\ Z_3' &= 37.289 \end{aligned} \tag{4.196}$$

于是，最终三节阻抗变换器的各节阻抗分别为

$$\begin{aligned} Z_1 &= 37.289 \\ Z_2 &= 5 \times \sqrt{10} = 15.811 \\ Z_3 &= 6.704 \end{aligned} \tag{4.197}$$

使用小反射理论计算三阶二项式阻抗变换器为

$$\begin{aligned} Z_1 &= 5 \times 10^{\frac{7}{8}} = 37.495 \\ Z_2 &= 5 \times \sqrt{10} = 15.811 \\ Z_3 &= 5 \times 10^{\frac{1}{8}} = 6.668 \end{aligned} \tag{4.198}$$

对比式（4.197）和式（4.198），可以发现两种方法得到的结果有一定的差异，说明小反射理论计算的多节阻抗变换器不是精确解，但两种方法得到的解都是满足要求的，也说明多节阻抗变换器近似求解方法的可行性。图 4.55 比较了两种方法计算的阻抗变换器反射系数的仿真曲线，可以发现两种解法的仿真曲线吻合良好。

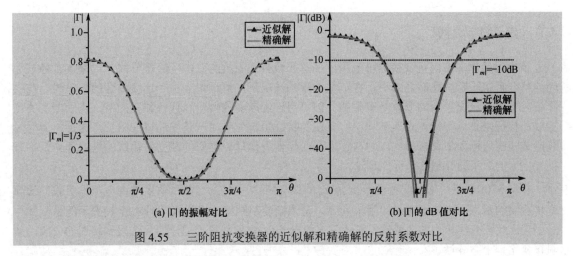

(a) |Γ|的振幅对比   (b) |Γ|的 dB 值对比

图 4.55   三阶阻抗变换器的近似解和精确解的反射系数对比

4.8.4 N 阶巴特沃斯阻抗变换器数值计算

对于四阶及以上的巴特沃斯阻抗变换器，四次以上的高次代数方程不存在求根公式，因此只能通过数值解来计算精确解。首先需要利用 4.8.1 节的方法求出式（4.184）中 $a_0 \sim a_N$ 关于 $Z_1 \sim Z_N$，Z_0 和 Z_L 的表达式，然后根据式（4.192）构建巴特沃斯条件方程。

由于对称性，共有 $N/2$ 或 $(N+1)/2$ 个对称方程：

$$\begin{cases} Z_i Z_{N+1-i} = Z_0 Z_L, \ i=1,\cdots,\frac{N}{2}, \ N \text{ 为偶数} \\ Z_i Z_{N+1-i} = Z_0 Z_L, \ i=1,\cdots,\frac{N+1}{2}, \ N \text{ 为奇数} \end{cases} \tag{4.199}$$

将式（4.199）中的表达式代入式（4.192），可建立 N 个高次代数方程。牛顿法是一种近似求解方程的方法，可以数值求解出 N 个正实数根 $Z_1 \sim Z_N$，即 N 节 $\lambda/4$ 传输线的特征阻抗。考虑到解的对称性，并参考二阶阻抗变换器的精确解，牛顿法的初始值可设为

$$Z_i = Z_0^{\frac{2N-2i+1}{2N}} Z_L^{\frac{2i-1}{2N}}, \quad i=1,\cdots,N \tag{4.200}$$

图 4.56 给出了高阶巴特沃斯数值精确解的计算结果和近似解结果的对比，参考例 4.12 可以看出，近似解和精确解的区别一定程度上会随着 Z_L/Z_0 及阻抗变换器的阶数 N 的增加而增大。

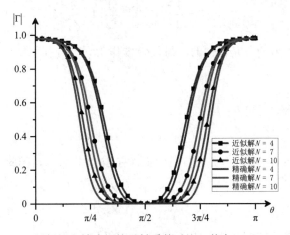

图 4.56   近似解和精确解的反射系数对比，其中 $Z_0 = 1, Z_L = 100$

4.9 渐变传输线

前面讨论的多节阻抗变换器可应用于任意实数负载阻抗的变换。随着节数 N 的增加，各节之间的特征阻抗阶跃变化随之减小，在节数无限的情况下，可近似为一个连续渐变的传输线。在实际情况下，阻抗变换器的节数是有限的，但可用连续渐变的传输线代替独立的节。连续渐变的传输线的特征阻抗以平滑方式连续地由一条线的特征阻抗变到另一条线的特征阻抗，这种类型的过渡段或匹配段称为渐变传输线。与前述多节变换器近似理论类似的渐变传输线的近似理论是不难推导出来的。下面介绍这个近似理论。

图 4.57(a)表示用来匹配特征阻抗为 Z_0 的线与阻抗为 Z_L 的负载（假定为纯电阻性负载）的渐变传输线的示意图。该渐变线的阻抗为 Z，是沿渐变线距离 z 的函数。图 4.57(b)表示的是一种与所研究连续渐变线相似的渐变线，它由许多微分长度 dz 的线段组成，而从这段到相邻的一段，其阻抗变化一个微分量 dZ。

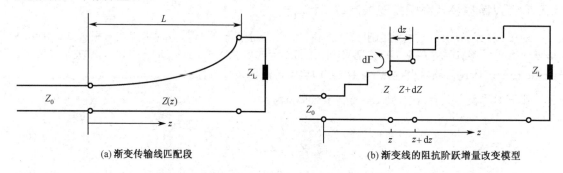

(a) 渐变传输线匹配段　　　　　　　　　　(b) 渐变线的阻抗阶跃增量改变模型

图 4.57　渐变传输线匹配段和渐变线的长度增量模型

图中 dz 为趋于 0 的极限情况，在 z 处的阻抗阶跃变化 dZ 产生的一个微分反射系数

$$d\Gamma = \frac{Z + dZ - Z}{Z + dZ + Z} \approx \frac{dZ}{2Z} = \frac{1}{2}\frac{d}{dz}(\ln Z/Z_0)dz \tag{4.201}$$

用小反射理论，$z = 0$ 处的总反射系数可用所有带有适当相移的局部反射求和得出：

$$\Gamma(\theta) = \frac{1}{2}\int_{z=0}^{L} e^{-j2\beta z}\frac{d}{dz}\left(\ln\frac{Z}{Z_0}\right)dz \tag{4.202}$$

式中，$\theta = 2\beta l$。因此，若 $Z(z)$ 是已知的，则 $\Gamma(\theta)$ 能作为频率的函数求出。

4.9.1 指数渐变线

首先考虑指数渐变线，其中

$$Z(z) = Z_0 e^{az}, \quad 0 < z < L \tag{4.203}$$

在 $z = 0$ 处有 $Z(0) = Z_0$。在 $z = L$ 处，我们希望有 $Z(L) = Z_0 e^{aL}$，因此求得常数 a 为

$$a = \frac{1}{L}\ln\left(\frac{Z_L}{Z_0}\right) \tag{4.204}$$

将式（4.203）和式（4.204）代入式（4.202），求得 $\Gamma(\theta)$ 为

$$\Gamma = \frac{1}{2} \int_0^L \frac{d}{dz} \left(\ln e^{az} \right) e^{-j2\beta z} dz$$

$$= \frac{\ln Z_L / Z_0}{2L} \int_0^L e^{-j2\beta z} dz \qquad (4.205)$$

$$= \frac{\ln Z_L / Z_0}{2} e^{-j\beta L} \frac{\sin \beta L}{\beta L}$$

注意，该推导假定渐变线的传播常数 β 不是 z 的函数，这个假定通常只适用于 TEM 模式的传输线。图 4.58 是式（4.205）中的反射系数振幅的示意图，可以看出 $|\Gamma|$ 的峰值随着长度的增加而降低，而且为了减小在低频率处的失配，长度应该大于 $\lambda/2 (\beta L > \pi)$。

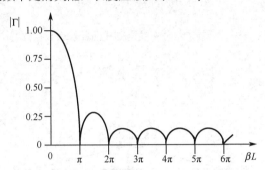

图 4.58　指数阻抗渐变线的输入反射系数振幅响应

4.9.2　具有三角分布的渐变线

若取 $d(\ln Z_L / Z_0) / dz$ 为三角函数的形式：

$$Z(z) = \begin{cases} Z_0 e^{\left[2(z/L)^2 \right] \ln Z_L / Z_0}, & 0 \leqslant z \leqslant L/2 \\ Z_0 e^{(4z/L - 2z^2 / L^2 - 1) \ln Z_L / Z_0}, & L/2 \leqslant z \leqslant L \end{cases} \qquad (4.206)$$

则有

$$\frac{d(\ln Z_L / Z_0)}{dz} = \begin{cases} \frac{4z}{L^2} \ln Z_L / Z_0, & 0 \leqslant z \leqslant L/2 \\ (4/L - \frac{4z}{L^2}) \ln Z_L / Z_0, & L/2 \leqslant z \leqslant L \end{cases} \qquad (4.207)$$

由式（4.201）计算 Γ 得到

$$Z(z) = \begin{cases} Z_0 e^{\left[2(z/L)^2 \right] \ln Z_L / Z_0}, & 0 \leqslant z \leqslant L/2 \\ Z_0 e^{(4z/L - 2z^2 / L^2 - 1) \ln Z_L / Z_0}, & L/2 \leqslant z \leqslant L \end{cases} \qquad (4.208)$$

将式（4.207）代入式（4.202）并直接积分得

$$\Gamma(\theta) = \frac{1}{2} e^{-j\beta L} \ln \left(\frac{Z_L}{Z_0} \right) \left[\frac{\sin(\beta L/2)}{\beta L/2} \right]^2 \qquad (4.209)$$

图 4.59 给出了式（4.209）所示反射系数的振幅示意图。注意，对于 $\beta L > 2\pi$，三角渐变的峰值低于相应指数情形的峰值，但三角渐变的第一个零点出现在 $\beta L = 2\pi$ 处，而指数渐变出现在 $\beta L = \pi$ 处。

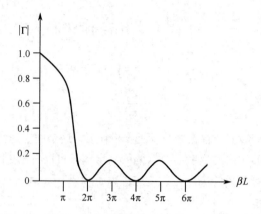

图 4.59　具有三角分布的渐变线的反射系数振幅响应

本章小结

本章知识框架

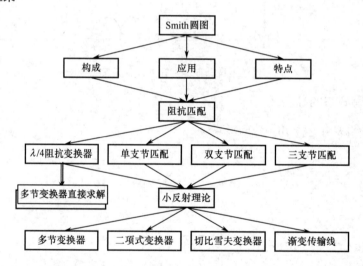

知识要点

（1）Smith 圆图求参数：利用 Smith 圆图可以求得传输线上的输入阻抗、反射系数、驻波比等。

（2）阻抗匹配：阻抗变换器匹配和支节匹配。匹配过程利用 Smith 圆图，注意双支节匹配涉及盲区匹配问题。

（3）小反射理论：介绍两种典型的变换器，即二项式变换器和切比雪夫变换器。

术 语 表

Smith Chart　史密斯圆图

impedance Chart　阻抗圆图

admittance Chart　导纳圆图

impedance matching　阻抗匹配

small reflection　小反射

binomial transformer　二项式变换器

Chebyshev transformer　切比雪夫变换器

gradient transmission lines　渐变传输线

single stub matching　单支节匹配　　　　　　　exponent gradient lines　指数渐变线

double stub matching　双支节匹配

习　题

4.1 圆图基本练习（要求画出每小题的圆图示意图）。

（1）已知 $Z_L = (80 - j60)\Omega$，$Z_0 = 100\Omega$，$l/\lambda = 0.2$，求 Z_{in} 和 Y_{in}。

（2）已知 $Y_{in} = (2.5 - j1.5)/100S$，$Z_0 = 50\Omega$，$l/\lambda = 0.15$，求 Z_L。

（3）已知 $Z_L = (80 - j20)\Omega$，$Z_0 = 50\Omega$，求负载电压反射系数距离负载 0.35λ 处的电压反射系数 $\Gamma(0.35\lambda)$ 及驻波比。

（4）已知 $Y_L = 0$，欲使归一化导纳 $y_{in} = -j0.3$，则 l/λ 为何值？

（5）已知 $Z_L = (0.5 - j0.1)Z_0\Omega$，求归一化导纳 $y_{in} = 1 - jb_{in}$ 时的 l/λ 值，此时 b_{in} 为何值？

（6）一终端开路传输线，当归一化导纳 $y_{in} = -j0.2$ 时 l/λ 为何值？

4.2 已知归一化导纳 $y_L = 0.1 + j0.15$，利用 Smith 圆图求传输线上第一个电压节点和电压腹点至负载的距离、电压反射系数 Γ 及驻波比。

4.3 传输线特征阻抗为 50Ω，负载阻抗为 $Z_L = (70 - j20)\Omega$，传输线长度为 0.6λ，利用 Smith 圆图求参量：（1）线上的驻波比；（2）负载的反射系数；（3）负载导纳；（4）线的输入阻抗；（5）负载到第一个电压极小值的距离；（6）负载到第一个电压极大值的距离。

4.4 如果 $Z_L = (20 - j100)\Omega$，重做习题 4.3。

4.5 如果传输线长度为 1.5λ，重做习题 4.3

4.6 利用 Smith 圆图，求如何利用特征阻抗为 50Ω 的短路线和开路线的最短长度得到下述输入阻抗：

（1）$Z_{in} = 0$；（2）$Z_{in} = \infty$；（3）$Z_{in} = -j5\Omega$；（4）$Z_{in} = j5\Omega$。

4.7 已知传输线特征阻抗为 75Ω，两相邻电压最小值间的距离为 $3cm$，第一个电压极小值与负载的距离为 $0.5cm$，负载的驻波比 $\rho = 1.5$，求负载阻抗。

4.8 已知一无耗传输线长度为 0.434λ，特征阻抗为 100Ω，负载阻抗为 $Z_L = (260 + j180)\Omega$，求：（1）输入端电压反射系数；（2）驻波比；（3）输入阻抗；（4）线上电压最大点的位置（距离负载最近）。

4.9 已知一无耗传输线的特征阻抗为 100Ω，短路时电压最小值点距离负载为 $0.2m$，换成负载阻抗 Z_L 后这个电压最小值点向负载移动 $0.09m$，驻波比 $\rho = 3.0$，用 Smith 圆图求负载阻抗 Z_L。

4.10 已知一无耗传输线特征阻抗为 100Ω，$C_0 = 95pF/m$，工作频率为 $3GHz$，求：（1）位移常数；（2）相速度；（3）波长。

4.11 利用圆图做下列习题，特征阻抗 $Z_0 = 50\Omega$，，Z_L 为负载阻抗，Y_L 为负载导纳，Z_{in} 为输入阻抗，Y_{in} 为输入导纳，l 为工作波长。传输线均匀、无损耗。

（1）$Z_L = (80 + j25)\Omega$，求终端反射系数。

（2）$Z_L = (100 - j50)\Omega$，求驻波比。

（3）$Z_L = (100 - j20)\Omega$，$l = 0.2\lambda$，求 Z_{in}。

（4）$Z_L = (20 + j40)\Omega$，求 Y_L。

（5）$Z_L = (0.1 + j0.2)S$，求距终端 0.1λ 处的 Y_{in}。

（6）驻波比 $\rho = 2$，当负载开路时，电压最大点的位置向负载移动了 0.2λ，求 Z_L。

（7）在终端负载处并联一个短路支节，其输入阻抗为 $-j20\Omega$，驻波比 $\rho = 2$，第一个电压最小点的位置距终端 $\lambda/8$，求 Z_L。

4.12 传输线的终端负载为 $Z_L = (100 - j50)\Omega$，用并联单支短路支线进行匹配，主线和支线的特征阻抗均为 50Ω，试求支线的位置和长度。

4.13 传输线的终端负载为 $Z_L = (300 + \text{j}150)\Omega$，用串联单支短路支线进行匹配，主线和支线的特征阻抗均为 75Ω，试求支线的位置和长度。

4.14 利用双支短路支线对传输线进行匹配，第一支线（靠近负载）距终端负载为 d_1，支线长度为 l_1，第二支线（远离负载）与第一支线相距为 d_2，支线长度为 l_2。负载阻抗为 Z_L。

（1）$Z_L = (125 - \text{j}75)\Omega$，主线和支线的特征阻抗均为 75Ω，$d_1 = \lambda/4$，$d_2 = \lambda/8$，两个支线与主线并联，求 l_1 和 l_2。

（2）$Z_L = (50 + \text{j}100)\Omega$，主线和支线的特征阻抗均为 50Ω，$d_1 = \lambda/8$，$d_2 = \lambda/4$，两个支线与主线并联，求 l_1 和 l_2。

（3）$Z_L = (125 - \text{j}75)\Omega$，主线和支线的特征阻抗均为 75Ω，$d_1 = 0.15\lambda$，$d_2 = \lambda/8$，两个支线与主线并联，求 l_1 和 l_2。

（4）$Z_L = (200 + \text{j}100)\Omega$，主线和支线的特征阻抗均为 50Ω，$d_1 = 0.1\lambda$，$d_2 = \lambda/8$，两个支线与主线并联，求 l_1 和 l_2。

（5）$Z_L = (75 + \text{j}150)\Omega$，主线和支线的特征阻抗均为 75Ω，在 $d_1 = 0.12\lambda$ 处短路支线 l_1 与主线并联，在 $d_2 = 3\lambda/8$ 处短路支线 l_2 与主线并联，求 l_1 和 l_2。

（6）$Z_L = (150 + \text{j}50)\Omega$，主线和支线的特征阻抗均为 50Ω，在 $d = 0.6\lambda$ 处短路支线 l_1 与主线并联，短路支线 l_2 与主线串联，求 l_1 和 l_2。

4.15 设计一个 $\lambda/4$ 阻抗变换器，使得 40Ω 负载与 50Ω 传输线匹配。画出 $0.5 \leqslant f/f_0 \leqslant 2.0$ 频段驻波比 ρ 的图形，f_0 是匹配段为 $\lambda/4$ 时的频率。

4.16 对于 $\Gamma_m = 0.01$，计算和画出 $N = 1, 2, 4$ 节二项式阻抗变换器。

4.17 设计一个 4 节最平特征阻抗变换器，使 80Ω 负载与 50Ω 传输线匹配。如果 $\Gamma_m = 0.05$，求该变换器的带宽。

4.18 一个渐变线匹配段，$\text{d}(\ln Z/Z_0)/\text{d}z = A\sin(\pi z)/L$，$L$ 为渐变线段长度，求常数 A，使得 $Z(0) = Z_0$，$Z(L) = Z_L$，计算 Γ 并画出 $|\Gamma|$ 与 βL 的曲线。

4.19 设计一个指数渐变线阻抗变换器，使 100Ω 负载与 50Ω 传输线匹配。画出 $|\Gamma|$ 与 βL 的曲线。为在 100% 带宽内得到 $|\Gamma| \leqslant 0.05$，求该匹配段的长度（在中心频率处）。如果用切比雪夫变换器完成同样的性能，需要多少节？

第5章 微波网络理论与分析

工程背景

实际的微波系统是由微波传输线（包括双导线、同轴线、金属波导、介质波导、微带线、带状线等）和微波元件及电路组成的系统，其作用是产生、转换和传输微波信号与功率。微波传输线的特性可用广义传输线方程来描述。微波元件实质上是各种不同于均匀传输线的不均匀或不连续性区域组成的结构。微波元件的特性可用"场"和"路"两种方法描述。"场"方法即采用麦克斯韦方程组，通过求解电磁场的边值问题来分析微波元件的内部场结构，进而确定其外部特性，但求解过程往往非常烦琐，得到的结果通常包含特殊函数，不便于工程应用，且结果往往过于精确而超出实际需求。"路"方法是将微波元件的不均匀性区域等效为由电阻或电抗性元件组成的等效电路，将其连接的均匀微波传输线等效为平行双线，于是微波元件可等效为由等效电路和均匀传输线组成的微波网络，进而可采用低频网络理论和传输线理论来处理微波传输系统的问题。"路"分析方法的实质是将电磁场问题在一定条件下简化为与之等效的电路问题，有条件地"化场为路"。将微波元件作为微波网络来研究，可避开微波元件内部不均匀性区域场分布的复杂计算，使微波问题的处理大大简化，因此微波网络方法在微波工程技术中得到了广泛应用。

微波网络方法的优点是微波网络的外特性参量可以通过网络参量转化得到，而网络参量可用实验方法来测量，或者通过简单的计算得到。需要注意的是，"场"方法是"路"方法的基础，等效关系的建立必须在符合实际的场分布特性结果的基础上。此外，尽管许多微波元件都适合采用"路"分析方法分析，但仍有一些微波元件适合用"场"方法进行分析，如谐振腔、波导激励装置等。因此，实际应用中常常根据具体情况将"场""路"和"测量"三种方法结合起来对微波系统进行研究。

自学提示

本章介绍的微波网络方法是微波工程中的强大工具。微波网络理论是电磁场理论与低频网络理论的有机结合，学习过程中应首先把握其中的等效性原理，即有条件地"化场为路"，基本的等效关系是将微波传输线等效为平行双线，将微波元件的不均匀区域等效为网络，二者的分界面是选定的参考面。

本章的重点内容是微波网络的网络参量及工作特性参量。微波网络参量是描述网络各端口参考面上选定变量之间关系的参量，描述的是微波网络的固有特性，不会随各端口端接条件的改变而变化。常用的网络参量可分为电路参量和波参量，其中电路参量以端口的电压和电流为变量，主要包括阻抗参量、导纳参量和转移参量；波参量以端口的入射波及反射波为变量，主要包括散射参量和传输参量。

在实际工程应用中，微波元件在微波系统中所起的作用通常用"工作特性参量"来描述，也称它们为微波网络的外特性参量，主要包括电压传输系数、工作衰减、插入衰减、插入相移、插入驻波比等。工作特性参量描述微波网络在一定端接条件下的传输特性。

网络参量和工作特性参量是密切相关的。网络结构和工作频率确定后，网络参量就确定了，由此可求出相应的工作特性参量，从而定量地完成网络传输特性的分析；反之，根据对网络特性的要求，可以确定适当的工作特性参量函数，再应用网络综合理论和方法就可求出相应的网络结构，进而完成网络的综合。

本章应重点掌握微波网络参量及二端口网络工作特性参量的定义、物理意义、性质及转换关系，并会求解和分析微波电路的网络参量，为今后微波工程中网络的分析计算和设计打下基础。

推荐学习方法

鉴于微波网络方法是实际工程应用中的重要手段，本章应本着从解决实际应用问题的角度出发，学习和理解等效关系、网络参量及工作特性参量的定义、物理意义和性质等内容。读者应多联系第3章中的传输线理论知识，加强对概念和定义的理解，并结合一定的习题来熟悉和掌握本章的内容。

5.1 微波网络概念及等效关系

5.1.1 微波网络概念及特性

任何一个微波系统都是由各种微波元件和微波传输线组成的,微波传输线的特性可用广义传输线方程来描述,微波元件的特性可用类似于低频网络的等效电路来描述,因为任何一个复杂的微波系统都可用电磁场理论和低频网络理论相结合的方法来分析,这种方法称为微波网络理论。

微波网络理论可分为网络分析和网络综合。网络分析的任务是根据已知微波元件的结构,求出微波网络的等效参量,并分析网络的外特性;网络综合的任务是根据预定的工作特性指标,确定网络的等效电路,综合设计出合理的微波网络结构。由于计算机技术的广泛应用,网络分析和综合所需要的大量计算由计算机来完成,形成了微波电路的计算机辅助分析与设计。

低频网络是微波网络的基础,因此低频网络的一些定律和定理等都可以移植过来,但由于微波电路属于分布参数电路,与低频网络相比,微波网络有以下特点:

(1)微波等效电路及其参量是对同一工作模式而言的,对不同模式有不同的等效结构及参量,通常希望传输线工作于主模状态。

(2)电路中不均匀区域附近会激起高次模,因此不均匀区段的网络参考面应该稍远离不均匀区,使不均匀区产生的高次模衰减到足够小,此时高次模对工作模式的影响仅增加一个电抗值,可计入网络参量之内。

(3)均匀传输线是微波网络的一部分,其网络参量与线长有关,因此整个网络参考面要严格规定,一旦参考面移动,网络参量就随之改变。

(4)微波网络的等效电路及其参量只适用于特定的频段,当频率范围大幅度变化时,对同一个网络结构的阻抗和导纳不仅有量的变化,而且性质也有变化,导致等效电路及参量发生变化,而且频率特性会重复出现。

微波网络的种类很多,可从不同的角度对网络进行分类。按照网络的特性进行分类时,可分为以下几类。

1)线性与非线性网络

当微波系统内部的媒质是线性媒质,即媒质的介电常数、磁导率和电导率的值与外界施加的电磁场强度无关时,该网络的特性参量也与场强无关,这种由线性媒质微波系统构成的网络称为线性微波网络;反之称为非线性微波网络。对于线性微波网络,参考面上的模式电压和模式电流、入射波与出射波电压之间也呈线性关系,描述网络特性的方程是一组线性代数方程。一般来说,大多数无源微波器件等效为线性网络,而有源微波元件等效为非线性网络。

2)可逆(互易)与不可逆网络

当微波系统内部的媒质是可逆媒质,即媒质是各向同性媒质,其介电常数、磁导率和电导率的值与电磁波的传播方向无关时,该网络的特性也是可逆的,网络参考面上的场量呈可逆状态,这种网络称为可逆网络,也称互易网络;反之,则称为不可逆网络(又称非互易网络)。可逆网络满足可逆定理,且网络参数矩阵是对称矩阵,即网络参数矩阵的转置等于原矩阵。大多数无源和非铁氧体微波元件等效为可逆微波网络,而有源或含有铁氧体的微波元件则等效为不可逆微波网络。

3）无耗与有耗网络

若微波系统内部为无耗媒质，且导体为理想导体，则网络不损耗功率，即网络的输入功率等于网络的输出功率，这种网络称为无耗网络，反之称为有耗网络。定向耦合器和移相器等微波元件等效为无耗微波网络，而匹配负载和衰减器等微波元件则等效为有耗微波网络。在有耗微波网络的等效电路中，除了电抗或电纳元件，还将出现电阻或电导元件。

4）对称网络与非对称网络

微波网络的对称包括结构对称和网络对称。微波网络各个端口的结构及其连接的传输线均相同，即微波网络在端口结构上具有对称面（或对称轴）时，称该微波网络为面（或轴）结构对称网络，否则称为结构非对称网络。如果网络对外的电特性具有对称性，即从端口 i 和端口 j 向网络内部看去的情况完全一样，则称端口 i 关于端口 j 为对称网络，否则称为非对称网络。对称微波网络的网络参量矩阵具有转置对称性，且各对角线元素部分相同或全部相同。因此，对称微波网络必定是可逆（互易）网络，但可逆网络却不一定是对称网络。为便于网络综合，大多数微波元件都设计成某种对称结构，如匹配双 T 和很多微波滤波器等。实际中的微波网络很大一部分具有某种对称性或潜在的对称性（即通过移动各端口的参考面后，可使之具有对称性）。

对于某个具体的微波网络，它可以同时具有多种特性，如某全网络可以是线性的、可逆的、无耗的和对称的二端口网络。

按照微波元件的功能分类，大概可以分为以下几种：

（1）阻抗匹配网络，如阻抗调配器、阻抗变换器和渐变线等。

（2）功率分配网络，如功分器、定向耦合器等。

（3）滤波网络，如各种形式的低通、高通、带通和带阻滤波器等。

（4）波型变换网络，如各类转换器（同轴-波导转换器、微带-同轴转换器等）和变换器。

5.1.2　模式电压与模式电流

对于规则波导，讨论的问题主要是电磁波在波导横截面上的分布规律，以及电磁波沿波导纵向传播的特性。

根据波导理论，波导中一般的时谐电磁场的电场与磁场分量可以写为

$$\begin{aligned} \boldsymbol{E}(x,y,z) &= \left[\boldsymbol{E}_{\mathrm{T}}(x,y) + \boldsymbol{E}_{Z}(x,y)\right]\mathrm{e}^{-\mathrm{j}\beta z} \\ \boldsymbol{H}(x,y,z) &= \left[\boldsymbol{H}_{\mathrm{T}}(x,y) + \boldsymbol{H}_{Z}(x,y)\right]\mathrm{e}^{-\mathrm{j}\beta z} \end{aligned} \tag{5.1}$$

式中，$\boldsymbol{E}_{\mathrm{T}}(x,y)$ 和 $\boldsymbol{H}_{\mathrm{T}}(x,y)$ 是横向电场和磁场分量，而 $\boldsymbol{E}_{Z}(x,y)$ 和 $\boldsymbol{H}_{Z}(x,y)$ 是纵向电场和磁场分量。

波导中电磁波的传输功率可以写为

$$P = \frac{1}{2}\mathrm{Re}\int_{S}(\boldsymbol{E}_{\mathrm{T}}\times\boldsymbol{H}_{\mathrm{T}}^{*})\cdot\mathrm{d}\boldsymbol{S} \tag{5.2}$$

可见，波导中的传输功率只取决于场的横向分量 $\boldsymbol{E}_{\mathrm{T}}$ 和 $\boldsymbol{H}_{\mathrm{T}}$。因此，在分析波导的传输特性时，横向场分量是研究的重点。根据麦克斯韦方程组，在矩形波导中，对 TE 波且沿波导轴线正 z 方向传播的电场与磁场有以下关系：

$$\begin{cases} \dfrac{\partial \boldsymbol{E}_\mathrm{T}}{\partial z} = -\mathrm{j}\omega\mu\boldsymbol{H}_\mathrm{T} \\[3mm] \dfrac{\partial \boldsymbol{H}_\mathrm{T}}{\partial z} = -\mathrm{j}\dfrac{\beta^2}{\omega\mu}\boldsymbol{E}_\mathrm{T} \end{cases} \tag{5.3}$$

根据传输线理论，传输 TEM 波的平行双线上具有唯一的电压和电流值，且传输的功率取决于线上电压和电流的复振幅 $V(z)$ 和 $I(z)$，它们满足传输线基本方程，即

$$\begin{cases} \dfrac{\mathrm{d}V(z)}{\mathrm{d}z} = Z I(z) \\[3mm] \dfrac{\mathrm{d}I(z)}{\mathrm{d}z} = Y V(z) \end{cases} \tag{5.4}$$

以上两组等式是相互对应的。在行波状态下，波导中某一模式的电场横向分量与磁场横向分量的振幅之比 $|\boldsymbol{E}_\mathrm{T}|/|\boldsymbol{H}_\mathrm{T}|$ 为一常数，称为波阻抗，记为 Z_E 或 Z_H。对比上面两组等式可见，波阻抗与行波状态下平行双线上的入射波（或反射波）的电压与电流之比（即特征阻抗 Z_0）是相互对应的。由此可见，波导中的 $\boldsymbol{E}_\mathrm{T}$ 和 $\boldsymbol{H}_\mathrm{T}$ 与双线上的 $V(z)$ 和 $I(z)$ 在传输信号的作用上具有相同的规律。因此，在一定条件下，可将波导中电场的横向分量等效为电压，而将磁场的横向分量等效为电流。

在广义正交柱坐标系 (u, υ, z) 中，波导中电磁场的横向分量可以写为

$$\begin{cases} \boldsymbol{E}_\mathrm{T}(u, \upsilon, z) = V(z)\boldsymbol{e}_\mathrm{T}(u, \upsilon) \\[2mm] \boldsymbol{H}_\mathrm{T}(u, \upsilon, z) = I(z)\boldsymbol{h}_\mathrm{T}(u, \upsilon) \end{cases} \tag{5.5}$$

式中，$\boldsymbol{e}_\mathrm{T}(u, \upsilon)$ 和 $\boldsymbol{h}_\mathrm{T}(u, \upsilon)$ 称为模式矢量函数或基准函数，它们是仅与横向坐标 (u, υ) 有关的矢量实函数，表示电磁场在波导横截面上的分布规律，而与波导的传输功率无关。对沿波导轴线正 z 方向传输的电磁波，上式中的 $V(z)$ 和 $I(z)$ 都是仅与一维坐标 z 有关的标量复函数，分别称为波导中的模式电压（即等效电压）和模式电流（即等效电流），即

$$\begin{cases} V(z) = V_\mathrm{m}\mathrm{e}^{-\mathrm{j}\beta z} \\[2mm] I(z) = I_\mathrm{m}\mathrm{e}^{-\mathrm{j}\beta z} \end{cases} \tag{5.6}$$

它们表示电磁波沿波导轴向的传输规律，且与传输功率和负载特性有关，式中 V_m 和 I_m 分别为模式电压 $V(z)$ 和模式电流 $I(z)$ 的振幅。当波导中传输多个模式时，即对多模传输线，有

$$\begin{cases} \boldsymbol{E}_\mathrm{T} = \displaystyle\sum_i V_i(z)\,\boldsymbol{e}_{\mathrm{T}_i}(u, \upsilon) \\[3mm] \boldsymbol{H}_\mathrm{T} = \displaystyle\sum_i I_i(z)\,\boldsymbol{h}_{\mathrm{T}_i}(u, \upsilon) \end{cases} \tag{5.7}$$

上式称为模式展开式，下标"i"表示第 i 个模式，$\boldsymbol{e}_{\mathrm{T}_i}(u, \upsilon)$ 和 $\boldsymbol{h}_{\mathrm{T}_i}(u, \upsilon)$ 是第 i 个模式的模式矢量函数。于是，可以定义第 i 个模式的模式电压 $V_i(z)$ 和模式电流 $I_i(z)$ 分别为

$$\begin{cases} V_i(z) = V_{\mathrm{m}_i}\mathrm{e}^{-\mathrm{j}\beta_i z} \\[2mm] I_i(z) = I_{\mathrm{m}_i}\mathrm{e}^{-\mathrm{j}\beta_i z} \end{cases} \tag{5.8}$$

注意，我们从功率传输的角度定义模式电压和模式电流，它们是一种等效参量，定义的出发点是只有横向场分量对传输功率有贡献。模式电压和模式电流的数值和量纲在选择上具有任意性

（多值性），即不是唯一的。它们只是作为分析问题的一种描述手段，只具有形式上的意义，并不是真实存在的。

5.1.3 微波传输线等效为平行双线

由于引进了模式电压和模式电流等一系列概念，任意一段均匀传输线均可视为等效双线，且可以应用传输线理论进行分析，但双线上的电压和电流都是唯一可以确定的，而等效双线的模式电压和模式电流均不能唯一地确定，这主要是由阻抗的不确定性引起的。为了消除这种不确定性，必须引进归一化阻抗的概念，即

$$z = \frac{Z}{Z_0} = \frac{1+\Gamma}{1-\Gamma} \tag{5.9}$$

式中，电压反射系数可以直接测量，所以归一化阻抗可以唯一地确定，其中 Z_0 是等效双线的模式特征阻抗，即波导的等效阻抗或波阻抗。

于是，归一化电压和电流的定义为

$$\begin{cases} v(z) = \dfrac{V(z)}{\sqrt{Z_0}} \\[2mm] i(z) = I(z)\sqrt{Z_0} \end{cases} \tag{5.10}$$

【注意】

这里的 $v(z)$ 和 $i(z)$ 代表的是归一化值，请与第 3 章中的瞬时值表达式区分开。

复功率也可用 $\tilde{I}(z)$ 和 $\tilde{V}(z)$ 表示，其结果与上述规定是一致的，即

$$P = \frac{1}{2}\left[\tilde{V}(z)\tilde{I}^*(z)\right] = \frac{1}{2}(V(z)/\sqrt{Z_0})(I^*(z)\sqrt{Z_0}) = \frac{1}{2}v(z)i^*(z) \tag{5.11}$$

等效双线上的电压和电流可以写成入射波和反射波之和，即

$$\begin{cases} V(z) = V^+(z) + V^-(z) \\[2mm] I(z) = \dfrac{1}{Z_0}[V^+(z) - V^-(z)] \end{cases} \tag{5.12}$$

式中，$V^+(z)$ 和 $V^-(z)$ 分别为入射波电压和反射波电压。对式（5.12）中的电压和电流进行归一化：

$$\frac{V(z)}{\sqrt{Z_0}} = \frac{V^+(z)}{\sqrt{Z_0}} + \frac{V^-(z)}{\sqrt{Z_0}}$$

$$I(z)\sqrt{Z_0} = \frac{V^+(z)}{\sqrt{Z_0}} - \frac{V^-(z)}{\sqrt{Z_0}} \tag{5.13}$$

根据归一化电压、电流的定义，式（5.13）可以写为

$$v(z) = v^+(z) + v^-(z)$$

$$i(z) = v^+(z) - v^-(z) \tag{5.14}$$

式（5.14）表明，双线传输线上任意一点的归一化电压等于该点归一化入射波电压加上该点归一化反射波电压，任意一点的归一化电流等于该点归一化入射波电压减去该点归一化反射波电

压。必须注意的是，归一化电压和电压的量纲不同，归一化电流与电流的量纲也不同。

归一化入射波电压模的平方正比于入射波功率，即

$$P^+ = \frac{1}{2}\mathrm{Re}\left\{V^+(z)\left[I^+(z)\right]^*\right\} = \frac{\left|V^+(z)\right|^2}{2Z_0} = \frac{1}{2}\left|\frac{V^+(z)}{\sqrt{Z_0}}\right|^2 = \frac{1}{2}\left|v^+(z)\right|^2 \tag{5.15}$$

归一化反射波电压模的平方正比于反射波功率，即

$$P^- = \frac{1}{2}\mathrm{Re}\left\{V^-(z)\left[I^-(z)\right]^*\right\} = \frac{\left|V^-(z)\right|^2}{2Z_0} = \frac{1}{2}\left|\frac{V^-(z)}{\sqrt{Z_0}}\right|^2 = \frac{1}{2}\left|v^-(z)\right|^2 \tag{5.16}$$

5.1.4 不均匀区域等效为网络

研究微波网络首先必须确定网络的参考面，参考面的位置可以随意选，但必须考虑两点：单模传输时，参考面的位置应该尽量远离不连续区域，这样参考面上的高次模场强可以忽略，只需要考虑主模的场强；选择参考面必须与传输方向相垂直，这样可使参考面上的电压和电流具有明确的意义。

一旦选定网络参考面，所定义的微波网络就是由这些参考面所包围的区域，网络的参数也就唯一确定，如果参考面位置改变，则网络参数也随之改变。

对于单模传输，微波网络外接传输线的路数与参考面的数量相等，如图 5.1 所示。图 5.1(a) 为低通滤波器，它有两个参考面，等效为二端口网络；图 5.1(b) 为波导 ET 分支，等效为三端口网络；图 5.1(c) 为微带定向耦合器，等效为四端口网络。

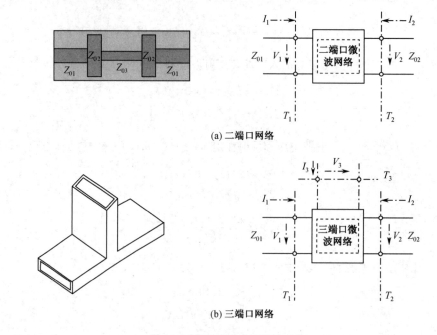

(a) 二端口网络

(b) 三端口网络

图 5.1 微波元件及其等效网络

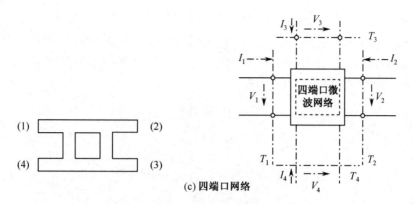

(c) 四端口网络

图 5.1　微波元件及其等效网络（续）

　　微波元件对电磁波的控制作用是通过微波元件内部的不均匀区（不连续性边界）和填充媒质的特性实现的。将不均匀区等效为微波网络，需要用到电磁场的唯一性原理和线性叠加原理。

　　电磁场的唯一性原理指出，任何一个被封闭曲面包围的无源场，若给定曲面上的切向电场（或切向磁场），则闭合曲面内部的电磁场是唯一确定的，而参考面上的切向电场和切向磁场分别与参考面上的模式电压和模式电流相对应。因此，若一个 N 端口网络中各个参考面上的参考电压 $V_1, V_2, \cdots, V_N$ 都给定，则网络各个参考面上的模式电流 $I_1, I_2, \cdots, I_N$ 就被确定，反之亦然。

　　线性叠加原理指出，如果网络内部的媒质是线性媒质，则描述网络内部电磁场的麦克斯韦方程组是一组线性方程，场量满足叠加性质。同样，描述各个参考面上的模式电压和模式电流之间关系的方程也是线性方程。对于 N 端口线性网络，运用叠加原理，如果各参考面上都有电流作用，则任意面上的电压为各个参考面上的电流单独作用时，在该参考面上引起的电压响应之和；同样，如果 N 端口网络的各个参考面上同时又有电压作用，则在任意参考面上的电流为各个参考面上的电压单独作用时，在该参考面上引起的电流响应之和。

　　由此可见，任何一个系统的不均匀性问题都可用网络观点来解决，网络特性可用网络参量来描述。

5.2　微波网络参量

　　考虑图 5.2(a)所示的任意 N 端口微波网络模型。微波网络中的端口可以使用某种形式的传输线，或者单一波导传播模式对应的等效传输线。在每个端口的指定位置，定义了该端口的参考面（第 n 个端口的参考面用 T_n 表示，$n = 1, 2, \cdots, N$），同时定义了该端口参考面上的入射波电压 V_n^+ 和电流 I_n^+，以及反射波电压 V_n^- 和电流 I_n^-。各个端口的参考面为端口上的电压和电流提供相位参考。第 n 个端口参考面上的总电压和总电流可以表示为

$$V_n = V_n^+ + V_n^-$$
$$I_n = I_n^+ - I_n^-$$

（5.17）

　　表征二端口微波特性的参量分为两大类：一类是反映网络参考面上电压和电流之间关系的参量，称为电路参量；另一类是反映网络参考面上入射波电压和反射波电压之间关系的参量，称为波参量。

在各种微波网络中，二端口微波网络是最基本的，如衰减器、移相器、阻抗变换器和滤波器等均属于二端口微波网络。对于一个线性二端口微波网络，应用叠加原理可以得到网络特性的线性方程组。图 5.2(b)给出了二端口微波网络模型，同时给出了参考面 T_1 和 T_2 上的电压与电流，以及归一化入射波电压和反射波电压各自的方向。

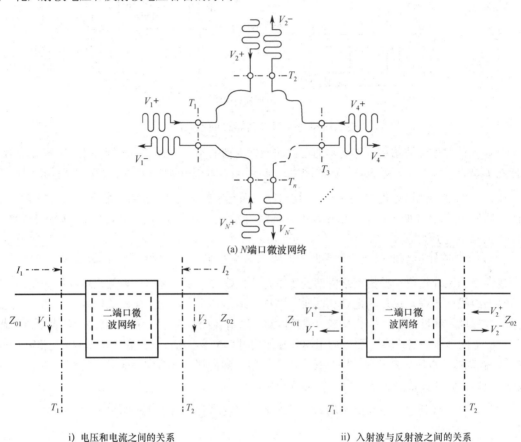

(a) N 端口微波网络

i）电压和电流之间的关系   ii）入射波与反射波之间的关系

(a) 二端口微波网络

图 5.2 N 端口和二端口微波网络

【注意】

T_1 和 T_2 参考面所对应的传输线均为微波传输线的等效，为便于作图，这里采用细实线的作图方式，而不采用第 3 章中的传输线作图方式。在本章中，T_1 面对应的端口也称端口 1 或输入端，T_2 面对应的端口也称端口 2 或输出端。

5.2.1 微波网络的电路参量

在图 5.2(a)所示的线性微波网络中，当参考面选在远离不均匀区域的位置时，不需要考虑高次模的影响，运用叠加原理可以写出各个参考面上电压和电流之间三种不同组合关系的线性方程组，进而得到微波网络三个电路参量：阻抗参量（Z 矩阵）、导纳参量（Y 矩阵）和转移参量（A 矩阵或 $ABCD$ 矩阵）。

1. 阻抗参量（Z 矩阵）

根据线性叠加原理，当 N 端口线性网络各个参考面上都有电流作用时，任意一个参考面上的电压，等于各个参考面上的电流单独作用时，在该参考面上产生的电压响应之和。将上述关系用一组线性方程表示，可以写为

$$\begin{cases} V_1 = Z_{11}I_1 + Z_{12}I_2 + \cdots + Z_{1N}I_N \\ V_2 = Z_{21}I_1 + Z_{22}I_2 + \cdots + Z_{2N}I_N \\ \qquad\qquad\qquad \vdots \\ V_N = Z_{N1}I_1 + Z_{N2}I_2 + \cdots + Z_{NN}I_N \end{cases} \tag{5.18}$$

式中，$Z_{ij}(i=1,2,\cdots,N; j=1,2,\cdots,N)$ 称为微波网络的阻抗参量，它可表示为

$$Z_{ij} = \left. \frac{V_i}{I_j} \right|_{I_k=0,\ k\neq j,\ k\in\{1,2,\cdots,N\}} \tag{5.19}$$

当 $i \neq j$ 时，称 Z_{ij} 为转移阻抗，它表示电流 I_j 在 j 端口激励、其他所有端口均开路时，在端口 i 测得的开路电压 V_i 与电流 I_j 之比，即其他所有端口均开路时，端口 i 和端口 j 之间的转移阻抗。

当 $i = j$ 时，称 Z_{ii} 为自阻抗，它表示除端口 i 外的其他所有端口均开路时，端口 i 的输入阻抗。

将式（5.19）可以写成矩阵形式，有

$$\begin{bmatrix} V_1 \\ V_2 \\ \vdots \\ V_N \end{bmatrix} = \begin{bmatrix} Z_{11} & Z_{12} & \cdots & Z_{1N} \\ Z_{21} & Z_{22} & \cdots & Z_{2N} \\ \vdots & \vdots & \ddots & \vdots \\ Z_{N1} & Z_{N2} & \cdots & Z_{NN} \end{bmatrix} \begin{bmatrix} I_1 \\ I_2 \\ \vdots \\ I_N \end{bmatrix} \tag{5.20}$$

或者简写为

$$V = ZI \tag{5.21}$$

称矩阵 Z 为网络的阻抗矩阵。

对二端口网络，以 T_1 和 T_2 两个参考面上的电流为自变量，以电压为因变量，可以写出用矩阵形式表示的参考面上电流与电压之间的关系：

$$\begin{bmatrix} V_1 \\ V_2 \end{bmatrix} = \begin{bmatrix} Z_{11} & Z_{12} \\ Z_{21} & Z_{22} \end{bmatrix} \begin{bmatrix} I_1 \\ I_2 \end{bmatrix} \tag{5.22}$$

式中，Z 为阻抗矩阵，其中各阻抗参量元素定义如下：

$Z_{11} = \left. \frac{V_1}{I_1} \right|_{I_2=0}$ 表示端口 2 开路时，端口 1 的输入阻抗。

$Z_{12} = \left. \frac{V_1}{I_2} \right|_{I_1=0}$ 表示端口 1 开路时，端口 2 至端口 1 的转移阻抗。

$Z_{21} = \left. \frac{V_2}{I_1} \right|_{I_2=0}$ 表示端口 2 开路时，端口 1 至端口 2 的转移阻抗。

$Z_{22} = \left. \frac{V_2}{I_2} \right|_{I_1=0}$ 表示端口 1 开路时，端口 2 的输入阻抗。

在网络分析中，为了使理论分析具有普遍性，常将各参考面上电压、电流对所接传输线的特

征阻抗归一化。如果 T_1 和 T_2 参考面所接传输线的特征阻抗分别为 Z_{01} 和 Z_{02}，则 T_1 和 T_2 参考面上的归一化电压和归一化电流分别为

$$v_1 = \frac{V_1}{\sqrt{Z_{01}}}, \qquad i_1 = I_1\sqrt{Z_{01}}$$

$$v_2 = \frac{V_2}{\sqrt{Z_{02}}}, \qquad i_2 = I_2\sqrt{Z_{02}} \tag{5.23}$$

建立各参考面上的归一化电压和电流后，就可将式（5.23）写成

$$\left. \begin{aligned} v_1 &= z_{11}i_1 + z_{12}i_2 \\ v_2 &= z_{21}i_1 + z_{22}i_2 \end{aligned} \right\} \tag{5.24}$$

$$\left. \begin{aligned} z_{11} &= \frac{Z_{11}}{Z_{01}}, \qquad z_{12} = \frac{Z_{12}}{\sqrt{Z_{01}Z_{02}}} \\ z_{22} &= \frac{Z_{22}}{Z_{02}}, \qquad z_{21} = \frac{Z_{21}}{\sqrt{Z_{01}Z_{02}}} \end{aligned} \right\} \tag{5.25}$$

即归一化阻抗参量与非归一化阻抗参量之间的转换关系。

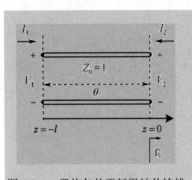

图 5.3　一段均匀的无耗微波传输线

【例 5.1】如图 5.3 所示，一段均匀的无耗微波传输线的特征阻抗为 Z_0，相位为 θ，求 $\boldsymbol{Z}$ 矩阵。

解法 1

由题意得

$$\begin{cases} V_1 = V_0^+ \mathrm{e}^{-\mathrm{j}\beta z} + V_0^- \mathrm{e}^{\mathrm{j}\beta z} = V_1^+ + V_1^- \\ I_1 = \frac{1}{Z_0}\left[V_0^+ \mathrm{e}^{-\mathrm{j}\beta z} - V_0^- \mathrm{e}^{\mathrm{j}\beta z}\right] = I_1^+ - I_1^- \end{cases} \tag{5.26}$$

$$\begin{cases} V_2 = V_0^+ \mathrm{e}^{-\mathrm{j}\beta z} + V_0^- \mathrm{e}^{\mathrm{j}\beta z} = V_2^+ + V_2^- \\ I_2 = \frac{1}{Z_0}\left[V_0^+ \mathrm{e}^{-\mathrm{j}\beta z} - V_0^- \mathrm{e}^{\mathrm{j}\beta z}\right] = I_2^+ - I_2^- \end{cases} \tag{5.27}$$

由于传输线上传的是行波，有

$$\frac{V_1^+}{I_1^+} = \frac{V_2^-}{I_2^-} = Z_0 \tag{5.28}$$

$$\frac{V_2^+}{I_2^+} = \frac{V_1^-}{I_1^-} = Z_0 \tag{5.29}$$

当 $I_2 = 0$ 时，

$$I_2^+ = I_2^- \tag{5.30}$$

$$V_2^+ = V_2^- = \tfrac{1}{2}V_2 \tag{5.31}$$

对于均匀无耗传输线，端口 1 的电压波 V_1^+ 推进到端口 2 为 V_2^-，V_1^+ 比 V_2^- 超前相角 θ，则有关系式 $V_1^+ = V_2^- \mathrm{e}^{\mathrm{j}\theta}$，同理可得 $V_1^- = V_2^+ \mathrm{e}^{-\mathrm{j}\theta}$，所以有

$$V_1 = V_1^+ + V_1^- = V_2^+(\mathrm{e}^{\mathrm{j}\theta} + \mathrm{e}^{-\mathrm{j}\theta}) = V_2^+ 2\cos\theta \tag{5.32}$$

同理，由 $I_1^+ = I_2^- \mathrm{e}^{\mathrm{j}\theta}$ 和 $I_1^- = I_2^+ \mathrm{e}^{-\mathrm{j}\theta}$ 得

$$I_1 = I_1^+ - I_1^- = I_2^+(\mathrm{e}^{\mathrm{j}\theta} - \mathrm{e}^{-\mathrm{j}\theta}) = I_2^+ 2\mathrm{j}\sin\theta \tag{5.33}$$

当 $I_2 = 0$ 时，联立上面各式可求出 Z_{11} 和 Z_{21}：

$$Z_{11} = \frac{V_1}{I_1}\bigg|_{I_2=0} = -\mathrm{j}Z_0\cot\theta \qquad (5.34)$$

$$Z_{21} = \frac{V_2}{I_1}\bigg|_{I_2=0} = -\mathrm{j}Z_0\csc\theta \qquad (5.35)$$

同理可得 $Z_{11} = Z_{22}$，$Z_{12} = Z_{21}$，

$$\boldsymbol{Z} = \begin{bmatrix} -\mathrm{j}Z_0\cot\theta & -\mathrm{j}Z_0\csc\theta \\ -\mathrm{j}Z_0\csc\theta & -\mathrm{j}Z_0\cot\theta \end{bmatrix} \qquad (5.36)$$

解法 2

当 $I_2 = 0$ 时，即端口 2 开路，先求解 Z_{11} 和 Z_{21}。假设端口 2 处 $z = 0$，$\theta = \beta l$，端口 1 处 $z = -l$。该传输线的电压和电流可以表示为

$$\begin{cases} V(z) = V_0^+\left(\mathrm{e}^{-\mathrm{j}\beta z} + \Gamma_{\mathrm{L}}\mathrm{e}^{\mathrm{j}\beta z}\right) \\ I(z) = \frac{V_0^+}{Z_0}\left(\mathrm{e}^{-\mathrm{j}\beta z} - \Gamma_{\mathrm{L}}\mathrm{e}^{\mathrm{j}\beta z}\right) \\ \Gamma_{\mathrm{L}} = 1 \end{cases} \qquad (5.37)$$

因此有

$$\begin{cases} V_1 = V_0^+\,\mathrm{e}^{\mathrm{j}\beta l}\left(1 + \mathrm{e}^{-\mathrm{j}2\beta l}\right) \\ I_1 = \frac{V_0^+}{Z_0}\mathrm{e}^{\mathrm{j}\beta l}\left(1 - \mathrm{e}^{-\mathrm{j}2\beta l}\right) \\ V_2 = 2V_0^+ \end{cases} \qquad (5.38)$$

Z_{11} 为一段长度为 l 的开路传输线的输入阻抗，Z_{21} 为此时 2 端口电压到 1 端口电流的跨阻：

$$\begin{cases} Z_{11} = \frac{V_1}{I_1}\bigg|_{I_2=0} = -\mathrm{j}Z_0\cot\beta l = -\mathrm{j}Z_0\cot\theta \\ Z_{21} = \frac{V_2}{I_1}\bigg|_{I_2=0} = \frac{2V_0^+}{\frac{V_0^+}{Z_0}\left(\mathrm{e}^{\mathrm{j}\beta l} - \mathrm{e}^{-\mathrm{j}\beta l}\right)} = -\mathrm{j}Z_0\csc\theta \end{cases} \qquad (5.39)$$

同理 $I_1 = 0$，即端口 1 开路时，可以求出 Z_{22} 和 Z_{12}，得到与式（5.36）相同的 $\boldsymbol{Z}$ 矩阵。

2. 导纳参量（Y 矩阵）

根据线性叠加原理，当 N 端口线性网络各个参考面上都有电压作用时，任意一个参考面上的电流，等于各个参考面上的电压单独作用时，在该参考面上产生的电流响应之和。将上述关系用一组线性方程组表示，可以写为

$$\begin{cases} I_1 = Y_{11}V_1 + Y_{12}V_2 + \cdots + Y_{1N}V_N \\ I_2 = Y_{21}V_1 + Y_{22}V_2 + \cdots + Y_{2N}V_N \\ \qquad\qquad\qquad \vdots \\ I_N = Y_{N1}V_1 + Y_{N2}V_2 + \cdots + Y_{NN}V_N \end{cases} \qquad (5.40)$$

式中，$Y_{ij}(i = 1, 2, \cdots, N; j = 1, 2, \cdots, N)$ 称为微波网络的导纳参量，可以表示为

$$Y_{ij} = \frac{I_i}{V_j}\bigg|_{V_k=0, k\neq j, k\in\{1,2,\cdots,N\}} \qquad (5.41)$$

当 $i \neq j$ 时，称 Y_{ij} 为转移导纳，它表示电压 V_j 在 j 端口激励、其他所有端口均短路时，在端口 i 测得的短路电流 I_i 与电压 V_j 之比，是除端口 j 外的其他所有端口均短路时，端口 i 和端口 j 之间的转移导纳。

当 $i = j$ 时，称 Y_{ii} 为自导纳，它表示除端口 i 外的其他所有端口均短路时，端口 i 的输入

导纳。

将式（5.40）用矩阵形式表示为

$$\begin{bmatrix} I_1 \\ I_2 \\ \vdots \\ I_N \end{bmatrix} = \begin{bmatrix} Y_{11} & Y_{12} & \cdots & Y_{1N} \\ Y_{21} & Y_{22} & \cdots & Y_{2N} \\ \vdots & \vdots & \ddots & \vdots \\ Y_{N1} & Y_{N2} & \cdots & Y_{NN} \end{bmatrix} \begin{bmatrix} V_1 \\ V_2 \\ \vdots \\ V_N \end{bmatrix} \tag{5.42}$$

或者简写为

$$\boldsymbol{I} = \boldsymbol{Y}\boldsymbol{V} \tag{5.43}$$

称矩阵 $\boldsymbol{Y}$ 为网络的导纳矩阵。

对二端口网络，以 T_1 和 T_2 两个参考面上的电压为自变量，以电流为因变量，可以写出用矩阵形式表示的参考面上电压与电流之间的关系：

$$\begin{bmatrix} I_1 \\ I_2 \end{bmatrix} = \begin{bmatrix} Y_{11} & Y_{12} \\ Y_{21} & Y_{22} \end{bmatrix} \begin{bmatrix} V_1 \\ V_2 \end{bmatrix} \tag{5.44}$$

式中，$\boldsymbol{Y}$ 为导纳矩阵，其中各导纳参量元素定义如下：

$Y_{11} = \dfrac{I_1}{V_1}\bigg|_{V_2=0}$ 表示端口 2 短路时，端口 1 的输入导纳。

$Y_{12} = \dfrac{I_1}{V_2}\bigg|_{V_1=0}$ 表示端口 1 短路时，端口 2 至端口 1 的转移导纳。

$Y_{21} = \dfrac{I_2}{V_1}\bigg|_{V_2=0}$ 表示端口 2 短路时，端口 1 至端口 2 的转移导纳。

$Y_{22} = \dfrac{I_2}{V_2}\bigg|_{V_1=0}$ 表示端口 1 短路时，端口 2 的输入导纳。

如果 T_1 和 T_2 参考面所接传输线的特性导纳分别为 Y_{01} 和 Y_{02}，则式（5.44）的归一化表达式为

$$\left.\begin{array}{l} i_1 = y_{11}v_1 + y_{12}v_2 \\ i_2 = y_{21}v_1 + y_{22}v_2 \end{array}\right\} \tag{5.45}$$

式中，

$$v_1 = \frac{V_1}{\sqrt{Z_{01}}}, \qquad v_2 = \frac{V_2}{\sqrt{Z_{02}}}, \qquad i_1 = I_1\sqrt{Z_{01}}, \qquad i_2 = I_2\sqrt{Z_{02}}$$

$$y_{11} = \frac{Y_{11}}{Y_{01}}, \qquad y_{12} = \frac{Y_{12}}{\sqrt{Y_{01}Y_{02}}}, \qquad y_{21} = \frac{Y_{21}}{\sqrt{Y_{01}Y_{02}}}, \qquad y_{22} = \frac{Y_{22}}{Y_{02}}$$

【例 5.2】图 5.3 所示的一段均匀无耗微波传输线的特征阻抗为 Z_0，相位为 θ，求 $\boldsymbol{Y}$ 矩阵。

解法 1

由题意，同理可以得出例 5.1 中的式（5.26）～式（5.29）。

对于无耗均匀传输线，端口 1 的电压波 V_1^+ 推进到端口 2 为 V_2^-，V_1^+ 比 V_2^- 超前相角 θ，则有关系式 $V_1^+ = V_2^- \mathrm{e}^{\mathrm{j}\theta}$，同理可得 $V_1^- = V_2^+ \mathrm{e}^{-\mathrm{j}\theta}$。

同样，可以推出电流关系式 $I_1^+ = I_2^- \mathrm{e}^{\mathrm{j}\theta}$ 和 $I_1^- = I_2^+ \mathrm{e}^{-\mathrm{j}\theta}$。

当 $V_2 = 0$ 时，有 $V_2^+ = -V_2^-$ 和 $I_2^+ = -I_2^-$，联立各式得

$$Y_{11} = \frac{I_1}{V_1}\bigg|_{V_2=0} = \frac{I_2^- e^{j\theta} - I_2^+ e^{-j\theta}}{V_2^-(e^{j\theta} - e^{-j\theta})}\bigg|_{V_2=0} = -j\cot\theta Y_0 \tag{5.46}$$

$$Y_{21} = \frac{I_2}{V_1}\bigg|_{V_2=0} = \frac{I_2^+ - I_2^-}{V_2^-(e^{j\theta} - e^{-j\theta})}\bigg|_{V_2=0} = \frac{-2I_2^-}{2j\sin\theta V_2^-}\bigg|_{V_2=0} = j\csc\theta Y_0 \tag{5.47}$$

同理可得 $Y_{11} = Y_{22}$，$Y_{12} = Y_{21}$，

$$Y = \begin{bmatrix} -j\cot\theta Y_0 & j\csc\theta Y_0 \\ j\csc\theta Y_0 & -j\cot\theta Y_0 \end{bmatrix} \tag{5.48}$$

解法 2

参考例 5.1 的解法 2。

3. 转移参量（*A* 矩阵或 *ABCD* 矩阵）

在实际应用中，许多微波网络是由两个或以上的二端口网络级联而成的。这时，如果用 2×2 转移矩阵（*A* 矩阵或 *ABCD* 矩阵）来表示每个二端口网络，就能方便地分析整个网络的特性。

图 5.4 给出了二端口网络及二端口网络级联的示意图。一般来说，规定端口 1 电流的正方向为流入网络，端口 2 电流的正方向为流出网络。这样，在分析二端口网络级联时，可以取得不同网络连接端口处电流正方向的一致性。

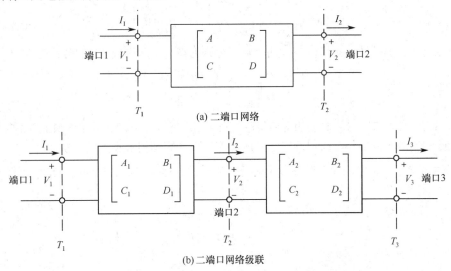

(a) 二端口网络

(b) 二端口网络级联

图 5.4　二端口网络及二端口网络的级联示意图

在图 5.4(a)中，用端口 2 的参考面 T_2 上的电压、电流来表示端口 1 的参考面 T_1 上的电压、电流，得到方程组

$$\begin{cases} V_1 = AV_2 + BI_2 \\ I_1 = CV_2 + DI_2 \end{cases} \tag{5.49}$$

写成矩阵形式为

$$\begin{bmatrix} V_1 \\ I_1 \end{bmatrix} = \begin{bmatrix} A & B \\ C & D \end{bmatrix} \begin{bmatrix} V_2 \\ I_2 \end{bmatrix} \tag{5.50}$$

其中的系数矩阵称为转移矩阵（A 矩阵或 $ABCD$ 矩阵），各个转移参量的定义如下：

$A = \frac{V_1}{V_2}\Big|_{I_2=0}$ 表示端口 2 开路时，端口 2 至端口 1 的电压转移系数。

$B = \frac{V_1}{I_2}\Big|_{V_2=0}$ 表示端口 2 短路时，端口 2 至端口 1 的转移阻抗。

$C = \frac{I_1}{V_2}\Big|_{I_2=0}$ 表示端口 2 开路时，端口 2 至端口 1 的转移导纳。

$D = \frac{I_1}{I_2}\Big|_{V_2=0}$ 表示端口 2 短路时，端口 2 至端口 1 的电流转移系数。

对图 5.4(b)中二端口网络级联的情况，根据上面转移矩阵的定义，可得各个端口的电压、电流关系如下：

$$\begin{bmatrix} V_1 \\ I_1 \end{bmatrix} = \begin{bmatrix} A_1 & B_1 \\ C_1 & D_1 \end{bmatrix} \begin{bmatrix} V_2 \\ I_2 \end{bmatrix} \tag{5.51}$$

$$\begin{bmatrix} V_2 \\ I_2 \end{bmatrix} = \begin{bmatrix} A_2 & B_2 \\ C_2 & D_2 \end{bmatrix} \begin{bmatrix} V_3 \\ I_3 \end{bmatrix} \tag{5.52}$$

根据上面两式可得

$$\begin{bmatrix} V_1 \\ I_1 \end{bmatrix} = \begin{bmatrix} A_1 & B_1 \\ C_1 & D_1 \end{bmatrix} \begin{bmatrix} A_2 & B_2 \\ C_2 & D_2 \end{bmatrix} \begin{bmatrix} V_3 \\ I_3 \end{bmatrix} \tag{5.53}$$

于是，可以得到新的等效二端口网络（两个端口分别为端口 1 和端口 3）的转移矩阵为

$$\begin{bmatrix} A & B \\ C & D \end{bmatrix}\Bigg|_{级联} = \begin{bmatrix} A_1 & B_1 \\ C_1 & D_1 \end{bmatrix} \begin{bmatrix} A_2 & B_2 \\ C_2 & D_2 \end{bmatrix} \tag{5.54}$$

上式表明，两个二端口网络级联后的等效转移矩阵，等于单个二端口网络转移矩阵的乘积。注意，转移矩阵乘积的顺序需要与二端口网络排列的顺序一致（矩阵相乘不满足交换律）。

由上述定义可以看出，各个转移参量无统一的量纲。运用与前面相同的方法，可得归一化方程为

$$\begin{cases} v_1 = av_2 + bi_2 \\ i_1 = cv_2 + di_2 \end{cases} \tag{5.55}$$

式中，

$$a = A\sqrt{\frac{Z_{02}}{Z_{01}}}, \qquad b = \frac{B}{\sqrt{Z_{01}Z_{02}}}, \qquad c = C\sqrt{Z_{01}Z_{02}}, \qquad d = D\sqrt{\frac{Z_{01}}{Z_{02}}}$$

$$v_1 = \frac{V_1}{\sqrt{Z_{01}}}, \qquad v_2 = \frac{V_2}{\sqrt{Z_{02}}}, \qquad i_1 = I_1\sqrt{Z_{01}}, \qquad i_2 = I_2\sqrt{Z_{02}}$$

5.2.2 微波网络的波参量

1. 散射参量（S 矩阵）

上面由参考面上的电压和电流之间的关系，定义了阻抗、导纳和转移参量。实际上，在微波频段，因为没有恒定的微波电压源和电流源，以及不容易得到理想的短路或开路终端，这些参量

很难正确测量。比较而言，匹配的终端负载很容易得到，能很容易根据参考面上的归一化入射波电压和归一化反射波电压之间的关系导出的散射参量进行测量，因此散射参量在微波网络中得到了广泛应用。

将入射波电压 $V_1^+, V_2^+, \cdots, V_N^+$ 和反射波电压 $V_1^-, V_2^-, \cdots, V_N^-$ 归一化，记为 $a_1, a_2, \cdots, a_N$ 以及 $b_1, b_2, \cdots, b_N$，则在图 5.2(a)中，应用叠加原理，可用各个参考面上的入射波电压来表示各个参考面上的反射波电压，用方程组表示为

$$\begin{cases} b_1 = S_{11}a_1 + S_{12}a_2 + \cdots + S_{1N}a_N \\ b_2 = S_{21}a_1 + S_{22}a_2 + \cdots + S_{2N}a_N \\ \qquad\qquad\qquad \vdots \\ b_N = S_{N1}a_1 + S_{N2}a_2 + \cdots + S_{NN}a_N \end{cases} \tag{5.56}$$

式中，$S_{ij}(i=1,2,\cdots,N; j=1,2,\cdots,N)$ 称为微波网络的散射参量，它可表示为

$$S_{ij} = \frac{b_i}{a_j}\bigg|_{a_k=0, k\neq j, k\in\{1,2,\cdots,N\}} \tag{5.57}$$

当 $i \neq j$ 时，称 S_{ij} 为传输系数，它表示激励源在端口 j，其他所有端口均无激励，且其他所有端口均接匹配负载时，在端口 i 测得的电压出射波 b_i 与电压入射波 a_j 之比，是其他所有端口均接匹配负载时，端口 j 到端口 i 的传输系数。

当 $i = j$ 时，S_{ii} 是其他所有端口均接匹配负载时，向 i 端口看去的反射系数。

将上面的方程组写成矩阵形式，有

$$\begin{bmatrix} b_1 \\ b_2 \\ \vdots \\ b_N \end{bmatrix} = \begin{bmatrix} S_{11} & S_{12} & \cdots & S_{1N} \\ S_{21} & S_{22} & \cdots & S_{2N} \\ \vdots & \vdots & \ddots & \vdots \\ S_{N1} & S_{N2} & \cdots & S_{NN} \end{bmatrix} \begin{bmatrix} a_1 \\ a_2 \\ \vdots \\ a_N \end{bmatrix} \tag{5.58}$$

或者简写为

$$\boldsymbol{b} = \boldsymbol{S}\boldsymbol{a} \tag{5.59}$$

其中系数矩阵 $\boldsymbol{S}$ 称为散射矩阵（$\boldsymbol{S}$ 矩阵）。

二端口网络归一化入射波电压和归一化反射波电压之间的关系为

$$\left.\begin{array}{l} b_1 = S_{11}a_1 + S_{12}a_2 \\ b_2 = S_{21}a_1 + S_{22}a_2 \end{array}\right\} \tag{5.60}$$

写成矩阵形式为

$$\begin{bmatrix} b_1 \\ b_2 \end{bmatrix} = \begin{bmatrix} S_{11} & S_{12} \\ S_{21} & S_{22} \end{bmatrix} \begin{bmatrix} a_1 \\ a_2 \end{bmatrix} \tag{5.61}$$

由式（5.60）可以给出散射参量的物理含义如下：

$S_{11} = \frac{b_1}{a_1}\Big|_{a_2=0}$ 表示端口 2 接匹配负载时，端口 1 上的电压反射系数。

$S_{12} = \frac{b_1}{a_2}\Big|_{a_1=0}$ 表示端口 1 接匹配负载时，端口 2 至端口 1 的电压传输系数。

$S_{21} = \dfrac{b_2}{a_1}\Big|_{a_2=0}$ 表示端口 2 接匹配负载时,端口 1 至端口 2 的电压传输系数。

$S_{22} = \dfrac{b_2}{a_2}\Big|_{a_1=0}$ 表示端口 1 接匹配负载时,端口 2 的电压反射系数。

散射参量是以归一化入射波电压和归一化反射波电压作为变量的,而这两个变量是微波技术中最感兴趣的两个物理量,用散射参量表示网络的电压反射系数和传输系数是很方便的,因此散射参量是微波网络中最常用的一种参量。

下面推导 S 参数的两个变量与归一化电压和电流之间的关系。

由第 3 章是的传输线理论可知

$$\begin{cases} V = V_0^+ \mathrm{e}^{-\gamma z} + V_0^- \mathrm{e}^{\gamma z} \\ I = \frac{1}{Z_0}\left(V_0^+ \mathrm{e}^{-\gamma z} - V_0^- \mathrm{e}^{\gamma z}\right) \end{cases} \tag{5.62}$$

入射波和反射波振幅可以分别表示为

$$\begin{cases} V_0^+ \mathrm{e}^{-\gamma z} = \frac{1}{2}(V + IZ_0) \\ V_0^- \mathrm{e}^{\gamma z} = \frac{1}{2}(V - IZ_0) \end{cases} \tag{5.63}$$

可得入射波和反射波振幅的归一化值为

$$\begin{cases} a = \dfrac{V_0^+ \mathrm{e}^{-\gamma z}}{\sqrt{Z_0}} = \dfrac{1}{2}\left(\dfrac{V}{\sqrt{Z_0}} + I\sqrt{Z_0}\right) \\ b = \dfrac{V_0^- \mathrm{e}^{\gamma z}}{\sqrt{Z_0}} = \dfrac{1}{2}\left(\dfrac{V}{\sqrt{Z_0}} - I\sqrt{Z_0}\right) \end{cases} \tag{5.64}$$

可知

$$\begin{cases} a = \frac{1}{2}(v + i) \\ b = \frac{1}{2}(v - i) \end{cases} \tag{5.65}$$

归一化电压和电流与 a 和 b 之间的关系为

$$\begin{cases} v = a + b \\ i = a - b \end{cases} \tag{5.66}$$

上述关系在参量转化中非常有用。

【知识回顾】

S_{11} 是指输出端接匹配负载时,输入端上的电压反射系数,取 dB 值时为负数;注意要与第 3 章中的回波损耗区分开,回波损耗是 $\mathrm{RL} = -20\lg|\Gamma|\,\mathrm{dB}$,dB 值为正数。

【例 5.3】 求如图 5.5 所示单元网络的散射参数。

解: 如图所示,令端口 2 接匹配负载,归一化后为 1,则 $a_2 = 0$,有

$$\begin{cases} i_1 = \dfrac{v_1}{z+1} \\ i_1 = -i_2 \end{cases} \tag{5.67}$$

即

$$\begin{cases} a_1 - b_1 = \dfrac{v_1}{z+1} = \dfrac{a_1 + b_1}{z+1} \\ a_1 - b_1 = b_2 \end{cases} \quad (5.68)$$

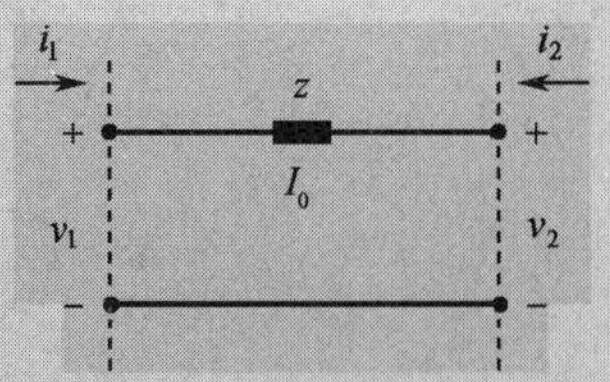

所以

$$b_1 = \frac{z}{z+2} a_1, \quad b_2 = \frac{2}{z+2} a_1 \quad (5.69)$$

图 5.5　串联阻抗 z 的二端口网络

由式（5.69）得

$$S_{11} = \frac{b_1}{a_1}\Big|_{a_2=0} = \frac{z}{z+2} \quad (5.70)$$

$$S_{21} = \frac{b_2}{a_1}\Big|_{a_2=0} = \frac{2}{z+2} \quad (5.71)$$

同理，设端口 1 接匹配负载，可得

$$S_{22} = \frac{b_2}{a_2}\Big|_{a_1=0} = \frac{z}{z+2} \quad (5.72)$$

$$S_{12} = \frac{b_1}{a_2}\Big|_{a_1=0} = \frac{2}{z+2} \quad (5.73)$$

所以

$$S = \begin{bmatrix} \dfrac{z}{z+2} & \dfrac{2}{z+2} \\ \dfrac{2}{z+2} & \dfrac{z}{z+2} \end{bmatrix} \quad (5.74)$$

【例 5.4】如图 5.6 所示，在特征阻抗为 Z_0 的传输线上并联导纳 y（归一化 y），求该并联导纳的散射系数。

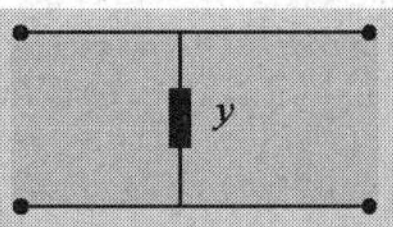

解：令端口 2 接匹配负载，归一化后为 1，则 $a_2 = 0$，有

$$\begin{cases} i_1 = v_1(y+1) \\ v_1 = v_2 \end{cases} \quad (5.75)$$

图 5.6　导纳阻抗 y 的二端口网络

$$\begin{cases} a_1 - b_1 = (a_1 + b_1)(y+1) \\ a_1 + b_1 = a_2 + b_2 \end{cases} \quad (5.76)$$

$$\begin{cases} a_1 y = -b_1(y+2) \\ a_1 \dfrac{2}{y+2} = b_2 \end{cases} \quad (5.77)$$

所以

$$S_{11} = \frac{b_1}{a_1}\Big|_{a_2=0} = \frac{-y}{2+y} \quad (5.78)$$

$$S_{21} = \frac{b_2}{a_1}\Big|_{a_2=0} = \frac{2}{2+y} \quad (5.79)$$

得到

$$S = \begin{bmatrix} \dfrac{-y}{2+y} & \dfrac{2}{2+y} \\ \dfrac{2}{2+y} & \dfrac{-y}{2+y} \end{bmatrix} \quad (5.80)$$

【例 5.5】 已知二端口网络的散射矩阵 **S**，如图 5.7 所示，端口 2 接有负载 Z_L，反射系数为 Γ_L，求网络端口 1 的反射系数及输入阻抗。

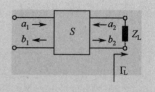

图 5.7　接有负载的二端口网络

解： 网络的散射参量矩阵为 $\begin{bmatrix} b_1 \\ b_2 \end{bmatrix} = \begin{bmatrix} S_{11} & S_{12} \\ S_{21} & S_{22} \end{bmatrix} \begin{bmatrix} a_1 \\ a_2 \end{bmatrix}$，即

$$\begin{cases} b_1 = S_{11}a_1 + S_{12}a_2 \\ b_2 = S_{21}a_1 + S_{22}a_2 \end{cases}, \quad \text{其中} \Gamma_L = \frac{a_2}{b_2} \tag{5.81}$$

由式（5.81）得

$$b_1 = S_{11}a_1 + \frac{S_{12}S_{21}\Gamma_L}{1 - S_{22}\Gamma_L}a_1 \tag{5.82}$$

所以端口 1 的反射系数为

$$\Gamma_{\text{in}} = \frac{b_1}{a_1} = S_{11} + \frac{S_{12}S_{21}\Gamma_L}{1 - S_{22}\Gamma_L} \tag{5.83}$$

端口 1 的阻抗为

$$Z_{\text{in}} = \frac{1 + \Gamma_{\text{in}}}{1 - \Gamma_{\text{in}}} Z_0 \tag{5.84}$$

【例 5.6】 如图 5.8 所示，一段均匀无耗微波传输线的特征阻抗为 Z_0，相位为 θ，求 **S** 矩阵。

解： 由题意，同理可得例 5.1 中的式（5.26）～式（5.31）。

对于均匀无耗传输线，端口 1 的电压波 V_1^+ 推进到端口 2 为 V_2^-，V_1^+ 比 V_2^- 超前相角 θ，则有关系式 $V_1^+ = V_2^- e^{j\theta}$，同理可得 $V_1^- = V_2^+ e^{-j\theta}$。

图 5.8　一段均匀无耗的微波传输线

同样，可以推出电流关系式 $I_1^+ = I_2^- e^{j\theta}$ 和 $I_1^- = I_2^+ e^{-j\theta}$。

联立上述各式得

$$S_{11} = \frac{V_1^-}{V_1^+}\bigg|_{V_2^+=0} = \frac{V_2^+ e^{-j\theta}}{V_1^+}\bigg|_{V_2^+=0} = 0 \tag{5.85}$$

$$S_{21} = \frac{V_2^-}{V_1^+}\bigg|_{V_2^+=0} = \frac{V_2^-}{V_2^- e^{j\theta}}\bigg|_{V_2^+=0} = e^{-j\theta} \tag{5.86}$$

因为网络对称，即 $S_{11} = S_{22}$ 和 $S_{12} = S_{21}$，所以有

$$\boldsymbol{S} = \begin{bmatrix} 0 & e^{-j\theta} \\ e^{-j\theta} & 0 \end{bmatrix} \tag{5.87}$$

2. 传输参量（**T** 矩阵）

对图 5.9 所示的二端口网络，可得

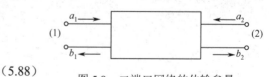

$$\begin{bmatrix} a_1 \\ b_1 \end{bmatrix} = \begin{bmatrix} T_{11} & T_{12} \\ T_{21} & T_{22} \end{bmatrix} \begin{bmatrix} b_2 \\ a_2 \end{bmatrix} = \boldsymbol{T} \begin{bmatrix} b_2 \\ a_2 \end{bmatrix} \tag{5.88}$$

图 5.9　二端口网络的传输参量

式中，

$$\boldsymbol{T} = \begin{bmatrix} T_{11} & T_{12} \\ T_{21} & T_{22} \end{bmatrix} \tag{5.89}$$

称为二端口网络的传输矩阵，其元素称为网络参量。其中，$T_{11} = \frac{1}{b_2/a_1|_{a_2=0}}$ 是二端口网络的传输参量，

除了 T_{11} 表示端口 2 接匹配负载时，端口 1 到端口 2 的传输系数的倒数，其他参量并无明确的物理意义。单元网络的参量矩阵如表 5.1 所示。

表 5.1　单元网络的参量矩阵

	z	y	$z_0=1,\ \theta$
z	—	$\begin{bmatrix} \frac{1}{y} & \frac{1}{y} \\ \frac{1}{y} & \frac{1}{y} \end{bmatrix}$	$\begin{bmatrix} -\mathrm{j}\cot\theta & -\mathrm{j}\csc\theta \\ -\mathrm{j}\csc\theta & -\mathrm{j}\cot\theta \end{bmatrix}$
y	$\begin{bmatrix} \frac{1}{z} & -\frac{1}{z} \\ -\frac{1}{z} & \frac{1}{z} \end{bmatrix}$	—	$\begin{bmatrix} -\mathrm{j}\cot\theta & \mathrm{j}\csc\theta \\ \mathrm{j}\csc\theta & -\mathrm{j}\cot\theta \end{bmatrix}$
a	$\begin{bmatrix} 1 & z \\ 0 & 1 \end{bmatrix}$	$\begin{bmatrix} 1 & 0 \\ y & 1 \end{bmatrix}$	$\begin{bmatrix} \cos\theta & \mathrm{j}\sin\theta \\ \mathrm{j}\sin\theta & \cos\theta \end{bmatrix}$
S	$\begin{bmatrix} \frac{z}{2+z} & \frac{2}{2+z} \\ \frac{2}{2+z} & \frac{z}{2+z} \end{bmatrix}$	$\begin{bmatrix} \frac{-y}{2+y} & \frac{2}{2+y} \\ \frac{2}{2+y} & \frac{-y}{2+y} \end{bmatrix}$	$\begin{bmatrix} 0 & \mathrm{e}^{-\mathrm{j}\theta} \\ \mathrm{e}^{-\mathrm{j}\theta} & 0 \end{bmatrix}$

注意，对于单元网络 ，若 $z_0 \neq 1$，即非归一化，则其阻抗、导纳和转移矩阵分别为

$$Z = \begin{bmatrix} \mathrm{j}Z_0\cot\theta & -\mathrm{j}Z_0\csc\theta \\ -\mathrm{j}Z_0\csc\theta & \mathrm{j}Z_0\cot\theta \end{bmatrix}, \quad Y = \begin{bmatrix} -\mathrm{j}\frac{1}{Z_0}\cot\theta & \mathrm{j}\frac{1}{Z_0}\csc\theta \\ \mathrm{j}\frac{1}{Z_0}\csc\theta & -\mathrm{j}\frac{1}{Z_0}\cot\theta \end{bmatrix}, \quad A = \begin{bmatrix} \cos\theta & \mathrm{j}Z_0\sin\theta \\ \mathrm{j}\frac{1}{Z_0}\sin\theta & \cos\theta \end{bmatrix}$$

5.2.3　微波网络参量之间的转换

微波网络的 5 个网络参量（阻抗参量 Z、导纳参量 Y、转移参量 A、散射参量 S、传输参量 T）都可用来表征同一个微波网络的固有特性，因此它们之间必定能够相互转换。Z、Y、A 三种参量均表示网络各端口电压和电流之间的关系，所以根据定义式适当调整，即可得到这三种参量间的转换关系。S 参量和 T 参量均表示网络端口间归一化入射、反射波电压的关系，二者的转换关系也比较容易得到。Z、Y、A 参量与 S、T 参量之间的转换，则需要用到归一化电压与电流之间的关系式，如下所示：

$$\begin{cases} v_i^+ = i_i^+ \\ v_i^- = -i_i^- \end{cases} \tag{5.90}$$

和

$$\begin{cases} v_i = v_i^+ + v_i^- = a + b \\ i_i = i_i^+ + i_i^- = v_i^+ - v_i^- = a - b \end{cases} \tag{5.91}$$

注意，归一化电压与电流不再具有电压和电流的量纲，因此二者可以相等。

实际应用中，二端口网络最为常见，二端口网络归一化网络参量之间的转换关系如表 5.2 所示。在微波网络分析与综合中，常常要用到各种微波网络参量之间的转换关系，因此可以查阅该表。

表 5.2 二端口网络归一化网络参量转换关系表

	以 z 参量表示	以 y 参量表示	以 a 参量表示	以 S 参量表示	以 t 参量表示
z	z_{11} z_{12} z_{21} z_{22}	$z_{11}=\dfrac{y_{22}}{\lvert y\rvert}$ $z_{12}=-\dfrac{y_{12}}{\lvert y\rvert}$ $z_{21}=-\dfrac{y_{21}}{\lvert y\rvert}$ $z_{22}=\dfrac{y_{11}}{\lvert y\rvert}$	$z_{11}=\dfrac{a}{c}$ $z_{12}=\dfrac{\lvert a\rvert}{c}$ $z_{21}=\dfrac{1}{c}$ $z_{22}=\dfrac{d}{c}$	$z_{11}=\dfrac{1+S_{11}-S_{22}-\lvert S\rvert}{1-S_{11}-S_{22}+\lvert S\rvert}$ $z_{12}=\dfrac{2S_{12}}{1-S_{11}-S_{22}+\lvert S\rvert}$ $z_{21}=\dfrac{2S_{21}}{1-S_{11}-S_{22}+\lvert S\rvert}$ $z_{22}=\dfrac{1-S_{11}+S_{22}-\lvert S\rvert}{1-S_{11}-S_{22}+\lvert S\rvert}$	$z_{11}=\dfrac{T_{11}+T_{12}+T_{21}+T_{22}}{T_{21}+T_{22}-T_{11}-T_{12}}$ $z_{12}=\dfrac{-2\lvert T\rvert}{T_{21}+T_{22}-T_{11}-T_{12}}$ $z_{21}=\dfrac{-2}{T_{21}+T_{22}-T_{11}-T_{12}}$ $z_{22}=\dfrac{T_{11}-T_{12}-T_{21}-\lvert T\rvert}{T_{21}+T_{22}-T_{11}-T_{12}}$
y	$y_{11}=\dfrac{z_{22}}{\lvert z\rvert}$ $y_{12}=-\dfrac{z_{12}}{\lvert z\rvert}$ $y_{21}=-\dfrac{z_{21}}{\lvert z\rvert}$ $y_{22}=\dfrac{z_{11}}{\lvert z\rvert}$	y_{11} y_{12} y_{21} y_{22}	$y_{11}=\dfrac{d}{b}$ $y_{12}=-\dfrac{\lvert a\rvert}{b}$ $y_{21}=-\dfrac{1}{b}$ $y_{22}=\dfrac{a}{b}$	$y_{11}=\dfrac{1-S_{11}+S_{22}-\lvert S\rvert}{1+S_{11}+S_{22}+\lvert S\rvert}$ $y_{12}=\dfrac{-2S_{12}}{1+S_{11}+S_{22}+\lvert S\rvert}$ $y_{21}=\dfrac{-2S_{21}}{1+S_{11}+S_{22}+\lvert S\rvert}$ $y_{22}=\dfrac{1+S_{11}-S_{22}-\lvert S\rvert}{1+S_{11}+S_{22}+\lvert S\rvert}$	$y_{11}=\dfrac{T_{11}-T_{12}-T_{21}+T_{22}}{T_{11}-T_{12}+T_{21}-T_{22}}$ $y_{12}=\dfrac{-2\lvert T\rvert}{T_{11}-T_{12}+T_{21}-T_{22}}$ $y_{21}=\dfrac{-2}{T_{11}-T_{12}+T_{21}-T_{22}}$ $y_{22}=\dfrac{T_{11}+T_{12}-T_{21}-T_{22}}{T_{11}-T_{12}+T_{21}-T_{22}}$
a	$a=\dfrac{z_{11}}{z_{21}}$ $b=\dfrac{\lvert z\rvert}{z_{21}}$ $c=\dfrac{1}{z_{21}}$ $d=\dfrac{z_{22}}{z_{21}}$	$a=-\dfrac{y_{22}}{y_{21}}$ $b=-\dfrac{1}{y_{21}}$ $c=-\dfrac{\lvert y\rvert}{y_{21}}$ $d=-\dfrac{y_{11}}{y_{21}}$	a b c d	$a=\dfrac{1}{2S_{21}}(1+S_{11}-S_{22}-\lvert S\rvert)$ $b=\dfrac{1}{2S_{21}}(1+S_{11}+S_{22}+\lvert S\rvert)$ $c=\dfrac{1}{2S_{21}}(1-S_{11}-S_{22}+\lvert S\rvert)$ $d=\dfrac{1}{2S_{21}}(1-S_{11}+S_{22}-\lvert S\rvert)$	$a=\dfrac{1}{2}(T_{11}+T_{12}+T_{21}+T_{22})$ $b=\dfrac{1}{2}(T_{11}-T_{12}+T_{21}-T_{22})$ $c=\dfrac{1}{2}(T_{11}+T_{12}-T_{21}-T_{22})$ $d=\dfrac{1}{2}(T_{11}-T_{12}-T_{21}+T_{22})$

	以 z 参量表示	以 y 参量表示	以 a 参量表示	以 S 参量表示	以 t 参量表示
S	$s_{11}=\dfrac{\|z\|-1+z_{11}-z_{22}}{1+z_{11}+z_{22}+\|z\|}$ $s_{12}=\dfrac{2z_{12}}{1+z_{11}+z_{22}+\|z\|}$ $s_{21}=\dfrac{2z_{21}}{1+z_{11}+z_{22}+\|z\|}$ $s_{22}=\dfrac{\|z\|-1-z_{11}+z_{22}}{1+z_{11}+z_{22}+\|z\|}$	$s_{11}=\dfrac{1-y_{11}+y_{22}-\|y\|}{1+y_{11}+y_{22}+\|y\|}$ $s_{12}=\dfrac{-2y_{12}}{1+y_{11}+y_{22}+\|y\|}$ $s_{21}=\dfrac{-2y_{21}}{1+y_{11}+y_{22}+\|y\|}$ $s_{22}=\dfrac{1+y_{11}-y_{22}-\|y\|}{1+y_{11}+y_{22}+\|y\|}$	$S_{11}=\dfrac{a+b-c-d}{a+b+c+d}$ $S_{12}=\dfrac{2\|a\|}{a+b+c+d}$ $S_{21}=\dfrac{2}{a+b+c+d}$ $S_{22}=\dfrac{-a+b-c+d}{a+b+c+d}$	S_{11} S_{12} S_{21} S_{22}	$S_{11}=\dfrac{T_{21}}{T_{11}}$ $S_{12}=T_{22}-T_{21}\dfrac{T_{12}}{T_{11}}=\dfrac{\|T\|}{T_{11}}$ $S_{21}=\dfrac{1}{T_{11}}$ $S_{22}=-\dfrac{T_{12}}{T_{11}}$
T	$T_{11}=\dfrac{1}{2z_{21}}\left(1+z_{11}+z_{22}+\|z\|\right)$ $T_{12}=\dfrac{1}{2z_{21}}\left(-1-z_{11}+z_{22}+\|z\|\right)$ $T_{21}=\dfrac{1}{2z_{21}}\left(-1+z_{11}-z_{22}+\|z\|\right)$ $T_{22}=\dfrac{1}{2z_{21}}\left(1-z_{11}-z_{22}+\|z\|\right)$	$T_{11}=\dfrac{-1}{2y_{21}}\left(1+y_{11}+y_{22}+\|y\|\right)$ $T_{12}=\dfrac{1}{2y_{21}}\left(1+y_{11}-y_{22}-\|y\|\right)$ $T_{21}=\dfrac{1}{2y_{21}}\left(-1+y_{11}-y_{22}+\|y\|\right)$ $T_{22}=\dfrac{-1}{2y_{21}}\left(1-y_{11}-y_{22}-\|y\|\right)$	$T_{11}=\dfrac{1}{2}\left(a+b+c+d\right)$ $T_{12}=\dfrac{1}{2}\left(a-b+c-d\right)$ $T_{21}=\dfrac{1}{2}\left(a+b-c-d\right)$ $T_{22}=\dfrac{1}{2}\left(a-b-c+d\right)$	$T_{11}=\dfrac{1}{S_{21}}$ $T_{12}=-\dfrac{S_{22}}{S_{21}}$ $T_{21}=\dfrac{S_{11}}{S_{21}}$ $T_{22}=S_{12}-S_{11}\dfrac{S_{22}}{S_{21}}=-\dfrac{\|S\|}{S_{21}}$	T_{11} T_{12} T_{21} T_{22}

$|S|=S_{11}S_{22}-S_{12}S_{21}$　$|a|=ad-bc$　$|y|=y_{11}y_{22}-y_{12}y_{21}$　$|z|=z_{11}z_{22}-z_{12}z_{21}$　$|T|=T_{11}T_{22}-T_{12}T_{21}$

【例 5.7】已知二端口网络的阻抗矩阵 $Z = \begin{bmatrix} Z_{11} & Z_{12} \\ Z_{21} & Z_{22} \end{bmatrix}$，求 Y 与 A。

解： 由

$$\begin{bmatrix} V_1 \\ V_2 \end{bmatrix} = \begin{bmatrix} Z_{11} & Z_{12} \\ Z_{21} & Z_{22} \end{bmatrix} \begin{bmatrix} I_1 \\ I_2 \end{bmatrix} \tag{5.92}$$

可得

$$\begin{bmatrix} I_1 \\ I_2 \end{bmatrix} = \begin{bmatrix} Z_{11} & Z_{12} \\ Z_{21} & Z_{22} \end{bmatrix}^{-1} \begin{bmatrix} V_1 \\ V_2 \end{bmatrix}, \quad \text{即 } Y = Z^{-1} \tag{5.93}$$

由式（5.92）可得

$$\begin{cases} V_1 = Z_{11}I_1 + Z_{12}I_2 \\ V_2 = Z_{21}I_1 + Z_{22}I_2 \end{cases} \tag{5.94}$$

将上式转换成端口 1 的电压、电流与端口 2 的电压、电流的表达式，即

$$\begin{cases} V_1 = Z_{11}I_1 + Z_{12}I_2 \\ I_1 = \frac{1}{Z_{21}}(V_2 - Z_{22}I_2) \end{cases} \tag{5.95}$$

$$\Rightarrow \begin{cases} V_1 = \frac{Z_{11}}{Z_{21}}(V_2 - Z_{22}I_2) + Z_{12}I_2 \\ I_1 = \frac{1}{Z_{21}}(V_2 - Z_{22}I_2) \end{cases} \tag{5.96}$$

$$\Rightarrow \begin{cases} V_1 = \frac{Z_{11}}{Z_{21}}V_2 + \left(Z_{12} - \frac{Z_{11}Z_{22}}{Z_{21}}\right)I_2 \\ I_1 = \frac{1}{Z_{21}}V_2 - \frac{Z_{22}}{Z_{21}}I_2 \end{cases} \tag{5.97}$$

式（5.97）即为转移参量 A 的定义式，可得

$$A = \begin{bmatrix} \dfrac{Z_{11}}{Z_{21}} & \dfrac{Z_{11}Z_{22} - Z_{12}Z_{21}}{Z_{21}} \\ \dfrac{1}{Z_{21}} & \dfrac{Z_{22}}{Z_{21}} \end{bmatrix} \tag{5.98}$$

同理可得电路参量之间的其他转换关系。

【例 5.8】分别求散射参数 S 与归一化阻抗矩阵 z 和归一化导纳矩阵 y 之间的转化关系。

解： 由归一化入射波和反射波与归一化电压电流之间的关系得

$$\begin{cases} a = \frac{1}{2}(v + i) = \frac{1}{2}(z + I)i \\ b = \frac{1}{2}(v - i) = \frac{1}{2}(z - I)i \end{cases} \tag{5.99}$$

I 为单位矩阵，且 $b = Sa$，可得

$$S = (z - I)(z + I)^{-1} \tag{5.100}$$

同理有

$$\begin{cases} v = a + b = a(I + S) \\ i = a - b = a(I - S) \end{cases} \tag{5.101}$$

可得

$$z = (I + S)(I - S)^{-1} \tag{5.102}$$

用同样的方法可以得到

$$S = (I - y)(I + y)^{-1} \tag{5.103}$$

$$y = (I - S)(I + S)^{-1} \tag{5.104}$$

【例 5.9】 对如图 5.10 所示的二端口网络，求 S 与 a 参数之间的关系。

解： 我们讨论由归一化电流电压构成的 a 参数 $\begin{cases} v_1 = av_2 + bi_2 \\ i_1 = cv_2 + di_2 \end{cases}$。显然，$a$

图 5.10　二端口网络

参数是不对称的。

根据题意，将 $v_1 = a_1 + b_1$、$v_2 = a_2 + b_2$、$i_1 = a_1 - b_1$ 和 $i_2 = -(a_2 - b_2)$ 代
入得

$$\begin{cases} a_1 + b_1 = a(a_2 + b_2) - b(a_2 - b_2) \\ a_1 - b_1 = c(a_2 + b_2) - d(a_2 - b_2) \end{cases} \Rightarrow \begin{cases} b_1 - (a+b)b_2 = -a_1 + (a-b)a_2 \\ -b_1 - (c+d)b_2 = -a_1 + (c-d)a_2 \end{cases} \tag{5.105}$$

写成矩阵形式有

$$\begin{bmatrix} 1 & -(a+b) \\ -1 & -(c+d) \end{bmatrix} \begin{bmatrix} b_1 \\ b_2 \end{bmatrix} = \begin{bmatrix} -1 & a-b \\ -1 & c-d \end{bmatrix} \begin{bmatrix} a_1 \\ a_2 \end{bmatrix} \Rightarrow$$

$$\begin{bmatrix} b_1 \\ b_2 \end{bmatrix} = \begin{bmatrix} 1 & -(a+b) \\ -1 & -(c+d) \end{bmatrix}^{-1} \begin{bmatrix} -1 & a-b \\ -1 & c-d \end{bmatrix} \begin{bmatrix} a_1 \\ a_2 \end{bmatrix} \tag{5.106}$$

$$= -\frac{1}{a+b+c+d} \begin{bmatrix} -(c+d) & a+b \\ 1 & 1 \end{bmatrix} \begin{bmatrix} -1 & a-b \\ -1 & c-d \end{bmatrix} \begin{bmatrix} a_1 \\ a_2 \end{bmatrix}$$

从而有

$$S = \frac{1}{a+b+c+d} \begin{bmatrix} a+b-c-d & 2(ad-bc) \\ 2 & b+d-a-c \end{bmatrix} \tag{5.107}$$

5.2.4　参考面移动对网络参量的影响

参考面的选择是分析微波网络参量的基础。微波网络端口的参考面的选择一旦发生变化，就
会对网络参量造成影响。其中对散射参量造成的影响比较简单，也便于计算。而对其他网络参量
的影响，可通过参考面移动后的散射参量转换得到。

由于散射参量与网络端口的入射波、透射波及反射波的振幅和相位有关，当参考面位置不同
时，参考面处的入射波、透射波及反射波的振幅和相位也发生改变，从而使散射参量发生变化。
因此，要精确地计算或测量 S 量，就必须准确地知道参考面的位置。根据微波网络等效关系，
网络外侧端口连接的微波传输线等效为平行双线，因此，参考面移动对散射参量的影响问题，实
际上可以转化为传输线理论中沿平行双线移动时传输量变化的问题。

考查图 5.11 所示的二端口微波网络。当参考面为 T_1 和 T_2 时，其散射参量用 S 表示，将参考
面 T_1 和 T_2 分别向外移动到 T_1' 和 T_2' 时的散射参量用 S' 表示。于是，根据散射参量定义 S 和 S' 可以
用端口的入射波和反射波电压表示为

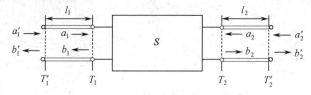

图 5.11　参考面移动对 S 参数的影响

$$b = Sa$$
$$b' = S'a' \tag{5.108}$$

因为端口的引出线为均匀无耗线，所以可写出新的入射波和反射波振幅与原来的波振幅之间的
关系：

$$a_1' = a_1 e^{j\beta l_1}, \qquad b_1' = b_1 e^{-j\beta l_1}$$
$$a_2' = a_2 e^{j\beta l_2}, \qquad b_2' = b_2 e^{-j\beta l_2}$$

（5.109）

写成矩阵形式有

$$\begin{bmatrix} a_1' \\ a_2' \end{bmatrix} = \begin{bmatrix} e^{j\beta l_1} & 0 \\ 0 & e^{j\beta l_2} \end{bmatrix} \begin{bmatrix} a_1 \\ a_2 \end{bmatrix}$$

（5.110）

$$\begin{bmatrix} b_1' \\ b_2' \end{bmatrix} = \begin{bmatrix} e^{-j\beta l_1} & 0 \\ 0 & e^{-j\beta l_2} \end{bmatrix} \begin{bmatrix} b_1 \\ b_2 \end{bmatrix}$$

（5.111）

$$\begin{bmatrix} b_1' \\ b_2' \end{bmatrix} = \begin{bmatrix} e^{-j\beta l_1} & 0 \\ 0 & e^{-j\beta l_2} \end{bmatrix} \begin{bmatrix} S_{11} & S_{12} \\ S_{21} & S_{22} \end{bmatrix} \begin{bmatrix} a_1 \\ a_2 \end{bmatrix}$$

$$= \begin{bmatrix} e^{-j\beta l_1} & 0 \\ 0 & e^{-j\beta l_2} \end{bmatrix} \begin{bmatrix} S_{11} & S_{12} \\ S_{21} & S_{22} \end{bmatrix} \begin{bmatrix} e^{j\beta l_1} & 0 \\ 0 & e^{j\beta l_2} \end{bmatrix}^{-1} \begin{bmatrix} a_1' \\ a_2' \end{bmatrix}$$

（5.112）

$$= \begin{bmatrix} S_{11} e^{-j2\beta l_1} & S_{12} e^{-j(\beta l_1 + \beta l_2)} \\ S_{21} e^{-j(\beta l_1 + \beta l_2)} & S_{22} e^{-j2\beta l_2} \end{bmatrix} \begin{bmatrix} a_1' \\ a_2' \end{bmatrix}$$

因此，当参考面移到 T_1' 和 T_2' 后，新的散射参量与原有散射参量之间的关系为

$$\boldsymbol{S}' = \begin{bmatrix} S_{11}' & S_{12}' \\ S_{21}' & S_{22}' \end{bmatrix} = \begin{bmatrix} S_{11} e^{-j2\beta l_1} & S_{12} e^{-j(\beta l_1 + \beta l_2)} \\ S_{21} e^{-j(\beta l_1 + \beta l_2)} & S_{22} e^{-j2\beta l_2} \end{bmatrix}$$

（5.113）

对于 n 端口网络，设各端口参考面移动的距离分别为 $l_1, l_2, \cdots, l_n$，参考面向外移动时，对角线矩阵

$$\boldsymbol{l} = \begin{bmatrix} e^{-j\beta l_1} & & & 0 \\ & e^{-j\beta l_2} & & \\ & & \ddots & \\ 0 & & & e^{-j\beta l_n} \end{bmatrix}$$

（5.114）

参考面向内移动时，对角线矩阵为

$$\boldsymbol{l} = \begin{bmatrix} e^{j\beta l_1} & & & 0 \\ & e^{j\beta l_2} & & \\ & & \ddots & \\ 0 & & & e^{j\beta l_n} \end{bmatrix}$$

（5.115）

参考面移动后的散射参量为

$$\boldsymbol{S}' = \boldsymbol{l} \boldsymbol{S} \boldsymbol{l}$$

（5.116）

以上两式表明 S_{ii} 的相位变化量是端口相位的两倍，因为入射波经反射后所经过的波程是移动的电长度的两倍。另外，S_{ij} 的相位变化量是 i、j 端口的相位之和，因为入射波从一个参考面移动后的端口传播到另一个参考面移动后的端口，需要经历两段移动的电长度。参考面的移动仅对 $\boldsymbol{S}$ 参量的相位产生影响，其模值保持不变，这称为 $\boldsymbol{S}$ 参数的相移特性。

5.3 微波网络参量的性质

一般情况下，二端口网络的 4 种网络参量均有 4 个独立参量，但当网络具有某种特性时，网络的独立参量数将减少。下面讨论网络参量的性质。

5.3.1 互易网络

互易网络又称可逆网络，具有互易特性，即

$$\left.\begin{array}{ll} Z_{12} = Z_{21} & \text{或} \quad z_{12} = z_{21} \\ Y_{12} = Y_{21} & \text{或} \quad y_{12} = y_{21} \end{array}\right\} \tag{5.117}$$

根据 4 种网络参量的转换公式，不难得到其他两种网络参量的可逆特性为

$$ad - bc = 1 \quad \text{或} \quad AD - BC = 1, S_{12} = S_{21} \tag{5.118}$$

由此可见，一个互易二端口网络只有 3 个独立参量。

5.3.2 对称网络

微波元件结构上的对称性有两种：一种是端口对某个平面的映射对称，称为面对称；另一种是端口对某条轴线旋转一定角度而构成的对称，称为轴线对称。一个微波元件，如果结构上对称，填充的是各向同性媒质，那么其等效网络在电性能上也是对称的。这里所讲的网络对称性，就是指电性能的对称。

对于互易无耗的二端口网络，若其结构对称，则必然是一个对称网络。对称网络具有以下特性：

$$Z_{11} = Z_{22} \text{ 或 } z_{11} = z_{22}, \ Y_{11} = Y_{22} \text{ 或 } y_{11} = y_{22} \text{ 或 } S_{11} = S_{22} \tag{5.119}$$

根据网络参量的转换公式，可以得到其他两种网络参量的对称性为

$$ad - bc = 1, \ a = d \text{ 或 } A = D, \ AD - BC = 1 \tag{5.120}$$

由此可见，一个对称二端口网络的两个参考面上的输入阻抗、输入导纳及电压反射系数等参量一一对应相等。

【例 5.10】求如图 5.12 所示二端口网络的阻抗参量 $\boldsymbol{Z}$。

解：Z_{11} 是端口 2 开路时端口 1 的输入阻抗：

$$Z_{11} = \left.\frac{V_1}{I_1}\right|_{I_2=0} = Z_1 + Z_2 \tag{5.121}$$

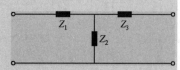

图 5.12　二端口 T 形网络

当电流 I_2 加到端口 2 时测量端口 1 上的开路电压，就可求出转移阻抗 Z_{12}。利用电阻上的分压可得

$$Z_{12} = \left.\frac{V_1}{I_2}\right|_{I_1=0} = \frac{V_2}{I_2}\frac{Z_2}{Z_2 + Z_3} = Z_2 \tag{5.122}$$

读者可自行证明 $Z_{12} = Z_{21}$，这表明电路是互易的。最后，求出 Z_{22} 为

$$Z_{22} = \left.\frac{V_2}{I_2}\right|_{I_1=0} = Z_3 + Z_2 \tag{5.123}$$

$$\boldsymbol{Z} = \begin{bmatrix} Z_1 + Z_2 & Z_2 \\ Z_2 & Z_3 + Z_2 \end{bmatrix} \tag{5.124}$$

【例 5.11】 求如图 5.13 所示二端口网络的导纳参量。

解：Y_{11} 是端口 2 短路时端口 1 的输入导纳：

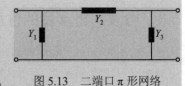

图 5.13　二端口 π 形网络

$$Y_{11} = \frac{I_1}{V_1}\bigg|_{V_2=0} = Y_1 + Y_2 \tag{5.125}$$

当电压 V_2 加到端口 2 时测量端口 1 上的短路电流，就可求出转移导纳 Y_{12}，

$$Y_{12} = \frac{I_1}{V_2}\bigg|_{V_1=0} = -Y_2 \tag{5.126}$$

读者可自行证明 $Y_{12} = Y_{21}$，这表明电路是互易的。最后，求出 Y_{22} 为

$$Y_{22} = \frac{I_2}{V_2}\bigg|_{V_1=0} = Y_3 + Y_2 \tag{5.127}$$

$$Y = \begin{bmatrix} Y_1 + Y_2 & -Y_2 \\ -Y_2 & Y_3 + Y_2 \end{bmatrix} \tag{5.128}$$

5.3.3　无耗网络

微波无源网络耗能性质一般可用如下能量公式表示：

$$W(t) = \int_{-\infty}^{t} \left[v(t') \right]^{\mathrm{T}} \left[i(t') \right] \mathrm{d}t' \geqslant 0 \tag{5.129}$$

式中，$\left[v(t) \right]^{\mathrm{T}} \left[i(t) \right]$ 表示任意瞬时时刻 t 从所有端口流入网络的瞬时功率 [其中的 $v(t)$ 和 $i(t)$ 用粗体表示，注意要和归一化电压与电流区分开]，$W(t)$ 表示 t 时刻之前流入网络内的总能量，积分下限取 $t = -\infty$，目的是确保组成网络的所有元件均处于静止状态，没有任何初始储能。对 $W(t)$ 有两种情况：若存在稳态端口激励，使得 $W(t \to +\infty) = +\infty$，则表示网络会持续损耗外界流入的能量，此时的网络是耗能网络，称为有耗网络；若对于任意的稳态端口激励，$W(t)$ 都是一个有上限的函数，则表示外界流入的能量会储存在网络内部，网络本身不持续消耗任何能量，称为无耗网络，当 $W(t)=0$，表示该无耗网络不储存任何能量；当 $W(t) > 0$ 时，表示该无耗网络在 t 时刻储存 $W(t)$ 大小的能量。

式（5.129）对瞬态和稳态激励都适用。若只考虑稳态激励下无耗网络，则

$$\mathrm{Re}\left(\left[v(t) \right]^{\mathrm{T}} \left[i(t) \right] \right) \geqslant 0 \tag{5.130}$$

1）互易、无耗网络，阻抗和导纳矩阵元是纯虚数

式（5.129）对瞬态和稳态都是适用的，对互易、无耗的 N 端口网络，若网络是无耗的，则输送到网络的净实功率必须为零，即 $P_{av} = 0$，其中

$$\begin{aligned} P_{av} &= \mathrm{Re}\left(\tfrac{1}{2} V^{\mathrm{T}} I^* \right) = \mathrm{Re}\left[\tfrac{1}{2} (ZI)^{\mathrm{T}} I^* \right] = \mathrm{Re}\left(\tfrac{1}{2} I^{\mathrm{T}} Z I^* \right) \\ &= \mathrm{Re}\left[\tfrac{1}{2} (I_1 Z_{11} I_1^* + I_1 Z_{12} I_2^* + I_2 Z_{21} I_1^* + \cdots) \right] \\ &= \mathrm{Re}\left[\tfrac{1}{2} \sum_{n=1}^{N} \sum_{m=1}^{N} I_m Z_{mn} I_n^* \right] \end{aligned} \tag{5.131}$$

这里用到了矩阵代数的结果 $(AB)^{\mathrm{T}} = B^{\mathrm{T}} A^{\mathrm{T}}$。因为各个 I_n 是独立的，我们必须让每个自由项（$I_n Z_{nn} I_n^*$）的实部等于零，因此除了第 n 项电流，其他所有端口的电流都可设为零，于是有

$$\operatorname{Re}(I_n Z_{nn} I_n^*) = |I_n|^2 \operatorname{Re}(Z_{nn}) = 0 \tag{5.132}$$

或

$$\operatorname{Re}(Z_{nn}) = 0 \tag{5.133}$$

现在，除了 I_m 和 I_n，我们将其他所有端口电流设为零。于是，式（5.133）简化为

$$\operatorname{Re}(I_n I_m^* Z_{nm} + I_m I_n^* Z_{mn}) = 0 \tag{5.134}$$

因为 $Z_{mn} = Z_{nm}$，但 $(I_n I_m^* + I_m I_n^*)$ 是纯实量，它一般不为零。这样，就必须有

$$\operatorname{Re}(Z_{mn}) = 0 \tag{5.135}$$

因此，式（5.133）和式（5.135）表明，对所有 m 和 n 有 $\operatorname{Re}(Z_{mn}) = 0$。读者可以证明导纳矩阵 $\boldsymbol{Y}$ 也是纯虚数。

对无耗网络，有

$$\boldsymbol{Z}^\dagger + \boldsymbol{Z} = 0 \tag{5.136}$$

即

$$Z_{ii} + Z_{ii}^* = 0, \quad Z_{ij} + Z_{ji}^* = 0 \tag{5.137}$$

可见，可实现的无耗网络的 $\boldsymbol{Z}$ 参量均为虚数，网络是一个电抗（无功）网络。

对于 $\boldsymbol{Y}$ 矩阵，同理可得

$$Y_{ii} + Y_{ii}^* = 0, \quad Y_{ij} + Y_{ji}^* = 0 \tag{5.138}$$

无耗网络的 $\boldsymbol{Y}$ 参量均为虚数。

2）无耗网络散射矩阵的么正性

根据式（5.135）并利用 $\boldsymbol{v} = \boldsymbol{a} + \boldsymbol{b}$ 和 $\boldsymbol{i} = \boldsymbol{a} - \boldsymbol{b}$，可得

$$\begin{aligned}
\frac{1}{2}\operatorname{Re}(\boldsymbol{V}^{\mathrm{T}}\boldsymbol{I}^*) &= \frac{1}{2}\operatorname{Re}(\boldsymbol{v}^{\mathrm{T}}\boldsymbol{i}^*) \\
&= \frac{1}{2}\operatorname{Re}\left[(\boldsymbol{a}^{\mathrm{T}} + \boldsymbol{b}^{\mathrm{T}})(\boldsymbol{a}^* - \boldsymbol{b}^*)\right] \\
&= \frac{1}{2}\operatorname{Re}\left[\boldsymbol{a}^{\mathrm{T}}\boldsymbol{a}^* - \boldsymbol{a}^{\mathrm{T}}\boldsymbol{b}^* + \boldsymbol{b}^{\mathrm{T}}\boldsymbol{a}^* - \boldsymbol{b}^{\mathrm{T}}\boldsymbol{b}^*\right] \\
&= \frac{1}{2}\left\{\boldsymbol{a}^{\mathrm{T}}\boldsymbol{a}^* - \boldsymbol{b}^{\mathrm{T}}\boldsymbol{b}^*\right\} = 0
\end{aligned} \tag{5.139}$$

项 $-\boldsymbol{a}^{\mathrm{T}}\boldsymbol{b}^* + \boldsymbol{b}^{\mathrm{T}}\boldsymbol{a}^*$ 有 "$A - A^*$" 的形式，因此是纯虚数。在式（5.139）的其余项中，$\frac{1}{2}\boldsymbol{a}^{\mathrm{T}}\boldsymbol{a}^*$ 表示总入射功率，$\frac{1}{2}\boldsymbol{b}^{\mathrm{T}}\boldsymbol{b}^*$ 表示总反射功率。于是，对无耗网络，网络的入射功率等于反射功率：

$$\boldsymbol{a}^{\mathrm{T}}\boldsymbol{a}^* = \boldsymbol{b}^{\mathrm{T}}\boldsymbol{b}^* \tag{5.140}$$

将 $\boldsymbol{b} = \boldsymbol{S}\boldsymbol{a}$ 用到式（5.140）中得

$$\boldsymbol{b}^{\mathrm{T}}\boldsymbol{b}^* = \boldsymbol{a}^{\mathrm{T}}\boldsymbol{S}^{\mathrm{T}}\boldsymbol{S}^*\boldsymbol{a}^* \tag{5.141}$$

因此，对于非零的 $\boldsymbol{a}$ 有

$$\boldsymbol{S}^{\mathrm{T}}\boldsymbol{S}^* = \boldsymbol{I} \tag{5.142}$$

$\boldsymbol{I}$ 为单位矩阵，或者

$$S^* = \{S^T\}^{-1} \tag{5.143}$$

满足式（5.142）给出的条件的矩阵称为幺正矩阵（酉矩阵）。

$$I - S^\dagger S \geqslant 0 \tag{5.144}$$

式（5.142）可写成累加形式：

$$\sum_{k=1}^{N} S_{ki} S_{kj}^* = \delta_{ij}, \qquad \text{所有} i, j \tag{5.145}$$

式中，当 $i = j$ 时 $\delta_{ij} = 1$；当 $i \neq j$ 时 $\delta_{ij} = 0$，δ_{ij} 是 Kronecker δ 符号。于是，若 $i = j$，则式（5.145）化为

$$\sum_{k=1}^{N} S_{ki} S_{ki}^* = 1 \tag{5.146}$$

它表示无耗网络 S 参量的单元特性，而

$$\sum_{k=1}^{N} S_{ki} S_{kj}^* = 0, \quad i \neq j \tag{5.147}$$

表示无耗网络 S 参量的零特性。

式（5.146）说明 S 的任意一列与该列的共轭点乘等于 1；而式（5.147）说明 S 的任意一列与不同列的共轭点乘为零（正交）。若网络是互易的，则对散射矩阵的各行可以做出同样的陈述。

5.4 二端口微波网络的工作特性参量

微波元件在微波系统中的作用常用工作特性参量来描述，有时也称它们为网络的外特性参量。这里介绍的网络工作特性参量与前面介绍的网络参量之间有着密切的关系，可以相互转换。

当我们进行网络分析时，通常根据微波元件的尺寸及电路来计算网络参量，然后导出网络的工作特性参量；而当我们进行网络综合时，则根据给定的工作特性参量导出网络参量，再用合适的结构和尺寸去实现这个网络参量。由此可见，无论是网络分析还是网络综合，都必须了解网络工作特性参量和网络参量之间的关系。下面主要讨论二端口网络的工作特性参量。

对二端口微波网络来说，常用的工作特性参量有电压传输系数、衰减、插入相移 θ 及输入驻波比 ρ。

【注意】

这些参量都是在网络输出端接匹配负载、输入端组匹配信号源的情况下定义的，失去这个条件，工作特性参量就不是一个确定值。

5.4.1 电压传输系数 T

电压传输系数 T 定义为：当网络输出端接匹配负载时，输出端参考面上的归一化反射波电压与入射参考面上的归一化入射波电压之比，即

$$T = \left. \frac{b_2}{a_1} \right|_{a_2=0} \tag{5.148}$$

根据 **S** 参量的定义，上述定义的电压传输系数 T 即为网络散射参量 S_{21}，也就是

$$T = S_{21} \tag{5.149}$$

对互易二端口网络，则有

$$T = S_{21} = S_{12} \tag{5.150}$$

5.4.2 衰减

1）插入衰减 L_i

在如图 5.14 所示的二端口网络中，设信号源内阻为 Z_S，负载阻抗为 Z_L，输入端口和输出端口的特征阻抗均为 Z_0。

插入衰减定义为网络未插入前负载吸收的功率与网络插入后负载吸收的功率之比的分贝数。在网络未插入前，负载吸收的功率为

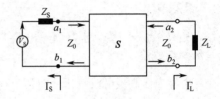

图 5.14　具有信号源和负载阻抗的二端口网络示意图

$$P_{L0} = \frac{1}{2}|a_1|^2 \left(1 - |\Gamma_L|^2\right) \tag{5.151}$$

网络插入后，负载吸收的功率为

$$P_L = \frac{1}{2}|b_2|^2 \left(1 - |\Gamma_L|^2\right) = \frac{1}{2}\frac{|S_{21}a_1|^2 \left(1 - |\Gamma_L|^2\right)}{|1 - S_{22}\Gamma_L|^2} \tag{5.152}$$

于是，插入衰减为

$$L_i = 10\lg\frac{P_{L0}}{P_L} = 10\lg\frac{|1 - S_{22}\Gamma_L|^2}{|S_{21}|^2} \tag{5.153}$$

2）工作衰减 L_A

插入衰减不仅与网络参量有关，而且与波源和负载有关。若信号源和负载均匹配，$\Gamma_S = 0$，$\Gamma_L = 0$，则插入衰减仅与网络参量有关，称为工作衰减，记为 L_A。于是，工作衰减为

$$L_A = 10\lg\frac{1}{|S_{21}|^2} \quad (\text{dB}) \tag{5.154}$$

对于无损耗网络，由 **S** 矩阵的一元性可知 $|S_{11}|^2 + |S_{21}|^2 = 1$ 或 $|S_{21}|^2 = 1 - |S_{11}|^2$，故

$$L_A = 10\lg\frac{1}{1 - |S_{11}|^2} \tag{5.155}$$

当信号源和负载均匹配时，$\Gamma_S = 0$，$\Gamma_L = 0$，有

$$L_A = L_i = 10\lg\frac{1}{|S_{21}|^2} \quad (\text{dB}) \tag{5.156}$$

对于无源网络，工作衰减包括吸收衰减和反射衰减两部分，即式（5.154）可以化为

$$L_A = 10\lg\left(\frac{1}{1-|S_{11}|^2} \cdot \frac{1-|S_{11}|^2}{|S_{21}|^2}\right)$$

$$= 10\lg\left(\frac{1}{1-|S_{11}|^2}\right) + 10\lg\left(\frac{1-|S_{11}|^2}{|S_{21}|^2}\right)(\text{dB}) \tag{5.157}$$

等式右边第一部分是网络的反射衰减，第二部分是吸收衰减，对于无耗网络，因为 $|S_{11}|^2 + |S_{21}|^2 = 1$，所以吸收衰减为 0，只有反射衰减。

5.4.3　插入相移 θ

插入相移 θ 的定义为：当网络输出端接匹配负载时，输出端反射波对输入端入射波的相移，即 b_2 与 a_1 的相位差。

令入射波电压和反射波电压分别为 $a_1 = |a_1|^{j\varphi_1}$ 和 $b_2 = |b_2|e^{j\varphi_2}$，代入式（5.148）得

$$T = \frac{b_2}{a_1}\bigg|_{a_2=0} = \frac{|b_2|e^{j\varphi_2}}{|a_1|e^{j\varphi_1}}\bigg|_{a_2=0} = |S_{21}|e^{j(\varphi_2-\varphi_1)} = |S_{21}|e^{j\varphi_{21}} \tag{5.158}$$

根据该定义，插入相移为

$$\theta = \varphi_{12} = \varphi_{21} \tag{5.159}$$

对于互易网络，有 $S_{21} = S_{12} = T$，可求得插入相移为

$$\theta = \varphi_{21} \tag{5.160}$$

5.4.4　插入驻波比 ρ

插入驻波比的定义为：当网络输出端接匹配负载时，输入端的驻波比。输入端驻波比与输入端反射系数模的关系为

$$\rho = \frac{1+|\Gamma|}{1-|\Gamma|} \tag{5.161}$$

当输出端接匹配负载时，输入端反射系数即为 S_{11}，所以有

$$\rho = \frac{1+|S_{11}|}{1-|S_{11}|} \tag{5.162}$$

对不同用途的微波网络来说，上述 4 个特性参量的主次地位各不相同，有时某些工作特性参量之间往往存在矛盾，如微波滤波器插入衰减的频率特性与插入相移的频率特性并不一致，一般来说，滤波器的主要指标是插入衰减的频率特性，如果二者均有要求，则必须折中考虑。

由上面的分析可知，网络的 4 个工作特性参量均与网络参数 S 有关，如果网络参数 S 能确定，则网络的工作特性参量可用上面的关系式求得，反之亦然。这也是参数 S 能获得广泛运用的原因之一，S 参数能全面反映二端口网络的工作特性参量。

5.5　微波网络的组合

微波系统通常是由若干简单电路按照一定方式连接成的，因此，研究网络的组合连接方式十

分必要。这里仅讨论几种典型的组合连接方式，并用网络参量矩阵进行描述。

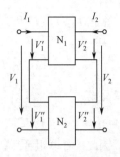

5.5.1 网络的串联

两个二端口网络 N_1 和 N_2 按照图 5.15 所示的串联方式连接起来，形成新的二端口网络。

设两个网络的阻抗矩阵分别为 $\boldsymbol{Z}_1$ 和 $\boldsymbol{Z}_2$，组合后所构成的新二端口网络 N 的阻抗矩阵为 $\boldsymbol{Z}$。

图 5.15　两个二端口网络的串联

对网络 N_1，有

$$\begin{bmatrix} V_1' \\ V_2' \end{bmatrix} = \begin{bmatrix} Z_{11} & Z_{12} \\ Z_{21} & Z_{22} \end{bmatrix}_1 \begin{bmatrix} I_1 \\ I_2 \end{bmatrix} \tag{5.163}$$

对网络 N_2，有

$$\begin{bmatrix} V_1'' \\ V_2'' \end{bmatrix} = \begin{bmatrix} Z_{11} & Z_{12} \\ Z_{21} & Z_{22} \end{bmatrix}_2 \begin{bmatrix} I_1 \\ I_2 \end{bmatrix} \tag{5.164}$$

根据 $V_1 = V_1' + V_1''$，$V_2 = V_2' + V_2''$，得到组合二端口网络的阻抗参量矩阵为

$$\begin{bmatrix} V_1 \\ V_2 \end{bmatrix} = \begin{bmatrix} Z_{11} & Z_{12} \\ Z_{21} & Z_{22} \end{bmatrix}_1 \begin{bmatrix} I_1 \\ I_2 \end{bmatrix} + \begin{bmatrix} Z_{11} & Z_{12} \\ Z_{21} & Z_{22} \end{bmatrix}_2 \begin{bmatrix} I_1 \\ I_2 \end{bmatrix} \tag{5.165}$$

或者写成

$$\boldsymbol{V} = (\boldsymbol{Z}_1 + \boldsymbol{Z}_2)\boldsymbol{I} = \boldsymbol{Z}\boldsymbol{I} \tag{5.166}$$

因此，串联组合后新二端口网络的阻抗矩阵为

$$\boldsymbol{Z} = \boldsymbol{Z}_1 + \boldsymbol{Z}_2 \tag{5.167}$$

同样，若有 n 个二端口网络串联，则串联后新二端口网络的阻抗矩阵为

$$\boldsymbol{Z} = \boldsymbol{Z}_1 + \boldsymbol{Z}_2 + \cdots + \boldsymbol{Z}_n \tag{5.168}$$

5.5.2 网络的并联

两个二端口网络 N_1 和 N_2 按照图 5.16 所示的并联方式连接组合起来，形成新的二端网络 N。

设两个网络的导纳矩阵组合后，所构成的新二端口网络 N 的导纳矩阵为 $\boldsymbol{Y}$。

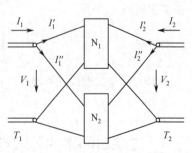

对网络 N_1，有

$$\begin{bmatrix} I_1' \\ I_2' \end{bmatrix} = \begin{bmatrix} Y_{11} & Y_{12} \\ Y_{21} & Y_{22} \end{bmatrix}_1 \begin{bmatrix} V_1 \\ V_2 \end{bmatrix} \tag{5.169}$$

图 5.16　两个二端口网络的并联

对网络 N_2，有

$$\begin{bmatrix} I_1'' \\ I_2'' \end{bmatrix} = \begin{bmatrix} Y_{11} & Y_{12} \\ Y_{21} & Y_{22} \end{bmatrix}_2 \begin{bmatrix} V_1 \\ V_2 \end{bmatrix} \tag{5.170}$$

根据 $I_1 = I_1' + I_1''$ 和 $I_2 = I_2' + I_2''$，得到组合二端口网络的导纳参量矩阵为

$$\begin{bmatrix} I_1 \\ I_2 \end{bmatrix} = \begin{bmatrix} Y_{11} & Y_{12} \\ Y_{21} & Y_{22} \end{bmatrix}_1 \begin{bmatrix} V_1 \\ V_2 \end{bmatrix} + \begin{bmatrix} Y_{11} & Y_{12} \\ Y_{21} & Y_{22} \end{bmatrix}_2 \begin{bmatrix} V_1 \\ V_2 \end{bmatrix} \tag{5.171}$$

或者写成

$$I = (Y_1 + Y_2)V = YV \tag{5.172}$$

因此，并联组合后新二端口网络的导纳矩阵为

$$Y = Y_1 + Y_2 \tag{5.173}$$

同样，若有 n 个二端口网络并联，则并联后新二端口网络的导纳矩阵为

$$Y = Y_1 + Y_2 + \cdots + Y_n \tag{5.174}$$

5.5.3 网络的级联

两个二端口网络 N_1 和 N_2 按照图 5.17 所示的级联方式连接组合起来，形成新的二端口网络 N。

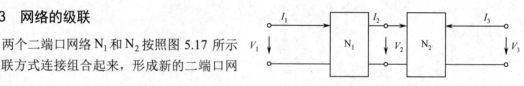

图 5.17 两个二端口网络的级联

对网络 N_1，有

$$\begin{bmatrix} V_1 \\ I_1 \end{bmatrix} = \begin{bmatrix} A_1 & B_1 \\ C_1 & D_1 \end{bmatrix} \begin{bmatrix} V_2 \\ I_2 \end{bmatrix} \tag{5.175}$$

对网络 N_2，有

$$\begin{bmatrix} V_2 \\ I_2 \end{bmatrix} = \begin{bmatrix} A_2 & B_2 \\ C_2 & D_2 \end{bmatrix} \begin{bmatrix} V_3 \\ -I_3 \end{bmatrix} \tag{5.176}$$

所以组合二端口网络的转移参量矩阵方程为

$$\begin{bmatrix} V_1 \\ I_1 \end{bmatrix} = \begin{bmatrix} A_1 & B_1 \\ C_1 & D_1 \end{bmatrix} \begin{bmatrix} A_2 & B_2 \\ C_2 & D_2 \end{bmatrix} \begin{bmatrix} V_3 \\ -I_3 \end{bmatrix} = \begin{bmatrix} A & B \\ C & D \end{bmatrix} \begin{bmatrix} V_3 \\ -I_3 \end{bmatrix} \tag{5.177}$$

或者简写成

$$\begin{bmatrix} A_{11} & A_{12} \\ A_{21} & A_{22} \end{bmatrix} \begin{bmatrix} A_{11} & A_{12} \\ A_{21} & A_{22} \end{bmatrix}_2 = \begin{bmatrix} A_{11} & A_{12} \\ A_{21} & A_{22} \end{bmatrix} \tag{5.178}$$

若有 n 个二端口网络级联，则级联后新二端口网络的转移矩阵为

$$A = A_1 A_2 \cdots A_n \tag{5.179}$$

5.6 二端口网络的等效电路

作为二端口网络的一个例子，图 5.18(a)给出了同轴线和微带线之间的过渡段。过渡段两侧的端平面可定义在两根传输线上的任何一点，如图中用虚线标出的 t_1 面和 t_2 面。

然而，由于从同轴线到微带线的过渡段的物理不连续性，在过渡接头附近的区域中存储有电能和/或磁能，导致有电抗性作用。通过测量或理论分析（尽管这些分析十分复杂），可获得这些

作用的描述，并表示为图 5.18(b)中的二端口"黑盒子"。过渡段的性质可用二端口网络的网络参量（Z、Y、S 或 $ABCD$）表示。这种处理方法可应用到各式各样的二端口接头上。当对微波接头以这种方式进行模型化时，非常有用的方法是将二端口"黑盒子"替换成包含少数理想化元件的等效电路，如图 5.18(c)所示（若将这些元件值与实际接头的某些物理特性联系起来，则特别有用）。

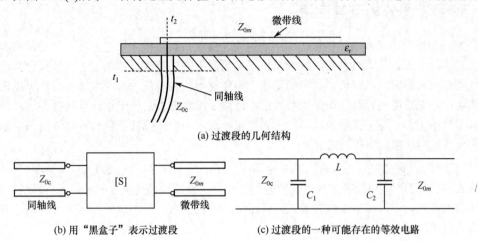

(a) 过渡段的几何结构

(b) 用"黑盒子"表示过渡段　　　(c) 过渡段的一种可能存在的等效电路

图 5.18　同轴-微带线过渡段及其等效电路表示

定义这种等效电路的方法有多种，下面讨论一些常见且有用的方法。

任意二端口网络均可用阻抗参量描述为

$$V_1 = Z_{11}I_1 + Z_{12}I_2$$
$$V_2 = Z_{21}I_1 + Z_{22}I_2$$
$$(5.180)$$

或者用导纳参量描述为

$$I_1 = Y_{11}V_1 + Y_{12}V_2$$
$$I_2 = Y_{21}V_1 + Y_{22}V_2$$
$$(5.181)$$

若网络是互易的，则有 $Z_{12} = Z_{21}$ 和 $Y_{12} = Y_{21}$。这些表示自然导出了 T 形和 π 形等效电路，如图 5.19(a)和图 5.19(b)所示。

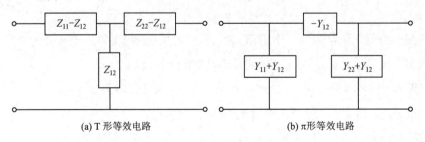

(a) T 形等效电路　　　　　　　　　　(b) π 形等效电路

图 5.19　互易性二端口网络的等效电路

其他等效电路也可用来表示二端口网络。若网络是互易的，则有 6 个自由度（3 个矩阵元的实部和虚部），所以其等效电路应有 6 个独立的参量。非互易网络不能采用互易性矩阵元的无源等效电路来表示。

若网络是无耗的（这是许多实际二端口接头的理想近似），则可对等效电路做出若干简化。对于无耗网络，阻抗和导纳矩阵是纯虚数，网络的自由度减少到 3 个，且图 5.16 所示 T 形和π形等效电路可由纯电抗元件组成。

5.7　信号流图分析及其应用

任何一个线性电子网络的特性都可用一组实时线性代数方程来描述，其中的变量是网络的特性参量。因此，无论是求组合网络的参量，还是求网络的外特性，都需要解线性代数方程组。求解线性代数方程组时，虽然可以采用消元法、矩阵法等代数方法，且代数运算方法可以借助于计算机实现，运算速度也较快，但是代数方法不能用于图示分析，也无法透视线性系统内部的物理本质及信号的流程。除了代数方法，还可采用拓扑法，即先把线性代数方程组画成拓扑图形，再利用简化图的方法求出方程组的解。

信号流图（Signal Flow Graph，SFG）是拓扑图形的一种，是由一系列节点（顶点）和支路（支线）构成的有向图形，用以求解线性代数方程组和分析线性系统变量之间的关系。采用信号流图，通过图表的描绘，可以洞察系统变量之间的激励与响应关系。采用这种方法分析电路，可使电路分析者直观地理解系统或网络的运作。

5.7.1　信号流图的建立

要用信号流图求解线性方程组，需要建立信号流图与线性方程组之间的一一对应关系。信号流图由一系列节点和有向支路组成。信号流图中的每个节点代表线性方程组中的一个变量（或常数项），信号流图的每个支路代表线性方程组中两个变量间的比例系数，并用箭头表示信号流动的方向。信号流图中常有如下规定：

（1）信号必须沿支路上箭头的方向流动。

（2）支路上标注符号，表示信号的传输量（即增益或比例系数），未标注则认为传输量为 1。

（3）信号流经每条支路时，必须乘以该支路所代表的传输量。

（4）一个节点的信号量是流入该节点的所有信号量的代数和，而与从该节点流出的信号量无关。

下面给出信号流图中节点、支路、通路和回路等重要概念的定义。

1．节点
信号流图中的顶点称为节点，旁边标注它所代表的变量与常数项。节点分为以下三类：

（1）源节点（又称发点）：只有流出支路而没有流入支路的节点。

（2）汇节点（又称收点、阱点）：只有流入支路而无流出支路的节点。

（3）一般节点：既有流入支路又有流出支路的节点。

2．支路（支线）
信号流图中的边，其上标注它代表的传输量，并用箭头方向表示信号流动方向。

3．通路
信号流图中箭头方向一致的一串支路称为通路。通路内任意节点只与支路相遇一次。通路的传输量等于各支路传输量之积。

4．回路（环路）

从一个节点出发又回到该节点的通路称为回路，回路的传输量等于各支路的传输量之积。由一条支路构成的回路称为自回路、自环或圈。

m 条不接触（无公共点）的回路，构成 m 阶回路。m 阶回路的传输量等于 m 条不接触回路的传输量之积。二阶以上的回路统称高阶回路。

根据上述规定及定义，可对一个微波网络建立信号流图。当对微波网络建立信号流图时，微波网络的每个端口 i 有两个节点：a_i 和 b_i。节点 a_i 等同于进入端口 i 的波，而节点 b_i 等同于自端口 i 反射的波。节点的电压等于所有进入该节点的信号电压之和。

图 5.20(a) 给出了一个任意的二端口网络，图 5.20(b) 给出了与其对应的信号流图，该流图给出了网络行为的直观图形说明。图中 a_1, b_1, a_2, b_2 为节点，$S_{11}, S_{12}, S_{21}, S_{22}$ 为支路。从图中看出，若源在端口 1，入射到端口 1 的振幅为 a_1 的波一部分经过 S_{11} 支路并作为反射波返回端口 1，则另一部分经 S_{21} 支路传输到节点 b_2；若源在端口 2，入射到端口 2 的振幅为 a_2 的波一部分经过 S_{22} 支路并作为反射波返回端口 2，另一部分则经 S_{12} 支路传输到节点 b_1。

当源在端口 1 时，若有非零反射系数的负载阻抗接到端口 2 上，如图 5.20(c) 所示，则该波将有部分被反射，且在节点 a_2 重新进入二端口网络。

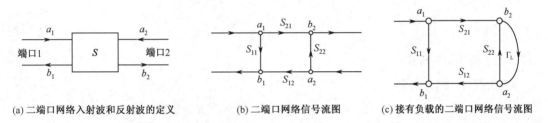

(a) 二端口网络入射波和反射波的定义　　　(b) 二端口网络信号流图　　　(c) 接有负载的二端口网络信号流图

图 5.20　对任意二端口网络建立信号流图

一旦用信号流图形式表示微波网络，求解任意两个波的振幅之比将非常容易。

5.7.2　信号流图的简化法则

为了能够从信号流图中直接得出线性方程组的解，必须简化信号流图。下面介绍 4 个基本的分解简化法则，应用这些法则可以简化信号流图两个节点之间的单条支路，以便获得需要的波振幅比。

● **法则 1：串联法则**

公共节点只有一个进来的波和一个出去的波的两条支路（串联），可以组合成单条支路，其系数是原来两条支路的系数乘积。

图 5.21 显示了串联法则的应用。根据图示可得

$$v_3 = S_{32} v_2 = S_{32} S_{21} v_2 \tag{5.182}$$

● **法则 2：并联法则**

从一个公共节点到另一个公共节点的两条支路（支路并联），可以组合成单条支路，其系数是原来两条支路的系数之和。

图 5.22 显示了并联法则的应用。根据图示可得

$$v_2 = S_a v_1 + S_b v_1 = (S_a + S_b) v_1 \tag{5.183}$$

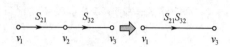

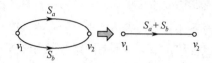

图 5.21　信号流图简化法则：串联法则　　　　图 5.22　信号流图简化法则：并联法则

- **法则 3：自闭环法则**

当一个节点有系数为 S 的自闭环（起止于同一个节点的支路）时，让该节点的支路系数乘以 $1/(1-S)$，可以消去该自闭环。

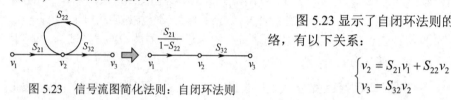

图 5.23 显示了自闭环法则的应用。对于原有网络，有以下关系：

$$\begin{cases} v_2 = S_{21} v_1 + S_{22} v_2 \\ v_3 = S_{32} v_2 \end{cases} \tag{5.184}$$

图 5.23　信号流图简化法则：自闭环法则

消去 v_2 可得

$$v_3 = \frac{S_{32} S_{21}}{1 - S_{22}} v_1 \tag{5.185}$$

上式表示了简化图的传递函数。

- **法则 4：剖分法则**

只要最终的信号流图一次（只有一次）包含有分离的（非自闭环）输入支路和连接到原始节点的输出支路，一个节点就可剖分成两个分离的节点。

图 5.24 显示了剖分法则的应用。

对于图 5.24(a)，原有流图和剖分后的流图均满足关系

$$\begin{cases} v_4 = S_{42} v_2 = S_{21} S_{42} v_1 \\ v_3 = S_{32} v_2 = S_{21} S_{32} v_1 \end{cases} \tag{5.186}$$

对于图 5.24(b)，原有流图和剖分后的流图均满足关系

$$\begin{cases} v_4 = S_{43} v_3 = S_{31} S_{43} v_1 \\ v_4 = S_{43} v_3 = S_{32} S_{43} v_2 \end{cases} \tag{5.187}$$

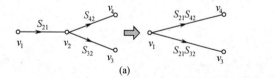

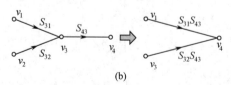

图 5.24　信号流图简化法则：剖分法则

5.7.3　信号流图在微波测量中的应用

信号流图方法可用在微波测量的校准求解中，较常见的微波校准方法主要有 SOLT（Short,

Open，Load，Thru）、TRL（Thru，Reflect，Line）、LRM（Line，Reflect，Match）、SOLR（Short，Open，Load，Reflect）等。下面以 TRL 校准方法为例，看信号流图如何用在对矢量网络分析仪进行校准的过程中。

网络分析仪是按照复数电压振幅比来测定 S 参数的。这种测量的原始参考面通常在仪器自身内部的某处，因此这种测量包括由连接器、电缆和用于连接被测器件（DUT）的过渡线引起的损耗和相位延迟。如图 5.25所示，我们想在指定的参考面上测量二端口器件的 S 参量，这些效应可以一起放在实际测量参考面与二端口 DUT 所要求的参考面

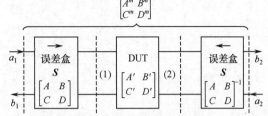

图 5.25　矢量网络分析仪二端口器件测量框图

之间的每个端口处的端口误差盒（error box）中。在测量 DUT 之前，先用一个校准过程将误差盒的特征表述出来，然后可从测量数据计算出经过误差校准的 DUT 的 S 参量。

TRL 校准方法采用如图 5.26 所示的三种连接来完整地表征误差盒。Thru（直通）连接在要求的参考面上将端口 1 直接连接到端口 2 上；Reflect（反射）连接采用具有很大反射系数 Γ_L 的负载（如开路或短路），不需要知道 Γ_L 的精确值，后者由 TRL 校准过程确定。Line（传输线）连接通过一段匹配传输线将端口 1 和端口 2 连接起来。我们不需要知道线长，也不要求线是无耗的，这些参量将由 TRL 处理过程确定。

使用信号流图，我们可以推导出在 TRL 的校准过程中计算误差盒的 S 参量所需的一组方程，参照图 5.25，在 DUT 的参考面上应用 Thru、Reflect 和 Line 连接，并在测量平面上测量这三种情况下的 S 参量。这里端口 1 和端口 2 的特征阻抗相同，这样误差盒是互易的。误差盒用矩阵 S 表征，也可换用 $ABCD$ 矩阵表征。这样两个误差盒在图中就是对称连接的，且均有 $S_{12} = S_{21}$，而两者的 $ABCD$ 矩阵互逆。为了避免符号上的混乱，我们分别用 T、R 和 L 矩阵来表示在 Thru、Reflect 和 Line 连接下测量出的 S 参量。

图 5.26(a)给出了 Thru 连接下的配置及其对应的信号流图，由图可知 $S_{12} = S_{21}$，两个误差盒相同，为对称配置。应用分解法可以很容易地得出其信号流图，从而可用误差盒的 S 参量表示在测量平面上测量出的 S 参量。

$$T_{11} = \left. \frac{b_1}{a_1} \right|_{a_2=0} = S_{11} + \frac{S_{22}S_{12}^2}{1-S_{22}^2} \tag{5.188}$$

$$T_{12} = \left. \frac{b_1}{a_2} \right|_{a_1=0} = \frac{S_{12}^2}{1-S_{22}^2} \tag{5.189}$$

根据对称性和互易性，有 $T_{11} = T_{22}$，$T_{12} = T_{21}$。

图 5.26(b)给出了 Reflect 连接及其对应的信号流图。注意，这种配置有效地去耦了两个测量端口，所以有 $R_{12} = R_{21} = 0$，从该信号流图可以很容易地看出

$$R_{11} = \left. \frac{b_1}{a_1} \right|_{a_2=0} = S_{11} + \frac{\Gamma_L S_{12}^2}{1-S_{22}\Gamma_L} \tag{5.190}$$

由对称性得 $R_{11} = R_{22}$。

图 5.26(c)给出了 Line 连接及其相应的信号流图，类似于 Thru 的情况，得出

$$L_{11} = \frac{b_1}{a_1}\bigg|_{a_2=0} = S_{11} + \frac{S_{22}S_{12}^2 e^{-2\gamma l}}{1 - S_{22}^2 e^{-2\gamma l}} \tag{5.191}$$

$$L_{12} = \frac{b_1}{a_2}\bigg|_{a_1=0} = \frac{S_{12}^2 e^{-\gamma l}}{1 - S_{22}^2 e^{-2\gamma l}} \tag{5.192}$$

根据对称性和互易性，有 $L_{11} = L_{22}$，$L_{12} = L_{21}$。

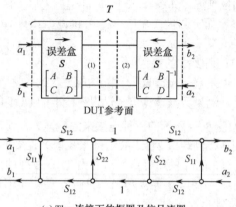

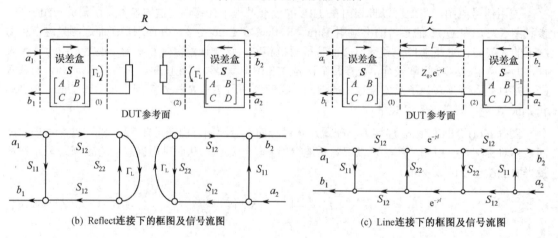

(a) Thru连接下的框图及信号流图

(b) Reflect连接下的框图及信号流图

(c) Line连接下的框图及信号流图

图 5.26 三种连接

根据式（5.188）至式（5.192）提供的 5 个方程，有 5 个未知数 S_{11}、S_{22}、S_{12}、Γ_L 和 $e^{-\gamma l}$，求解不难，但过程冗长。因为式（5.190）是唯一含有 Γ_L 的方程，我们可先对式（5.188）、式（5.189）、式（5.191）和式（5.192）中的 4 个方程求解其他 4 个未知数。利用式（5.189），从式（5.188）和式（5.192）中消去 S_{12}，然后从式（5.189）和式（5.192）中消去 S_{11}。这样，就只剩下 S_{22} 和 $e^{-\gamma l}$ 的两个方程：

$$L_{12}e^{-2\gamma l} - L_{12}S_{22}^2 = T_{12}e^{-\gamma l} - T_{12}S_{22}^2 e^{-\gamma l} \tag{5.193}$$

$$e^{-2\gamma l}(T_{11} - S_{22}T_{12}) - T_{11}S_{22}^2 = L_{11}(e^{-2\gamma l} - S_{22}^2) - S_{22}T_{12} \tag{5.194}$$

对式（5.193）求解 S_{22}，将结果代入式（5.194），就可得出 $\mathrm{e}^{-\gamma l}$ 的二次方程式。然后应用二次方程的公式，可求解出

$$\mathrm{e}^{-\gamma l} = \frac{L_{12}^2 + T_{12}^2 - (T_{11} - L_{11})^2 \pm \sqrt{\left[L_{12}^2 + T_{12}^2 - (T_{11} - L_{11})^2 \right]^2 - 4L_{12}^2 T_{12}^2}}{2L_{12}T_{12}} \qquad (5.195)$$

按照 γ 的实部和虚部必须为正这一要求，或者要求 Γ_L 的相位［由式（5.201）导出］在 180° 之内时，我们可以确定式（5.195）中的正、负号选择。

然后，将式（5.192）乘以 S_{22}，并与式（5.188）相减得

$$T_{11} = S_{11} + S_{22}T_{12} \qquad (5.196)$$

类似地，将式（5.192）乘以 S_{22}，并与式（5.191）相减得

$$L_{11} = S_{11} + S_{22}L_{12}\mathrm{e}^{-\gamma l} \qquad (5.197)$$

从以上两个方程中消去 S_{11}，可得到用 $\mathrm{e}^{-\gamma l}$ 表示的 S_{22}：

$$S_{22} = \frac{T_{11} - L_{11}}{T_{12} - L_{12}\mathrm{e}^{-\gamma l}} \qquad (5.198)$$

对式（5.196）求解 S_{11} 得

$$S_{11} = T_{11} - S_{22}T_{12} \qquad (5.199)$$

同时对式（5.189）求解 S_{12} 得

$$S_{12}^2 = T_{12}(1 - S_{22}^2) \qquad (5.200)$$

最后可由式（5.190）求解出 Γ_L 为

$$\Gamma_L = \frac{R_{11} - S_{11}}{S_{12}^2 + S_{22}(R_{11} - S_{11})} \qquad (5.201)$$

式（5.195）和式（5.199）～式（5.201）给出了误差盒的 S 参量、未知反射系数 Γ_L（正负范围内）和传播因子 $\mathrm{e}^{-\gamma l}$。这样，就完成了 TRL 方法的校准过程。待测器件（DUT）的 S 参量就可在图 5.25 所示的测量参考面上处理，并利用上述 TRL 误差盒参量校准，进而给出 DUT 参考面上的 S 参量。由于现在工作于三个二端口网络的级联情况下，可以用 $ABCD$ 参量。这样，我们将将误差盒 S 参量转换成了对应的 $ABCD$ 参量，并将测量出的级联的 S 参量转换成了对应的 $A^m B^m C^m D^m$ 参量。若用 $A'B'C'D'$ 来代表 DUT 的参量，则有

$$\begin{bmatrix} A^m & B^m \\ C^m & D^m \end{bmatrix} = \begin{bmatrix} A & B \\ C & D \end{bmatrix} \begin{bmatrix} A' & B' \\ C' & D' \end{bmatrix} \begin{bmatrix} A & B \\ C & D \end{bmatrix}^{-1} \qquad (5.202)$$

由此可以确定 DUT 的 $ABCD$ 参量为

$$\begin{bmatrix} A' & B' \\ C' & D' \end{bmatrix} = \begin{bmatrix} A & B \\ C & D \end{bmatrix}^{-1} \begin{bmatrix} A^m & B^m \\ C^m & D^m \end{bmatrix} \begin{bmatrix} A & B \\ C & D \end{bmatrix} \qquad (5.203)$$

本章小结

1. 微波网络的特点

微波等效电路及其参量是对一个工作模式而言的；电路中的不均匀区域附近会激起高次模，网络参考面应远离不均匀区域，使高次模衰减到足够小；均匀传输线是微波网络的一部分，参考面移动时网络参量会改变；微波网络的等效电路及其参量只适用于一个频段。

2. 微波网络的等效关系

均匀微波传输线等效为双导线，不均匀区域等效为网络。

3. 微波网络的网络参量

电路参量为 Z、Y 和 A，波参量为 S 和 T。波参量 S 参数一般能够较方便地通过测量得到，且能转换为网络的工作特性参量，因此应用广泛。表 5.3 和表 5.4 分别汇总了微波网络的参量矩阵和参量性质。

表 5.3 微波网络的参量矩阵

微波网络参量	约束关系与参量矩阵形式	定 义 式
阻抗参量（Z 矩阵）	$V = ZI$ $Z = \begin{bmatrix} Z_{11} & Z_{12} & \cdots & Z_{1N} \\ Z_{21} & Z_{22} & \cdots & Z_{2N} \\ \vdots & \vdots & \ddots & \vdots \\ Z_{N1} & Z_{N2} & \cdots & Z_{NN} \end{bmatrix}$	$Z_{ii} = \dfrac{V_i}{I_i}\Big|_{I_k=0,\ k\neq i}, Z_{ij} = \dfrac{V_i}{I_j}\Big|_{I_k=0,\ k\neq j}, \quad i,k=0,1,\cdots,N$
导纳参量（Y 矩阵）	$I = YV$ $Y = \begin{bmatrix} Y_{11} & Y_{12} & \cdots & Y_{1N} \\ Y_{21} & Y_{22} & \cdots & Y_{2N} \\ \vdots & \vdots & \ddots & \vdots \\ Y_{N1} & Y_{N2} & \cdots & Y_{NN} \end{bmatrix}$	$Y_{ii} = \dfrac{I_i}{V_i}\Big|_{V_k=0,\ k\neq i}, Y_{ij} = \dfrac{I_i}{V_j}\Big|_{V_k=0,\ k\neq j}, \quad i,k=0,1,\cdots,N$
转移参量（A 矩阵）	$\begin{bmatrix} V_1 \\ I_1 \end{bmatrix} = \begin{bmatrix} A & B \\ C & D \end{bmatrix}\begin{bmatrix} V_2 \\ I_2 \end{bmatrix}$ $A = \begin{bmatrix} A & B \\ C & D \end{bmatrix}$	$A = \dfrac{V_1}{V_2}\Big|_{I_2=0}, B = \dfrac{V_1}{I_2}\Big|_{V_2=0}, C = \dfrac{I_1}{V_2}\Big|_{I_2=0}, D = \dfrac{I_1}{I_2}\Big|_{V_2=0}$
散射参量（S 矩阵）	$b = Sa$ $S = \begin{bmatrix} S_{11} & S_{12} & \cdots & S_{1N} \\ S_{21} & S_{22} & \cdots & S_{2N} \\ \vdots & \vdots & \ddots & \vdots \\ S_{N1} & S_{N2} & \cdots & S_{NN} \end{bmatrix}$	$S_{ii} = \dfrac{b_i}{a_i}\Big|_{a_k=0,k\neq i}, S_{ij} = \dfrac{b_i}{a_j}\Big|_{a_k=0,k\neq j}, \quad i,k=0,1,\cdots,N$
传输参量（T 矩阵）	$\begin{bmatrix} a_1 \\ b_1 \end{bmatrix} = \begin{bmatrix} T_{11} & T_{12} \\ T_{21} & T_{22} \end{bmatrix}\begin{bmatrix} b_2 \\ a_2 \end{bmatrix}$ $T = \begin{bmatrix} T_{11} & T_{12} \\ T_{21} & T_{22} \end{bmatrix}$	$T_{11} = \dfrac{a_1}{b_2}\Big|_{a_2=0}, T_{12} = \dfrac{a_1}{a_2}\Big|_{b_2=0}, T_{21} = \dfrac{b_1}{b_2}\Big|_{a_2=0}, T_{22} = \dfrac{b_1}{a_2}\Big|_{b_2=0}$

表 5.4 微波网络的参量性质

网络性质	网络参量性质				
	Z	Y	A	S	T
互易网络	$Z^{\mathrm{T}} = Z$ $Z_{ij} = Z_{ji}$ 对称矩阵	$Y^{\mathrm{T}} = Y$ $Y_{ij} = Y_{ji}$ 对称矩阵	$\|A\| = AD - BC = 1$	$S^{\mathrm{T}} = S$ $S_{ij} = S_{ji}$ 对称矩阵	$\|T\| = T_{11}T_{22} - T_{12}T_{21} = 1$

网络性质	网络参量性质				
	Z	Y	A	S	T
无耗网络	Z 参量全为虚数（互易情况）	Y 参量全为虚数（互易情况）	A、D 为实数 B、C 为虚数 （互易情况）	$S^{\dagger}S=1$ $\sum_{k=1}^{N} S_{ki}S_{ki}^{*}=1$ $\sum_{k=1}^{N} S_{ki}S_{kj}^{*}=0, i\neq j$	$\lvert T_{11}\rvert^{2}-\lvert T_{21}\rvert^{2}=1$ $\dfrac{T_{21}^{*}\lvert\boldsymbol{T}\rvert-T_{12}}{\lvert T_{11}\rvert^{2}}=0$
对称网络（以二端口为例）	$Z_{11}=Z_{22}$ $Z_{12}=Z_{21}$	$Y_{11}=Y_{22}$ $Y_{12}=Y_{21}$	$\lvert A\rvert=1$ $A=D$	$S_{11}=S_{22}$ $S_{12}=S_{21}$	互易无耗 $T_{21}^{*}=T_{12}$ 互易、无耗、对称 $T_{21}=-T_{12}$

4．微波网络的工作特性参量

微波网络参量描述的是网络本身固有的特性，与外界条件无关。在实际应用中，微波网络的各端口总与外电路（如信号源、负载等）相连，构成一个实际的微波系统。网络端口所连接的外电路及其电路方程常称端口条件。在给定的端口条件下，网络在系统中表现的特性常用一些实际物理量来表征，包括传输系数、衰减、相移等，这些实际的物理量常称微波网络的工作特性参量。常用的工作特性参量包括电压传输系数、插入衰减、插入相移、插入驻波比等。表 5.5 汇总了微波网络工作特性参量。

表5.5 微波网络工作特性参量

工作特性参量	定　义	数　学　公　式
电压传输系数 T	网络输出端接匹配负载时，输出端参考面上的归一化反射波电压与输入端参考面上的归一化入射波电压之比	$T=S_{21}$
工作衰减	信号源和负载均匹配的二端口网络中，信号源输出的最大功率（称为资用功率）与负载吸收功率之比的分贝数	$L_{A}=10\lg\left\lvert\dfrac{a_{1}}{b_{2}}\right\rvert^{2}=10\lg\dfrac{1}{\lvert S_{21}\rvert^{2}}$ dB
插入衰减	网络未插入前负载吸收的功率与网络插入后负载吸收的功率之比的分贝数	$L_{i}=10\lg\dfrac{\lvert1-S_{22}\Gamma_{L}\rvert^{2}}{\lvert S_{21}\rvert^{2}}$
插入相移 θ	网络输出端接匹配负载时，输出端的反射波对输入端的入射波的相移	$\theta=\arg T=\arg S_{21}=\varphi_{21}$
输入驻波比	网络输出端接匹配负载时，输入端的驻波比	$\rho=\dfrac{1+\lvert S_{11}\rvert}{1-\lvert S_{11}\rvert}$

术 语 表

ABCD parameters　*ABCD* 参量

admittance matrix　导纳矩阵

attenuator　衰减器

aperture　小孔

current sheets　电流片

coupling　耦合

discontinuities　不连续性

equivalent circuits　等效电路

equivalent voltages and currents　等效电压和电流

impedance matrix　阻抗矩阵

insertion attenuation　插入衰减

insertion phase shift　插入相移

insertion standing wave ratio　插入驻波比

lossless network　无耗网络

modal analysis 模式分析	*S*-parameters *S* 参量
network analyzer 网络分析仪	*T*-parameter *T* 参量
network parameters 网络参量	transfer matrix 转移矩阵
probe coupling 探针耦合	transmission matrix 转移矩阵
reciprocal network 互易（可逆）网络	two-port networks 二端口网络
reference planes 参考平面	voltage transmission coefficient 电压传输系数
Signal Flow Graphs (SFG) 信号流图	*Y*-parameters *Y* 参量
scattering matrix 散射矩阵	*Z*-parameters *Z* 参量
symmetrical network 对称网络	

习　题

5.1 将微波元件等效为微波网络进行分析的优点是什么？

5.2 微波传输线等效为平行双线的等效条件是什么？引入归一化阻抗的作用是什么？

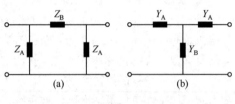

题图 5.4

5.3 证明无耗 *N* 端口网络的导纳矩阵元素均为纯虚数。

5.4 计算题图 5.4 所示二端口网络的阻抗矩阵及导纳矩阵。

5.5 对于某互易二端口网络，令 $Z_{SC}^{(1)}$、$Z_{SC}^{(2)}$、$Z_{OC}^{(1)}$ 和 $Z_{OC}^{(2)}$ 分别是当端口 2 短路、端口 1 短路、端口 2 开路、端口 1 开路时的输入阻抗。

（1）证明该二端口网络的阻抗矩阵元素满足

$$Z_{11} = Z_{OC}^{(1)}, \quad Z_{22} = Z_{OC}^{(2)}, \quad Z_{12}^2 = Z_{21}^2 = \left(Z_{OC}^{(1)} - Z_{SC}^{(1)}\right)Z_{OC}^{(2)}$$

（2）求该二端口网络的散射矩阵。

（3）若端口 1 的参考面向外移动的电长度为 l_1，端口 2 的参考面向内移动的电长度为 l_2，求参考面移动后该二端口网络的散射矩阵。

5.6 某二端口网络在两个端口上的电压和电流值如下（$Z_0 = 50\Omega$）：

$$V_1 = 40\angle 0°, \quad I_1 = 0.8\angle 90°; \quad V_2 = 8\angle -90°, \quad I_2 = 0.16\angle 0°$$

试求：（1）从每个端口看去的输入阻抗；（2）每个端口上的入射和反射电压。

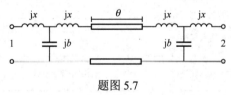

题图 5.7

5.7 某二端口网络的等效电路如题图 5.7 所示，$jx = j2$ 为归一化电抗，$jb = j1$ 为归一化电纳，$\theta = \beta l$ 为一段理想传输线的相位。试求：（1）归一化转移矩阵 **A**；（2）散射矩阵 **S**。

5.8 某四端口网络的散射矩阵如下：

$$S = \begin{bmatrix} 0.1\angle 90° & 0.4\angle -45° & 0.3\angle -45° & 0 \\ 0.4\angle -45° & 0 & 0 & 0.2\angle 45° \\ 0.3\angle -45° & 0 & 0 & 0.6\angle -45° \\ 0 & 0.2\angle 45° & 0.6\angle -45° & 0 \end{bmatrix}$$

（1）判断该网络是否无耗、互易。

（2）当所有其他端口均接匹配负载时，计算端口 1 的回波损耗。

（3）当所有其他端口均接匹配负载时，计算在端口 2 和端口 4 之间的插入损耗和相位延迟。

（4）当端口 3 的端平面上短路、其他端口均接有匹配负载时，计算从端口 1 看去的反射系数。

5.9 四端口网络的散射矩阵如下。若端口 3 和端口 4 连接有相位为 60° 的无耗匹配传输线，计算端口 1 和端口 2 之间的插入损耗和相位延迟。

$$S = \begin{bmatrix} 0.3\angle-30° & 0 & 0 & 0.8 \\ 0 & 0.7\angle-30° & 0.7\angle-45° & 0 \\ 0 & 0.7\angle-45° & 0.7\angle-30° & 0 \\ 0.8 & 0 & 0 & 0.3\angle-30° \end{bmatrix}$$

5.10 一个二端口网络由特征阻抗为 Z_{01} 和 Z_{02} 的两段传输线连接而成，如题图 5.10 所示。计算该网络的广义散射矩阵。

5.11 某二端口网络的散射参量为 $S_{11}=0.4+j0.6$，$S_{12}=S_{21}=j0.8$，$S_{22}=0.5-j0.9$，计算该网络的等效阻抗矩阵（端口连接传输线特征阻抗为 50Ω）。

5.12 某二端口网络的散射参量对端口传输线的特征阻抗 Z_0 归一化后为 S_{ij}。当端口 1 和端口 2 的特征阻抗分别变为 Z_{01} 和 Z_{02} 时，求其广义散射参量 S'_{ij}。

5.13 一段长度为 l、特征阻抗为 Z_0 的传输线，传播常数为 β，计算阻抗参量矩阵。

5.14 利用转移矩阵（$ABCD$ 矩阵）计算题图 5.14 所示电路中负载电阻两端的电压 V_L。

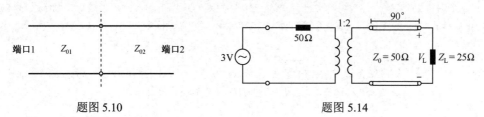

题图 5.10 　　　　　　　　　　　题图 5.14

5.15 证明题图 5.15 中的两个并联 π 形网络的导纳矩阵可由单个二端口网络的导纳矩阵相加求出。应用该结果证明图中右侧桥式 T 形电路的导纳矩阵。

5.16 求题图 5.16 中给出的串联和并联负载的散射参量，证明对串联情况有 $S_{12}=1-S_{11}$，对并联情况有 $S_{12}=1+S_{11}$。

5.17 互易二端口网络如题图 5.17 所示，端口 2 接负载阻抗 Z_L，从两个端口参考面 T_1、T_2 向负载方向看去的反射系数分别为 Γ_1 和 Γ_L。

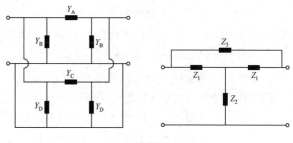

题图 5.15

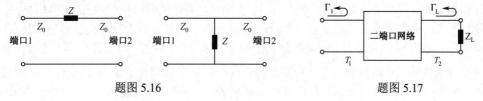

题图 5.16 　　　　　　　　　　　题图 5.17

（1）证明 $\Gamma_1 = S_{11} + \dfrac{S_{12}^2 \Gamma_L}{1-S_{22}\Gamma_L}$。

（2）当端口 2 短路、开路和接匹配负载时，分别测得端口 1 处的反射系数为 Γ_{1S}、Γ_{1O} 和 Γ_{1C}，试求 S_{11}、S_{22} 和 S_{12}。

第6章　实用微波传输线与波导

工程背景

同轴线、平面传输线和波导作为实际的传输媒质，在当今的微波系统中得到了广泛应用。在实际应用中，波导具有传输功率高、损耗低的特点，特别适合在一些大型且较精密的微波系统中作为传输媒质来使用。而同轴线的带宽较宽，便于实际应用，在一些测量系统中也常用作传输媒质，如同轴测量系统中采用同轴线连接测量仪器和被测网络。平面传输线具有体积小、价位低、易集成等特点，广泛应用于微波集成电路中，而平面传输线中的微带线则是微波电路的最佳媒质。

自学提示

本章主要讨论波导、同轴线和平面传输线。本章应重点掌握以下内容：矩形波导、圆形波导 TE 波与 TM 波的场分量，矩形波导、圆形波导的各个特性参量，同轴线的 TEM 模，微带线的特性参量等。

推荐学习方法

在学习过程中，读者应将推导过程搞清楚，明白各个参量所表达的物理意义，培养空间和抽象、想象力，理解各传输线的场分布，再配合适量的习题加深对基本理论的理解。

早期的微波系统均以传输线和波导作为传输媒质。传输线能够传输横电磁波，具有较宽的带宽。波导可以传输横电波和横磁波，但不能传输横电磁波。波导通常体积较大且价格不菲，但可以传输高功率的电磁波，且损耗可以做到很低。

本章介绍的金属波导指的是截面形状不同的无限长空心金属管，其截面形状和尺寸、管壁的结构材料及管内介质填充情况沿管轴方向均不改变。它将被引导的电磁波完全限制在金属管内沿其轴向传播，通常称为规则波导。管壁材料一般用铜、铝等金属制成，有时其壁上都有金或银。

金属波导具有导体损耗和介质（管内介质一般为空气）损耗小、功率容量大、没有辐射损耗、结构简单、易于制造等优点，广泛用于 3000MHz～300GHz 的通信、雷达、遥感、电子对抗和测量等系统中。

规则金属波导仅有一个导体，不能传播 TEM 模式，其传播模式可分为 TE 和 TM 两类，存在无限多的模式，这些导模在传播中存在严重的色散现象，且具有截止特性；每种导模都有相应的截止波长 λ_c（或截止频率 f_c），只有满足条件 $\lambda_c > \lambda$（工作波长）或 $f_c < f$（工作频率）的波才能传输。

相比规则波导，平面传输线是一种新型传输线，它采用带状线、微带线、槽线、共面波导及其他类似的几何构造，平面传输线价格便宜且结构紧凑，易于与有源器件（二极管、三极管等）共同组成微波集成电路。其中，应用得最多的是微带线和共面波导，它们是微波集成电路的最佳媒质。

在本章开始介绍矩形波导、圆形波导、同轴线和微带线之前，首先对传输线的传输特性进行一般性讨论。通常由单个导体组成的波导支持横电（TE）波与横磁（TM）波的传播，TE 波只出现纵向的磁场分量，而 TM 波只出现纵向的电场分量；由两个及以上导体组成的传输线可以支持横电磁（TEM）波的传输，横电磁波以没有纵向的电磁分量为特征。

6.1 传输线的一般传输特性

6.1.1 以纵向场分量表示横向场分量

假设传输线的导体边界平行于 z 轴，且传输线在 z 方向上是均匀且无限长的。

不失一般性，假设一个具有 $\mathrm{e}^{\mathrm{j}\omega t}$ 依赖关系的时谐场沿 z 轴传播行波，则其电场与磁场分量可写为

$$E(x,y,z) = \left[e(x,y) + ze_z(x,y)\right]\mathrm{e}^{-\mathrm{j}\beta z} \tag{6.1a}$$

$$H(x,y,z) = \left[h(x,y) + zh_z(x,y)\right]\mathrm{e}^{-\mathrm{j}\beta z} \tag{6.1b}$$

式中，$e(x,y)$ 和 $h(x,y)$ 代表横向电场与横向磁场分量，而 e_z 与 h_z 则代表纵向的电场与磁场分量。在上面的公式中，波是沿 $+z$ 方向传播的；$-z$ 方向的传播可用 $-\beta$ 代替 β 来得到。同样，若存在导体或电介质损耗，则传播常数是复数，$\mathrm{j}\beta$ 将被 $\gamma = \alpha + \mathrm{j}\beta$ 取代。

假定在传输线和波导的传输区域内是无源的，那么麦克斯韦方程组为

$$\nabla \times E = -\mathrm{j}\omega\mu H \tag{6.2a}$$

$$\nabla \times H = \mathrm{j}\omega\varepsilon E \tag{6.2b}$$

利用旋度公式

$$\nabla \times A = \begin{vmatrix} a_x & a_y & a_z \\ \dfrac{\partial}{\partial x} & \dfrac{\partial}{\partial y} & \dfrac{\partial}{\partial z} \\ A_x & A_y & A_z \end{vmatrix}$$

由式（6.2a）可得

$$\frac{\partial E_z}{\partial y} + \mathrm{j}\beta E_y = -\mathrm{j}\omega\mu H_x \tag{6.3a}$$

$$-\mathrm{j}\beta E_x - \frac{\partial E_z}{\partial x} = -\mathrm{j}\omega\mu H_y \tag{6.3b}$$

$$\frac{\partial E_y}{\partial x} - \frac{\partial E_x}{\partial y} = -\mathrm{j}\omega\mu H_z \tag{6.3c}$$

由式（6.2b）可得

$$\frac{\partial H_z}{\partial y} + \mathrm{j}\beta H_y = \mathrm{j}\omega\varepsilon E_x \tag{6.4a}$$

$$-\mathrm{j}\beta H_x - \frac{\partial H_z}{\partial x} = \mathrm{j}\omega\varepsilon E_y \tag{6.4b}$$

$$\frac{\partial H_y}{\partial x} - \frac{\partial H_x}{\partial y} = \mathrm{j}\omega\varepsilon E_z \tag{6.4c}$$

当然，也可使用对偶关系 $E \leftrightarrow H$ 和 $-\mu \leftrightarrow \varepsilon$ 直接得出上面三个式子，其中 $\partial/\partial z = -\mathrm{j}\beta$。

由式（6.3b）和式（6.4a）可解出 E_x 和 H_y；同理，由式（6.3a）和式（6.4b）可得到 E_y 与 H_x。

最后可得到用纵向场分量表示横向场分量的 4 个方程如下：

$$E_x = -\frac{1}{k_c^2}\left(j\omega u \frac{\partial H_z}{\partial y} + j\beta \frac{\partial E_z}{\partial x}\right) \tag{6.5a}$$

$$E_y = \frac{1}{k_c^2}\left(j\omega u \frac{\partial H_z}{\partial x} - j\beta \frac{\partial E_z}{\partial y}\right) \tag{6.5b}$$

$$H_x = -\frac{1}{k_c^2}\left(j\beta \frac{\partial H_z}{\partial x} - j\omega\varepsilon \frac{\partial E_z}{\partial y}\right) \tag{6.5c}$$

$$H_y = -\frac{1}{k_c^2}\left(j\beta \frac{\partial H_z}{\partial y} + j\omega\varepsilon \frac{\partial E_z}{\partial x}\right) \tag{6.5d}$$

式中，$k_c^2 = k^2 - \beta^2$，且 $k^2 = \omega^2 \mu\varepsilon$。我们将 k_c 称为截止波数。

上面的 4 个公式告诉我们，只要求得纵向场分量，就可用纵向场分量进一步得到横向场分量。上述 4 个公式是一个普遍的结果，适用于任何波导系统。

6.1.2 传输波型

传输线中的波型按照有无纵向场分量，分为以下 3 种类型。

1. 横电磁波（TEM 波）

TEM 波的特征是 $E_z = H_z = 0$，于是由式（6.5a）至式（6.5d）可得其余的 4 个场分量全部为零，说明不存在电磁场，这显然是不符合实际情况的。出现这个问题的原因是，我们假定 $k_c \neq 0$，所以只有当 $k_c = 0$ 时 TEM 波才存在非零解。于是，此时有

$$\beta^2 = k^2$$

或

$$\beta = \omega\sqrt{\mu\varepsilon} = k \tag{6.6}$$

TEM 模的波阻抗可以求得，它是横向电场与磁场之比：

$$Z_{\text{TEM}} = \frac{E_x}{H_y} = \frac{\omega\mu}{\beta} = \sqrt{\frac{\mu}{\varepsilon}} = \eta \tag{6.7a}$$

由式（6.3a）给出另一个横向场分量为

$$Z_{\text{TEM}} = \frac{-E_y}{H_x} = \sqrt{\frac{\mu}{\varepsilon}} = \eta \tag{6.7b}$$

2. 横电波（TE 波）

TE 波的特征是 $E_z = 0$，$H_z \neq 0$，联立式（6.5a）至式（6.5d）得

$$E_x = -\frac{j\omega\mu}{k_c^2}\frac{\partial H_z}{\partial y} \tag{6.8a}$$

$$E_y = \frac{j\omega\mu}{k_c^2}\frac{\partial H_z}{\partial x} \tag{6.8b}$$

$$H_x = -\frac{j\beta}{k_c^2}\frac{\partial H_z}{\partial x} \tag{6.8c}$$

$$H_y = -\frac{j\beta}{k_c^2}\frac{\partial H_z}{\partial y} \tag{6.8d}$$

TE 波的波阻抗可求得为

$$Z_{\text{TE}} = \frac{E_x}{H_y} = -\frac{E_y}{H_x} = \frac{\omega\mu}{\beta} = \frac{k\eta}{\beta} \tag{6.9}$$

可以看出，它是与频率有关的。TE 波可存在于封闭的导体中，也可在两个或更多导体之间形成。

3. 横磁波（TM 波）

TM 波的特征是 $H_z = 0$，$E_z \neq 0$，联立式（6.5a）至式（6.5d）得

$$E_x = -\frac{j\beta}{k_c^2}\frac{\partial E_z}{\partial x} \tag{6.10a}$$

$$E_y = -\frac{j\beta}{k_c^2}\frac{\partial E_z}{\partial y} \tag{6.10b}$$

$$H_x = \frac{j\omega\varepsilon}{k_c^2}\frac{\partial E_z}{\partial y} \tag{6.10c}$$

$$H_y = -\frac{j\omega\varepsilon}{k_c^2}\frac{\partial E_z}{\partial x} \tag{6.10d}$$

可以求得 TM 波的波阻抗为

$$Z_{\text{TM}} = \frac{E_x}{H_y} = -\frac{E_y}{H_x} = \frac{\beta}{\omega\varepsilon} = \frac{\beta\eta}{k} \tag{6.11}$$

它是与频率有关的。和 TE 波一样，TM 波可产生于封闭导体内，也可产生于两个或更多导体之间。

6.2 矩形波导

矩形波导是最早用于传输微波信号的传输线类型之一，也是最常用的波导结构之一。因为近年来小型化与集成化趋势日益增加，所以大量微波电路都采用平面传输线来制造，而不采用波导。然而，在很多实际应用中，仍然需要使用波导来实现，如高功率系统、毫米波系统和一些精密检测系统等。

矩形波导是单导体系统，不能传输 TEM 波，只能传输 TE 波或 TM 波。

矩形波导的横截面是矩形的空心金属管，如图 6.1 所示，其宽边的长度为 a，窄边的长度为 b。

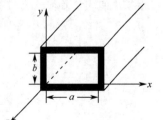

图 6.1　矩形波导

6.2.1　矩形波导中纵向场分量的波动方程及其解

我们知道，在均匀理想介质中简谐波的波动方程为亥姆霍兹方程：

$$\nabla^2 \boldsymbol{E} + k^2 \boldsymbol{E} = 0 \tag{6.12}$$

若将式（6.11）用于波导系统，且假定简谐波是沿 z 轴正向传播的，则上面的方程可进一步写为

$$\nabla^2 \boldsymbol{E} + k^2 \boldsymbol{E} = \nabla_t^2 \boldsymbol{E} + \frac{\partial^2 \boldsymbol{E}}{\partial z^2} + k^2 \boldsymbol{E} = \nabla_t^2 \boldsymbol{E} + \gamma^2 \boldsymbol{E} + k^2 \boldsymbol{E}$$

$$= \nabla_t^2 \boldsymbol{E} + (\gamma^2 + k^2)\boldsymbol{E} = \nabla_t^2 \boldsymbol{E} + k_c^2 \boldsymbol{E} = 0$$

即

$$\nabla_t^2 \boldsymbol{E} + k_c^2 \boldsymbol{E} = 0 \tag{6.13}$$

同理可得磁场的方程为

$$\nabla_t^2 \boldsymbol{H} + k_c^2 \boldsymbol{H} = 0 \tag{6.14}$$

式中，$\nabla_t^2 = \frac{\partial^2}{\partial x^2} + \frac{\partial^2}{\partial y^2}$。

上面电场与磁场的波动方程是矢量方程，在直角坐标系中可将其分解成 3 个标量方程：

$$\nabla_t^2 E_x + k_c^2 E_x = 0 \tag{6.15a}$$

$$\nabla_t^2 E_y + k_c^2 E_y = 0 \tag{6.15b}$$

$$\nabla_t^2 E_z + k_c^2 E_z = 0 \tag{6.15c}$$

现在要求的是电场的纵向场分量，所以只关心最后一个方程。将式（6.15c）进一步写为

$$\frac{\partial^2 E_z}{\partial x^2} + \frac{\partial^2 E_z}{\partial y^2} + k_c^2 E_z = 0 \tag{6.16}$$

可以利用分离变量法来求解上述方程。令

$$E_z = X(x)Y(y)e^{j\omega t - \gamma z} \tag{6.17}$$

式中，X 仅为 x 的函数，Y 仅为 y 的函数。将式（6.17）代入式（6.16），且方程两边同时除以 XY 得

$$\frac{1}{X}\frac{d^2 X}{dx^2} + \frac{1}{Y}\frac{d^2 Y}{dy^2} + k_c^2 = 0 \tag{6.18}$$

若要对任意 x 和 y 成立，则式（6.17）中的每项都应等于一个常数。于是，我们能够容易地得到下面 3 个方程：

$$\frac{d^2 X}{dx^2} + k_x^2 X = 0 \tag{6.19a}$$

$$\frac{d^2 Y}{dy^2} + k_y^2 Y = 0 \tag{6.19b}$$

$$k_x^2 + k_y^2 = k_c^2 \tag{6.19c}$$

从而 E_z 的通解可以写不如下形式：

$$E_z = \left[A\cos(k_x x) + B\sin(k_x x) \right]\left[C\cos(k_y y) + D\sin(k_y y) \right]e^{j\omega t - \gamma z} \tag{6.20}$$

式（6.20）是矩形波导 TM 纵向电场分量的通解，若要求出其定解，则必须结合边界条件。

由边界条件可知，当 $x=0$ 或 $x=a$，y 的值在 $0\sim b$ 之间变化时，$E_y=0$；当 $y=0$ 或 $y=b$，而 x 的值在 $0\sim a$ 之间变化时，$E_x=0$。因此，可以得到两个重要的方程：

$$k_x = \tfrac{m\pi}{a}, \qquad m=1,2,3,\cdots \tag{6.21a}$$

$$k_y = \tfrac{m\pi}{b}, \qquad n=1,2,3,\cdots \tag{6.21b}$$

将上面两个方程代入式（6.20），可得 TM 波的 E_z 表达式为

$$E_z = B_{mn}\sin\left(\tfrac{m\pi}{a}x\right)\sin\left(\tfrac{m\pi}{b}y\right)\mathrm{e}^{\mathrm{j}\omega t-\gamma z}, \qquad m,n=1,2,3,\cdots \tag{6.22}$$

按照求 E_z 的方法，可求出 TE 波的 H_z 表达式，这里不再具体求解，只给出最终结果，读者如有兴趣，可以参考相关的书籍：

$$H_z = A_{mn}\cos\left(\tfrac{m\pi}{a}x\right)\cos\left(\tfrac{m\pi}{b}y\right)\mathrm{e}^{\mathrm{j}\omega t-\gamma z}, \qquad m,n=0,1,2,3,\cdots \tag{6.23}$$

在此，要对 m 和 n 的取值做一下说明。可以看出，虽然 E_z 与 H_z 中 k_x 与 k_y 的表达式相同，但不同的是，对于 TM 波，k_x 和 k_y 中的 m 和 n 不可以为零，若 m 和 n 之一为零，则由式（6.22）可知 E_z 为零，从而全部电磁场均为零；对于 TE 波，k_x 和 k_y 中的 m 和 n 之一可以为零，但不可以全部为零。

6.2.2 矩形波导中 TE 与 TM 波的各个场分量

1. TE 波场分量

6.2.1 节得到了 TE 波的纵向场分量，同时假设波导是无耗的，即 $\gamma=\mathrm{j}\beta$，忽略 $\mathrm{e}^{\mathrm{j}\omega t}$。于是，将 H_z 的表达式代入式（6.8a）至式（6.8d），即可求得 TE 波的全部 6 个场分量：

$$H_x = \mathrm{j}\tfrac{\beta}{k_c^2}\tfrac{m\pi}{a}A_{mn}\sin\left(\tfrac{m\pi}{a}x\right)\cos\left(\tfrac{m\pi}{b}y\right)\mathrm{e}^{-\mathrm{j}\beta z} \tag{6.24a}$$

$$H_y = \mathrm{j}\tfrac{\beta}{k_c^2}\tfrac{m\pi}{b}A_{mn}\cos\left(\tfrac{m\pi}{a}x\right)\sin\left(\tfrac{m\pi}{b}y\right)\mathrm{e}^{-\mathrm{j}\beta z} \tag{6.24b}$$

$$H_z = A_{mn}\cos\left(\tfrac{m\pi}{a}x\right)\cos\left(\tfrac{m\pi}{b}y\right)\mathrm{e}^{-\mathrm{j}\beta z} \tag{6.24c}$$

$$E_x = \mathrm{j}\tfrac{\omega\mu}{k_c^2}\tfrac{m\pi}{b}A_{mn}\cos\left(\tfrac{m\pi}{a}x\right)\sin\left(\tfrac{m\pi}{b}y\right)\mathrm{e}^{-\mathrm{j}\beta z} \tag{6.24d}$$

$$E_y = -\mathrm{j}\tfrac{\omega\mu}{k_c^2}\tfrac{m\pi}{a}A_{mn}\sin\left(\tfrac{m\pi}{a}x\right)\cos\left(\tfrac{m\pi}{b}y\right)\mathrm{e}^{-\mathrm{j}\beta z} \tag{6.24e}$$

$$E_z = 0 \tag{6.24f}$$

式中，$k_c^2 = k_x^2 + k_y^2 = \left(\tfrac{m\pi}{a}\right)^2 + \left(\tfrac{m\pi}{b}\right)^2$，$m,n=0,1,2,3,\cdots$。

2. TM 波场分量

TM 波只有纵向电场分量 E_z，将 E_z 的表达式代入式（6.10a）至式（6.10d），可得 TM 波的全部 6 个场分量：

$$E_x = -\mathrm{j}\tfrac{\beta}{k_c^2}\tfrac{m\pi}{a}B_{mn}\cos\left(\tfrac{m\pi}{a}x\right)\sin\left(\tfrac{m\pi}{b}y\right)\mathrm{e}^{-\mathrm{j}\beta z} \tag{6.25a}$$

$$E_y = -\mathrm{j}\tfrac{\beta}{k_c^2}\tfrac{m\pi}{b}B_{mn}\sin\left(\tfrac{m\pi}{a}x\right)\cos\left(\tfrac{m\pi}{b}y\right)\mathrm{e}^{-\mathrm{j}\beta z} \tag{6.25b}$$

$$E_z = B_{mn}\sin\left(\tfrac{m\pi}{a}x\right)\sin\left(\tfrac{m\pi}{b}y\right)\mathrm{e}^{-\mathrm{j}\beta z} \tag{6.25c}$$

$$H_x = \mathrm{j}\tfrac{\omega\varepsilon}{k_c^2}\tfrac{m\pi}{b}B_{mn}\sin\left(\tfrac{m\pi}{a}x\right)\cos\left(\tfrac{m\pi}{b}y\right)\mathrm{e}^{-\mathrm{j}\beta z} \tag{6.25d}$$

$$H_y = -\mathrm{j}\frac{\omega\varepsilon}{k_c^2}\frac{m\pi}{a}B_{mn}\cos\left(\frac{m\pi}{a}x\right)\sin\left(\frac{m\pi}{b}y\right)\mathrm{e}^{-\mathrm{j}\beta z} \tag{6.25e}$$

$$H_z = 0 \tag{6.25f}$$

式中，$k_c^2 = k_x^2 + k_y^2 = \left(\frac{m\pi}{a}\right)^2 + \left(\frac{m\pi}{b}\right)^2$，$m, n = 1, 2, 3, \cdots$。

6.2.3　TE 与 TM 波的参量

本节若无特别说明，所讨论的矩形波导均指无损耗的波导。

矩形波导中的电磁波参量很多，常见的有截止波长、波导波长、相速度、群速度、波阻抗等。下面将一一讨论。

1．截止波长 λ_c

我们知道，矩形波导是一个有限的封闭区域，且不可以传输横电磁波（TEM 波）。当 TE 波与 TM 波在波导中传输时，由于受到波导边界的限制，并非所有频率的电磁波均可在矩形波导中传播，事实上，存在一个传输的频率下限值。当等于或低于该频率值时，电磁波便在波导中截止，所以矩形波导具有高通滤波的功能。我们称这个频率为截止频率 f_c，而称与之相对应的波长为截止波长。

前面介绍过截止波数 k_c，其中 $k_c^2 = k^2 + \gamma^2 = k^2 - \beta^2$，当相移常数 β 为零时，电磁波刚好截止，此时有

$$k_c^2 = k^2 = \left(\frac{2\pi}{\lambda_c}\right)^2$$

而

$$k_c^2 = k_x^2 + k_y^2 = \left(\frac{m\pi}{a}\right)^2 + \left(\frac{m\pi}{b}\right)^2$$

联立上面两个式子得

$$\lambda_c = \frac{2\pi}{\sqrt{k_x^2 + k_y^2}} = \frac{2}{\sqrt{(m/a)^2 + (n/b)^2}} \tag{6.26}$$

模式简并现象：导波系统中不同导模的截止波长 λ_c 相同的现象称为模式简并现象。由式（6.26）可以看出，相同波型指数 m 和 n 的 TE_{mn} 和 TM_{mn} 模的 λ_c 相同。

2．相移常数 β

相移常数 β 是 TE 波与 TM 波沿波导纵向传播时单位长度的相移。我们知道

$$\beta^2 = k^2 - k_c^2$$

且

$$k_c = \frac{\lambda}{\lambda_c}k$$

同样，联立上面两式可得

$$\beta = k\sqrt{1-(\lambda/\lambda_c)^2} \tag{6.27}$$

式中，λ 为工作波长，它对应于 TEM 波的波长。

3. 波导波长 λ_g

什么是波导波长呢？其定义为：波沿纵向的两个相邻等相位面之间的距离，或等相位面在一个周期内传播的距离。我们称与相移常数 β 对应的波长为波导波长。

因此，我们可以得到如下表达式：

$$\lambda_g = \frac{2\pi}{\beta} = \frac{2\pi}{k\sqrt{1-(\lambda/\lambda_c)^2}} = \frac{\lambda}{\sqrt{1-(\lambda/\lambda_c)^2}}$$

即

$$\lambda_g = \frac{\lambda}{\sqrt{1-(\lambda/\lambda_c)^2}} \tag{6.28}$$

4. 相速度 v_p

所谓相速度，是指 TE 波与 TM 波的等相位面沿波导纵向的运动速度。按照其定义可知

$$\omega t - \beta z = 常数$$

$$\upsilon_p = \frac{\mathrm{d}z}{\mathrm{d}t} = \frac{\omega}{\beta} = \frac{2\pi c/\lambda}{2\pi/\lambda_g} = c\frac{\lambda_g}{\lambda} = \frac{c}{\sqrt{1-(\lambda/\lambda_c)^2}} \tag{6.29}$$

式中，c 为真空中的光速，λ 为自由空间波长。由此可见，若波导中填充的介质为空气，则相速度是大于光速的，但实际上它是由 TEM 波斜射到波导壁上的入射波与反射波之间的相互干涉造成的，它的存在并不代表电磁能量的实际运动速度，因此并不违反相对论。

【注意】

若介质的介电常数为 ε_r，则 c 和 λ 分别用 $c/\sqrt{\varepsilon_r}$ 和 $\lambda/\sqrt{\varepsilon_r}$ 代替。以下同。

5. 群速度 v_g

所谓群速度，是指由许多频率组成的波群（信号）的速度，它代表能量的传播速度：

$$v_g = \frac{\mathrm{d}\omega}{\mathrm{d}\beta} \tag{6.30a}$$

因为

$$\beta = \sqrt{k^2 - k_c^2} = \sqrt{\omega^2 \varepsilon\mu - k_c^2}$$

所以

$$\frac{\mathrm{d}\beta}{\mathrm{d}\omega} = \frac{k^2/\omega}{\sqrt{k^2 - k_c^2}} = \frac{v_p}{c^2}$$

$$v_g = c\sqrt{1-(\lambda/\lambda_c)^2} \tag{6.30b}$$

由式（6.29）和式（6.30），可以看出群速度与相速度的乘积为一个常数，即

$$v_p v_g = c^2 \tag{6.31}$$

6. 波阻抗 Z_{TE} 与 Z_{TM}

波阻抗定义为波导中横向电场与横向磁场的比值。

对 TM 波而言，有

$$Z_{TM} = \frac{\beta}{\omega\varepsilon} = \frac{\beta}{k}\eta = \frac{\lambda}{\lambda_g}\eta = \eta\sqrt{1-(\lambda/\lambda_c)^2} \tag{6.32a}$$

对于 TE 波而言，有

$$Z_{TE} = \frac{\omega\mu}{\beta} = \frac{k}{\beta}\eta = \frac{\lambda_g}{\lambda}\eta = \frac{1}{\sqrt{1-(\lambda/\lambda_c)^2}}\eta \tag{6.32b}$$

对矩形波导而言，我们通常采用波阻抗代替特性阻抗。

【色散现象】

TE 波和 TM 波的相速度、群速度都随频率变化，这种现象称为"色散"。TE 波和 TM 波统称色散波，TEM 波称为无色散波。

6.2.4　矩形波导 TE_{10} 模

通常情况下，要求矩形波导工作于 TE_{10} 模式，将 $m=1$、$n=0$ 代入式（6.24a）至式（6.24d），可得 TE_{10} 的场分量如下：

$$E_y = -\frac{\mathrm{j}\omega\mu a}{\pi} A_{10}\sin\left(\frac{\pi}{a}x\right)\mathrm{e}^{-\mathrm{j}\beta z} \tag{6.33a}$$

$$H_x = \frac{\mathrm{j}\beta a}{\pi} A_{10}\sin\left(\frac{\pi}{a}x\right)\mathrm{e}^{-\mathrm{j}\beta z} \tag{6.33b}$$

$$H_z = A_{10}\cos\left(\frac{\pi}{a}x\right)\mathrm{e}^{-\mathrm{j}\beta z} \tag{6.33c}$$

$$E_x = E_z = H_y = 0 \tag{6.33d}$$

可见 TE_{10} 模只有 E_y、H_x 和 H_z 三个场分量。磁场与电场具有如下特点：

（1）TE_{10} 模的电场只有 E_y 分量，且不随 y 变化，随 x 呈正弦变化，在 $x=0$ 和 a 处为 0，在 $x=a/2$ 处最大，即在 a 边上有半个驻波分布。

（2）TE_{10} 模的磁场包含 H_x 与 H_z 两个分量，且均与 y 无关，所以磁力线是 xz 平面内的闭合曲线，其轨迹为椭圆，与波导的宽边平行。H_x 随 x 呈正弦变化，在 $x=0$ 和 a 处为 0，在 $x=a/2$ 处最大；H_z 随 x 呈余弦变化，在 $x=0$ 和 a 处最大，在 $x=a/2$ 处为 0。H_x 和 H_z 在 a 边上均有半个驻波分布。TE_{10} 波场结构示意图如图 6.2 所示。

（3）E_y 与 H_z 有 90° 的相位差，这是必然的，因为波是沿 z 方向传播的，故 x 方向的坡印廷矢量的平均值必然为零。

（4）因为 E_y 与 H_x 之间没有相位差，所以 E_y 与 H_x 形成了沿 z 轴传输的能量。

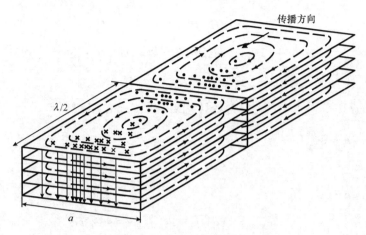

图 6.2　TE$_{10}$波场结构示意图

其他模式场结构的特点如下：

（1）TE$_{m0}$模：仿照 TE$_{10}$模，TE$_{m0}$模的场结构是沿 b 边不变化，沿 a 边有 m 个半驻波分布。

（2）TE$_{01}$模：TE$_{01}$模只有 E_x、H_y 和 H_z 三个场分量，场结构与 TE$_{10}$模的差别是波的极化面旋转了 90°，即场沿 a 边不变化，沿 b 边有半个驻波。

（3）TE$_{0n}$模：仿照 TE$_{01}$模，TE$_{0n}$模的场结构是沿 a 边不变化，沿 b 边有 n 个半驻波分布。

（4）TE$_{11}$模：场沿 a 边和 b 边都有半驻波分布。

（5）TE$_{mn}$模（$m, n > 1$）：与 TE$_{11}$模的场结构类似，场沿 a 边有 m 个半驻波分布，沿 b 边有 n 个半驻波分布。

（6）TM$_{11}$模：磁力线完全分布在横截面内，且为闭合曲线，电力线则是空间曲线。场沿 a 边和 b 边均有半驻波分布。

（7）TM$_{mn}$模（$m, n > 1$）：场沿 a 边有 m 个半驻波分布，沿 b 边有 n 个半驻波分布。

6.2.5　管壁电流

当波导中传输微波信号时，在金属波导内壁表面上将产生感应电流，该电流称为管壁电流。在微波频率范围内，趋肤效应将使这种管壁电流集中在很薄的波导内壁表面流动，趋肤深度 δ 的典型数量级为 10^{-4}cm（例如，对于铜波导，当 $f = 30$GHz 时，$\delta = 3.8 \times 10^{-4}$ cm < 0.5μm），所以这种管壁电流可视为面电流。

管壁电流的大小和方向由管壁附近的切向磁场决定，即有

$$\boldsymbol{J}_s = \hat{\boldsymbol{n}} \times \boldsymbol{H}_t \qquad (6.34)$$

式中，$\hat{\boldsymbol{n}}$ 是波导内壁的单位法向矢量，$\boldsymbol{H}_t$ 是内壁附近的切向磁场，如图 6.3 所示。

矩形波导几乎都是以 TE$_{10}$模工作的。由式（6.33）和式（6.34）可求得其管壁电流如下。

在波导底面（$y = 0$）和顶面（$y = b$），$\hat{\boldsymbol{n}} = \pm \hat{\boldsymbol{y}}$，结合图 6.1 有

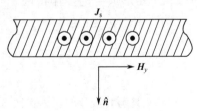

图 6.3　波导管壁电流

$$J_s\big|_{y=0} = \hat{y} \times [\hat{x} H_x + \hat{z} H_z] = \hat{x} H_z - \hat{z} H_x$$

$$= \left[A_{10} \cos\left(\frac{\pi x}{a}\right) \hat{x} - \frac{\mathrm{j}\beta a}{\pi} A_{10} \sin\left(\frac{\pi x}{a}\right) \hat{z} \right] \mathrm{e}^{-\mathrm{j}\beta z} \tag{6.35a}$$

$$J_s\big|_{y=b} = -\hat{y} \times [\hat{x} H_x + \hat{z} H_z] = -\hat{x} H_z + \hat{z} H_x$$

$$= \left[-A_{10} \cos\left(\frac{\pi x}{a}\right) \hat{x} + \frac{\mathrm{j}\beta a}{\pi} A_{10} \sin\left(\frac{\pi x}{a}\right) \hat{z} \right] \mathrm{e}^{-\mathrm{j}\beta z} \tag{6.35b}$$

在左侧壁上，$\hat{n} = \hat{x}$，有

$$J_s\big|_{x=0} = \hat{x} \times \hat{z} H_z = -\hat{y} H_z\big|_{x=0} = -A_{10} \mathrm{e}^{-\mathrm{j}\beta z} \hat{y} \tag{6.35c}$$

在右侧壁上，$\hat{n} = -\hat{x}$，有

$$J_s\big|_{x=a} = -\hat{x} \times \hat{z} H_z = \hat{y} H_z\big|_{x=a} = -A_{10} \mathrm{e}^{-\mathrm{j}\beta z} \hat{y} \tag{6.35d}$$

结果表明，当矩形波导传输 TE_{10} 模时，在左右两侧壁内的管壁电流 J_y 分量大小相等、方向相同；在上下管壁内的管壁电流由 J_x 和 J_z 合成，在同一 x 位置的上下管壁内的管壁电流大小相等、方向相反，如图 6.4 所示。

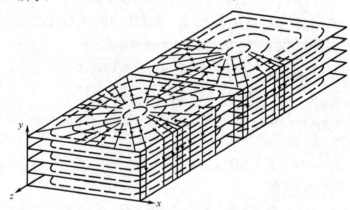

图 6.4　TE_{10} 模矩形波导的管壁电流

研究波导管壁电流结构有着重要的实际意义。除了波导损耗的计算需要知道管壁电流，在实际应用中，波导元件需要相互连接，有时需要在波导壁上开槽或孔，以便做成特定用途的元件。此时，接头与槽孔所在位置不应该破坏管壁电流的通路，否则会严重破坏原波导内的电磁场分布，引起辐射和反射，进而影响功率的有效传输。

6.2.6　矩形波导的传输特性

1）TE_{10} 模的电磁波参量

将 $m=1$ 和 $n=0$ 代入式（6.26）得

$$\lambda_c = 2a \tag{6.36}$$

将上述截止波长的表达式代入各参量表达式，可得到如下参数。

相移常数 β：

$$\beta = k\sqrt{1 - (\lambda/2a)^2} \tag{6.37}$$

波导波长 λ_{g}:

$$\lambda_{g} = \frac{\lambda}{\sqrt{1-(\lambda/2a)^{2}}} \tag{6.38}$$

相速度 v_{p}:

$$v_{p} = \frac{c}{\sqrt{1-(\lambda/2a)^{2}}} \tag{6.39}$$

群速度 v_{g}:

$$v_{g} = c\sqrt{1-(\lambda/2a)^{2}} \tag{6.40}$$

波阻抗 $Z_{TE_{10}}$:

$$Z_{TE_{10}} = \frac{\eta}{\sqrt{1-(\lambda/2a)^{2}}} \tag{6.41}$$

2）矩形波导的单模传输条件

矩形波导中的传播模式可以是 TE_{mn}、TM_{mn} 及两者的线性组合，为什么会出现这种情况？前面我们讨论过，只要工作波长小于各模式的截止波长，这些模式就都是可以传输的传输模，从而可在波导中形成多模传输的情况。

当工作波长给定时，只有 $\lambda_{c} > \lambda$ 的模式可以传播。不能传播的模式称为截止模或凋落模。同时传播多个模式的波导则称为过模波导。

当波导的尺寸 a、b 给定时，我们可以根据式（6.26）很容易地求出各个模式的截止波长。λ_{c} 最大、f_{c} 最小的模式称为主模，其他模式称为高次模。矩形波导的主模是 TE_{10} 模。图 6.5 是当 $a = 2b$ 时几个主要模式的截止波长分布图。

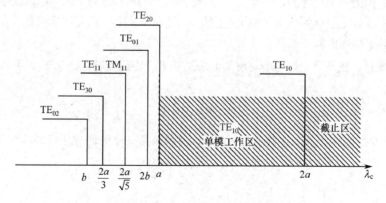

图 6.5 当 $a = 2b$ 时，矩形波导中几个主要模式的截止波长

在图 6.5 中，TE_{11} 与 TM_{11} 模有相同的截止波长，为简并模。

多模传输不仅会给模式的激发与耦合造成诸多不便，而且在波导的不连续处会出现模式间的耦合，导致传输信号畸变，因此用作传输时，我们一般希望波导做单模传输。

如何实现单模传输呢？首先要截止高次模。在众多的高次模中，截止波长最长的是 a，所以应该使得 $\lambda > a$，同时为了不影响 TE_{10} 的传播，λ 还应该满足 $\lambda < 2a$。综上所述，实现单模传输的条件为

$$a < \lambda < 2a \qquad (6.42\mathrm{a})$$

和

$$b \leqslant a/2 \qquad (6.42\mathrm{b})$$

当 $\lambda_{\mathrm{c}} < \lambda$ 或 $f_{\mathrm{c}} > f$ 时 β 为虚数，相应的模式称为消失模或截止模。所有场分量的振幅将按指数规律衰减。这种衰减是由截止模的电抗反射损耗导致的。以截止模工作的波导称为截止波导，其传播常数为衰减常数，

$$\alpha = \frac{2\pi}{\lambda_{\mathrm{c}}}\sqrt{1 - (\lambda_{\mathrm{c}}/\lambda)^2} = \frac{\pi}{a}\sqrt{1 - (2a/\lambda)^2} \approx \frac{\pi}{a} \qquad (6.43)$$

该近似与频率无关。利用一段截止波导可做成截止衰减器。

3）TE_{10} 模矩形波导的传输功率和衰减

在矩形波导中，电磁波的传输功率可用坡印廷矢量来求解，当传输的电磁波是 TE_{10} 模时，

$$
\begin{aligned}
P &= \frac{1}{2}\mathrm{Re}\left[\int_{s}(\boldsymbol{E}_{\mathrm{t}} \times \boldsymbol{H}_{\mathrm{t}}^{*})\mathrm{d}\boldsymbol{S}\right] = \frac{1}{2}\mathrm{Re}\int_{0}^{a}\int_{0}^{b}E_{y}H_{x}^{*}\mathrm{d}x\mathrm{d}y \\
&= \frac{\omega\mu a^2}{2\pi^2}\mathrm{Re}(\beta)|A_{10}|^2\int_{0}^{a}\int_{0}^{b}\sin^2\left(\tfrac{\pi x}{a}\right)\mathrm{d}x\mathrm{d}y \\
&= \frac{\omega\mu a^3|A_{10}|^2 b}{4\pi^2}\mathrm{Re}(\beta)
\end{aligned}
\qquad (6.44)
$$

前面大部分的讨论都基于以下条件：假定波导是理想的，即理想导体、理想介质。因此，电磁波在波导中的传播是无损耗的，即 $\alpha = 0$，传播常数 $\gamma = \mathrm{j}\beta$。然而，在实际情况下，即使波导内填充的介质非常接近无损耗的情况（如填充空气），波导金属壁也总要产生损耗。在此，我们讨论如何计算由波导壁引起的能量损耗。

因为有了损耗，在波导中，电场与磁场的表达式中会出现衰减因子 $\mathrm{e}^{-\alpha_{\mathrm{c}}z}$，所以波导中的传输功率可以写为

$$P = P_0\mathrm{e}^{-2\alpha_{\mathrm{c}}z} \qquad (6.45)$$

式中，P_0 为 $z = 0$ 处的功率。上式两边对 z 求导，可得单位长度的波导所损耗的功率 P_{L} 为

$$P_{\mathrm{L}} = -\frac{\mathrm{d}P}{\mathrm{d}z} = 2\alpha_{\mathrm{c}}P$$

所以

$$\alpha_{\mathrm{c}} = \frac{P_{\mathrm{L}}}{2P} = \frac{\text{单位长度损耗的功率}}{2\,(\text{传输功率})} \qquad (6.46)$$

由讨论可知，波导中传输功率 P 的表达式可写成如下形式：

$$P_{\mathrm{L}} = \frac{1}{2} R_{\mathrm{s}} \oint |H_{\mathrm{t}}|^2 \, \mathrm{d}l$$

$$= 2\left[\int_0^a \frac{1}{2}|J_1|^2 R_{\mathrm{s}} \mathrm{d}x\right] + 2\left[\int_0^b \frac{1}{2}|J_2|^2 R_{\mathrm{s}} \mathrm{d}y\right]$$

$$= R_{\mathrm{s}} \int_0^a \left(|H_x|^2 + |H_z|^2\right)_{y=0} \mathrm{d}x + R_{\mathrm{s}} \int_0^b \left(|H_z|^2\right)_{x=0} \mathrm{d}y \qquad (6.47a)$$

$$= \frac{1}{2} R_{\mathrm{s}} a |A_{10}|^2 \left[\left(\frac{\beta a}{\pi}\right)^2 + 1\right] + b|A_{10}|^2 R_{\mathrm{s}}$$

$$= \frac{1}{2} R_{\mathrm{s}} ab |A_{10}|^2 \left(\frac{\beta a}{\pi}\right)^2 \left[\frac{1 + \frac{2b}{a}(\lambda/2a)^2}{b\left[1 - (\lambda/2a)^2\right]}\right]$$

$$P = \frac{1}{2}\int_s |E_{\mathrm{t}}||H_{\mathrm{t}}| \mathrm{d}s = \frac{Z_{\mathrm{TE10}}}{2}\int_s |H_{\mathrm{t}}|^2 \mathrm{d}s = \frac{Z_{\mathrm{TE10}}}{2}\int_s |H_x|^2 \mathrm{d}x\mathrm{d}y = \frac{Z_{\mathrm{TE10}} ab}{4}\left(\frac{\beta a}{\pi}\right)^2 |A_{10}|^2 \qquad (6.47b)$$

式中，J_1、J_2 分别表示波导上下宽边及左右窄壁面上的电流密度。R_{s} 为波导表面电阻，

$$R_{\mathrm{s}} = \sqrt{\frac{\omega\mu}{2\sigma}}, \qquad Z_{\mathrm{TE10}} = \eta\big/\sqrt{1 - (\lambda/2a)^2}$$

根据式（6.46）和式（6.47），可求出矩形波导 TE_{10} 波的衰减常数 α_{c} 为

$$\alpha_{\mathrm{c}} = \frac{R_{\mathrm{s}}}{b\eta\sqrt{1 - (\lambda/2a)^2}}\left[1 + 2\frac{b}{a}(\lambda/2a)^2\right] \quad \mathrm{Np/m} \qquad (6.48)$$

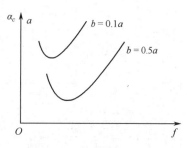

图 6.6　矩形波导 TE_{10} 模衰减曲线

矩形波导衰减小，要求窄边 b 大，这样功率容易分散，对于频率 f，宽边 a 有最佳值，a 的数量级约为 0.01dB/m。为了确保电流损耗小，镀覆厚度要超过趋肤深度 δ。图 6.6 给出了衰减特性与频率及窄边 b 的关系曲线。由图可知，衰减随频率变化上升很快，且与窄边和宽边的关系有关，当 $b = 0.5a$ 时，衰减最小，随宽边尺寸 b 的减小而增加。

【介质衰减的求解】

当波导满足传播条件（$\lambda < \lambda_{\mathrm{c}}$）时，电磁波沿波导的轴线方向，既有振幅衰减，又有相位变化。因此，传播常数是一个复数，即

$$\gamma = \alpha + \mathrm{j}\beta \qquad (1)$$

式中，

$$\alpha = \alpha_{\mathrm{c}} + \alpha_{\mathrm{d}} \qquad (2)$$

α_{c} 是由波导壁引起的导体的衰减常数，矩形波导的衰减常数已由式（6.48）给出。α_{d} 是波导填充介质引起的介质的衰减常数。通常在波导中由填充介质造成的热损耗有两种情况：一是因为实际的介质并非理想介质（$\sigma_{\mathrm{d}} \neq 0$），所以存在由传导电流引起的损耗；二是因为介质中的带电粒子具有一定的质量和惯性，在微波频段的电磁场的作用下，很难随之同步振荡，而在时间上有滞后现象，对简谐场而言，表现为相位上的滞后，即 $\boldsymbol{D}$ 与 $\boldsymbol{E}$ 的关系式中的 ε 不再是实数，而是一个复数 ε_{c}，称为复介电常数，如下式所示：

$$\varepsilon_{c} = \varepsilon' - j\varepsilon'' \tag{3}$$

$\boldsymbol{D}$ 与 $\boldsymbol{E}$ 的关系式变为

$$\boldsymbol{D} = (\varepsilon' - j\varepsilon'')\boldsymbol{E} \tag{4}$$

式中，ε' 表示介质的介电特性，ε'' 表示由介质中带电粒子的滞后效应或谐振吸收效应引起的损耗。介质的衰减常数 α_{d} 应包括上述两种情况在介质中造成的功率损耗。

由麦克斯韦方程组有

$$\nabla \times \boldsymbol{H} = \boldsymbol{J} + \frac{\partial \boldsymbol{D}}{\partial t} = \sigma_{d}\boldsymbol{E} + j\omega(\varepsilon' - j\varepsilon'')\boldsymbol{E} = (\sigma_{d} + \omega\varepsilon'')\boldsymbol{E} + j\omega\varepsilon'\boldsymbol{E} \tag{5}$$

式中，σ_{d} 是介质的电导率。可以看出位移电流中的一部分（$\omega\varepsilon''\boldsymbol{E}$）和传导电流（$\sigma_{d}\boldsymbol{E}$）是同相位的，这两部分电流客观上都表现为热损耗，就功率损耗的外部效果来看，很难将二者的作用机理区分开来。为了同时考虑二者的作用，我们将式（5）写为

$$\nabla \times \boldsymbol{H} = j\omega\left[\varepsilon' - j\left(\varepsilon'' + \frac{\sigma_{d}}{\omega}\right)\right]\boldsymbol{E} \tag{6}$$

形式上与 $\nabla \times \boldsymbol{H} = j\omega\varepsilon\boldsymbol{E}$ 比较，可将 $\left[\varepsilon' - j\left(\varepsilon'' + \frac{\sigma_{d}}{\omega}\right)\right]$ 视为等效复介电常数，用 ε_{ec} 表示，即

$$\varepsilon_{ec} = \varepsilon' - j\left(\varepsilon'' + \frac{\sigma_{d}}{\omega}\right) \tag{7}$$

损耗角的正切为

$$\tan\delta = \frac{\varepsilon'' + \frac{\sigma_{d}}{\omega}}{\varepsilon'} = \frac{\omega\varepsilon'' + \sigma_{d}}{\omega\varepsilon'} \tag{8}$$

在微波波段内，$\omega\varepsilon''$ 比 σ_{d} 大得多，所以上式可近似地写为

$$\tan\delta \approx \frac{\varepsilon''}{\varepsilon'} \tag{9}$$

为了求出介质的衰减常数 α_{d}，可以先求出传播常数 γ 的表达式，然后取其实部（此处假设不包含波导壁的导体损耗，只包含介质损耗）即 α_{d}，而虚部就是相移常数 β：

$$\begin{aligned}
\gamma &= k_{c}^{2} - k^{2} \\
&= \sqrt{k_{c}^{2} - \omega^{2}\mu\varepsilon'\left(1 - j\frac{\varepsilon'' + \frac{\sigma_{d}}{\omega}}{\varepsilon'}\right)} = \sqrt{k_{c}^{2} - \omega^{2}\mu\varepsilon'(1 - j\tan\delta)} \\
&= j\omega\sqrt{\mu\varepsilon'}\sqrt{(1 - j\tan\delta) - (f_{c}/f)^{2}} = j\omega\sqrt{\mu\varepsilon'}\sqrt{1 - (f_{c}/f)^{2}} \cdot \sqrt{1 - \frac{j\tan\delta}{1 - (f_{c}/f)^{2}}}
\end{aligned} \tag{10a}$$

因为 $\tan\delta \ll 1$，所以

$$\gamma \approx j\omega\sqrt{\mu\varepsilon'}\sqrt{1 - (f_{c}/f)^{2}}\left\{1 - \frac{j\tan\delta}{2\left[1 - (f_{c}/f)^{2}\right]}\right\} \tag{10b}$$

因此，取其实部即 α_{d}，

$$\alpha_{\mathrm{d}} = \omega\sqrt{\mu\varepsilon'}\,\frac{\tan\delta}{2\sqrt{1-(f_{\mathrm{c}}/f)^2}} = \frac{k^2\tan\delta}{2\beta} \quad (\mathrm{Np/m}) \tag{11}$$

此介质衰减的公式可直接用于其他波导结构如圆形波导和同轴线的求解。

【例 6.1】求矩形波导 BJ-100（$a\times b = 2.286\mathrm{cm}\times1.106\mathrm{cm}$）前 4 个模式的截止频率，以及工作频率为 10GHz 时 1m 长波导的 dB 衰减值。

解：截止频率 $f_{\mathrm{c}} = \dfrac{c}{2}\sqrt{(m/a)^2 + (n/b)^2}$，由此计算的各模式的截止频率如下：

TE$_{10}$ 模：$f_{\mathrm{c}10} = 6.562\mathrm{GHz}$ TE$_{20}$ 模：$f_{\mathrm{c}20} = 13.123\mathrm{GHz}$

TE$_{01}$ 模：$f_{\mathrm{c}01} = 14.764\mathrm{GHz}$ TE$_{11}$ 和 TM$_{11}$ 模：$f_{\mathrm{c}11} = 16.156\mathrm{GHz}$

TE$_{12}$ 和 TM$_{12}$ 模：$f_{\mathrm{c}12} = 30.248\mathrm{GHz}$

可见前 4 个模式分别是 TE$_{10}$、TE$_{20}$、TE$_{01}$ 和 TE$_{11}$（TM$_{11}$ 和 TE$_{11}$ 的截止频率相同）。

当 $f_0 = 10\mathrm{GHz}$ 时，$\lambda_0 = 3\mathrm{cm}$，此时该波导只能传输 TE$_{10}$ 模，$\lambda = 0.03\mathrm{m}$。

铜的导电率 $\sigma = 5.8\times10^7\mathrm{S/m}$，$R_{\mathrm{s}} = \sqrt{\dfrac{\omega\mu}{2\sigma}} = 0.026\Omega$，

$$\alpha = \frac{R_{\mathrm{s}}}{b\eta\sqrt{1-(\lambda/2a)^2}}\left[1 + 2\frac{b}{a}(\lambda/2a)^2\right] = 0.0125(\mathrm{Np/m}) = 0.11(\mathrm{dB/m})$$

6.3 圆形波导

圆形波导是指横截面为圆形的中空金属管，如图 6.7 所示，圆形波导的半径为 a。从结构和衰减的角度上考虑，相比矩形波导，圆形波导具有以下几个特点：

(1) 结构上具有几何对称性，这给圆形波导带来了广泛的用途 和价值。

(2) 从力学和应力平衡角度，机械加工圆形波导更有利，在误差和方便性等方面均略胜矩形波导一筹。

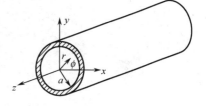

图 6.7 圆形波导

(3) 功率容量和衰减是十分重要的两个指标，功率容量正比于波导截面积 S，而衰减正比于其周长 L，于是品质因数正比于 S/L，而在相同的周长下，圆面积最大，所以圆形波导必定存在一种模式比矩形波导具有更小的衰减。

圆形波导和矩形波导一样，只能传输 TE 波与 TM 波，而不能传输 TEM 波。因为本节的讨论涉及圆柱几何形状，我们采用柱坐标系来进行分析。圆形波导的分析方法与矩形波导的分析方法是一致的，首先求解 E_z 和 H_z 的波动方程，然后根据圆形波导的边界条件求出 E_z 和 H_z 的定解，再求出横向场分量用纵向场分量来表达的方程，将所求的 E_z 和 H_z 的定解代入方程，即可得到全部场量的解。

6.3.1 圆形波导纵向场分量的波动方程

与矩形波导一样，假设圆形波导中的简谐波沿 z 方向正向传播。因此，所有场分量都将包含因子 $\mathrm{e}^{\mathrm{j}\omega t - \gamma z}$。这里仍以电场为例，其波动方程为

$$\nabla^2 \boldsymbol{E} + k^2 \boldsymbol{E} = 0$$

按照分析矩形波导场方程的思想，可将上式变成如下形式：

$$\nabla_t^2 \boldsymbol{E} + k_c^2 \boldsymbol{E} = 0 \tag{6.49}$$

式中，$f_c = 0$。

在柱坐标系中表示式（6.49）中的 E_z 分量，可得如下方程：

$$\frac{\partial^2 E_z}{\partial r^2} + \frac{1}{r}\frac{\partial E_z}{\partial r} + \frac{1}{r^2}\frac{\partial^2 E_z}{\partial \phi^2} + k_c^2 E_z = 0 \tag{6.50}$$

同理，可得 H_z 的波动方程为

$$\frac{\partial^2 H_z}{\partial r^2} + \frac{1}{r}\frac{\partial H_z}{\partial r} + \frac{1}{r^2}\frac{\partial^2 H_z}{\partial \phi^2} + k_c^2 H_z = 0 \tag{6.51}$$

6.3.2 横向场分量与 E_z、H_z 的关系式

现在我们知道了柱坐标系中的波动方程，可以利用边界条件求出其定解。若我们还知道横向场分量与 E_z 和 H_z 的关系，就可得到全部场量。利用麦克斯韦方程组的两个旋度方程的分量形式，并采用和矩形波导相同的处理方式，可以得到在柱坐标系中用 E_z 和 H_z 表示的其他场量为

$$E_r = -\frac{1}{k_c^2}\left(\gamma\frac{\partial E_z}{\partial r} + \frac{\mathrm{j}\omega u}{r}\frac{\partial H_z}{\partial \phi}\right) \tag{6.52a}$$

$$E_\phi = \frac{1}{k_c^2}\left(\frac{-\gamma}{r}\frac{\partial E_z}{\partial \phi} + \mathrm{j}\omega u\frac{\partial H_z}{\partial r}\right) \tag{6.52b}$$

$$H_r = \frac{1}{k_c^2}\left(\frac{\mathrm{j}\omega\varepsilon}{r}\frac{\partial E_z}{\partial \phi} - \gamma\frac{\partial H_z}{\partial r}\right) \tag{6.52c}$$

$$H_\phi = -\frac{1}{k_c^2}\left(\mathrm{j}\omega\varepsilon\frac{\partial E_z}{\partial r} + \frac{\gamma}{r}\frac{\partial H_z}{\partial \phi}\right) \tag{6.52d}$$

在推导上面诸式时，因为简谐波场量包含 $\mathrm{e}^{\mathrm{j}\omega t - \gamma z}$ 因子，所以对 z 与 t 的偏导用到了

$$\frac{\partial}{\partial z} = -\gamma, \quad \frac{\partial}{\partial t} = \mathrm{j}\omega$$

6.3.3 圆形波导的 TM 模

我们知道 TM 模只有纵向电场分量，而无纵向磁场分量，所以只要求得 E_z，就可用式（6.52a）～式（6.52d）求出 TM 模的全部电磁场分量。下面就来求 E_z。

与求解矩形波导的纵向场分量一样，这里仍用分离变量法来求解。令

$$E_z = R(r)\varPhi(\phi)\mathrm{e}^{\mathrm{j}\omega t - \gamma z}$$

将上式代入式（6.50）得

$$\varPhi\frac{\partial^2 R}{\partial r^2} + \frac{\varPhi}{r}\frac{\partial R}{\partial r} + \frac{R}{r^2}\frac{\partial^2 \varPhi}{\partial \phi^2} + k_c^2 R\varPhi = 0$$

方程两边同时乘以 $(r^2/R\Phi)$，进行变量分离，得

$$\frac{r^2}{R}\frac{\mathrm{d}^2R}{\mathrm{d}r^2}+\frac{r}{R}\frac{\mathrm{d}R}{\mathrm{d}r}+k_c^2r^2=-\frac{1}{\Phi}\frac{\mathrm{d}^2\Phi}{\mathrm{d}\phi^2} \tag{6.53}$$

上述方程的左边只与变量 r 有关，而右边只与 ϕ 有关，要使得此式对任意 r、ϕ 均成立，方程的左右两边必须等于同一个常数，且这两个常数相加又为零，即这两个常数等值异号。在此，这个常数用 m^2 来表示。于是，可以得到

$$\frac{r^2}{R}\frac{\mathrm{d}^2R}{\mathrm{d}r^2}+\frac{r}{R}\frac{\mathrm{d}R}{\mathrm{d}r}+k_c^2r^2=m^2, \qquad -\frac{1}{\Phi}\frac{\mathrm{d}^2\Phi}{\mathrm{d}\phi^2}=m^2$$

进一步整理得

$$r^2\frac{\mathrm{d}^2R}{\mathrm{d}r^2}+r\frac{\mathrm{d}R}{\mathrm{d}r}+(k_c^2r^2-m^2)R=0 \tag{6.54a}$$

$$\frac{\mathrm{d}^2\Phi}{\mathrm{d}\phi^2}+m^2\Phi=0 \tag{6.54b}$$

我们对式（6.54b）的通解很熟悉，因此选定其解为

$$\Phi=A\cos m\phi+B\sin m\phi=c\begin{Bmatrix}\cos m\phi\\\sin m\phi\end{Bmatrix} \tag{6.55}$$

因为圆形波导的圆对称性，场量沿 ϕ 坐标的变化是以 2π 为周期的，即

$$\Phi(\phi)=\Phi\big[m(\phi\pm2\pi)\big]$$

所以为了满足上式，m 只能取整数才能满足周期性。

下面讨论式（6.54a），该式是贝塞尔方程，其解为 m 阶贝塞尔函数，即

$$R=CJ_m(k_cr)+DN_m(k_cr)$$

式中，J_m 为 m 阶第一类贝塞尔函数，N_m 为 m 阶第二类贝塞尔函数。第一类与第二类贝塞尔函数的曲线如图 6.8 所示。

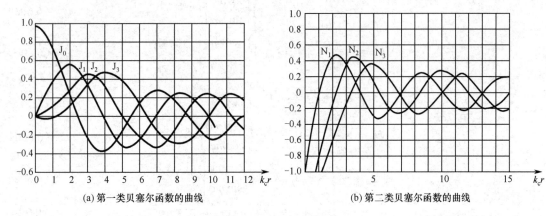

(a) 第一类贝塞尔函数的曲线   (b) 第二类贝塞尔函数的曲线

图 6.8   贝塞尔函数曲线

由图 6.8 可以看出当 r 趋于零时，第二类贝塞尔函数趋于无穷，所以该项对圆形波导问题而言

物理上是不可接受的。因此，必有 $D = 0$，从而有

$$R = C J_m(k_c r) \tag{6.56}$$

将式（6.55）和式（6.56）代入 $E_z = R(r)\Phi(\phi)e^{j\omega t - \gamma z}$ 得

$$E_z = E_0 J_m(k_c r) \begin{Bmatrix} \cos m\phi \\ \sin m\phi \end{Bmatrix} e^{j\omega t - \gamma z} \tag{6.57}$$

假设电磁波在圆形波导中无损耗传输，则 $\gamma = j\beta$。于是，式（6.57）可以写为

$$E_z = E_0 J_m(k_c r) \begin{Bmatrix} \cos m\phi \\ \sin m\phi \end{Bmatrix} e^{j(\omega t - \beta z)} \tag{6.58}$$

下面利用边界条件来确定 k_c。

E_z 平行于波导壁，假定波导为理想导体，则当 $r = a$ 时，$E_z = 0$。于是，根据式（6.58）可知

$$J_m(k_c a) = 0$$

由上式即可求出 k_c，$(k_c a)$ 为 m 阶第一类贝塞尔函数的根，但是从图 6.8 可以看出根是多值的，我们用 u_{mn} 表示 m 阶第一类贝塞尔函数的第 n 个根。所以

$$k_c = \frac{u_{mn}}{a} = k_{mn} \tag{6.59}$$

表 6.1 中列出了圆形波导 TM 模的 u_{mn} 值。

表 6.1　圆形波导 TM 模的 u_{mn} 值

m	u_{m1}	u_{m2}	u_{m3}
0	2.405	5.520	8.654
1	3.832	7.016	10.174
2	5.135	8.417	11.620

将式（6.58）和式（6.59）代入式（6.52a）至式（6.52d）得

$$E_r = -j\frac{\beta}{k_{mn}} E_0 J_m'(k_{mn} r) \begin{Bmatrix} \cos m\phi \\ \sin m\phi \end{Bmatrix} e^{j(\omega t - \beta z)} \tag{6.60a}$$

$$E_\phi = -j\frac{m\beta}{k_{mn}^2 r} E_0 J_m(k_{mn} r) \begin{Bmatrix} -\sin m\phi \\ \cos m\phi \end{Bmatrix} e^{j(\omega t - \beta z)} \tag{6.60b}$$

$$E_z = E_0 J_m(k_{mn} r) \begin{Bmatrix} \cos m\phi \\ \sin m\phi \end{Bmatrix} e^{j(\omega t - \beta z)} \tag{6.60c}$$

$$H_r = j\frac{m\omega\varepsilon}{k_{mn}^2 r} E_0 J_m(k_{mn} r) \begin{Bmatrix} -\sin m\phi \\ \cos m\phi \end{Bmatrix} e^{j(\omega t - \beta z)} \tag{6.60d}$$

$$H_\phi = -j\frac{\omega\varepsilon}{k_{mn}} E_0 J_m'(k_{mn} r) \begin{Bmatrix} \cos m\phi \\ \sin m\phi \end{Bmatrix} e^{j(\omega t - \beta z)} \tag{6.60e}$$

$$H_z = 0 \tag{6.60f}$$

至此，就完全求出了圆形波导 TM 模的全部场量的表达式。

6.3.4 圆形波导的 TE 模

TE 模的纵向磁场分量 H_z 的方程与 E_z 的相同，所以这里直接给出结果：

$$H_z = H_0 \, J_m(k_c r) \begin{Bmatrix} \cos m\phi \\ \sin m\phi \end{Bmatrix} e^{j(\omega t - \beta z)} \tag{6.61}$$

虽然方程的通解相同，但是边界条件却不同。此时，边界条件为

$$E_\phi \big|_{r=a} = 0$$

也就是说

$$\frac{\partial H_z}{\partial r} \bigg|_{r=a} = 0$$

于是有

$$J_m'(k_c a) = 0$$

式中，$(k_c a)$ 是 m 阶第一类贝塞尔函数导数的根，它也是多值的。我们用 u'_{mn} 来表示 m 阶第一类贝塞尔函数导数的第 n 个根。所以

$$k_c = \frac{u'_{mn}}{a} = k'_{mn} \tag{6.62}$$

表 6.2 中列出了圆形波导 TE 模的 u'_{mn} 值。

表 6.2 圆形波导 TE 模的 u'_{mn} 值

m	u'_{m1}	u'_{m2}	u'_{m3}
0	3.832	7.016	10.174
1	1.841	5.331	8.536
2	3.054	6.706	9.970

此时，将式（6.61）与式（6.62）代入式（6.52a）至式（6.52d）得

$$E_r = -j\frac{m\omega\mu}{k_{mn}'^2 r} H_0 \, J_m(k'_{mn} r) \begin{Bmatrix} -\sin m\phi \\ \cos m\phi \end{Bmatrix} e^{j(\omega t - \beta z)} \tag{6.63a}$$

$$E_\phi = j\frac{\omega\mu}{k'_{mn}} H_0 \, J_m'(k'_{mn} r) \begin{Bmatrix} \cos m\phi \\ \sin m\phi \end{Bmatrix} e^{j(\omega t - \beta z)} \tag{6.63b}$$

$$E_z = 0 \tag{6.63c}$$

$$H_r = -j\frac{\beta}{k'_{mn}} H_0 \, J_m'(k'_{mn} r) \begin{Bmatrix} \cos m\phi \\ \sin m\phi \end{Bmatrix} e^{j(\omega t - \beta z)} \tag{6.63d}$$

$$H_\phi = -j\frac{m\beta}{k_{mn}'^2 r} H_0 \, J_m(k'_{mn} r) \begin{Bmatrix} -\sin m\phi \\ \cos m\phi \end{Bmatrix} e^{j(\omega t - \beta z)} \tag{6.63e}$$

$$H_z = H_0 \, J_m(k'_{mn} r) \begin{Bmatrix} \cos m\phi \\ \sin m\phi \end{Bmatrix} e^{j(\omega t - \beta z)} \tag{6.63f}$$

至此，就完全求出了圆形波导 TE 波的全部场量的表达式。

6.3.5　圆形波导 TE 波、TM 波的电磁波参量及传输特性

由 TE、TM 模的各个场量的表达式可以看出，TE_{mn}、TM_{mn} 模的下标 mn 中的 m 表示场沿圆周方向分布的周期数，n 表示场沿径向分布的零点数（不含零点 $r=0$）。

1. 截止波长 λ_c

截止波长是传播常数 $\gamma = 0$ 时的波长。此时，有

$$k_c = k = \frac{2\pi}{\lambda_c}$$

对 TM 模，有

$$\lambda_{cTM} = \frac{2\pi a}{u_{mn}} \tag{6.64a}$$

对 TE 模，有

$$\lambda_{cTE} = \frac{2\pi a}{u'_{mn}} \tag{6.64b}$$

截止波长不仅与波导尺寸有关，而且与波型指数有关。若将 TE 波、TM 波的 λ_c 按大小来排序，则 TE_{11} 模式的截止波长最长，等于 $3.41a$，所以 TE_{11} 模是圆形波导的主模，圆形波导只能传输 $\lambda < 3.41a$ 的电磁波。

利用这个模式，可以实现单模传输，除了 TE_{11} 模，TM_{01} 模的截止波长最长，TM_{01} 模的截止波长是 $2.62a$，故 TE_{11} 模的单模传输条件为

$$2.62a < \lambda < 3.41a \tag{6.65}$$

图 6.9 显示了圆形波导几个主要模式的截止波长。

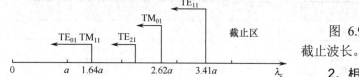

图 6.9　圆形波导几个主要模式的截止波长

2. 相移常数 β

对于无损耗的情况，有

$$\beta_{TM} = k\sqrt{1 - (\lambda/\lambda_{cTM})^2} = \sqrt{k^2 - (u_{mn}/a)^2} \tag{6.66a}$$

$$\beta_{TE} = k\sqrt{1 - (\lambda/\lambda_{cTE})^2} = \sqrt{k^2 - (u'_{mn}/a)^2} \tag{6.66b}$$

3. 波导波长 λ_g

$$\lambda_{gTM} = \frac{\lambda}{\sqrt{1 - (\lambda/\lambda_{cTM})^2}} = \frac{2\pi}{\sqrt{k^2 - (u_{mn}/a)^2}} \tag{6.67a}$$

$$\lambda_{gTE} = \frac{\lambda}{\sqrt{1 - (\lambda/\lambda_{cTE})^2}} = \frac{2\pi}{\sqrt{k^2 - (u'_{mn}/a)^2}} \tag{6.67b}$$

4. 相速度 v_p

$$v_{pTM} = \frac{c}{\sqrt{1 - (\lambda/\lambda_{cTM})^2}} = \frac{ck}{\sqrt{k^2 - (u_{mn}/a)^2}} \tag{6.68a}$$

$$v_{pTE} = \frac{c}{\sqrt{1-(\lambda/\lambda_{cTE})^2}} = \frac{ck}{\sqrt{k^2-(u'_{mn}/a)^2}} \tag{6.68b}$$

5. 群速度 v_g

$$v_{gTM} = \frac{d\omega}{d\beta} = c\sqrt{1-(\lambda/\lambda_{cTM})^2} = \frac{c}{k}\sqrt{k^2-(u_{mn}/a)^2} \tag{6.69a}$$

$$v_{gTE} = \frac{d\omega}{d\beta} = c\sqrt{1-(\lambda/\lambda_{cTE})^2} = \frac{c}{k}\sqrt{k^2-(u'_{mn}/a)^2} \tag{6.69b}$$

6. 波阻抗 Z_{TE} 与 Z_{TM}

$$Z_{TE} = \frac{\eta}{\sqrt{1-(\lambda/\lambda_{cTE})^2}} \tag{6.70a}$$

$$Z_{TM} = \eta\sqrt{1-(\lambda/\lambda_{cTM})^2} \tag{6.70b}$$

从上面的表达式可以看出，除了截止波长，圆形波导其他主要参量的表达式均与矩形波导的相同。

6.3.6　圆形波导的三种常用模式

1. 主模 TE₁₁ 模

$\lambda_c = 3.41a$，由式（6.63）得到其场分量为

$$E_r = -j\frac{\omega\mu a^2}{(1.841)^2 r} H_0 J_1\left(\frac{1.841}{a}r\right)\begin{Bmatrix}-\sin\phi\\\cos\phi\end{Bmatrix}e^{j(\omega t-\beta z)} \tag{6.71a}$$

$$E_\phi = j\frac{\omega\mu a}{1.841} H_0 J_1'\left(\frac{1.841}{a}r\right)\begin{Bmatrix}\cos\phi\\\sin\phi\end{Bmatrix}e^{j(\omega t-\beta z)} \tag{6.71b}$$

$$E_z = 0 \tag{6.71c}$$

$$H_r = -j\frac{\beta a}{1.841} H_0 J_1'\left(\frac{1.841}{a}r\right)\begin{Bmatrix}\cos\phi\\\sin\phi\end{Bmatrix}e^{j(\omega t-\beta z)} \tag{6.71d}$$

$$H_\phi = -j\frac{\beta a^2}{(1.841)^2 r} H_0 J_1\left(\frac{1.841}{a}r\right)\begin{Bmatrix}-\sin\phi\\\cos\phi\end{Bmatrix}e^{j(\omega t-\beta z)} \tag{6.71e}$$

$$H_z = H_0 J_1\left(\frac{1.841}{a}r\right)\begin{Bmatrix}\cos\phi\\\sin\phi\end{Bmatrix}e^{j(\omega t-\beta z)} \tag{6.71f}$$

场结构如图 6.10(a)所示。由图可见，TE₁₁ 模的场结构与矩形波导 TE₁₀ 模的场结构相似。在实际应用中，圆形波导 TE₁₁ 模便是由 TE₁₀ 模来激励的，将矩形波导的截面逐渐过渡成圆形，则 TE□₁₀ 模便会自然过渡成 TE○₁₁ 模，如图 6.11 所示。

TE₁₁ 模虽然是圆形波导的主模，但它存在极化面旋转现象，圆形波导因为加工不完善或其他原因，会分裂成 $\cos\phi$ 和 $\sin\phi$ 模，如图 6.12 所示，一般情况下不宜采用 TE₁₁ 模来传输微波能量和信号，这也是实际应用中不用圆形波导而用矩形波导作为微波传输系统的基本原因。

不过，利用 TE₁₁ 模的极化简并特性可以构成一些双极化元件，如极化分离器、极化衰减器等。TE₁₁ 模圆形波导的传输功率为

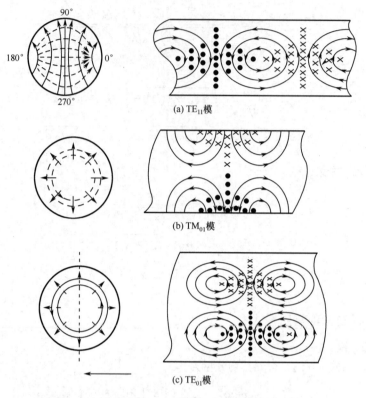

图 6.10　圆形波导 TE_{11}、TM_{01} 和 TE_{01} 模的场结构

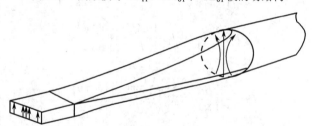

图 6.11　矩形波导 $TE_{10}^{\square}$ 模到圆形波导 TE_{11}° 模的过渡

(a) 水平极化　　　(b) 垂直极化　　　(c) 同时并存时极化面的旋转

图 6.12　圆形波导 TE_{11}° 模的极化

$$P_{TE_{11}} = \frac{1}{2}\text{Re}\int_{r=0}^{a}\int_{\phi=0}^{2\pi} \boldsymbol{E}\times\boldsymbol{H}^{*}\cdot z\mathrm{d}\phi\mathrm{d}r = \frac{1}{2}\text{Re}\int_{0}^{a}\int_{0}^{2\pi}\left[E_{r}H_{\phi}^{*}-E_{\phi}H_{r}^{*}\right]r\mathrm{d}\phi\mathrm{d}r$$

$$= \frac{\pi\omega\mu\text{Re}(\beta_{11})\left|H_{0}\right|^{2}a^{4}}{4\times(1.841)^{4}}(1.841^{2}-1)J_{1}^{2}(1.841)$$

（6.72）

有限导电率金属圆形波导的单位长度功率损耗为

$$P_t = \frac{R_s}{2} \int_{\phi=0}^{2\pi} \int_0^{2\pi} |J_s|^2 \, a\mathrm{d}\phi = \frac{R_s}{2} \int_0^{2\pi} \left[|H_\phi|^2 + |H_z|^2 \right] a\mathrm{d}\phi$$

$$= \frac{\pi R_s a |H_0|^2}{2} \left(1 + \frac{\beta_{11}^2 a^2}{(1.841)^4} \right) J_1^2(1.841) \tag{6.73}$$

将式（6.72）和式（6.73）代入式（6.46），得到 TE_{11} 模圆形波导的衰减常数为

$$\alpha_{cTE_{11}} = \frac{P_t}{2P_{TE_{11}}} = \frac{R_s}{ak\eta\beta_{11}} \cdot \left[K_c^2 + \frac{K^2}{u_{11}'^2 - 1} \right] \quad (\mathrm{Np/m}) \tag{6.74a}$$

其介质衰减常数为

$$\alpha_{dTE_{11}} = \frac{k^2 \tan\delta}{2\beta_{11}} \quad (\mathrm{Np/m}) \tag{6.74b}$$

式（6.72）～式（6.74）中的 β_{11} 为 TE_{11} 模的相位常数。

2. 圆对称 TM_{01} 模

TM_{01} 模是圆形波导的最低型横磁模，是圆形波导的次主模，没有简并，其 $\lambda_c = 2.62a$。将 $m=0$，$n=1$ 代入式（6.60），得到 TM_{01} 模的场分量为

$$E_r = \frac{\mathrm{j}\beta a}{2.405} E_0 J_1\left(\frac{2.405}{a} r \right) \mathrm{e}^{\mathrm{j}(\omega t - \beta z)} \tag{6.75a}$$

$$E_z = E_0 J_1\left(\frac{2.405}{a} r \right) \mathrm{e}^{\mathrm{j}(\omega t - \beta z)} \tag{6.75b}$$

$$H_\phi = \frac{\mathrm{j}\omega\varepsilon a}{2.405} E_0 J_1\left(\frac{2.405}{a} r \right) \mathrm{e}^{\mathrm{j}(\omega t - \beta z)} \tag{6.75c}$$

$$H_r = H_z = E_\phi = 0 \tag{6.75d}$$

其场结构如图 6.10(b)所示。由图 6.10(b)和式（6.75）可见其场结构具有如下特点：

（1）电磁场沿 ϕ 方向不变化，场分布具有圆对称性（或轴对称性）。

（2）电场相对集中在中心线附近，磁场则相对集中在波导壁附近。

（3）磁场只有 H_ϕ 分量，因此管壁电流只有 J_z 分量。

因为 TM_{01} 模具有上述特点，所以适合作为天线扫描装置的旋转关节等。

3. 损耗最小的 TE_{01} 模

TE_{01} 模是圆形波导的高次模，其 $\lambda_c = 1.64a$，由式（6.63）可得其场分量为

$$E_\phi = \frac{-\mathrm{j}\omega\mu a}{3.832} H_0 J_1\left(\frac{3.832}{a} r \right) \mathrm{e}^{\mathrm{j}(\omega t - \beta z)} \tag{6.76a}$$

$$H_r = \frac{\mathrm{j}\beta a}{3.832} H_0 J_1\left(\frac{3.832}{a} r \right) \mathrm{e}^{\mathrm{j}(\omega t - \beta z)} \tag{6.76b}$$

$$H_z = H_0 J_1\left(\frac{3.832}{a} r \right) \mathrm{e}^{\mathrm{j}(\omega t - \beta z)} \tag{6.76c}$$

$$E_r = E_z = H_\phi = 0 \tag{6.76d}$$

其场结构如图 6.10(c)所示。由图 6.10(c)和式（6.76）可见其场结构具有如下特点：

（1）电磁场沿 ϕ 方向不变化，也具有轴对称性。

（2）电场只有 E_ϕ 分量，在中心和管壁附近为零。

（3）在管壁附近只有 H_z 分量磁场，所以管壁电流只有 J_ϕ 分量。

因此，当传输功率一定时，随着频率增高，损耗减小，衰减常数变小。这一特性使 TE_{01} 模适合作为毫米波长距离低损耗传输与高 Q 值圆柱谐振腔的工作模式。在毫米波段，TE_{01} 模圆形波导的理论衰减为 TE_{10} 模矩形波导衰减的 1/4～1/8。然而，TE_{01} 模不是圆形波导的主模，使用时需设法抑制其他的低次传输模。

壁电流为

$$J_s = \hat{n} \times H_z = -\hat{r} \times H_z = |H_z|\hat{\phi}$$

可见 TE_{01} 模壁电流只有横向分量，衰减 α 随 f 上升而下降。三种模式的导体衰减公式如下：

$$\alpha_{TE_{01}} = \frac{R_s}{a\eta} \frac{\left(\frac{\lambda}{\lambda_{gTE_{01}}}\right)^2}{\sqrt{1 - \left(\frac{\lambda}{1.64a}\right)^2}} \qquad (\text{Np/m}) \qquad (6.77a)$$

$$\alpha_{TM_{01}} = \frac{R_s}{a\eta} \frac{1}{\sqrt{1 - \left(\frac{\lambda}{2.62a}\right)^2}} \qquad (\text{Np/m}) \qquad (6.77b)$$

$$\alpha_{TE_{11}} = \frac{R_s}{a\eta\sqrt{1 - (\lambda/3.41a)^2}} \left[\left(\frac{\lambda}{\lambda_{gTE_{11}}}\right)^2 + 0.42\right] \qquad (\text{Np/m}) \qquad (6.77c)$$

圆形波导不同传输波型的导体衰减常数汇总
$$\alpha_{TE_{0n}} = \frac{R_s}{a\eta} \frac{(\lambda/\lambda_g)^2}{\sqrt{1 - (\lambda/\lambda_c)^2}} \qquad (\text{Np/m})$$
$$\alpha_{TM_{0n}} = \frac{R_s}{a\eta} \frac{1}{\sqrt{1 - (\lambda/\lambda_c)^2}} \qquad (\text{Np/m})$$
$$\alpha_{TE_{mn}} = \frac{R_s}{a\eta\sqrt{1 - (\lambda/\lambda_c)^2}} \left[(\lambda/\lambda_g)^2 + \frac{m^2}{u_{mn}'^2 - m^2}\right] \qquad (\text{Np/m})$$

图 6.13 给出了三种模式随频率的衰减曲线。

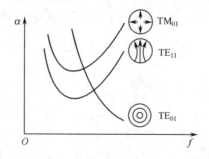

图 6.13　圆形波导 TE_{11}、TM_{01} 模和 TE_{01} 模随频率的衰减曲线

表 6.3 中给出了圆形波导的几个主要模式传输条件。

表 6.3   圆形波导的几个主要模式传输条件

传 输 模 式	波长（频率）范围	半径 a
TE_{11}	$2.62a < \lambda < 3.41a$	一般 a 选 $\dfrac{\lambda}{3}$
TM_{01}, TE_{11}	$2.06a < \lambda < 2.62a$	$\dfrac{\lambda}{2.62} < a < \dfrac{\lambda}{2.06}$
$TE_{01}, TM_{11}, TE_{21}, TM_{01}, TE_{11}$	$1.22a < \lambda < 1.64a$	$\dfrac{\lambda}{1.64} < a < \dfrac{\lambda}{1.22}$

【例 6.2】求半径为 0.5cm、填充 $\varepsilon_r = 2.25$ 的介质（$\tan\delta = 0.001$）的圆形波导前两个传输模的截止频率；设其内壁镀银，计算工作频率为 13GHz 时 50cm 长波导的 dB 衰减值。

解：前两个传输模是 TE_{11} 和 TM_{01}，其截止频率分别为

$$f_{cTE_{11}} = \frac{u'_{11}c}{2\pi a\sqrt{\varepsilon_r}} = \frac{1.841 \times (3 \times 10^8)}{2\pi \times 0.005 \times \sqrt{2.25}} = 11.72(\text{GHz})$$

$$f_{cTM_{01}} = \frac{u_{01}c}{2\pi a\sqrt{\varepsilon_r}} = \frac{2.405 \times (3 \times 10^8)}{2\pi \times 0.005 \times \sqrt{2.25}} = 15.31(\text{GHz})$$

显然，当工作频率 $f = 13$GHz 时，该波导只能传输 TE_{11} 模，其波数为

$$k = \frac{2\pi f_0\sqrt{\varepsilon_r}}{c} = \frac{2\pi \times (13 \times 10^9) \times \sqrt{2.25}}{3 \times 10^8} = 408.4(\text{m}^{-1})$$

TE_{11} 模的传播常数为

$$\beta_{11} = \sqrt{k^2 - \left(\frac{u'_{11}}{a}\right)^2} = \sqrt{408.4^2 - \left(\frac{1.841}{0.005}\right)^2} = 176.7(\text{m}^{-1})$$

介质衰减常数为

$$\alpha_{dTE_{11}} = \frac{k^2\tan\delta}{2\beta_{11}} = 0.47(\text{Np/m})$$

银的导电率为 $\sigma = 6.17 \times 10^7 \text{S/m}$，其表面电阻为 $R_s = \sqrt{\dfrac{\omega\mu}{2\sigma}} = 0.029\Omega$，于是金属导体的衰减常数为

$$\alpha_{TE_{11}} = \frac{R_s}{a\eta\sqrt{1 - (\lambda/3.41a)^2}}\left[\left(\frac{\lambda}{\lambda_{gTE_{11}}}\right)^2 + 0.42\right] = 0.006(\text{Np/m})$$

总的衰减常数为 $\alpha = \alpha_c + \alpha_d = 0.476$Np/m。50cm 长波导的衰减值为

$$L = -20\lg e^{-\alpha l} = 2.067\text{dB}$$

6.4   同轴线

同轴线由两根共轴的圆柱体导体组成，因为是由双导体传输线组成的，它不仅可以传输 TE 波、TM 波，而且最重要的是可以传输 TEM 波。在实际应用中，我们都使其工作在 TEM 模，基本上无例外情况。它的频率应用范围非常宽，可从低频（甚至直流）一直到微波。

同轴线的几何结构如图 6.14 所示，其内外半径分别为 a 和 b。

在本节中，我们将讨论的重点放在 TEM 波上。

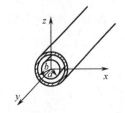

图 6.14   同轴线的几何结构

6.4.1　TEM 模

我们知道，对 TEM 模而言，其纵向场分量全部为零，即 $E_z = H_z = 0$。同轴线的横向场满足拉普拉斯方程

$$\nabla_t^2 \boldsymbol{E}(r,\phi) = 0 \qquad\qquad (6.78a)$$

$$\nabla_t^2 \boldsymbol{H}(r,\phi) = 0 \qquad\qquad (6.78b)$$

因为此时电场与磁场为稳定场，所以可以先求出电位的表达式，然后用我们熟知的电位与电场的关系式

$$\boldsymbol{E}(r,\phi) = -\nabla \boldsymbol{\Phi}(r,\phi) \qquad\qquad (6.79)$$

得到电场的解。下面求电位 $\boldsymbol{\Phi}$ 的表达式。

电位 $\boldsymbol{\Phi}$ 同样满足拉普拉斯方程

$$\frac{\partial^2 \boldsymbol{\Phi}}{\partial r^2} + \frac{1}{r}\frac{\partial \boldsymbol{\Phi}}{\partial r} + \frac{1}{r^2}\frac{\partial^2 \boldsymbol{\Phi}}{\partial \phi^2} = 0 \qquad\qquad (6.80)$$

式（6.80）可以采用分离变量法求解。但我们注意到，因为场是轴对称的，所以 $\partial^2 \boldsymbol{\Phi}/\partial r^2 = 0$，于是上式可以简化为

$$\frac{\partial}{\partial r}\left(r\frac{\partial \boldsymbol{\Phi}}{\partial r} \right) = 0$$

解上面的方程可得

$$\boldsymbol{\Phi} = C\ln r + D$$

将上式代入式（6.79）得

$$\boldsymbol{E} = \frac{E_0}{r}\boldsymbol{e}_r$$

式中，$E_0 = -C$。

因为同轴线传输的是 TEM 波，所以电场分量为

$$E_r = \frac{E_0}{r}\mathrm{e}^{\mathrm{j}(\omega t - \beta z)} \qquad\qquad (6.81)$$

而由场方程 $\nabla \times \boldsymbol{E} = -\mathrm{j}\omega\mu\boldsymbol{H}$ 可知 $\mathrm{j}\beta E_r = \mathrm{j}\omega\mu H_\phi$，所以可以得到它的磁场分量为

$$H_\phi = \frac{1}{\eta}\frac{E_0}{r}\mathrm{e}^{\mathrm{j}(\omega t - \beta z)} \qquad\qquad (6.82)$$

此时可以得到同轴线传输 TEM 模的全部场量为

$$E_r = \frac{E_0}{r}\mathrm{e}^{\mathrm{j}(\omega t - \beta z)} \qquad\qquad (6.83a)$$

$$E_\phi = 0 \qquad\qquad (6.83b)$$

$$E_z = 0 \qquad\qquad (6.83c)$$

$$H_r = 0 \qquad\qquad (6.83d)$$

$$H_\phi = \frac{1}{\eta} \frac{E_0}{r} e^{j(\omega t - \beta z)} \qquad (6.83e)$$

$$H_z = 0 \qquad (6.83f)$$

式中，η 为波阻抗。同轴线的场结构如图 6.15 所示。由式（6.81）和图 6.15 可知，同轴线的 TEM 波电场只有径向分量 E_r，电场线是径向线，磁场线是闭合圆周，电场与磁场分量与 r 成反比变化，在内导体附近场强最大，且电场与磁场分量是同相的，从而形成了沿纵向的能量传播。

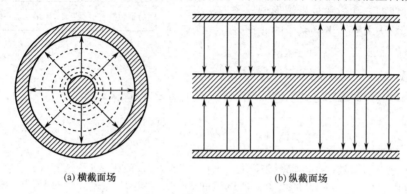

(a) 横截面场   (b) 纵截面场

图 6.15 同轴线中 TEM 波的场结构

有了电场与磁场的表达式，就可求出线上的电压与电流，进而得到描述传输线阻抗特性的一个重要参量，即特征阻抗。下面求电压、电流和特征阻抗。由

$$I = \oint_l H_\phi \mathrm{d}l = \int_0^{2\pi} \frac{1}{\eta} \frac{E_0}{r} e^{j(\omega t - \beta z)} r \mathrm{d}\phi = \frac{2\pi E_0}{\eta} e^{j(\omega t - \beta z)}$$

得

$$I = \frac{2\pi E_0}{\eta} e^{j(\omega t - \beta z)} \qquad (6.84)$$

$$V = \int_a^b E_r \mathrm{d}r = \int_a^b \frac{E_0}{r} e^{j(\omega t - \beta z)} \mathrm{d}r = E_0 \ln \frac{b}{a} e^{j(\omega t - \beta z)}$$

即

$$V = E_0 \ln \frac{b}{a} e^{j(\omega t - \beta z)} \qquad (6.85)$$

联立式（6.84）、式（6.85）可得特征阻抗 Z_0 为

$$Z_0 = \frac{V}{I} = \frac{\eta}{2\pi} \ln \frac{b}{a} \qquad (6.86)$$

当填充介质为电介质时，特征阻抗为

$$Z_0 = \frac{60}{\sqrt{\varepsilon_r}} \ln \frac{b}{a} \qquad (6.87)$$

由式（6.87）可见，对同轴线而言，其特征阻抗取决于填充介质和其内外半径之比，ε_r 越小，b/a 越大，特征阻抗就越大。

表 6.4 为同轴线中 TEM 波的各传输特性参量。

6.4.2 同轴线的高次模

同轴线可视为一个同轴圆柱波导，所以同轴线中除了可以传输 TEM 波，还可以传输 TE 波和 TM 波，因为它们都是有截止频率的，所以是高次模。

分析同轴线的高次模和分析圆形波导的方法相似，即利用分离变量法求解柱坐标系中的波动方程，然后利用边界条件来确定常数。

表 6.4 同轴线中 TEM 波的各传输特性参量	
截止波长与截止频率	$\lambda_c = \infty, \ f_c = 0$
相位常数	$\beta = \omega\sqrt{\mu\varepsilon}$
波导波长	$\lambda_g = \lambda$
相速度与群速度	$v_p = v_g = c$
波阻抗	$Z_{TEM} = \eta$
特征阻抗	$Z_0 = \dfrac{\eta}{2\pi}\ln\dfrac{b}{a}$

1. TM 模

从分析圆形波导的方法可知，同轴线中的纵向电场 E_z 的通解为

$$E_z = \left[CJ_m(k_c r) + DN_m(k_c r)\right]\begin{Bmatrix}\cos m\phi\\\sin m\phi\end{Bmatrix}e^{j(\omega t - \beta z)} \tag{6.88}$$

与圆形波导不同的是，在同轴线中，因为 $r = 0$ 并不在场域中（自变量 r 从 a 变到 b），所以不能利用场的有限性来得到 $D = 0$ 的结果，所以纵向电场 E_z 的解中应该同时包含第一类和第二类贝塞尔函数，这样它的模式及模式的参量就会与圆形波导的不同。前面说过，对于同轴线，我们不是用它的高次模，而只是用它的 TEM 模，所以并不详细研究它的 TE 模、TM 模，而只是求出它们的截止波长并在使用中使其截止即可。

根据边界条件可知，在内外导体表面上切向电场为零。由此可得

$$CJ_m(k_c a) + DN_m(k_c a) = 0$$
$$CJ_m(k_c b) + DN_m(k_c b) = 0$$

上面两式消去 C、D 得

$$\frac{J_m(k_c a)}{J_m(k_c b)} = \frac{N_m(k_c a)}{N_m(k_c b)} \tag{6.89}$$

这是一个包含贝塞尔函数的超越方程，严格求解很难。可以利用近似方法求解。满足方程的 k_c 值有无穷多个，每个 k_c 对应一个模式，且对应一个截止波长。

通常的做法是，利用第一类和第二类贝塞尔函数的渐近表达式，然后在宗量（$k_c a$、$k_c b$）远大于 1 的条件下简化近似式，代入式（6.89）得到 TM 波的截止波数的近似解为

$$k_c \approx \frac{n\pi}{b-a}, \quad n = 1, 2, 3, \cdots \tag{6.90}$$

由此可得 TM_{mn} 模式的截止波长为

$$\lambda_c = \frac{2\pi}{k_c} \approx \frac{2}{n}(b-a), \quad n = 1, 2, 3, \cdots \tag{6.91}$$

式（6.91）表明，同轴线中 TM_{mn} 波的截止波长与 m 无关。

2. TE 模

与 TM 模的 k_c 求解方法类似，由切向电场 E_ϕ 在 $r = a$ 及 $r = b$ 处为零的边界条件可得超越方程：

$$\frac{J'_m(k_c a)}{J'_m(k_c b)} = \frac{N'_m(k_c a)}{N'_m(k_c b)} \tag{6.92}$$

从而求得

$$\lambda_c \approx \frac{\pi(a+b)}{m}, \qquad n=1, m=1,2,3,\cdots \tag{6.93}$$

和

$$\lambda_c \approx \frac{2(b-a)}{n}, \qquad m=0, n=1,2,3,\cdots \tag{6.94}$$

由式（6.91）、式（6.93）和式（6.94）可知，对同轴线而言，其高次模中的最低模应该是 TE_{11}，即高次模中它的截止波长是最大的，为

$$\lambda_c \approx \pi(a+b) \tag{6.95}$$

因此，要想保证同轴线中只能单模传输 TEM 波，就必须抑制 TE_{11} 波的传播。此时，应使同轴线的工作波长满足如下条件：

$$\lambda > \pi(a+b) \tag{6.96}$$

式（6.96）是使用同轴线时应该注意的。图 6.16 是同轴线中高次模的截止波长示意图。

为了消除同轴线中的高次模，随着频率的升高，同轴线的尺寸必须相应地减小。但尺寸过小时，损耗增加，且限制了传输功率。同轴线的传输频率并无下限，这也是 TEM 模传输线的共性。

为了加深读者对单模传输的理解，在此特举例予以说明。

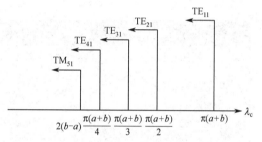

图 6.16　同轴线中高次模的截止波长示意图

【例 6.3】估计 RC-142 同轴电缆（$a=0.035\text{in}$，$b=0.116\text{in}$，填充的电介质的介电常数为 $\varepsilon_r=2.2$）单模工作的最高频率（其中 $1\text{in}=2.54\text{cm}$）。

解：任何频率都可传输 TEM 模，最低高次模是 TE_{11} 模，

$$f_{cTE_{11}} = \frac{c}{\lambda_{cTE_{11}}\sqrt{\varepsilon_r}} = \frac{c}{\pi(a+b)\sqrt{\varepsilon_r}} \approx 16.786\text{GHz}$$

实际上，通常建议给出 5%的安全余量，此时 $f_{\max}=0.95 f_{cTE_{11}}=16\text{GHz}$。

6.4.3　同轴线的损耗

同轴线的损耗一般包括内外导体的导体损耗与其填充介质的介质损耗两部分。由传输线理论可知，它的衰减常数可以表示为

$$\alpha = \alpha_c + \alpha_d = \frac{R_0}{2Z_0} + \frac{G_0 Z_0}{2} \tag{6.97}$$

式中，R_0、G_0 分别为同轴线单位长度的分布电阻与分布电导，Z_0 是其特征阻抗。若认为高频电流在同轴线的内外导体壁上的趋肤深度截面内是均匀分布的，则其分布电阻为

$$R_0 = \frac{R_s}{2\pi}\left(\frac{1}{b} + \frac{1}{a}\right) \tag{6.98}$$

式中，$R_s = \frac{1}{\sigma\delta} = \sqrt{\frac{\omega\mu}{2\sigma}}$ 为导体的表面电阻。

在同轴线中，半径为 r、厚度为 dr 的单位长度的介质环的漏电阻为 $dR_d = \frac{1}{\sigma_d}\frac{dr}{2\pi \cdot 1}$，所以同轴线的单位长度的漏电阻为

$$R_d = \int_a^b dR_d = \frac{1}{2\pi\sigma_d}\int_a^b \frac{dr}{r} = \frac{1}{2\pi\sigma_d}\ln\frac{b}{a} \tag{6.99}$$

从而同轴线的分布电导为

$$G_0 = \frac{1}{R_d} = \frac{2\pi\sigma_d}{\ln\frac{b}{a}} \tag{6.100}$$

联立式（6.97）、式（6.98）和式（6.100）得

$$\alpha_c = \frac{R_s\left(\frac{1}{b} + \frac{1}{a}\right)\sqrt{\varepsilon_r}}{240\pi\ln\frac{b}{a}} \quad \text{(NP/m)} \tag{6.101a}$$

$$\alpha_d = 60\pi\sigma_d \big/ \sqrt{\varepsilon_r} \tag{6.101b}$$

【注意】

在式（6.101b）中，假设只考虑非理想介质引起的损耗而不考虑介质相位滞后问题，介电常数为实数，则 $\tan\delta = \dfrac{\sigma_d}{\omega\varepsilon}$，

$$\alpha_d = \frac{60\pi\sigma_d}{\sqrt{\varepsilon_r}} = \frac{\eta\tan\delta\,\omega\varepsilon}{2\sqrt{\varepsilon_r}} = \frac{\sqrt{\mu/\varepsilon}\,\tan\delta\,\omega\varepsilon}{2\sqrt{\varepsilon_r}} = \frac{\omega\sqrt{\mu\varepsilon}\,\tan\delta}{2\sqrt{\varepsilon_r}} = \frac{k^2\tan\delta}{2\beta}$$

与 6.2.6 节中矩形波导注释中推导的公式（11）是一致的。

由式（6.101）可知，同轴线的导体损耗与工作频率有关，频率越高，表面电阻越大，导体损耗也越大。同轴线的导体损耗又与它的尺寸 b/a 有关。当 b 一定时，α_c 随 b/a 变化时存在一个极小值，由方程 $\partial\alpha_c/\partial(b/a) = 0$ 可以解出对应的 $b/a \approx 3.59$。相应同轴线的特征阻抗 $Z_0 = 77/\sqrt{\varepsilon_r}$，因此为了使同轴线的损耗最小，空气同轴线的特征阻抗应为 $77\,\Omega$。

由式（6.101b）可见，同轴线的介质衰减与其尺寸无关，而取决于填充介质的特性，且与工作波长成反比。当同轴线中填充空气时，其介质衰减可以忽略不计。

6.4.4 同轴线的传输功率、耐压和功率容量

如果已知同轴线的内外导体间的电压为 V_0，那么传输功率可以计算如下：

$$P = V_0^2\big/2Z_0 \tag{6.102}$$

式中，$V_0 = \int_a^b \frac{E_0}{r}dr = E_0\ln\frac{b}{a}$，$Z_0 = \frac{60}{\sqrt{\varepsilon_r}}\ln\frac{b}{a}$。代入式（6.102）得同轴线的传输功率为

$$P = \frac{E_0^2 \sqrt{\varepsilon_r}}{120 \ln \frac{b}{a}} \tag{6.103}$$

同轴线中最大电场出现在内导体表面，即 $r = a$ 时电场最大，此时电场值即为击穿场强：

$$E_{br} = \frac{E_0}{a} = \frac{V_0}{a \ln \frac{b}{a}} \tag{6.104}$$

所以同轴线的耐压值为

$$V_{br} = a E_{br} \ln \frac{b}{a} \tag{6.105}$$

当同轴线中的最大电场等于击穿场强 E_{br} 时，传输功率即为功率容量 P_{br}，将式（6.104）代入式（6.103）得功率容量为

$$P_{br} = \frac{a^2 E_{br}^2 \ln \frac{b}{a} \sqrt{\varepsilon_r}}{120} \tag{6.106}$$

由式（6.105）和式（6.106）可知，当 b 一定，V_{br} 与 P_{br} 随 b/a 变化时存在一个极大值，可以令 $\partial V_{br} / \partial (b/a) = 0$ 和 $\partial P_{br} / \partial (b/a) = 0$ 求得此时 b/a 的值。

当 $b/a \approx 2.71$ 时，V_{br} 的值最大，此时同轴线的特征阻抗为 $Z_0 = 60 / \sqrt{\varepsilon_r}$；当 $\frac{b}{a} \approx 1.65$ 时，P_{br} 的值最大，此时同轴线的特征阻抗为 $Z_0 = 30 / \sqrt{\varepsilon_r}$。

由上面的讨论可知，当同轴线的尺寸 b 一定时，要使它的衰减最小，耐压及功率容量最大，对值 b/a 或特征阻抗 Z_0 的要求是不一样的。在实际中，常用同轴线的特征阻抗为 $75\,\Omega$ 和 $50\,\Omega$，显然，前者接近使导体衰减最小，而后者兼顾了衰减要小而功率容量与耐压值要大两方面的要求。

6.4.5 同轴线的设计

设计同轴电缆时，需选择其内、外导体半径 a 和 b。同轴线尺寸的选择要考虑如下因素：

- 在工作频带内，保证工作波型 TEM 的单模传输。

- 功率容量要大。

- 损耗要小。

由式（6.96）可知，要保证单模传输，最小的传输波长就应该满足下面的条件：

$$a + b < \lambda_{min} / \pi$$

上式只给出了 $a + b$ 的数值要求，要确定 a 和 b，还需要知道 b 与 a 的比值。b 和 a 的比值将影响到同轴线的功率容量和功率损耗。

当 $b/a = 2.303$ 时，衰减比最佳值约大 10%，功率容量比最大值约小 15%。若此时填充介质为空气，则其特征阻抗为 $50\,\Omega$。在同轴线的最大功率容量和最小衰减这对矛盾的目标下，要人为地进行折中处理，以获得特征阻抗值。

从上面的讨论出发，网络分析仪中的同轴电缆如果要工作在 26.5GHz 频率范围内，其内、外导体外径之和就必须满足

$$\lambda_{min} > \lambda_c(\text{TE}_{11}) \approx \pi(a + b)$$

考虑到在该频率范围内同轴线的填充介质介电常数约为 2.1，则有

$$\lambda_{\min} = \frac{c}{f\sqrt{2.1}} = 7.8\text{mm}$$

即 26.5GHz 网络分析仪的同轴线内导体外径一般都为 3.5mm。而对工作在 50GHz 以下的同轴线，其内导体半径一般为 2.4mm。

在实际应用中，同轴线主要作为馈线及同轴接口使用，如微波射频测量系统中使用的同轴线测量系统。

所谓同轴测量系统，是指被测网络和测量仪器之间的连接方式为同轴接口，被测网络和外部接口采用同轴接头。

常见的射频同轴连接件的类型有：3.5mm 接头、SMA（Subminiature Access）和 APC-7（Amphneol Precision Connector-7mm），其中 3.5mm 接头和 SMA 是有极性的，APC-7 没有极性。APC-7 主要用于低驻波比的场合，重复使用性好。3.5mm 和 SMA 连接件较小，适合在高频下使用。虽然 3.5mm 接头与 SMA 连接件的表面几乎相同，但 SMA 实际上是介质心的，工作频率通常为 18GHz；3.5mm 接头是空气心的，通常工作频率可达 26.5GHz。

6.5 平面传输线

6.5.1 常见平面传输线及其结构

常见平面传输线有带状线、微带线、耦合微带线、共面波导和槽线等。

带状线是双导体传输线，因此传输主模为 TEM 模，也存在高次 TE 模和 TM 模。同时，带状线是一种宽带传输线。带状线的结构如图 6.17 所示。

当两根微带线相互靠近时，彼此会产生电磁耦合，构成耦合微带线。耦合微带线的结构如图 6.18 所示。

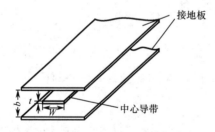
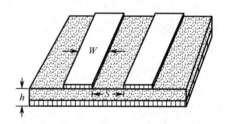

图 6.17　带状线的结构　　　　　　图 6.18　耦合微带线的结构

槽线的几何结构如图 6.19 所示，它是在介质板一侧的接地导体上开出一条细缝而形成的微带电路，在介质板的另一面则没有导体覆盖。为了使电磁场能量更加集中于中间的槽，并减少槽线的电磁能量辐射，通常应采用高介电常数的介质板。两块导体导致准 TEM 模，改变槽的宽度可改变槽线的特征阻抗。

共面波导的结构与槽线的结构类似，如图 6.20 所示。通常而言，共面波导可视为槽线的一种，只不过其槽中央有第三个导体。然而，正是由于存在这个导体，共面波导可以支持偶或奇的准 TEM 模，这主要取决于两槽之间的电场是反向的还是同向的。在这种结构中，中心导体与接地导体位

于同一平面内，因此对需要并联安置的元器件是很方便的。在共面波导中安置铁氧体材料后，就可构成谐振式隔离器或差分移相器。

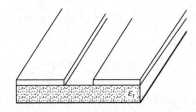

图 6.19　槽线的几何结构

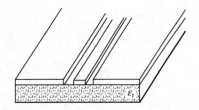

图 6.20　共面波导的几何结构

　　微带线是一种最流行的平面传输线，它可使用照相印制工艺来加工，而且可以很容易地和其他有源及无源器件集成，因而被广泛地应用在微波电路中。

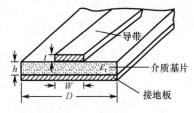

图 6.21　微带线的几何结构

　　微带线是由介质基片上的金属导带及地面的接地板构成的，其几何结构如图 6.21 所示。其中，导带的宽度为 W，厚度为 t（导带的厚度很小），介质基片的厚度为 h，相对介电常数为 ε_r，接地板的宽度为 D。

　　如果介质基片不存在，就可利用镜像理论将传输线想象为双线传输线，它由宽度为 W、间隔为 $2h$ 的两个平带状导体组成，所以此时该传输线是简单的 TEM 波传输线。

　　然而，此时的情况是导带与接地板之间存在介质基片，这就使得微带线的行为与分析复杂化。因为场分布除了要满足导体表面的边界条件，还要满足介质与空气分界面上的边界条件，所以这时微带线中传输的电磁场是纵向场分量都不为零的混合波，但因为微带线的场能量绝大部分集中在介质区域中，空气中的场能量只占总能量很小的一部分，所以其纵向场分量的振幅应该比横向场分量的振幅小很多，由此我们认为微带线是工作于准 TEM 波的。

6.5.2　微带线的有效介电常数

　　分析微带线的困难之一是，这是一个部分介质填充和部分空气填充的复合填充问题，因此我们希望能够找到等效于两种介质填充情况的一种均匀介质，即将非均匀填充问题转化为均匀填充问题。下面讨论用均匀介质替代后的有效介电常数 ε_e。

　　我们知道，对于由单一空气介质填充的微带，如图 6.22(a)所示，其特征阻抗为

$$Z_0^0 = \sqrt{\frac{L_1^0}{C_1^0}} = \frac{1}{C_1^0 V_p} \qquad (6.107a)$$

　　而对于由单一介质填充的微带，如图 6.22(b)所示，其特征阻抗为

$$Z_0^\varepsilon = \sqrt{\frac{L_1}{C_1^\varepsilon}} = \sqrt{\frac{L_1^0}{\varepsilon_r C_1^0}} = \frac{Z_0^0}{\sqrt{\varepsilon_r}} \qquad (6.107b)$$

　　对于微带线的实际填充情况，即用复合介质填充的微带线，如图 6.22(c)所示，其分布电容 C_1 满足

$$C_1^0 < C_1 < \varepsilon_r C_1^0$$

图 6.22(d)所示为等效均匀填充的微带线，如果引入有效介电常数 ε_e，使其满足

$$C_1 = \varepsilon_e C_1^0, \quad 1 < \varepsilon_e < \varepsilon_r \tag{6.108}$$

就可以把原问题等效成介电常数为 ε_e 的介质均匀填充的问题，并使等效前后的分布电容值不变。等效的原则是两种情况下微带线的尺寸与其分布电容不变。

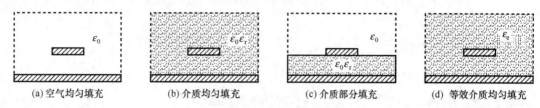

(a) 空气均匀填充   (b) 介质均匀填充   (c) 介质部分填充   (d) 等效介质均匀填充

图 6.22   有效介电常数的引入

我们使用填充因子 q 来描述介质部分填充的程度：

$$\varepsilon_e = 1 + q(\varepsilon_r - 1) \tag{6.109}$$

$q = 0$ 与 $q = 1$ 分别对应于空气均匀填充和介质均匀填充，$0 < q < 1$ 代表介质部分填充。q 是 W/h 的函数，其近似计算公式为

$$q = \frac{1}{2}\left[1 + (1 + 12\frac{h}{W})^{-1/2}\right] \tag{6.110}$$

联立式（6.109）和式（6.110），可将等效介电常数直接表示为

$$\varepsilon_e = \frac{\varepsilon_r + 1}{2} + \frac{\varepsilon_r - 1}{2}(1 + 12\frac{h}{W})^{-1/2} \tag{6.111}$$

6.5.3   微带线的特性参量

实际上，微带的严格场解是由混合 TE-TM 波组成的。然而，在绝大多数实际应用中，电介质基片非常薄（$d \ll \lambda$），因此场是准 TEM 波，也就是说，场基本上与静态情形时的相同，纵向场分量很小。因此，相速度、传播常数和特征阻抗可由静态或准静态解获得，介电常数可用有效介电常数 ε_e 表征：

$$v_p = \frac{c}{\sqrt{\varepsilon_e}} \tag{6.112}$$

$$\beta = k_0\sqrt{\varepsilon_e} \tag{6.113}$$

式中，ε_e 由式（6.111）确定。

利用保角变换，对给定的尺寸，特征阻抗可以计算为

$$Z_0 = \frac{60}{\sqrt{\varepsilon_e}}\ln\left(8\frac{h}{W} + 0.25\frac{W}{h}\right), \quad W/h \leqslant 1 \tag{6.114a}$$

$$Z_0 = \frac{120\pi/\sqrt{\varepsilon_e}}{\frac{W}{h} + 1.393 + 0.667\ln(\frac{W}{h} + 1.444)}, \quad W/h \geqslant 1 \tag{6.114b}$$

式中，$\varepsilon_e = \frac{\varepsilon_r + 1}{2} + \frac{\varepsilon_r - 1}{2}(1 + 12\frac{h}{W})^{-1/2}$。上面两式表明，对于不同的导带宽度与介质基片厚度之比，可以将特征阻抗的计算分成两部分。式（6.114a）对应窄带情况，式（6.114b）对应于宽带情况。

然而，对于给定的特征阻抗 Z_0 与介电常数 ε_r，比值 $\frac{W}{h}$ 可以如下求得：

$$\frac{W}{h} = \frac{8\mathrm{e}^A}{\mathrm{e}^{2A}-2}, \qquad A > 1.52 \tag{6.115a}$$

$$\frac{W}{h} = \frac{2}{\pi}\left\{B-1-\ln(2B-1)+\frac{\varepsilon_r-1}{2\varepsilon_r}\left[\ln(B-1)+0.39-\frac{0.61}{\varepsilon_r}\right]\right\}, \qquad A \leqslant 1.52 \tag{6.115b}$$

式中，

$$A = \frac{Z_0}{60}\left(\frac{\varepsilon_r+1}{2}\right)^{1/2} + \frac{\varepsilon_r-1}{\varepsilon_r+1}\left(0.23+\frac{0.11}{\varepsilon_r}\right), \quad B = \frac{60\pi^2}{Z_0\sqrt{\varepsilon_r}}$$

当 $A > 1.52$ 时属于窄带情况，当 $A \leqslant 1.52$ 时属于宽带情况。

下面给出一个典型的数据，具体过程读者可以自行验算：

$$\varepsilon_r = 9.6, \quad \frac{W}{h} = 1, \quad Z_0 = 46.69\Omega, \quad \varepsilon_e = 6.49$$

6.5.4　微带线的衰减

微带线的衰减包括介质损耗和导体损耗两部分，在小衰减情况下认为它们相互不交叉影响，即

$$\alpha = \alpha_c + \alpha_d \tag{6.116}$$

式中，α_c 代表导体损耗，α_d 代表介质损耗。

若把微带线视为准 TEM 线，则源于介质损耗的衰减可由下式确定：

$$\alpha_d = \frac{k_0}{2}\frac{\varepsilon_r}{\sqrt{\varepsilon_e}}\frac{\varepsilon_e-1}{\varepsilon_r-1}\tan\delta \qquad (\mathrm{Np/m}) \tag{6.117}$$

式中，$\tan\delta$ 为介质的损耗角正切。

源于导体损耗的衰减可由下式确定：

$$\alpha_c = \frac{R_s}{Z_0 W} \qquad (\mathrm{Np/m}) \tag{6.118}$$

式中，R_s 是导体的表面电阻。对绝大多数微带基片来说，导体损耗要比介质损耗更重要。

本章小结

本章主要讨论了传输线的一般传输特性、矩形波导、圆形波导、同轴线、微带线等问题，其中涉及的公式较多。为了加深读者的理解，特归纳如下。

（1）用纵向场分量表示横向场分量的 4 个方程：

$$E_x = -\frac{1}{k_c^2}\left(\mathrm{j}\omega u\frac{\partial H_z}{\partial y}+\gamma\frac{\partial E_z}{\partial x}\right), \quad E_y = \frac{1}{k_c^2}\left(\mathrm{j}\omega u\frac{\partial H_z}{\partial x}-\gamma\frac{\partial E_z}{\partial y}\right)$$

$$H_x = -\frac{1}{k_c^2}\left(\gamma\frac{\partial H_z}{\partial x}-\mathrm{j}\omega\varepsilon\frac{\partial E_z}{\partial y}\right), \quad H_y = -\frac{1}{k_c^2}\left(\gamma\frac{\partial H_z}{\partial y}+\mathrm{j}\omega\varepsilon\frac{\partial E_z}{\partial x}\right)$$

（2）传输线中的波型按照有无纵向场分量，可以分为以下 3 种类型：横电磁波（TEM 波）、

横电波（TE 波）和横磁波（TM 波）。

（3）矩形波导的传输参量

截止波长	$\lambda_c = \dfrac{2\pi}{\sqrt{k_x^2 + k_y^2}} = \dfrac{2}{\sqrt{(m/a)^2 + (n/b)^2}}$	相速度	$v_p = \dfrac{c}{\sqrt{1 - (\lambda/\lambda_c)^2}}$
相位常数	$\beta = k\sqrt{1 - (\lambda/\lambda_c)^2}$	群速度	$v_g = c\sqrt{1 - (\lambda/\lambda_c)^2}$
波导波长	$\lambda_g = \dfrac{\lambda}{\sqrt{1 - (\lambda/\lambda_c)^2}}$	特征阻抗	$Z_{TM} = \eta\sqrt{1 - (\lambda/\lambda_c)^2}$, $Z_{TE} = \dfrac{\eta}{\sqrt{1 - (\lambda/\lambda_c)^2}}$

（4）矩形波导 TE_{10} 模

场分量：
$$E_y = E_0 \sin\left(\frac{\pi}{a}x\right)e^{j(\omega t - \beta z)}$$

$$H_x = -\frac{\beta}{\omega\mu}E_0 \sin\left(\frac{\pi}{a}x\right)e^{j(\omega t - \beta z)}$$

$$H_y = j\frac{\pi}{\omega\mu a}E_0 \cos\left(\frac{\pi}{a}x\right)e^{j(\omega t - \beta z)}$$

传输功率：
$$P = \frac{ab}{4}E_0^2 \frac{1}{Z_{TE_{10}}}$$

单模传输条件：$\quad a < \lambda < 2a$ 和 $b \leqslant a/2$

衰减常数：
$$\alpha = \frac{R_s}{b\eta\sqrt{1 - (\lambda/2a)^2}}\left[1 + 2\frac{b}{a}(\lambda/2a)^2\right]$$

（5）圆形波导的传输参量

截止波长	$\lambda_c = \dfrac{2\pi a}{u_{mn}}$ (TM), $\lambda_c = \dfrac{2\pi a}{u'_{mn}}$ (TE)	相速度	$v_p = \dfrac{c}{\sqrt{1 - (\lambda/\lambda_c)^2}}$
相位常数	$\beta = k\sqrt{1 - (\lambda/\lambda_c)^2}$	群速度	$v_g = c\sqrt{1 - (\lambda/\lambda_c)^2}$
波导波长	$\lambda_g = \dfrac{\lambda}{\sqrt{1 - (\lambda/\lambda_c)^2}}$	特征阻抗	$Z_{TM} = \eta\sqrt{1 - (\lambda/\lambda_c)^2}$, $Z_{TE} = \dfrac{\eta}{\sqrt{1 - (\lambda/\lambda_c)^2}}$

可以看出矩形波导与圆形波导的传输参量只有截止波长表达式不同，其余所列均相同。

（6）同轴线的特征阻抗：
$$Z_0 = \frac{\eta}{2\pi}\ln\frac{b}{a}$$

同轴线损耗：
$$\alpha_c = \frac{R_s}{2\eta}\frac{(1/b + 1/a)}{\ln\frac{b}{a}}$$

$$\alpha_d = \frac{\omega\sqrt{\mu\varepsilon}}{2}\tan\delta$$

同轴线的传输功率：
$$P = \pi E_0^2 \ln\frac{b}{a}\Big/\sqrt{\mu_0/\varepsilon}$$

耐压：
$$V_{br} = aE_{br}\ln\frac{b}{a}$$

功率容量：
$$P_{br} = \frac{\pi a^2 E_{br}^2}{\sqrt{\mu_0/\varepsilon}}\ln\frac{b}{a}$$

要保证同轴线中只能单模传输 TEM 模，就必须抑制 TE_{11} 模的传播。此时，应使同轴线的工作波长满足如下条件：

$$\lambda > \pi(a+b)$$

（7）微带线的有效介电常数：$\qquad \varepsilon_e = \frac{\varepsilon_r+1}{2} + \frac{\varepsilon_r-1}{2}(1+12\frac{h}{W})^{-1/2}$

微带线的相速度：$\qquad\qquad v_p = c/\sqrt{\varepsilon_e}$

微带线的传播常数：$\qquad\qquad \beta = k_0\sqrt{\varepsilon_e}$

特征阻抗：

$$Z_0 = \frac{60}{\sqrt{\varepsilon_e}}\ln\left(8\frac{h}{W}+0.25\frac{W}{h}\right), \qquad \frac{W}{h} \leqslant 1$$

$$Z_0 = \frac{120\pi/\sqrt{\varepsilon_e}}{\frac{W}{h}+1.393+0.667\ln(\frac{W}{h}+1.444)}, \qquad \frac{W}{h} \geqslant 1$$

微带线的衰减：

$$\alpha = \alpha_c + \alpha_d, \qquad \alpha_d = \frac{k_0}{2}\frac{\varepsilon_r}{\sqrt{\varepsilon_e}}\frac{\varepsilon_e-1}{\varepsilon_r-1}\tan\delta \ \ (\text{Np/m}), \qquad \alpha_c = \frac{R_s}{Z_0 W} \ (\text{Np/m})$$

术 语 表

Bessel functions　贝塞尔函数	microstrip　微带线
characteristic impedance　特征阻抗	phase constant　相位常数
circular waveguide　圆形波导	phase velocity　相速度
coaxial line　同轴线	rectangular waveguide　矩形波导
conductor loss　导体损耗	stripline　带状线
cutoff frequency　截止频率	TE, TM modes　TE、TM 模
cutoff wavelength　截止波长	TEM waves and modes　TEM 波和模
dielectric loss　电介质损耗	transmission line　传输线
group velocity　群速度	waveguide　波导
Helmholtz equations　亥姆霍兹方程	

习　　题

6.1 纵向场法的主要步骤是什么？以矩形波导为例说明它对问题的分析过程有哪些简化。

6.2 矩形波导的导行条件是什么？

6.3 从方程 $\nabla\times\boldsymbol{E} = -\mathrm{j}\omega\mu\boldsymbol{H}$ 和 $\nabla\times\boldsymbol{H} = \mathrm{j}\omega\varepsilon\boldsymbol{E}$ 出发，推导矩形波导中 TE 波的横向分量与纵向分量的关系式。

6.4 用尺寸为 72.14mm×34.04mm 的 JB-32 矩形波导作为馈线，问：

（1）当 $\lambda = 6\mathrm{cm}$ 时波导中能传输哪些波型？

（2）写出该波导的单模工作条件。

6.5 什么模式是矩形波导的主模？它有哪些优点？

6.6 尺寸为 22.80mm×10.16mm 的 BJ-100 矩形波导由空气填充，要求只传输 TE_{10} 波，信号的工作频率 $f = 10\mathrm{GHz}$，问：

（1）截止波长、波导波长和相移常数各为何值？

（2）若波导宽边尺寸增大一倍，则上述参数如何变化？

（3）若波导窄边尺寸增大一倍，则上述参数如何变化？

（4）当 $f = 15\text{GHz}$ 时，上述参数如何变化？

（5）当信号的波长分别为 10cm、8cm、3.2cm 和 2cm 时，哪些波长的波可通过波导（波导内存在哪些传输波型）？若信号的波长不变，波导的截面尺寸变为 $a \times b = 72.14\text{mm} \times 30.4\text{mm}$，情况又怎样？

6.7 尺寸为 $a \times b$（$a > 2b$）的矩形波导中传输 TE10 波。若工作频率为 $f = 3\text{GHz}$，$\lambda = 0.8\lambda_c$，试求：（1）计算工作波长和截止波长；（2）写出该波导的单模传输条件。

6.8 圆形波导工作于 TE_{01} 模，已知 $\lambda = 0.8\lambda_c$，$f = 5\text{GHz}$。问相移常数 β 是多少？若半径增大一倍，则相移常数有何变化？

6.9 空气填充圆形波导的半径为 8cm，试求：（1）TE_{11}、TM_{01} 模的截止频率；（2）确定单模传输的频率范围。

6.10 同轴线的外导体半径为 $b = 23\text{mm}$，内导体半径为 $a = 10\text{mm}$，填充介质分别为空气和 $\varepsilon = 2.25$ 的无耗介质，计算其特征阻抗。

第7章 微波谐振器

工程背景

　　微波谐振器可用在滤波器、振荡器、频率器和可调谐放大器等器件中。本章首先讨论在微波频率下采用分布元件（如传输线、矩形波导、圆柱波导和介质腔谐振器等）来实现谐振器，然后讨论用小孔和电流片激励谐振腔。

自学提示

　　微波谐振器的作用与电路理论中的集总元件谐振器非常相似，因此我们首先回顾串联和并联 RLC 谐振电路的基本特性，了解串联谐振和并联谐振时的基本性能。通过本章的学习，要了解什么是谐振频率、Q 值和谐振带宽，了解它们之间的关系及对应的物理含义，并且了解 Q 的分类。

推荐学习方法

　　本章的基础就是第 3 章"分布电路与传输线理论"和第 6 章"实用微波传输线与波导"，设计一定长度的传输线、矩形波导和圆柱波导等即可设计谐振功能。只要熟练掌握第 3 章和第 6 章的内容，就很容易掌握本章的知识。

7.1 串联和并联谐振电路

　　接近谐振的微波谐振器常用串联和并联 RLC 集总元件等效电路模拟，下面推导此类电路的一些基本性能。

7.1.1 串联谐振电路

　　对于如图 7.1(a)所示的串联 RLC 谐振电路，其输入阻抗是

$$Z_{\text{in}} = R + j\omega L - j\frac{1}{\omega C} \tag{7.1}$$

传送到谐振器的复数功率是

$$P_{\text{in}} = \frac{1}{2}VI^* = \frac{1}{2}Z_{\text{in}}|I|^2 = \frac{1}{2}Z_{\text{in}}|V/Z_{\text{in}}|^2 = \frac{1}{2}|I|^2\left(R + j\omega L - j\frac{1}{\omega C}\right) \tag{7.2}$$

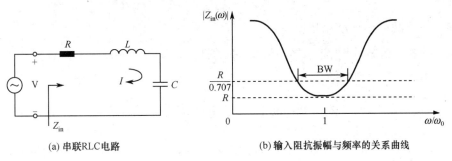

(a) 串联RLC电路　　　　　　(b) 输入阻抗振幅与频率的关系曲线

图 7.1　串联 RLC 谐振器及其谐振曲线

消耗在电阻 R 上的功率是

$$P_{\text{loss}} = \tfrac{1}{2}\left|I\right|^2 R \tag{7.3a}$$

存储在电感 L 中的平均磁能是

$$W_{\text{m}} = \tfrac{1}{4}\left|I\right|^2 L \tag{7.3b}$$

存储在电容 C 中的平均电能是

$$W_{\text{e}} = \frac{1}{4}\left|V_{\text{c}}\right|^2 C = \frac{1}{4}\left|I\right|^2 \frac{1}{\omega^2 C} \tag{7.3c}$$

式中，V_{c} 是跨接在电容上的电压。于是，式（7.2）所示的复数功率可以改写为

$$P_{\text{in}} = P_{\text{loss}} + 2j\omega(W_{\text{m}} - W_{\text{e}}) \tag{7.4}$$

而输入阻抗式（7.1）可以改写为

$$Z_{\text{in}} = \frac{2P_{\text{in}}}{\left|I\right|^2} = \frac{P_{\text{loss}} + 2j\omega(W_{\text{m}} - W_{\text{e}})}{\tfrac{1}{2}\left|I\right|^2} \tag{7.5}$$

当平均存储磁能和电能相等即 $W_{\text{m}} = W_{\text{e}}$ 时，产生谐振。因此，由式（7.5）和式（7.3a）得出谐振时的输入阻抗为

$$Z_{\text{in}} = \frac{P_{\text{loss}}}{\tfrac{1}{2}\left|I\right|^2} = R$$

这是纯实数。由式（7.3b）、式（7.3c）和 $W_{\text{m}} = W_{\text{e}}$ 推算出谐振频率 ω_0 为

$$\omega_0 = \frac{1}{\sqrt{LC}} \tag{7.6}$$

谐振电路的另一个重要参量是其 Q 值，即品质因数，它定义为

$$Q = \omega \frac{(\text{平均存储能量})}{(\text{能量损耗/秒})} = \omega \cdot \frac{W_{\text{m}} + W_{\text{e}}}{P_{\text{loss}}} \tag{7.7}$$

因此，Q 值是谐振电路损耗的量度，较低的损耗意味着较高的 Q 值。对于图 7.1(a) 所示的串联谐振电路，Q 值可用式（7.3a）、式（7.3b）、式（7.3c）和谐振时的 $W_{\text{m}} = W_{\text{e}}$，由式（7.7）计算得出：

$$Q = \omega_0 \frac{2W_{\text{m}}}{P_{\text{loss}}} = \omega_0 \frac{2W_{\text{e}}}{P_{\text{loss}}} = \frac{W_0 L}{R} = \frac{1}{\omega_0 RC} \tag{7.8}$$

该式表明，当 R 减小时，Q 值增加。

下面分析接近谐振频率时谐振器的输入阻抗特性。令 $\omega = \omega_0 + \Delta\omega$，这里 $\Delta\omega$ 是一个小量，则输入阻抗可由式（7.1）改写为

$$Z_{\text{in}} = R + j\omega L\left(1 - \frac{1}{\omega^2 LC}\right) = R + j\omega L\left(\frac{\omega^2 - \omega_0^2}{\omega^2}\right)$$

因为 $\omega_0^2 = 1/LC$。由于 $\Delta\omega$ 是小量，有 $\omega^2 - \omega_0^2 = (\omega - \omega_0)(\omega + \omega_0) = \Delta\omega(2\omega_0 - \Delta\omega) \approx 2\omega_0\Delta\omega$，于是有

$$Z_{\text{in}} \approx R + j2L\Delta\omega \approx R + j\frac{2RQ\Delta\omega}{\omega_0} \tag{7.9}$$

这个形式对于确定分布元件谐振器的等效电路是有用的。

换言之，有损耗的谐振器能建模为无损耗的谐振器，其谐振频率 ω_0 用复数有效谐振频率替代：

$$\omega_0 \leftarrow \omega_0\left(1+\frac{\mathrm{j}}{2Q}\right) \qquad (7.10)$$

这表明无耗串联谐振器的输入阻抗可由 $R=0$ 时的式（7.9）给出：

$$Z_{\mathrm{in}} \approx \mathrm{j}2L(\omega-\omega_0)$$

上式中的 ω_0 用式（7.10）给出的复数频率替换，得到

$$Z_{\mathrm{in}} = \mathrm{j}2L\left(\omega-\omega_0-\mathrm{j}\frac{\omega_0}{2Q}\right) = \frac{\omega_0 L}{Q} + \mathrm{j}2L(\omega-\omega_0) = R+\mathrm{j}2L\Delta\omega$$

这与式（7.9）完全相同。这是一种有用的方法，因为大多数实际谐振器的损耗都很小，首先使用无耗情况的解，可由这种微扰法求出 Q 值。然后，用式（7.10）中给出的复数频率代替 ω_0，将损耗的影响加到输入阻抗上。

下面考虑谐振器的半功率相对带宽。图 7.1(b)显示了输入阻抗振幅的变化与频率的关系。当频率使 $|Z_{\mathrm{in}}|^2 = 2R^2$ 时，用式（7.2）得到的传送到电路的平均（实数）功率是谐振时传送功率的一半。加入的 BW 是相对带宽，在频带高端有 $\Delta\omega/\omega_0 = \mathrm{BW}/2$。于是，由式（7.9）有

$$\left|R+\mathrm{j}RQ(\mathrm{BW})\right|^2 = 2R^2$$

或

$$\mathrm{BW} = 1/Q \qquad (7.11)$$

7.1.2　并联谐振电路

在图 7.2(a)所示的并联 RLC 谐振电路中，输入阻抗是

$$Z_{\mathrm{in}} = \left(\frac{1}{R} + \frac{1}{\mathrm{j}\omega L} + \mathrm{j}\omega C\right)^{-1} \qquad (7.12)$$

传送到谐振器的复数功率是

$$P_{\mathrm{in}} = \frac{1}{2}VI^* = \frac{1}{2}Z_{\mathrm{in}}|I|^2 = \frac{1}{2}|V|^2\frac{1}{Z_{\mathrm{in}}^*} = \frac{1}{2}|V|^2\left(\frac{1}{R}+\frac{\mathrm{j}}{\omega L}-\mathrm{j}\omega C\right) \qquad (7.13)$$

消耗在电阻 R 上的功率是

$$P_{\mathrm{loss}} = \frac{1}{2}\frac{|V|^2}{R} \qquad (7.14a)$$

存储在电容 C 中的平均电能是

$$W_{\mathrm{e}} = \frac{1}{4}|V|^2 C \qquad (7.14b)$$

存储在电感 L 中的平均磁能是

$$W_{\mathrm{m}} = \frac{1}{4}|I_{\mathrm{L}}|^2 L = \frac{1}{4}|V|^2\frac{1}{\omega^2 L} \qquad (7.14c)$$

式中，I_L 是流经电感的电流。于是，式（7.13）中的复数功率可以改写为

$$P_{in} = P_{loss} + 2j\omega(W_m - W_e) \tag{7.15}$$

它与式（7.4）相同。同样，输入阻抗可以表示为

$$Z_{in} = \frac{2P_{in}}{|I|^2} = \frac{P_{loss} + 2j\omega(W_m - W_e)}{\frac{1}{2}|I|^2} \tag{7.16}$$

它与式（7.5）相同。

和串联电路的情况一样，当 $W_m = W_e$ 时发生谐振。因此，由式（7.16）和式（7.14a）得到谐振时的输入阻抗为

$$Z_{in} = \frac{P_{loss}}{\frac{1}{2}|I|^2} = R$$

这是纯实数阻抗。由式（7.14b）、式（7.14 c）和 $W_m = W_e$ 推算出谐振频率 ω_0 为

$$\omega_0 = \frac{1}{\sqrt{LC}} \tag{7.17}$$

这也和串联电路的情况相同。

将式（7.14a）和式（7.14b）代入式（7.7），得到并联谐振电路的 Q 值为

$$Q = \omega_0 \frac{2W_m}{P_{loss}} = \frac{R}{\omega_0 L} = \omega_0 RC \tag{7.18}$$

因为谐振时 $W_m = W_e$。这表明并联谐振电路的 Q 值随着 R 的增加而增加。

接近谐振时，式（7.12）中的输入阻抗可用下式简化：

$$\frac{1}{1+x} = 1 - x + \cdots$$

令 $\omega = \omega_0 + \Delta\omega$，这里 $\Delta\omega$ 是小量，于是式（7.12）改写为

$$Z_{in} \approx \left(\frac{1}{R} + \frac{1 - \Delta\omega/\omega_0}{j\omega_0 L} + j\omega_0 C + j\Delta\omega C\right)^{-1} \approx \left(\frac{1}{R} + j\frac{\Delta\omega}{\omega_0^2 L} + j\Delta\omega C\right)^{-1}$$
$$\approx \left(\frac{1}{R} + 2j\Delta\omega C\right)^{-1} \approx \frac{R}{1 + 2j\Delta\omega RC} = \frac{R}{1 + 2jQ\Delta\omega/\omega_0} \tag{7.19}$$

因为 $\omega_0^2 = 1/LC$。当 $R = \infty$ 时，式（7.19）简化为

$$Z_{in} = \frac{1}{j2C(\omega - \omega_0)}$$

和串联谐振器的情况一样，损耗的影响可用复数有效谐振频率代替上式中的 ω_0 进行计算：

$$\omega_0 \leftarrow \omega_0\left(1 + \frac{j}{2Q}\right) \tag{7.20}$$

图 7.2(b)所示为输入阻抗振幅与频率的关系曲线。在半功率带宽的边界发生频率（$\Delta\omega/\omega_0 =$ BW/2）处，满足条件

$$|Z_{in}|^2 = R^2/2$$

上式由式（7.19）得出，表明

$$BW = 1/Q \tag{7.21}$$

与串联谐振的情况一样。

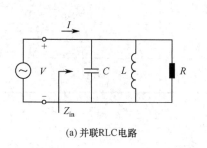

(a) 并联RLC电路

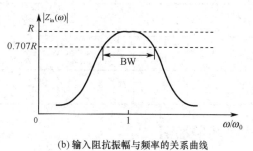

(b) 输入阻抗振幅与频率的关系曲线

图 7.2　并联 RLC 谐振器及其谐振曲线

7.1.3　有载和无载 Q 值

前一节中定义的 Q 值是谐振电路自身的特性，不存在外电路引起的任何负载效应，因此称为无载 Q 值。然而，实际上谐振电路一定要与其他电路耦合，这些电路常有使总 Q 值下降的效应，耦合其他电路后电路的 Q 值称为有载 Q 值，用 Q_L 表示。图 7.3 中显示了谐振器与外负载电阻 R_L 的耦合。若谐振器是一个串联 RLC 电路，则负载电阻 R_L 与 R 串联，因此式（7.8）中的有效电阻是 $R_L + R$。若谐振器是一个并联 RLC 电路，则负载电阻 R_L 与 R 并联，因此式（7.18）中的有效电阻是 $RR_L/(R_L + R)$。若定义外部 Q 值 Q_e 为

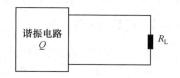

图 7.3　与外负载 R_L 相连的谐振电路

$$Q_e = \begin{cases} \dfrac{\omega_0 L}{R_L}, & \text{串联电路} \\[3mm] \dfrac{R_L}{\omega_0 L}, & \text{并联电路} \end{cases} \tag{7.22}$$

则有载 Q 值可以表示为

$$\frac{1}{Q_L} = \frac{1}{Q_e} + \frac{1}{Q} \tag{7.23}$$

表 7.1 中小结了串联和并联谐振电路的结果。

表 7.1　串联和并联谐振器的结果

量	串联谐振器	并联谐振器
输入阻抗/导纳	$Z_{in} = R + j\omega L - j\dfrac{1}{\omega C} \approx R + j\dfrac{2RQ\Delta\omega}{\omega_0}$	$Y_{in} = \dfrac{1}{R} + j\omega C - j\dfrac{1}{\omega L} \approx \dfrac{1}{R} + j\dfrac{2RQ\Delta\omega}{R\omega_0}$
功率损耗	$P_{loss} = \dfrac{1}{2}|I|^2 R$	$P_{loss} = \dfrac{1}{2}\dfrac{|V|^2}{R}$

量	串联谐振器	并联谐振器
平均存储磁能	$W_m = \dfrac{1}{4}\|I\|^2 L$	$W_m = \dfrac{1}{4}\|V\|^2 \dfrac{1}{\omega^2 L}$
平均存储电能	$W_e = \dfrac{1}{4}\|I\|^2 \dfrac{1}{\omega^2 C}$	$W_e = \dfrac{1}{4}\|V\|^2 C$
谐振频率	$\omega_0 = \dfrac{1}{\sqrt{LC}}$	$\omega_0 = \dfrac{1}{\sqrt{LC}}$
无载 Q	$Q = \dfrac{\omega_0 L}{R} = \dfrac{1}{\omega_0 RC}$	$Q = \dfrac{R}{\omega_0 L} = \omega_0 RC$
外界 Q	$Q_e = \dfrac{\omega_0 L}{R_L}$	$Q_e = \dfrac{R_L}{\omega_0 L}$

7.2 传输线谐振器

如我们看到的那样，理想集总电路元件在微波频率范围内是难以实现的，因此更普遍地采用分布元件。本节分析由各种长度的传输线段和端接法（通常用开路或短路）形成的谐振器。因为我们对谐振器的 Q 值感兴趣，所以必须考虑有耗传输线。

7.2.1 短路 $\lambda/2$ 传输线

考虑一端短路且长度为 l 的有耗传输线，如图 7.4 所示。该传输线的特征阻抗为 Z_0、传播常数为 β，衰减常数为 α。在频率 $\omega = \omega_0$ 处，传输线长度 $l = \lambda/2$，其中 $\lambda = 2\pi/\beta$。由式（3.25）得到输入阻抗为

$$Z_{in} = Z_0 \tanh(\alpha + j\beta)l$$

由双曲正切恒等式有

$$Z_{in} = Z_0 \frac{\tanh(\alpha l) + j\tan(\beta l)}{1 + j\tan(\beta l)\tanh(\alpha l)} \tag{7.24}$$

注意，若 $\alpha = 0$（无耗），则 $Z_{in} = jZ_0 \tan(\beta l)$。

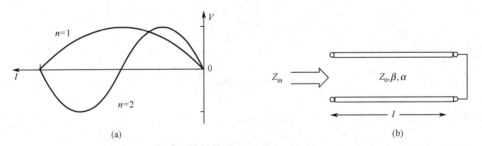

(a)　　　　　　　　　　　　　　(b)

图 7.4　一端长度为 l 的有耗传输线及 $n = 1$（$l = \lambda/2$）和 $n = 2$（$l = \lambda$）谐振器沿线的电压分布

实际上，多数传输线的损耗都很小，因此可假设 $\alpha l \ll 1$，此时 $\tanh(\alpha l) \approx \alpha l$。现在，令 $\omega = \omega_0 + \Delta\omega$，这里 $\Delta\omega$ 是小量，然后假设是 TEM 传输线，

$$\beta l = \frac{\omega l}{v_p} = \frac{\omega_0 l}{v_p} + \frac{\Delta\omega l}{v_p}$$

式中，v_p 是传输线的相速度。对 $\omega = \omega_0$ 和 $l = \lambda/2 = \pi v_p/\omega_0$ 有

$$\beta l = \pi + \frac{\Delta\omega\pi}{\omega_0}$$

于是有

$$\tan(\beta l) = \tan\left(\pi + \frac{\Delta\omega\pi}{\omega_0}\right) = \tan\frac{\Delta\omega\pi}{\omega_0} \approx \frac{\Delta\omega\pi}{\omega_0}$$

将这个结果代入式（7.24）得

$$Z_{in} \approx Z_0 \frac{\alpha l + j(\Delta\omega\pi/\omega_0)}{1 + j(\Delta\omega\pi/\omega_0)\alpha l} \approx Z_0\left(\alpha l + j\frac{\Delta\omega\pi}{\omega_0}\right) \tag{7.25}$$

式中，$\Delta\omega\pi/\omega_0 \ll 1$。

式（7.25）的形式为

$$Z_{in} = R + 2jL\Delta\omega$$

这是串联 RLC 谐振电路的输入阻抗，就如式（7.9）给出的那样。然后，可将等效电路的电阻等同为

$$R = Z_0\alpha l \tag{7.26a}$$

而等效电路的电感为

$$L = \frac{Z_0\pi}{2\omega_0} \tag{7.26b}$$

于是，由式（7.6）求出的等效电路的电容为

$$C = \frac{1}{\omega_0^2 L} \tag{7.26c}$$

因此，图 7.4(a)所示的谐振器在 $\Delta\omega = 0$（$l = \lambda/2$）处谐振，在该频率处的输入阻抗是 $Z_{in} = R = Z_0\alpha l$。谐振也发生在 $l = n\lambda/2$（$n = 1,2,3,\cdots$）处。对于 $n = 1$ 和 $n = 2$，谐振模式的电压分布如图 7.4 所示。

由式（7.8）和式（7.26）求出谐振器的 Q 值为

$$Q = \frac{\omega_0 L}{R} = \frac{\pi}{2\alpha l} = \frac{\beta}{2\alpha} \tag{7.27}$$

因为在第一个谐振点有 $\beta l = \pi$。这个结果表明，如预计的那样，Q 值随着传输线衰减的增加而降低。

【例 7.1】比较半波长同轴线谐振器的 Q 值。

由一根铜同轴线支撑的 $\lambda/2$ 谐振器的内导体半径为 1mm，外导体半径为 4mm。若谐振频率是 5GHz，对空气填充的同轴线谐振器和聚四氟乙烯填充的同轴线谐振器的 Q 值进行比较。

解：必须首先计算同轴线的衰减，铜的电导率 $\sigma = 5.813 \times 10^{-2}\text{S/m}$，因此表面电阻是

$$R_s = \sqrt{\frac{\omega\mu_0}{2\sigma}} = 1.84 \times 10^{-2}\Omega$$

根据式（6.101a），对空气填充的同轴线，由导体损耗引起的衰减是

$$\alpha_c = \frac{R_s}{2\eta \ln b/a}\left(\frac{1}{a}+\frac{1}{b}\right) = \frac{1.84\times 10^{-2}}{2\times 377\times \ln(0.004/0.001)}\times\left(\frac{1}{0.001}+\frac{1}{0.004}\right) = 0.022\,\text{Np/m}$$

对聚四氟乙烯，$\varepsilon_r = 2.08$ 和 $\tan\delta = 0.0004$；根据式（6.101b），对聚四氟乙烯填充的同轴线，导体损耗引起的衰减是

$$\alpha_c = \frac{1.84\times 10^{-2}\times\sqrt{2.08}}{2\times 377\times \ln(0.004/0.001)}\times\left(\frac{1}{0.001}+\frac{1}{0.004}\right) = 0.032\,\text{Np/m}$$

空气填充的同轴线的介质损耗是零，而聚四氟乙烯填充的同轴线的介质损耗是

$$\alpha_d = k_0\frac{\sqrt{\varepsilon_r}}{2}\tan\delta = \frac{104.7\times\sqrt{2.08}\times 0.0004}{2} = 0.030\,\text{Np/m}$$

最终，由式（7.27）计算得到的 Q 值是

$$Q_{\text{air}} = \frac{\beta}{2\alpha} = \frac{104.7}{2\times 0.022} = 2380$$

$$Q_{\text{Teflon}} = \frac{\beta}{2\alpha} = \frac{104.7\times\sqrt{2.08}}{2\times(0.032+0.030)} = 1218$$

由此可见，空气填充的同轴线的 Q 值几乎是聚四氟乙烯填充的同轴线的 Q 值的两倍。使用镀银导体，Q 值能进一步提高。

7.2.2 短路 $\lambda/4$ 传输线

并联谐振（电流谐振）可用长度为 l 的短路传输线获得。长度为 l 的短路传输线的输入阻抗是

$$Z_{\text{in}} = Z_0 \tanh(\alpha + \mathrm{j}\beta)l = Z_0\frac{\tanh(\alpha l)+\mathrm{j}\tan(\beta l)}{1+\mathrm{j}\tan(\beta l)\tanh(\alpha l)} = Z_0\frac{1-\mathrm{j}\tanh(\alpha l)\cot(\beta l)}{\tanh(\alpha l)-\mathrm{j}\cot(\beta l)} \tag{7.28}$$

此处的最终结果是用 $-\mathrm{j}\cot(\beta l)$ 乘以分子和分母得到的。现在假设在 $\omega = \omega_0$ 处 $l = \lambda/4$，并令 $\omega = \omega_0 + \Delta\omega$，于是对 TEM 传输线有

$$\beta l = \frac{\omega_0 l}{v_p} + \frac{\Delta\omega l}{v_p} = \frac{\pi}{2} + \frac{\pi\Delta\omega}{2\omega_0}$$

所以

$$\cot(\beta l) = \cot\left(\frac{\pi}{2}+\frac{\pi\Delta\omega}{2\omega_0}\right) = -\tan\frac{\pi\Delta\omega}{2\omega_0} \approx -\frac{\pi\Delta\omega}{2\omega_0}$$

和前面一样，对于小损耗，$\tanh(\alpha l)\approx \alpha l$。将该结果用在式（7.28）中得

$$Z_{\text{in}} = Z_0\frac{1+\mathrm{j}\alpha l\pi\Delta\omega/2\omega_0}{\alpha l+\mathrm{j}\pi\Delta\omega/2\omega_0} \approx \frac{Z_0}{\alpha l+\mathrm{j}\pi\Delta\omega/2\omega_0} \tag{7.29}$$

因为 $\alpha l\pi\Delta\omega/2\omega_0 \ll 1$。这个结果的形式和 RLC 并联电路的阻抗形式相同，如式（7.19）给出的那样：

$$Z_{\text{in}} = \frac{1}{1/R+2\mathrm{j}\Delta\omega C}$$

因此，我们可让等效电路的电阻与 R 相等：

$$R = \frac{Z_0}{\alpha l} \tag{7.30a}$$

等效电路的电容为

$$C = \frac{\pi}{4\omega_0 Z_0} \tag{7.30b}$$

等效电路的电感为

$$L = \frac{1}{\omega_0^2 C} \tag{7.30c}$$

所以图 7.4(b)所示谐振器对 $l = \lambda/4$ 为并联型谐振，谐振处的输入阻抗为 $Z_{\text{in}} = R = Z_0/\alpha l$。由式（7.18）和式（7.30）得到该处谐振器的 Q 值是

$$Q = \omega_0 RC = \frac{\pi}{4\alpha l} = \frac{\beta}{2\alpha} \tag{7.31}$$

因为谐振时 $l = \pi/2\beta$。

7.2.3　开路 $\lambda/2$ 传输线

用在微带电路中的实际谐振器通常是由开路传输线线段组成的。当这种谐振器的长度是 $\lambda/2$ 或 $\lambda/2$ 的整数倍时，就具有并联谐振电路特性。

如图 7.5 所示，长度为 l 的开路传输线的输入阻抗是

$$Z_{\text{in}} = Z_0 \coth(\alpha + j\beta)l = Z_0 \frac{1 + j\tan(\beta l)\tanh(\alpha l)}{\tanh(\alpha l) + j\tan(\beta l)} \tag{7.32}$$

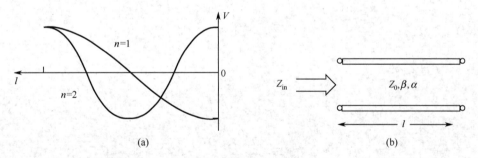

(a)　　　　　　　　　　　　　　　　(b)

图 7.5　一个开路无耗传输线线段及 $n = 1(l = \lambda/2)$ 和 $n = 2(l = \lambda)$ 谐振器的电压分布

像前面一样，假设在 $\omega = \omega_0$ 处 $l = \lambda/2$，并令 $\omega = \omega_0 + \Delta\omega$，则有

$$\beta l = \pi + \frac{\pi\Delta\omega}{\omega_0}$$

所以

$$\tan(\beta l) = \tan\frac{\pi\Delta\omega}{\omega_0} \approx \frac{\pi\Delta\omega}{\omega_0}$$

且 $\tan(\alpha l) \approx \alpha l$。将这个结果代入式（7.32）得

$$Z_{\text{in}} = \frac{Z_0}{\alpha l + j(\pi \Delta \omega / \omega_0)} \tag{7.33}$$

和式（7.19）给出的并联谐振电路的输入阻抗相比较，间接表明等效 RLC 电路的电阻是

$$R = \frac{Z_0}{\alpha l} \tag{7.34a}$$

等效电路的电容为

$$C = \frac{\pi}{2\omega_0 Z_0} \tag{7.34b}$$

等效电路的电感为

$$L = \frac{1}{\omega_0^2 C} \tag{7.34c}$$

于是由式（7.18）和式（7.34）得出 Q 值是

$$Q = \omega_0 RC = \frac{\pi}{2\alpha l} = \frac{\beta}{2\alpha} \tag{7.35}$$

因为谐振时 $l = \pi / \beta$。

【例 7.2】 计算半波长微带谐振器的 Q 值。

考虑一个长度为 $\lambda/2$ 的 50Ω 开路微带结构的微带谐振器。基片是聚四氟乙烯（$\varepsilon_r = 2.08$ 和 $\tan\delta = 0.0004$），厚度是 0.159mm，导体是铜。计算在 5GHz 谐振时，微带线的长度和谐振器的 Q 值。忽略微带线端口的杂散场。

解：根据式（6.115），得到这种基片上的 50Ω 微带线的宽度是

$$W = 0.508 \, \text{cm}$$

有效介电常数是

$$\varepsilon_e = 1.80$$

然后，计算出谐振长度是

$$l = \frac{\lambda}{2} = \frac{v_p}{2f} = \frac{c}{2f\sqrt{\varepsilon_e}} = 2.24 \, \text{cm}$$

传播常数是

$$\beta = \frac{2\pi f}{v_p} = \frac{2\pi f \sqrt{\varepsilon_e}}{c} = \frac{2\pi \times (5 \times 10^9) \times \sqrt{1.80}}{3 \times 10^8} = 151.0 \, \text{rad/m}$$

由式（6.118）得出由导体损耗引起的衰减是

$$\alpha_c = \frac{R_s}{Z_0 W} = \frac{1.84 \times 10^{-2}}{50 \times 0.00508} = 0.0724 \, \text{Np/m}$$

这里用到了例 7.1 中的 R_s。由式（6.117）得到由介质损耗引起的衰减是

$$\alpha_d = \frac{k_0 \varepsilon_r (\varepsilon_e - 1) \tan\delta}{2(\varepsilon_r - 1)\sqrt{\varepsilon_e}} = \frac{104.7 \times 2.08 \times 0.8 \times 0.0004}{2 \times 1.08 \times \sqrt{1.80}} = 0.024 \, \text{Np/m}$$

然后，由式（7.35）算出 Q 值为

$$Q = \frac{\beta}{2\alpha} = \frac{151.0}{2 \times (0.0724 + 0.024)} = 783$$

7.3　矩形波导谐振腔

谐振腔也能由封闭的波导段构成，因为波导也是传输线的一种类型。波导的开路端有辐射损耗，因此波导谐振器通常是两端短路形成的一个封闭盒子或腔。电能和磁能存储在腔内部，功率消耗在腔的金属壁上及填充腔体的电介质中。谐振腔能通过小孔或小探针或环耦合。

下面首先推导一般的 TE 或 TM 谐振模式的谐振频率，然后推导 TE_{10l} 模的 Q 值表达式。对任意 TE 或 TM 模的 Q 值的完整论述，可以使用同样的处理过程，但因为比较复杂，此处不做介绍。

7.3.1　谐振频率

谐振腔的几何形状如图 7.6(b) 所示，它由两端（$z = 0, d$）短路、长度为 d 的矩形波导段组成。在假设腔无耗的情况下，我们首先求出其谐振频率，然后用微扰法确定 Q 值。我们从波动方程出发，使用分离变量法求解满足腔体边界条件的电场和磁场。然而，更为容易的是从 TE 和 TM 波导场出发求解，因为这些模场满足腔体侧壁（$x = 0, a$ 和 $y = 0, b$）处的边界条件。然后，只需考虑 $z = 0, d$ 处端壁上的边界条件 $E_x = E_y = 0$。

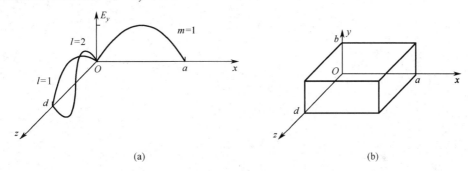

图 7.6　矩形谐振腔及 TE_{10l} 和 TE_{102} 谐振模式的电场分布

由第 6 章得知矩形波导 TE_{mn} 或 TM_{mn} 模的横向电场（E_x, E_y）为

$$\boldsymbol{E}_t(x, y, z) = \boldsymbol{e}(x, y)[A^+ \mathrm{e}^{-\mathrm{j}\beta_{mn}z} + A^- \mathrm{e}^{\mathrm{j}\beta_{mn}z}] \tag{7.36}$$

式中，$\boldsymbol{e}(x, y)$ 是这个模式的横向变化，A^+ 和 A^- 是前向行波和反向行波的任意振幅，第 m, n 次 TE 或 TM 模的传播常数是

$$\beta_{mn} = \sqrt{k^2 - \left(\frac{m\pi}{a}\right)^2 - \left(\frac{n\pi}{b}\right)^2} \tag{7.37}$$

式中，$k = \omega\sqrt{\mu\varepsilon}$，$\mu$ 和 ε 是填充腔体材料的磁导率和介电常数。

将 $z = 0$ 处 $\boldsymbol{E}_t = 0$ 这个条件应用到式（7.36）中，得出 $A^+ = -A^-$（来自理想导体壁上的全反射）。于是，由条件 $\boldsymbol{E}_t = 0$ 在 $z = d$ 处可导出公式

$$\boldsymbol{E}_{t(x,y,z)}\mid_{z=d} = -\boldsymbol{e}(x, y)A^+ 2\mathrm{j}\sin\beta_{mn}d = 0$$

这只是非无效（$A^+ \neq 0$）解，出现的位置是

$$\beta_{mn}d = l\pi, \quad l = 1, 2, 3, \cdots \tag{7.38}$$

这意味着在谐振频率处，腔的长度必须是半波导波长的整数倍。对其他长度或不是谐振频率的其

他频率，不可能存在有效解。因此，矩形腔是以波导形式出现的短路 $\lambda/2$ 传输线谐振器。

矩形腔谐振波数定义为

$$k_{mnl} = \sqrt{\left(\frac{m\pi}{a}\right)^2 + \left(\frac{n\pi}{b}\right)^2 + \left(\frac{l\pi}{d}\right)^2} \tag{7.39}$$

下面考虑腔的 TE_{mnl} 或 TM_{mnl} 谐振模式，此处下标 m, n, l 分别是 x, y, z 方向的驻波图形变化数量。TE_{mnl} 或 TM_{mnl} 模的谐振频率为

$$f_{mnl} = \frac{ck_{mnl}}{2\pi\sqrt{\mu_r\varepsilon_r}} = \frac{c}{2\pi\sqrt{\mu_r\varepsilon_r}}\sqrt{\left(\frac{m\pi}{a}\right)^2 + \left(\frac{n\pi}{b}\right)^2 + \left(\frac{l\pi}{d}\right)^2} \tag{7.40}$$

若 $b < a < d$，则基本谐振模式（最低谐振频率）TE_{101} 模对应长度为 $\lambda_g/2$ 的短路波导中的 TE_{10} 波导基模。TM 谐振基模是 TM_{110} 模。

7.3.2 TE_{10l} 模的 Q 值

由式（7.36）和 $A^- = A^+$ 可知，TE_{10l} 谐振模式的总场可以表示为

$$E_y = A^+ \sin\frac{\pi x}{a}\left[\text{e}^{-\text{j}\beta z} - \text{e}^{\text{j}\beta z}\right] \tag{7.41a}$$

$$H_x = \frac{-A^+}{Z_{\text{TE}}}\sin\frac{\pi x}{a}\left[\text{e}^{-\text{j}\beta z} + \text{e}^{\text{j}\beta z}\right] \tag{7.41b}$$

$$H_z = \frac{\text{j}\pi A^+}{k\eta a}\cos\frac{\pi x}{a}\left[\text{e}^{-\text{j}\beta z} - \text{e}^{\text{j}\beta z}\right] \tag{7.41c}$$

令 $E_0 = -2\text{j}A^+$ 并使用式（7.38），可将这些表达式简化为

$$E_y = E_0 \sin\frac{\pi x}{a}\sin\frac{l\pi z}{d} \tag{7.42a}$$

$$H_x = \frac{-\text{j}E_0}{Z_{\text{TE}}}\sin\frac{\pi x}{a}\cos\frac{l\pi z}{d} \tag{7.42b}$$

$$H_z = \frac{\text{j}\pi E_0}{k\eta a}\cos\frac{\pi x}{a}\sin\frac{l\pi z}{d} \tag{7.42c}$$

这清楚地表明腔内的场是驻波形式的。下面求存储的电能和磁能及在导体壁和电介质中的功率损耗，以便计算这些模式的 Q 值。

存储的电能为

$$W_e = \frac{\varepsilon}{4}\int_V E_y E_y^* \text{d}v = \frac{\varepsilon abd}{16}E_0^2 \tag{7.43a}$$

存储的磁能为

$$W_m = \frac{\mu}{4}\int_V (H_x H_x^* + H_z H_z^*)\text{d}v = \frac{\mu abd}{16}E_0^2\left(\frac{1}{Z_{\text{TE}}^2} + \frac{\pi^2}{k^2\eta^2 a^2}\right) \tag{7.43b}$$

因为 $Z_{\text{TE}} = k\eta/\beta$ 和 $\beta = \beta_{10} = \sqrt{k^2 - (\pi/a)^2}$，所以在式（7.43b）右侧括号中的量可以简化为

$$\left(\frac{1}{Z_{\text{TE}}^2} + \frac{\pi^2}{k^2\eta^2 a^2}\right) = \frac{\beta^2 + (\pi/a)^2}{k^2\eta^2} = \frac{1}{\eta^2} = \frac{\varepsilon}{\mu}$$

可以看出 $W_e = W_m$。因此，谐振时存储的电能和磁能是相等的，类似于 7.1 节中的 RLC 谐振电路。

腔壁上的功率损耗为

$$P_c = \frac{R_s}{2} \int_{walls} |H_t|^2 ds \tag{7.44}$$

式中，$R_s = \sqrt{\omega\mu_0/2\sigma}$ 是金属壁的表面电阻，H_t 是壁表面的切向磁场。将式（7.42b）和式（7.42c）代入式（7.44）得

$$P_c = \frac{R_s}{2} \left\{ \begin{array}{l} 2\int_{y=0}^{b}\int_{x=0}^{a}|H_x(z=0)|^2 dxdy + 2\int_{z=0}^{d}\int_{y=0}^{b}|H_z(x=0)|^2 dydz + \\ 2\int_{z=0}^{d}\int_{x=0}^{a}\left[|H_x(y=0)|^2 + |H_x(y=0)|^2\right] dxdz \end{array} \right\} \tag{7.45}$$

$$= \frac{R_s E_0^2 \lambda^2}{8\eta^2} \left(\frac{l^2 ab}{d^2} + \frac{bd}{a^2} + \frac{l^2 a}{2d} + \frac{d}{2a} \right)$$

这里用到了腔的对称性，即将分别来自 $x=0$、$y=0$ 和 $z=0$ 壁上的贡献加倍，计入了分别来自 $x=a$、$y=b$ 和 $z=d$ 壁上的贡献。还用到了关系式 $k=2\pi/\lambda$ 和 $Z_{TE} = k\eta/\beta = 2d\eta/l\lambda$。然后，由式（7.7）得到导体壁有耗但电介质无耗的腔的 Q 值为

$$Q_c = \frac{2\omega_0 W_e}{P_c} = \frac{k^3 abd\eta}{4\pi^2 R_s} \frac{1}{\left[(l^2ab/d^2) + (bd/a^2) + (l^2a/2d) + (d/2a)\right]} \tag{7.46}$$

$$= \frac{(kad)^3 b\eta}{2\pi^2 R_s} \frac{1}{(2l^2a^3b + 2bd^3 + l^2a^3d + ad^3)}$$

下面计算电介质中的功率损耗。某有耗电介质的有效电导率为 $\sigma = \omega\varepsilon'' = \omega\varepsilon_r\varepsilon_0\tan\delta$，其中 $\varepsilon = \varepsilon' - j\varepsilon'' = \varepsilon_r\varepsilon_0(1-j\tan\delta)$，$\tan\delta$ 是材料的损耗角正切。于是，电介质中的功率损耗为

$$P_d = \frac{1}{2}\int_V \mathbf{J} \cdot \mathbf{E}^* dv = \frac{\omega\varepsilon''}{2}\int_V |\mathbf{E}|^2 dv = \frac{abd\omega\varepsilon''|E_0|^2}{8} \tag{7.47}$$

式中，$\mathbf{E}$ 由式（7.42a）给出。由式（7.7）给出的由有耗电介质填充但导体壁理想的腔的 Q 值是

$$Q_d = \frac{2\omega W_e}{P_d} = \frac{\varepsilon'}{\varepsilon''} = \frac{1}{\tan\delta} \tag{7.48}$$

得到该简化结果的原因是，式（7.43a）中对 W_e 的积分消去了式（7.47）中对 P_d 的积分，因此适用于任意谐振腔模式的 Q_d。当壁上损耗和电介质损耗同时存在时，总功率损耗为 $P_c + P_d$，所以式（7.7）给出的总 Q 值为

$$Q = \left(\frac{1}{Q_c} + \frac{1}{Q_d} \right)^{-1} \tag{7.49}$$

【例 7.3】设计一个矩形波导腔。

一个矩形波导腔由一段铜制 WR-187H 波段波导制成，$a=4.755$cm 和 $b=2.215$cm，腔用聚乙烯（$\varepsilon_r=2.25$ 和 $\tan\delta=0.0004$）填充。若谐振产生在 $f=5$GHz 处，求所需长度 d 及 $l=1$ 和 $l=2$ 谐振模式引起的 Q 值。

解：波数 k 是

$$k = \frac{2\pi f\sqrt{\varepsilon_r}}{c} = 157.08\,\text{m}^{-1}$$

由式（7.39）得到谐振时所需的长度 d（当 $m=1$ 和 $n=0$ 时）为

$$d = \frac{l\pi}{\sqrt{k^2 - (\pi/a)^2}}$$

$$l=1, \quad d = \frac{\pi}{\sqrt{(157.08)^2 - (\pi/0.04755)^2}} = 2.20\text{cm}$$

$$l=2, \quad d = 2 \times 2.20 = 4.40\text{cm}$$

由例 7.1 可知，5GHz 时铜的表面电阻为 $R_s = 1.84 \times 10^{-2}\Omega$。本征阻抗是

$$\eta = \frac{377}{\sqrt{\varepsilon_r}} = 251.3\Omega$$

然后，由式（7.46）得到仅由导体损耗引起的 Q 值是

$$l=1, \quad Q_c = 8403$$
$$l=2, \quad Q_c = 11898$$

由式（7.48）得到仅由电介质损耗引起的 Q 值（$l=1$ 和 $l=2$）是

$$Q_d = \frac{1}{\tan\delta} = \frac{1}{0.0004} = 2500$$

因此，由式（7.49）得出的总 Q 值是

$$l=1, \quad Q = \left(\frac{1}{8403} + \frac{1}{2500}\right)^{-1} = 1927$$

$$l=2, \quad Q = \left(\frac{1}{11898} + \frac{1}{2500}\right)^{-1} = 3065$$

注意，电介质损耗对 Q 值有决定性影响，所以用空气填充的腔能得到较高的 Q 值。这个结果可与例 7.1 和例 7.2 中的结果比拟，它们都在同样的频率上使用相似的材料。

7.4 圆形波导腔

与矩形腔相似，圆柱形腔谐振器可由一段两端短路的圆形波导构成。因为圆形波导基模是 TE_{11} 模，所以圆柱腔基模为 TE_{111} 模。下面推导 TE_{mnl} 和 TM_{mnl} 圆柱腔模的谐振频率及 TE_{mnl} 模的 Q 值表达式。

圆柱腔通常用作微波频率计。圆柱腔由一个可移动的顶壁制成，可以机械调谐谐振频率，腔体通过小孔弱耦合到波导。在使用过程中，当腔调谐到系统的工作频率时，功率被腔吸收，系统另一处的功率计则监视该吸收现象。调谐度表盘通常直接用频率校准。因为频率分辨率是由谐振器的 Q 值决定的，常用 TE_{011} 模做频率计，因为其 Q 值远高于圆柱腔的基模 Q 值，这也是弱耦合到腔的原因。

7.4.1 谐振频率

圆柱腔的几何形状如图 7.7(a)所示。和矩形腔一样，从满足圆形波导壁要求的边界条件的圆形波导模式开始求解是最简单的。由 6.3 节可知，圆形波导 TE_{mn} 和 TM_{mn} 模的横向电场（E_r, E_ϕ）可以表示为

$$\boldsymbol{E}_t(r,\phi,z) = \boldsymbol{e}(r,\phi)[A^+ \mathrm{e}^{-\mathrm{j}\beta_{mn}z} + A^- \mathrm{e}^{\mathrm{j}\beta_{mn}z}] \tag{7.50}$$

式中，$\boldsymbol{e}(r,\phi)$ 代表该模的横向变化，而 A^+ 和 A^- 是前向行波和反向行波的振幅。由式（6.66b）得到 TE_{mn} 模的传播常数是

$$\beta_{mn} = \sqrt{k^2 - \left(\frac{u'_{mn}}{a}\right)^2} \tag{7.51a}$$

由式（6.66a）得 TM_{mn} 模的传播常数是

$$\beta_{mn} = \sqrt{k^2 - \left(\frac{u_{mn}}{a}\right)^2} \tag{7.51b}$$

式中，$k = \omega\sqrt{\mu\varepsilon}$。

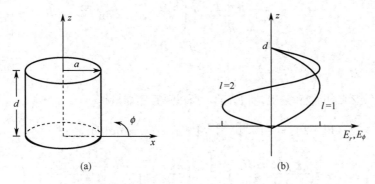

图 7.7 圆柱谐振腔及 $l=1$ 和 $l=2$ 谐振模式的电场分布

现在，要在 $z=0,d$ 处有 $\boldsymbol{E}_t = 0$，必须有 $A^+ = -A^-$ 和

$$A^+ \sin\beta_{mn}d = 0$$

或

$$\beta_{mn}d = l\pi, \qquad l = 0,1,2,3,\cdots \tag{7.52}$$

这意味着波导的长度必须是半个波导波长的整数倍。于是，TE_{mnl} 模的谐振频率是

$$f_{mnl} = \frac{c}{2\pi\sqrt{\mu_r\varepsilon_r}}\sqrt{\left(\frac{u'_{mn}}{a}\right)^2 + \left(\frac{l\pi}{d}\right)^2} \tag{7.53a}$$

TM_{mnl} 模的谐振频率是

$$f_{mnl} = \frac{c}{2\pi\sqrt{\mu_r\varepsilon_r}}\sqrt{\left(\frac{u_{mn}}{a}\right)^2 + \left(\frac{l\pi}{d}\right)^2} \tag{7.53b}$$

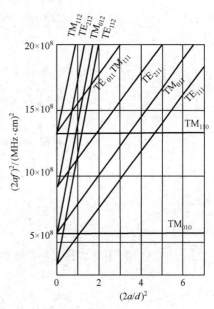

图 7.8 圆柱腔的谐振模式图

最后，TE 的基模是 TE_{111} 模，而 TM 的基模是 TM_{110} 模。图 7.8 显示了圆柱腔较低次谐振模式的模式图。该图对设计圆柱谐振腔是很有用的，可以表明给定的腔尺寸在给定频率下能激励什么模式。

7.4.2 TE_{mnl} 模的 Q 值

根据式（7.50）和 $A^+ = -A^-$，TE_{mnl} 模的场可以表示为

$$H_z = H_0 J_m\left(\frac{u'_{mn}r}{a}\right)\cos m\phi \sin\frac{l\pi z}{d} \tag{7.54a}$$

$$H_\rho = \frac{\beta a H_0}{u'_{mn}} J'_m\left(\frac{u'_{mn}r}{a}\right)\cos n\phi \sin\frac{l\pi z}{d} \qquad (7.54b)$$

$$H_\phi = \frac{-\beta a^2 n H_0}{(u'_{mn})^2 r} J_m\left(\frac{u'_{mn}r}{a}\right)\sin n\phi \cos\frac{l\pi z}{d} \qquad (7.54c)$$

$$E_\rho = \frac{jk\eta a^2 n H_0}{(u'_{mn})^2 r} J_m\left(\frac{u'_{mn}r}{a}\right)\sin n\phi \sin\frac{l\pi z}{d} \qquad (7.54d)$$

$$E_\phi = \frac{jk\eta a H_0}{u'_{mn}} J'_m\left(\frac{u'_{mn}r}{a}\right)\cos n\phi \sin\frac{l\pi z}{d} \qquad (7.54e)$$

$$E_z = 0 \qquad (7.54f)$$

式中，$\eta = \sqrt{\mu/\varepsilon}$，$H_0 = -2jA^+$。

因为时间平均存储电能和磁能是相等的，所以总存储能量是

$$
\begin{aligned}
W &= 2W_e = \frac{\varepsilon}{2}\int_{z=0}^{d}\int_{\phi=0}^{2\pi}\int_{r=0}^{a}\left(\left|E_r\right|^2 + \left|E_\phi\right|^2\right)r\,dr\,d\phi\,dz \\
&= \frac{\varepsilon k^2\eta^2 a^2\pi d H_0^2}{4(u'_{mn})^2}\int_{r=0}^{a}\left[J'^2_m\left(\frac{u'_{mn}r}{a}\right) + \left(\frac{na}{u'_{mn}r}\right)^2 J^2_m\left(\frac{u'_{mn}r}{a}\right)\right]r\,dr \\
&= \frac{\varepsilon k^2\eta^2 a^4\pi d H_0^2}{8(u'_{mn})^2}\left[1 - \left(\frac{n}{u'_{mn}}\right)^2\right]J^2_m(u'_{mn})
\end{aligned}
\qquad (7.55)
$$

由式（6.47），导体壁上的功率损耗是

$$
\begin{aligned}
P_c &= \frac{R_s}{2}\int_s \left|\boldsymbol{H}_t\right|^2 ds \\
&= \frac{R_s}{2}\left\{ \begin{array}{l} \int_{z=0}^{d}\int_{\phi=0}^{2\pi}\left[\left|H_\phi(r=a)\right|^2 + \left|H_z(r=a)\right|^2\right]a\,d\phi\,dz + \\ 2\int_{\phi=0}^{2\pi}\int_{r=0}^{a}\left[\left|H_r(z=0)\right|^2 + \left|H_\phi(z=0)\right|^2\right]r\,dr\,d\phi \end{array}\right\} \\
&= \frac{R_s}{2}\pi H_0^2 J^2_m(u'_{mn})\left\{\frac{da}{2}\left[1 + \left(\frac{\beta an}{(u'_{mn})^2}\right)^2\right] + \left(\frac{\beta a^2}{u'_{mn}}\right)^2\left(1 - \frac{n^2}{(u'_{mn})^2}\right)\right\}
\end{aligned}
\qquad (7.56)
$$

然后，由式（7.8）计算得出导体壁非理想且电介质无损耗的腔的 Q 值是

$$Q_c = \frac{\omega_0 W}{P_c} = \frac{(ka)^3\eta ad}{4(u'_{mn})^2 R_s}\cdot\frac{1 - \dfrac{n^2}{(u'_{mn})^2}}{\left\{\dfrac{da}{2}\left[1 + \left(\dfrac{\beta an}{(u'_{mn})^2}\right)^2\right] + \left(\dfrac{\beta a^2}{u'_{mn}}\right)^2\left(1 - \dfrac{n^2}{(u'_{mn})^2}\right)\right\}} \qquad (7.57)$$

由式（7.52）和式（7.51）可知，对于固定尺寸的腔，$\beta = l\pi/d$ 和 $(ka)^2$ 是不随频率变化的常数。因此，Q_c 的频率相关性由 k/R_s 给出，且按照 $1/\sqrt{f}$ 变化。式（7.57）给出了给定谐振模式和腔形状（m、n、l 和 a/d）时，Q_c 的变化。

为了计算由电介质损耗引起的 Q 值，必须计算电介质中的功率耗散：

$$P_{\mathrm{d}} = \frac{1}{2}\int_{V} \boldsymbol{J}.\boldsymbol{E}^{*}\mathrm{d}v = \frac{\omega\varepsilon''}{2}\int_{V}\left[\left|E_{r}\right|^{2}+\left|E_{\phi}\right|^{2}\right]\mathrm{d}v$$

$$= \frac{\omega\varepsilon''k^{2}\eta^{2}a^{4}\pi dH_{0}^{2}}{4(u'_{mn})^{2}}\int_{r=0}^{a}\left[\mathrm{J}_{m}^{2}\left(\frac{u'_{mn}r}{a}\right)\left(\frac{na}{u'_{mn}r}\right)^{2}+\mathrm{J}'^{2}_{m}\left(\frac{u'_{mn}r}{a}\right)\right]r\mathrm{d}r \tag{7.58}$$

$$= \frac{\omega\varepsilon''k^{2}\eta^{2}a^{4}H_{0}^{2}}{8(u'_{mn})^{2}}\left[1-\left(\frac{n}{u'_{mn}}\right)^{2}\right]\mathrm{J}_{m}^{2}(u'_{mn})$$

此外，由式（7.8）给出 Q 值为

$$Q_{\mathrm{d}} = \frac{\omega_{0}W}{P_{\mathrm{d}}} = \frac{\varepsilon}{\varepsilon''} = \frac{1}{\tan\delta} \tag{7.59}$$

式中，$\tan\delta$ 是电介质的损耗角正切。这与式（7.48）得到的矩形腔 Q_{d} 的结果一样。当导体和电介质损耗同时存在时，由式（7.49）可得出腔体的总 Q 值。

【例 7.4】圆谐振腔的设计。

有一个圆谐振腔，其 $d=2a$，设计在 5.0GHz 处谐振，使用 TE_{011} 模。若腔是由铜制成的，用聚四氟乙烯填充（$\varepsilon_{\mathrm{r}}=2.08$，$\tan\delta=0.0004$），求腔的尺寸和 Q 值。

解：

$$k = \frac{2\pi f_{011}\sqrt{\varepsilon_{\mathrm{r}}}}{c} = \frac{2\pi\times5\times10^{9}\times\sqrt{2.08}}{3\times10^{8}} = 151.0\,\mathrm{m}^{-1}$$

由式（7.53a）得出 TE_{011} 的谐振频率是

$$f_{011} = \frac{c}{2\pi\sqrt{\varepsilon_{\mathrm{r}}}}\sqrt{\left(\frac{u'_{01}}{a}\right)^{2}+\left(\frac{\pi}{d}\right)^{2}}$$

用 $u'_{01}=3.832$，又因为 $d=2a$，有

$$\frac{2\pi f_{011}\sqrt{\varepsilon_{\mathrm{r}}}}{c} = k = \sqrt{\left(\frac{u'_{01}}{a}\right)^{2}+\left(\frac{\pi}{d}\right)^{2}}$$

求解 a 得

$$a = \frac{\sqrt{\left(u'_{01}\right)^{2}+\left(\pi/2\right)^{2}}}{k} = \frac{\sqrt{(3.832)^{2}+(\pi/2)^{2}}}{151.0} = 2.74\mathrm{cm}$$

则 $d=5.48\mathrm{cm}$。

频率为 5GHz 时，铜的表面电阻 $R_{\mathrm{s}}=0.0184\Omega$。使用 $m=0$，$n=l=1$ 和 $d=2a$，根据式（7.57）得到由导体损耗引起的 Q 值为

$$Q_{\mathrm{c}} = \frac{(ka)^{3}\eta ad}{4(u'_{01})^{2}R_{\mathrm{s}}}\frac{1}{\left\{\frac{da}{2}+\left(\frac{\beta a^{2}}{u'_{01}}\right)^{2}\right\}} = \frac{ka\eta}{2R_{\mathrm{s}}} = 29390$$

为了简化这个表达式，这里用到了式（7.51a）。由式（7.59）得出由介质损耗引起的 Q 值是

$$Q_{\mathrm{d}} = \frac{1}{\tan\delta} = \frac{1}{0.0004} = 2500$$

所以腔的总 Q 值是

$$Q = \left(\frac{1}{Q_{\mathrm{c}}}+\frac{1}{Q_{\mathrm{d}}}\right)^{-1} = 2300$$

7.5 介质谐振腔

由低损耗的高介电常数材料制成的小圆盘或立方体也能用作微波谐振器。这种介质谐振腔在原理上与前面讨论的矩形或圆柱腔的相似。高介电常数谐振器可以保证大部分场都在电介质内，而不像金属腔那样有一些场从介质谐振器的边上或两端辐射或者泄漏。与等效金属腔相比，这种谐振器的成本较低，且尺寸和质量都较小，能很容易地与微波集成电路组合，以及与平面传输线耦合。常用介电常数为 $10 \leqslant \varepsilon_r \leqslant 100$ 的材料，典型材料是钛酸钡和二氧化钛。导体损耗不用考虑，但介质损耗一般随介电常数的提高而加大；Q 值会高达几千。在谐振器上使用一个高度可调的金属板来机械调谐谐振频率。因为具有这些特性，介质谐振腔已成为集成微波滤波器和振荡器的关键器件。

下面介绍圆柱形介质谐振器 $TE_{01\delta}$ 模谐振频率的近似分布；实际中，这个模式是最常用的模式，且与圆形金属腔的 TE_{011} 模类似。

圆柱形介质谐振腔的几何形状如图 7.9 所示。$TE_{01\delta}$ 模的基本工作原理解释如下。介质谐振腔可视为一小段两端开路的长度为 L 的介质波导。这个波导的最低次 TE 模是 TE_{01} 模，而圆金属波导是双重 TM_{01} 模。因为谐振器的介电常数高，在谐振频率处沿 z 轴传播发生在介质的内部，但在介质周围的空气区域内场被截止（渐近于零），所以场 H_z 很像图 7.10 给出的示意图。较高阶的谐振模式在谐振器内部 z 方向有更多的变化。因为对于 $TE_{01\delta}$ 模，谐振长度 L 小于 $\lambda_g/2$（此处 λ_g 是介质波导 TE_{01} 模的波导波长），符号 $\delta=2L/\lambda_g<1$ 表示谐振模式的 z 向变化。因此，谐振器的等效电路类似于一段两端都是纯电抗性负载的传输线。

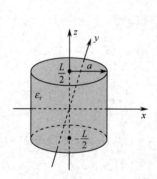 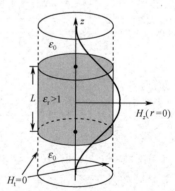

图 7.9　圆柱形介质谐振腔的几何形状　　图 7.10　磁壁边界条件的近似和圆柱形介质谐振腔的第一个模式的 H_t 沿 z 的分布曲线（对于 $\rho=0$）

假设磁壁边界条件能在 $r=a$ 处使用。这种近似的根据是在高介电常数区域中，当波入射到空气填充的区域时，反射系数近似为 +1：

$$\Gamma = \frac{\eta_0 - \eta}{\eta_0 + \eta} = \frac{\sqrt{\varepsilon_r}-1}{\sqrt{\varepsilon_r}+1} \to 1, \qquad \varepsilon_r \to \infty$$

该反射系数与磁壁或理想开路线时得到的结果相同。

首先求解 $r=a$ 处满足磁壁边界条件的介质波导 TE_{01} 模的场。对于 TE 模，$E_z=0$，而 H_z 必须满足波动方程

$$(\nabla^2+k^2)H_z=0 \tag{7.60}$$

式中，

$$k=\begin{cases}\sqrt{\varepsilon_r}k_0, & |z|<L/2 \\ k_0, & |z|>L/2\end{cases} \tag{7.61}$$

因为 $\partial/\partial\phi=0$，由式（6.52b）和式（6.52c）给出的横向场如下：

$$E_\phi=\frac{\mathrm{j}\omega\mu_0}{k_c^2}\frac{\partial H_z}{\partial r} \tag{7.62a}$$

$$H_r=\frac{-\mathrm{j}\beta}{k_c^2}\frac{\partial H_z}{\partial r} \tag{7.62b}$$

式中，$k_c^2=k^2-\beta^2$。因为 H_z 在 $r=0$ 处必须是有限的，所以在 $r=a$（磁壁）处为零，从而有

$$H_z=H_0\mathrm{J}_0(k_cr)\mathrm{e}^{\pm\mathrm{j}\beta z} \tag{7.63}$$

式中，$k_c=u_{01}/a$ 和 $J_0(u_{01})=0$（$u_{01}=2.405$），所以由式（7.62a）和式（7.62b）得出横向场是

$$E_\phi=\frac{\mathrm{j}\omega\mu_0 H_0}{k_c^2}J_0'(k_cr)\mathrm{e}^{\pm\mathrm{j}\beta z} \tag{7.64a}$$

$$H_r=\frac{\mp\mathrm{j}\beta H_0}{k_c^2}J_0'(k_cr)\mathrm{e}^{\pm\mathrm{j}\beta z} \tag{7.64b}$$

现在，在 $|z|<L/2$ 的介质区域中，传播常数是实数：

$$\beta=\sqrt{\varepsilon_r k_0^2-k_c^2}=\sqrt{\varepsilon_r k_0^2-(u_{01}/a)^2} \tag{7.65a}$$

而波阻抗定义为

$$Z_d=\frac{E_\phi}{H_r}=\frac{\omega\mu_0}{\beta} \tag{7.65b}$$

在 $|z|>L/2$ 的空气区域中，传播常数是虚数，所以写成如下形式是方便的：

$$\alpha=\sqrt{k_c^2-k_0^2}=\sqrt{(u_{01}/a)^2-k_0^2} \tag{7.66a}$$

在空气区域中，波阻抗定义为

$$Z_a=\frac{\mathrm{j}\omega\mu_0}{\alpha} \tag{7.66b}$$

可以看出这是虚数。

由于对称性，对于最低阶模式，H_z 和 E_ϕ 场分布是 $z=0$ 的偶函数。因此，在 $|z|<L/2$ 的区域中，$\mathrm{TE}_{01\delta}$ 模的横向场可以表示为

$$E_\phi=AJ_0'(k_cr)\cos\beta z \tag{7.67a}$$

$$H_r=\frac{-\mathrm{j}A}{Z_d}J_0'(k_cr)\sin\beta z \tag{7.67b}$$

对于 $|z| > L/2$ 的区域，有

$$E_\phi = BJ_0' \ (k_c r) e^{-\alpha|z|} \tag{7.68a}$$

$$H_r = \frac{\pm B}{Z_a} J_0' \ (k_c r) e^{-\alpha|z|} \tag{7.68b}$$

式中，A 和 B 是未知的振幅系数。在式（7.68b）中，$\pm$ 分别用于 $z > L/2$ 或 $z < -L/2$。

在 $z = L/2$ 或 $z = -L/2$ 处，对应的切向场导出下列方程：

$$A\cos\frac{\beta L}{2} = Be^{-\alpha L/2} \tag{7.69a}$$

$$\frac{-jA}{Z_d}\sin\frac{\beta L}{2} = \frac{B}{Z_a}e^{-\alpha L/2} \tag{7.69b}$$

我们可将这两个式子化简成单个超越方程：

$$-jZ_a\sin\frac{\beta L}{2} = Z_d\cos\frac{\beta L}{2}$$

利用式（7.65b）和式（7.66b），可将这个方程表示为

$$\tan\frac{\beta L}{2} = \frac{\alpha}{\beta} \tag{7.70}$$

式中，β 由式（7.65a）给出，α 由式（7.66a）给出。对于这个方程，我们可用首先采用数值求解法解出 k_0，然后求出谐振频率。

这个解是比较粗略的，因为它忽略了谐振器边上的杂散场，只提供了 10% 量级的精度（对于多数实际应用，这个精度是不够的），但它描述了介质谐振器的基本特性。

谐振器的 Q 值可通过确定存储能量（介质圆柱体的内部和外部）、消耗在介质中的功率和辐射损耗的功率进行计算。如果辐射损耗很小，则 Q 值可近似为 $1/\tan\delta$，这与金属腔谐振器的相同。

【例 7.5】介质谐振器的谐振频率和 Q 值。

求介质谐振器 $TE_{01\delta}$ 模的谐振频率和近似 Q 值，该谐振器由二氧化钛（$\varepsilon_r = 95$，$\tan\delta = 0.001$）制成，尺寸是 $a = 0.413\text{cm}$ 和 $L = 0.8255\text{cm}$。

解：式（7.70）中的超越方程须用式（7.65a）和式（7.66a）给出的 β 和 α 值对 k_0 数值求解。于是，有

$$\tan\frac{\beta L}{2} = \frac{\alpha}{\beta}$$

式中，

$$\alpha = \sqrt{(2.405/a)^2 - k_0^2} \ , \quad \beta = \sqrt{\varepsilon_r k_0^2 - (2.405/a)^2}$$

和

$$k_0 = \frac{2\pi f}{c}$$

因为 β 和 α 都必须是实数，所以可能的频率范围是从 f_1 到 f_2，其中

$$f_1 = \frac{ck_0}{2\pi} = \frac{c \times 2.405}{2\pi\sqrt{\varepsilon_r}a} = 2.853 \text{ GHz}$$

$$f_2 = \frac{ck_0}{2\pi} = \frac{c \times 2.405}{2\pi a} = 27.804 \text{ GHz}$$

用区间半分法求上面方程的根，给出谐振频率约为 3.152GHz，由介质损耗引起的近似 Q 值是

$$Q_d = \frac{1}{\tan\delta} = 1000$$

7.6 谐振腔的激励

下面讨论前面几节中介绍的谐振器如何与外电路耦合。一般来说，所用方法要根据所考虑的谐振器的类型来确定。图 7.11 中显示了各种谐振器采用的一些耦合技术。本节讨论一些通用耦合技术的作用原理，特别是缝隙耦合和小孔耦合。首先阐明临界耦合的概念，这时的谐振器可用集总元件谐振电路与馈线匹配。

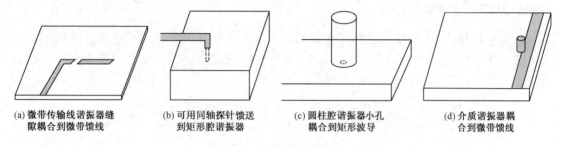

(a) 微带传输线谐振器缝
隙耦合到微带馈线

(b) 可用同轴探针馈送
到矩形腔谐振器

(c) 圆柱腔谐振器小孔
耦合到矩形波导

(d) 介质谐振器耦
合到微带馈线

图 7.11　微波谐振器的耦合

7.6.1 临界耦合

为了在谐振器和馈线之间实现最大的功率传输，谐振器在谐振频率处必须与馈线匹配，此时称谐振器临界耦合到馈线。下面先通过图 7.12 所示的串联谐振电路来说明临界耦合的概念。

由式（7.9）得出图 7.12 所示串联谐振电路在接近谐振时的输入阻抗为

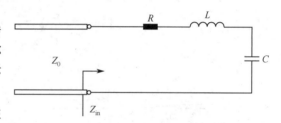

图 7.12　串联谐振电路耦合到馈线

$$Z_{\text{in}} = R + \text{j}2L\Delta\omega = R + \text{j}\frac{2RQ\Delta\omega}{\omega_0} \qquad (7.71)$$

由式（7.8）得无载 Q 值为

$$Q = \frac{\omega_0 L}{R} \qquad (7.72)$$

谐振时 $\Delta\omega = 0$，所以式（7.71）中的输入阻抗 $Z_{\text{in}} = R$。为了使谐振器与传输线匹配，须有

$$R = Z_0 \qquad (7.73)$$

而无载 Q 值是

$$Q = \frac{\omega_0 L}{Z_0} \qquad (7.74)$$

由式（7.22）得外界 Q 值是

$$Q_{\text{e}} = \frac{\omega_0 L}{Z_0} = Q \qquad (7.75)$$

由此看出外界 Q 值和无载 Q 值在临界耦合条件下是相等的。

通常定义耦合系数 g 为

$$g = Q/Q_e \tag{7.76}$$

它能用于串联（$g = Z_0/R$）和并联（$g = R/Z_0$）谐振电路。因此，可分为三种情况：

（1）$g < 1$，这种情况称为谐振器欠耦合到馈线。

（2）$g = 1$，这种情况称为谐振器临界耦合到馈线。

（3）$g > 1$，这种情况称为谐振器过耦合到馈线。

7.6.2　缝隙耦合微带谐振器

下面考虑 $\lambda/2$ 开路微带谐振器耦合到微带馈电，如图 7.11(a)所示。微带中的缝隙可近似为一个串联电容，因此由这种谐振器的馈线构成的等效电路如图 7.13 所示。从馈线看去的归一化输入阻抗是

$$z = \frac{Z}{Z_0} = -j\frac{\left[1/\omega C + Z_0 \cot(\beta l)\right]}{Z_0} = -j\left(\frac{\tan(\beta l) + b_c}{b_c \tan(\beta l)}\right) \tag{7.77}$$

式中，$b_c = Z_0 \omega C$ 是耦合电容 C 的归一化电纳。当 $z = 0$ 时，或者当

$$\tan \beta l + b_c = 0 \tag{7.78}$$

时，发生谐振。这个超越方程的解法示意在图 7.14 中。

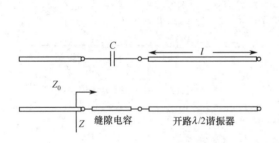

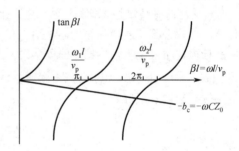

图 7.13　图 7.11(a)所示缝隙耦合　　　　　　图 7.14　对缝隙耦合微带谐振器的
微带谐振器的等效电路　　　　　　　　　　谐振频率，使用式（7.78）

实际上，$b_c \ll 1$，所以第一个谐振频率 ω_1 很靠近 $\beta l = \pi$（无载谐振器的第一个谐振频率）的频率，在这种情况下馈线到谐振器的耦合使谐振器的谐振频率降低。

现在简化有关串联 RLC 等效电路谐振器的激励点阻抗式（7.77），这可在谐振频率 ω_1 附近用泰勒级数展开 $z(\omega)$ 来实现。假设 b_c 很小，则有

$$z(\omega) = z(\omega_1) + (\omega - \omega_1)\frac{\mathrm{d}z(\omega)}{\mathrm{d}\omega}\bigg|_{\omega_1} + \cdots \tag{7.79}$$

由式（7.77）和式（7.78）可知 $z(\omega_1) = 0$，于是有

$$\frac{\mathrm{d}z}{\mathrm{d}\omega}\bigg|_{\omega_1} = \frac{-j\sec^2(\beta l)}{b_c \tan(\beta l)}\frac{\mathrm{d}(\beta l)}{\mathrm{d}\omega} = \frac{j(1 + b_c^2)}{b_c^2}\frac{l}{v_p} \approx \frac{j}{b_c^2}\frac{l}{v_p} \approx \frac{j\pi}{\omega_1 b_c^2}$$

因为 $b_c \ll 1$ 和 $l \approx \pi v_p/\omega_1$，其中 v_p 是传输线（假设是 TEM 传输线）的相速度，则归一化阻抗可表示为

$$z(\omega) = \frac{\mathrm{j}\pi(\omega - \omega_1)}{\omega_1 b_c^2} \tag{7.80}$$

至此，我们忽略了损耗，倒是可用式（7.10）中的复数谐振频率 $\omega_1(1 + \mathrm{j}/2Q)$ 代替谐振频率 ω_1 而包括高 Q 值腔损耗。对式（7.80）应用这个步骤，可得缝隙耦合有耗谐振器的输入阻抗为

$$z(\omega) = \frac{\pi}{2Qb_c^2} + \frac{\mathrm{j}\pi(\omega - \omega_1)}{\omega_1 b_c^2} \tag{7.81}$$

注意，无耦合 $\lambda/2$ 开路传输线谐振器看起来像是接近谐振的 RLC 并联电路，但现在的情况是电容耦合 $\lambda/2$ 谐振器，看起来像是接近谐振的 RLC 串联电路，因为串联耦合电容会使得谐振器激励点的阻抗倒相（见 8.5 节中关于阻抗倒相器的讨论）。

因此，谐振时的输入电阻 $R = Z_0\pi/2Qb_c^2$。对于临界耦合，须有 $R = Z_0$ 或

$$b_c = \sqrt{\pi/2Q} \tag{7.82}$$

式（7.76）的耦合系数是

$$g = \frac{Z_0}{R} = \frac{2Qb_c^2}{\pi} \tag{7.83}$$

若 $b_c < \sqrt{\pi/2Q}$，则 $g < 1$，谐振器是欠耦合的；若 $b_c > \sqrt{\pi/2Q}$，则 $g > 1$，谐振器是过耦合的。

【例 7.6】 缝隙耦合微带谐振器的设计。

一个谐振器由一段开路 50Ω 微带线制成，缝隙耦合到 50Ω 的馈线，如图 7.11(a)所示。谐振器接近谐振时的长度为 2.175cm，有效介电常数是 1.9，衰减是 0.01dB/cm。求临界耦合时所需耦合电容的值，并求出谐振频率。

解：第一个谐振频率将发生在谐振器的长度 $l = \lambda_g/2$ 附近。所以忽略边缘场，近似谐振频率是

$$f_0 = \frac{v_p}{\lambda_p} = \frac{c}{2l\sqrt{\varepsilon_e}} = \frac{3 \times 10^8}{2 \times 0.02175 \times \sqrt{1.9}} = 5.00\,\mathrm{GHz}$$

这不包括耦合电容的影响。然后，由式（6.35）求出谐振器的 Q 为

$$Q = \frac{\beta}{2\alpha} = \frac{\pi}{\lambda_g \alpha} = \frac{\pi}{2l\alpha} = \frac{\pi \times 8.7\,\mathrm{dB/Np}}{2 \times 0.02175\mathrm{m} \times 1\mathrm{dB/m}} = 628$$

由式（7.82）求出归一化耦合电容的电纳为

$$b_c = \sqrt{\frac{\pi}{2Q}} = \sqrt{\frac{\pi}{2 \times 628}} = 0.05$$

所以耦合电容的值为

$$C = \frac{b_c}{\omega Z_0} = \frac{0.05}{2\pi \times 5 \times 10^9 \times 50} = 0.032\,\mathrm{pF}$$

这应该是谐振器到 50Ω 馈线的临界耦合的答案。

现在 C 已确定，精确的谐振频率可通过解式（7.78）给出的超越方程求出。从图 7.14 的几何求解可知，实际的谐振频率略低于无载谐振频率 5.0GHz，对几个临界的频率计算式（7.78）比较容易，求出值约为 4.918GHz，比无载谐振频率低约 1.6%。

7.6.3 小孔耦合空腔谐振器

作为谐振器激励的最后一个例子，下面考虑如图 7.15 所示的小孔耦合波导腔。横壁上小孔的

作用相当于一个并联的电感。如果考虑腔的第一个谐振模式（腔长为 $l = \lambda_g/2$ 时产生），则腔可视为一端短路的传输线谐振器。小孔耦合腔可用图 7.16 所示的等效电路来模拟。这个电路基本上是图 7.13 所示缝隙耦合微带谐振器的等效电路的另一种表示，因此可用同样的方法近似地求解。

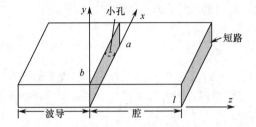

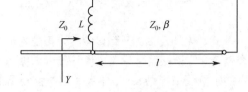

图 7.15　矩形波导小孔耦合到矩形腔　　　　图 7.16　小孔耦合腔的等效电路

由馈线看去的归一化输入导纳是

$$y = Z_0 Y = -\mathrm{j}\left(\frac{Z_0}{X_L} + \cot(\beta l)\right) = -\mathrm{j}\left(\frac{\tan(\beta l) + x_L}{x_L \tan(\beta l)}\right) \tag{7.84}$$

式中，$x_L = \omega L/Z_0$ 是小孔的归一化电抗。当式（7.84）的分子变为零时，或者当

$$\tan \beta l + x_L = 0 \tag{7.85}$$

时，发生并联（电流）谐振。这个公式形式上与缝隙耦合微带谐振器情况下的式（7.78）相似。实际上，$x_L \ll 1$，所以第一个谐振频率 ω_1 是靠近 $\beta l = \pi$ 的谐振频率，类似于图 7.14 所示的解。

采用前一节给出的同样步骤，式（7.84）的输入导纳可在谐振频率 ω_1 附近用泰勒级数展开，假设 $x_L \ll 1$，得到

$$y(\omega) = y(\omega_1) + (\omega - \omega_1)\frac{\mathrm{d}y(\omega)}{\mathrm{d}\omega}\bigg|_{\omega_1} + \cdots \approx \frac{\mathrm{j}l}{x_L^2}(\omega - \omega_1)\frac{\mathrm{d}\beta}{\mathrm{d}\omega}\bigg|_{\omega_1} \tag{7.86}$$

因为 $y(\omega_1) = 0$。对于矩形波导，有

$$\frac{\mathrm{d}\beta}{\mathrm{d}\omega} = \frac{\mathrm{d}}{\mathrm{d}\omega}\sqrt{k_0^2 - k_c^2} = \frac{k_0}{\beta c}$$

式中，c 是光速。于是，式（7.86）可以简化为

$$y(\omega) = \frac{\mathrm{j}\pi k_0(\omega - \omega_1)}{\beta^2 c x_L^2} \tag{7.87}$$

式（7.87）中，k_0、β 和 x_L 应该是在谐振频率 ω_1 处的计算值。

现在假设高 Q 值腔并且用 $\omega_1(1 + \mathrm{j}/2Q)$ 代替式（7.87）中的 ω_1，以包含损耗，得到

$$y(\omega) \approx \frac{\pi k_0 \omega_1}{2Q\beta^2 c x_L^2} + \frac{\mathrm{j}\pi k_0(\omega - \omega_1)}{\beta^2 c x_L^2} \tag{7.88}$$

谐振时的输入阻抗为 $R = 2Q\beta^2 c x_L^2 Z_0/\pi k_0 \omega_1$。为了获得临界耦合，须有 $R = Z_0$，于是所需的小孔电抗为

$$x_L = Z_0\sqrt{\frac{\pi k_0 \omega_1}{2Q\beta^2 c}} \tag{7.89}$$

由 x_L 可以求出所需要的小孔尺寸。

小孔耦合腔的下一个模式发生在输入阻抗变为零即 $Y \to \infty$ 时。由式（7.84）可知，它发生在 $\tan \beta l = 0$ 即 $\beta l = \pi$ 时的频率，这时腔的精确长度是 $\lambda_g / 2$，所以有小孔的平面上的横向电场是零，且小孔对耦合不起作用。这个模式在实际中没有什么意义，因为耦合太弱。

腔形谐振器通过电流探针或环激励，可用模式分析方法进行分析，但分析步骤很复杂，且完整的模式展开式需要有无旋场分量。

本章小结

1．串联和并联谐振电路

接近谐振的微波谐振器常用串联和并联 RLC 集总元件等效电路模拟，此类电路的一些基本性能与微波谐振器的非常相似。串联和并联谐振器的各量汇总如下表所示。

串联和并联谐振器的各量汇总

量	串联谐振器	并联谐振器
输入阻抗/导纳	$Z_{in} = R + j\omega L - j\dfrac{1}{\omega C} \approx R + j\dfrac{2RQ\Delta\omega}{\omega_0}$	$Y_{in} = \dfrac{1}{R} + j\omega C - j\dfrac{1}{\omega L} \approx \dfrac{1}{R} + j\dfrac{2RQ\Delta\omega}{R\omega_0}$
功率损耗	$P_{loss} = \dfrac{1}{2}|I|^2 R$	$P_{loss} = \dfrac{1}{2}\dfrac{|V|^2}{R}$
平均存储磁能	$W_m = \dfrac{1}{4}|I|^2 L$	$W_m = \dfrac{1}{4}|V|^2 \dfrac{1}{\omega^2 L}$
平均存储电能	$W_e = \dfrac{1}{4}|I|^2 \dfrac{1}{\omega^2 C}$	$W_e = \dfrac{1}{4}|V|^2 C$
谐振频率	$\omega_0 = \dfrac{1}{\sqrt{LC}}$	$\omega_0 = \dfrac{1}{\sqrt{LC}}$
无载 Q 值	$Q = \dfrac{\omega_0 L}{R} = \dfrac{1}{\omega_0 RC}$	$Q = \dfrac{R}{\omega_0 L} = \omega_0 RC$
外部 Q 值	$Q_e = \dfrac{\omega_0 L}{R_L}$	$Q_e = \dfrac{R_L}{\omega_0 L}$

2．谐振频率、带宽和 Q 值的关系

当谐振器平均存储磁能和电能相等时电路产生谐振，此时的频率称为谐振频率，Q 值表示谐振器平均存储能量与能量消耗功率之比，它们之间的关系为 $BW = f_0 / Q$。

3．Q 值的分类

谐振电路的一个重要参量是其 Q（品质因数）值，它定义为

$$Q = \omega \frac{（平均存储能量）}{（能量损耗/秒）}$$

是谐振电路损耗的量度，较低的损耗意味着较高的 Q 值。

Q 值分为无载 Q 值、有载 Q 值和外部 Q 值三类：

（1）无载 Q 值是谐振电路自身的特性，不存在外电路引起的任何负载效应。

（2）有载 Q 值是谐振电路与其他电路耦合之后的电路 Q 值，这些外负载电路会造成有载 Q

值比无载 Q 值小，通常写为 Q_L。

（3）外部 Q 值定义为

$$Q_e = \begin{cases} \dfrac{\omega_0 L}{R_L}, & \text{串联电路} \\[3mm] \dfrac{R_L}{\omega_0 L}, & \text{并联电路} \end{cases}$$

三类 Q 值之间的关系是 $\dfrac{1}{Q_L} = \dfrac{1}{Q_e} + \dfrac{1}{Q}$。

4. 谐振腔类型

谐振器也能由封闭的波导段构成，因为波导也是传输线的一种。因为波导的开路端存在辐射损耗，所以波导谐振器通常是两端短路形成的一个封闭盒子或腔体。电能和磁能存储在腔体内部，功率消耗在腔的金属臂上和填充腔体的电介质中。谐振腔可通过小孔或小探针或环耦合。

常见的微波谐振腔包括矩形波导谐振腔、圆形波导腔和介质谐振腔。

（1）矩形波导谐振腔由两端短路的矩形波导段组成，其 TE_{mnl} 和 TM_{mnl} 模的谐振频率为

$$f_{mnl} = \frac{ck_{mnl}}{2\pi\sqrt{\mu_r \varepsilon_r}} = \frac{c}{2\pi\sqrt{\mu_r \varepsilon_r}} \sqrt{\left(\frac{m\pi}{a}\right)^2 + \left(\frac{n\pi}{b}\right)^2 + \left(\frac{l\pi}{d}\right)^2}$$

（2）圆形波导腔由两端短路的圆形波导构成，通常用作微波频率计，其 TE_{mnl} 模的谐振频率为

$$f_{mnl} = \frac{c}{2\pi\sqrt{\mu_r \varepsilon_r}} \sqrt{\left(\frac{u'_{mn}}{a}\right)^2 + \left(\frac{l\pi}{d}\right)^2}$$

TM_{mnl} 模的谐振频率为

$$f_{mnl} = \frac{c}{2\pi\sqrt{\mu_r \varepsilon_r}} \sqrt{\left(\frac{u_{mn}}{a}\right)^2 + \left(\frac{l\pi}{d}\right)^2}$$

（3）介质谐振腔由低损耗、高介电常数材料制成的小圆盘或立方体组成，大部分场都在电介质内，一般成本较低，尺寸和质量较小，能很容易地与微波集成电路组合，以及与平面传输线耦合。

术 语 表

cavity modes　腔模
cavity resonator　空腔谐振器
coupling coefficient　耦合系数
critical　临界的
cylindrical cavity　圆柱腔
dielectric resonator　介质谐振腔

loaded Q　有载 Q
unloaded Q　无载 Q
rectangular cavity　矩形腔
resonant circuits　谐振电路
transmission line resonator　传输线谐振腔

习　　题

7.1 考虑题图 7.1 所示的有载并联 RLC 谐振电路。计算其谐振频率、无载 Q 值和有载 Q 值。

7.2 推导由长度为 $1/\lambda$ 的短路传输线构成的传输线谐振器的 Q 值表达式。

7.3 某传输线谐振器由长为 $\lambda/4$ 的开路传输线制成。求该传输线的 Q 值，假设传输线的复传播常数是 $\alpha + j\beta$。

7.4 考虑题图 7.4 所示的谐振器，它由两端短路的长为 $\lambda/2$ 的无耗传输线组成。在线上任意点 z 处，计算向左或向右看去的阻抗 Z_{L} 和 Z_{R}，并且证明 $Z_{\text{L}} = Z_{\text{R}}^*$。

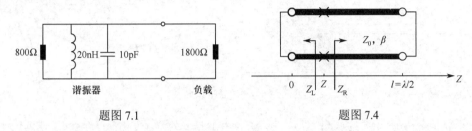

题图 7.1   题图 7.4

7.5 一个谐振器由一端短路而另一端接电容、长为 3.0cm 的 100Ω 同轴线构成，采用空气填充，如题图 7.5 所示。（1）求在 6.0GHz 处达到最低谐振模式的电容值；（2）假设损耗是由与电容并联的 10000Ω 电阻引入的，计算 Q 值。

7.6 一个传输线谐振器是由长度为 l、特征阻抗为 $Z_0 = 100\Omega$ 的传输线制成的。若传输线两端的负载如题图 7.6 所示，求第一个谐振模式的 l/λ 和该谐振器的 Q 值。

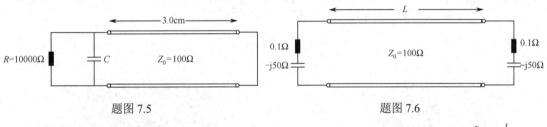

题图 7.5   题图 7.6

7.7 写出短路 $\lambda/2$ 同轴线谐振器 $\boldsymbol{E}$ 和 $\boldsymbol{H}$ 的表达式，证明时间平均的电储能和磁储能是相等的。

7.8 如题图 7.8 所示，在谐振频率下，串联 RLC 谐振电路与长度为 $\lambda/4$ 的传输线相连。证明在谐振点附近，输入阻抗特性与并联 RLC 电路的一样。

7.9 空气填充的镀铜矩形波导腔尺寸为 $a = 4\text{cm}$，$b = 2\text{cm}$，$c = 5\text{cm}$。求 TE_{101} 和 TE_{102} 模的谐振频率和 Q 值。

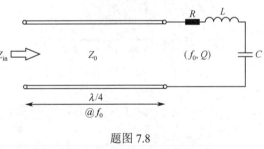

题图 7.8

7.10 推导矩形腔 TM_{111} 模的 Q 值，假设是有耗导体壁和无耗介质。

7.11 考虑题图 7.11 所示部分填充介质的矩形腔谐振器，用 TE_{10} 波导模写出在空气和介质填充区域中的场，使其满足在 $z = 0$、$d - t$ 和 d 处的边界条件，推导出基模谐振频率的超越方程。

7.12 通过全分离变量法求解 E_z（对 TM）和 H_z（对 TE）的波动方程，使其满足腔的合适边界条件〔假设解的形式是 $X(x)Y(y)Z(z)$〕，进而确定矩形腔的谐振频率。

7.13 求圆柱腔 TM_{mn0} 谐振模的 Q 值，假设导体和介质都是有耗的。

7.14 设计一个工作在 TE_{111} 模、在 6GHz 频率处有最大 Q 值的圆柱谐振器腔。该腔是镀金的及用介质材料（$\varepsilon_{\text{r}} = 1.5$，$\tan\delta = 0.0005$）填充的。求腔的尺寸并解出 Q 值。

7.15 有一个空气填充矩形腔，前三个谐振模式在频率 5.2GHz、6.5GHz 和 7.2GHz 处，求该腔的尺寸。

7.16 一个微带圆环谐振器如题图 7.16 所示。若微带线的有效介电常数是 ε_{e}，给出第一个谐振频率的公式，并对这种谐振器的耦合方法提出建议。

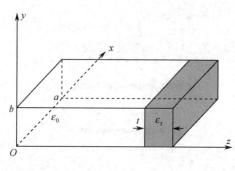

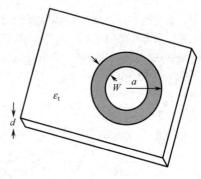

| 题图 7.11 | 题图 7.16 |

7.17 一个圆形微带贴片谐振器如题图 7.17 所示。使用在 $r=a$ 处 $H_\phi=0$ 的磁壁近似法，求解这种结构的 TM_{mn0} 模式的波动方程。假设边缘场可以忽略，证明基模的谐振频率是

$$f_{110} = \frac{1.841c}{2\pi a\sqrt{\varepsilon_r}}$$

7.18 计算圆柱介质谐振器的谐振频率：$\varepsilon_r = 36.2$，$2a = 7.99\text{mm}$，$L = 2.14\text{mm}$。

7.19 考虑题图 7.19 所示的矩形介质谐振器，假设腔边界周围的磁壁边界条件和沿 $\pm z$ 方向离开介质的位置是消逝场，类似于 7.5 节的分析，推导出谐振频率的超越方程。

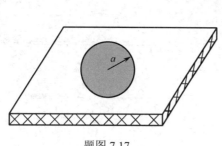

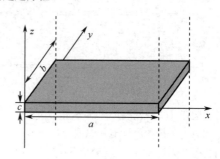

| 题图 7.17 | 题图 7.19 |

7.20 有一个并联 RLC 电路，$R = 1000\Omega$，$L = 1.26\text{nH}$，$C = 0.804\text{pF}$，用串联电容 C_0 耦合到 50Ω 的传输线，如题图 7.20 所示。求与传输线临界耦合时的 C_0 值和谐振频率。

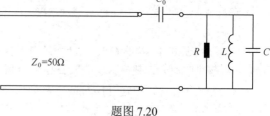

7.21 一个小孔耦合矩形波导腔的谐振频率为 9.0GHz，Q 值为 11000。若波导尺寸 $a = 2.5\text{cm}$，$b = 1.25\text{cm}$，求临界耦合时所需小孔的归一化电抗。

题图 7.20

7.22 在频率 8.220GHz 和 8.245GHz 处，被某个谐振器吸收的功率恰好是谐振时谐振器吸收的功率的一半。若谐振时反射系数是 0.33，求该谐振器的谐振频率、耦合系数、有载 Q 值和无载 Q 值。对串联和并联谐振器分别完成这些计算。

第8章 功率分配器和定向耦合器

工程背景

功率分配器（简称功分器）和定向耦合器是无源微波器件，用于功率分配或功率组合，如图 8.1 所示。进行功率分配时，一个输入信号被耦合器分成两个（或多个）较小的功率信号。耦合器可以是如图 8.1 所示的有耗或无耗三端口器件，也可以是四端口器件。三端口网络采用 T 形结和其他功分器形式，而四端口网络采用定向耦合器和混合网络形式。功分器通常是等分（3dB）形式的，但也有不等的功力比。定向耦合器可以设计为任意功率分配比，而混合结一般是等功率分配的。混合结在输出端口之间有 90°（正交）或 180°（魔 T）的相移。定向耦合器普遍用于天线阵的馈电网络中。

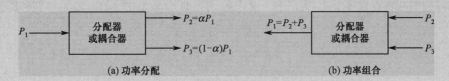

图 8.1 功率分配和组合

自学提示

本章主要讨论功分器和耦合器的基本结构，以及它们对应的三端口和四端口网络，所介绍的 Wilkinson 功率分配器、正交混合网络和耦合线耦合器都是工程中经常用到的基本器件结构，了解和掌握奇偶模的分析方法是今后开展科研的重要基础。

推荐学习方法

本章的基础是第 3 章"分布电路与传输线理论"和第 5 章"微波网络理论与分析"，只要熟练掌握第 5 章的内容，就能很好理解和分析三端口和四端口网络；只要能够熟练运用传输线理论分析问题，就能很容易地掌握奇偶模的分析方法。

8.1 功率分配器

功率分配器（简称功分器）是一种常用的微波无源器件。在实际应用中，常遇到功率的分配问题，如将发射机的功率按比例地馈送给天线的多个辐射单元，这时就需要一种能够将信号源的功率馈送到若干支路（负载）的器件——功分器。

功分器是一种多端口微波元件，这里只讨论其中最简单的三端口（T 形结）器件。我们首先使用散射矩阵理论推导出三端口网络的基本特性，然后简单介绍 T 形结功分器。为了使读者深入理解功分器，本节末将详细分析一种微带线功分器。

8.1.1 功分器的基本特性

最简单的功分器是 T 形结，它是由一个输入端和两个输出端组成的三端口网络。由散射矩阵理论可知，任意一个三端口网络的散射矩阵由 9 个独立的矩阵元构成，即

$$\boldsymbol{S} = \begin{bmatrix} S_{11} & S_{12} & S_{13} \\ S_{21} & S_{22} & S_{23} \\ S_{31} & S_{32} & S_{33} \end{bmatrix} \tag{8.1}$$

若该器件不包含各向异性的材料，且是无源的，则该器件必是互易的，此时散射矩阵 $\boldsymbol{S}$ 必定是对称矩阵（$S_{ij} = S_{ji}$）。在实际工作中，我们通常希望结是无耗的，且所有端口都要匹配。然而，事实却是构建这种所有端口都匹配的三端口无耗互易网络在理论上是不可能的，下面将给出证明。

若所有端口都是匹配的，则 $S_{ii} = 0$；若又知该网络是互易的，则散射矩阵式（8.1）可简化为

$$\boldsymbol{S} = \begin{bmatrix} 0 & S_{12} & S_{13} \\ S_{12} & 0 & S_{23} \\ S_{13} & S_{23} & 0 \end{bmatrix} \tag{8.2}$$

倘若此时网络也是无耗的，那么依据能量守恒的要求可知散射矩阵是幺正矩阵（$\boldsymbol{S}$ 矩阵的任意一列与该列的共轭点乘等于 1，且任意一列与不同列的共轭点乘为 0）。这时，可导出下列条件：

$$|S_{12}|^2 + |S_{13}|^2 = 1 \tag{8.3a}$$

$$|S_{12}|^2 + |S_{23}|^2 = 1 \tag{8.3b}$$

$$|S_{13}|^2 + |S_{23}|^2 = 1 \tag{8.3c}$$

$$S_{12}^* S_{13} = 0 \tag{8.3d}$$

$$S_{13}^* S_{23} = 0 \tag{8.3e}$$

$$S_{23}^* S_{12} = 0 \tag{8.3f}$$

式（8.3d）至式（8.3f）表明，S_{12}、S_{13} 和 S_{23} 这三个参量中最少有两个必须为零。但是，这个结论总与式（8.3a）至式（8.3c）中的一个相矛盾，表明三端口网络不能是无耗的、互易的和全端口匹配的。倘若牺牲三个条件中的一个条件，这种器件实际上就是可以实现的。

若三端口网络不是互易的，但满足全端口匹配与能量守恒的条件，则这种器件就是实际中应用的环形器，它使用各向异性材料如铁氧体来达到非互易的条件。这里不对环形器做过多的介绍，有兴趣的读者可以参考相关书籍。这里只证明满足全端口匹配且无耗的三端口网络必是非互易的。对于匹配的三端口网络，散射矩阵 $\boldsymbol{S}$ 可以写为

$$\boldsymbol{S} = \begin{bmatrix} 0 & S_{12} & S_{13} \\ S_{21} & 0 & S_{23} \\ S_{31} & S_{32} & 0 \end{bmatrix} \tag{8.4}$$

若此时网络是无耗的，则散射矩阵是幺正矩阵，于是有下列条件：

$$|S_{12}|^2 + |S_{13}|^2 = 1 \tag{8.5a}$$

$$|S_{21}|^2 + |S_{23}|^2 = 1 \tag{8.5b}$$

$$|S_{31}|^2 + |S_{32}|^2 = 1 \tag{8.5c}$$

$$S_{12}^* S_{13} = 0 \tag{8.5d}$$

$$S_{21}^* S_{23} = 0 \tag{8.5e}$$

$$S_{31}^{*} S_{32} = 0 \tag{8.5f}$$

上述方程的解可由下面两组条件来满足，即

$$S_{12} = S_{23} = S_{31} = 0 , \qquad |S_{21}| = |S_{32}| = |S_{13}| = 1 \tag{8.6a}$$

或

$$S_{21} = S_{32} = S_{13} = 0 , \qquad |S_{12}| = |S_{23}| = |S_{31}| = 1 \tag{8.6b}$$

由上面的式子清楚地看到，若 $i \neq j$，则 $S_{ij} \neq S_{ji}$，这说明该器件必定是非互易的。对应式（8.6a）和式（8.6b）的散射矩阵分别为

$$\boldsymbol{S} = \begin{bmatrix} 0 & 0 & 1 \\ 1 & 0 & 0 \\ 0 & 1 & 0 \end{bmatrix} , \qquad \boldsymbol{S} = \begin{bmatrix} 0 & 1 & 0 \\ 0 & 0 & 1 \\ 1 & 0 & 0 \end{bmatrix} \tag{8.7}$$

这两个散射矩阵对应的环形器如图 8.2 所示。

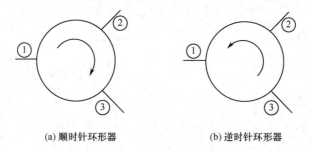

(a) 顺时针环形器   (b) 逆时针环形器

图 8.2 两种环形器

从图中可以看出，尽管两种环形器使用的图形符号相同，但是二者端口间的功率流的方向是相反的：一个为顺时针方向，另一个为逆时针方向。

上面讨论的是三个条件中不满足互易的情况。若无耗且互易的三端口网络只有两个端口是匹配的，情况又会如何？按照先前讨论的思路，假设端口①和②是匹配的，则散射矩阵 $\boldsymbol{S}$ 可以表示为

$$\boldsymbol{S} = \begin{bmatrix} 0 & S_{12} & S_{13} \\ S_{12} & 0 & S_{23} \\ S_{13} & S_{23} & S_{33} \end{bmatrix} \tag{8.8}$$

因为网络是无耗的，所以必须满足以下的幺正条件：

$$|S_{12}|^{2} + |S_{13}|^{2} = 1 \tag{8.9a}$$

$$|S_{12}|^{2} + |S_{23}|^{2} = 1 \tag{8.9b}$$

$$|S_{13}|^{2} + |S_{23}|^{2} + |S_{33}|^{2} = 1 \tag{8.9c}$$

$$S_{13}^{*} S_{23} = 0 \tag{8.9d}$$

$$S_{12}^{*} S_{13} + S_{23}^{*} S_{33} = 0 \tag{8.9e}$$

$$S_{23}^* S_{12} + S_{33}^* S_{13} = 0 \qquad (8.9\text{f})$$

式（8.9a）至式（8.9c）表明 $|S_{13}| = |S_{23}|$，由式（8.9d）又可得出 $S_{13} = S_{23} = 0$，从而 $|S_{12}| = |S_{33}| = 1$。

满足上述条件的器件只能是由两个分开器件组合而成的，结构如图 8.3 所示。

最后一种情况是，假设三端口网络有损耗，但网络是互易的，且满足全端口匹配条件。这便是电阻性功分器，它可实现输出端口之间的隔离。

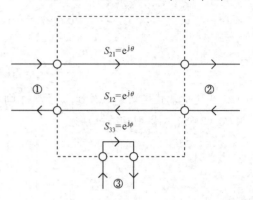

图 8.3　端口①、②匹配的无耗互易三端口网络

8.1.2　无耗 T 形结功分器

T 形结功分器是一种简单的三端口网络，既可用于功率分配，又可用于功率组合。在实际应用中，T 形结可由任意类型的传输线来制作。图 8.4 中显示了实际中常用的一些波导和微带 T 形结。这些 T 形结是不存在传输线损耗的无耗结。前面说过，这种结是不能实现全端口匹配的。

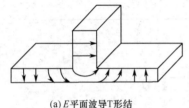

(a) E 平面波导 T 形结

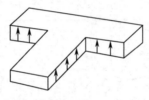

(b) H 平面波导 T 形结

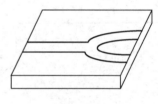

(c) 微带 T 形结

图 8.4　各种 T 形结功分器

图 8.4 所示的无耗 T 形结可以转化成三条传输线的模型，如图 8.5 所示，此处使用集总电纳 B 来估算能量存储。

要使功分器与特征阻抗为 Z_0 的传输线匹配，必须满足条件

$$Y_{\text{in}} = jB + \frac{1}{Z_1} + \frac{1}{Z_2} = \frac{1}{Z_0} \qquad (8.10)$$

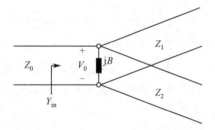

图 8.5　无耗 T 形结的传输线模型

若传输线为无耗传输线，则由传输线理论知其特征阻抗为实数。若再假设 $B = 0$，则式（8.10）可以简写为

$$\frac{1}{Z_1} + \frac{1}{Z_2} = \frac{1}{Z_0} \qquad (8.11)$$

在实际中，当 B 不能忽略时，常将一电抗性调谐元件添加到功分器上，以便获得在一个窄频率范围内抵消电纳的效果。

由于三个端口间的电压相等，仅需选择输出传输线的特征阻抗便可获得需要的功率分配比。例如，对于特征阻抗为 75Ω 的输入传输线，等功率分配器可以选择特征阻抗为 150Ω 的输出传输线。但是，实际上使用的传输线的特征阻抗通常为 50Ω 和 75Ω，因此可用 $\lambda/4$ 变换器将输出传输线的阻抗值变为所需要的值。若两条输出传输线是匹配的，则输入传输线也是匹配的，但两个输

出端口没有隔离，且从输出端口往里看是失配的。

下面举一个关于 T 形结功率分配器的例子。

【例 8.1】设计 T 形结功率分配器。

考虑一个无耗 T 形结功率分配器，其源阻抗为 50Ω。求出使输入功率分配比为 2:1 的输出特征阻抗，计算从输出端往里看的反射系数。

解： 假设在结处电压是 V_0，如图 8.5 所示，输入到匹配的功率分配器的功率是

$$P_{in} = \frac{1}{2}\frac{V_0^2}{Z_0}$$

输出功率是

$$P_1 = \frac{1}{2}\frac{V_0^2}{Z_1} = \frac{1}{3}P_{in}, \qquad P_2 = \frac{1}{2}\frac{V_0^2}{Z_2} = \frac{2}{3}P_{in}$$

由这些结果得到特征阻抗为

$$Z_1 = 3Z_0 = 150\Omega, \qquad Z_2 = \frac{3Z_0}{2} = 75\Omega$$

于是结的输入阻抗是

$$Z_{in} = 75 /\!/ 150 = 50\Omega$$

因此，输入与 50Ω 的源是匹配的。

从 150Ω 输出传输线往里看，看到阻抗为 $50 /\!/ 75 = 30\Omega$，而从 75Ω 输出传输线往里看，看到阻抗为 $50 /\!/ 150 = 37.5\Omega$，所以从这两个输出端口往里看的反射系数是

$$\Gamma_1 = \frac{30-150}{30+150} = -0.666, \qquad \Gamma_2 = \frac{37.5-75}{37.5+75} = -0.333$$

为消除输出端口间的耦合，常用在输出端口加隔离电阻的方法。下面介绍的有耗功分器就属于这种类型。

若三端口功率分配器包含有损耗元件，则其可制成全部端口都匹配的形式，但这两个输出端口可以不隔离。这种使用集总电阻元件的功率分配器电路如图 8.6 所示。图中所示的是等分(-3dB)功率分配器，但非等分功率分配比也是可能的。

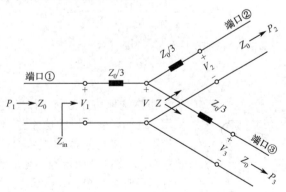

图 8.6　等分三端口电阻性功率分配器

图 8.6 所示的电阻性功率分配器容易用电路理论分析。假设所有端口都端接特征阻抗 Z_0，向后接输出线的 $Z_0/3$ 电阻看去的阻抗 Z 是

$$Z = \frac{Z_0}{3} + Z_0 = \frac{4Z_0}{3} \tag{8.12}$$

而功率分配器的输入阻抗是

$$Z_{\text{in}} = \frac{Z_0}{3} + \frac{2Z_0}{3} = Z_0 \tag{8.13}$$

这表明输入对馈线是匹配的。因为网络从全部三个端口看都是对称的，所有输出端也是匹配的，所以有 $S_{11} = S_{22} = S_{33} = 0$。

若端口 1 的电压是 V_1，则分压后结的中心处的电压 V 是

$$V = V_1 \frac{2Z_0/3}{Z_0/3 + 2Z_0/3} = \frac{2}{3}V_1 \tag{8.14}$$

再通过分压，输出电压是

$$V_2 = V_3 = V \frac{Z_0}{Z_0 + Z_0/3} = \frac{3}{4}V = \frac{1}{2}V_1 \tag{8.15}$$

于是，$S_{21} = S_{31} = S_{23} = 1/2$，这低于输入功率电平$-6$dB。这个网络是互易的，所以散射矩阵是对称的，可以表示为

$$\boldsymbol{S} = \frac{1}{2}\begin{bmatrix} 0 & 1 & 1 \\ 1 & 0 & 1 \\ 1 & 1 & 0 \end{bmatrix} \tag{8.16}$$

读者可以证明这不是幺正矩阵。

传送到功率分配器的输入功率是

$$P_{\text{in}} = \frac{1}{2}\frac{V_1^2}{Z_0} \tag{8.17}$$

而输出功率是

$$P_2 = P_3 = \frac{1}{2}\frac{(1/2 V_1)^2}{Z_0} = \frac{1}{8}\frac{V_1^2}{Z_0} = \frac{1}{4}P_{\text{in}} \tag{8.18}$$

这表示供给功率的一半消耗在电阻上。

8.1.3 微带线功分器

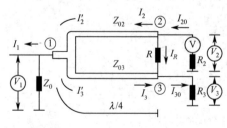

图 8.7 有隔离电阻的微带功分器

虽然这种功分器的具体形式有很多，但最常用的是采用 $\lambda_g/4$ 阻抗变换段的功分器。为了更一般化，这里直接讨论不等功率功分器，等功率分配器是不等功率分配器的特殊情况。图 8.7 所示为不等功率分配器的原理图。这种功分器通常会在端口②和③之间加上隔离电阻，以消除两个端口之间的耦合作用。

设主臂 1 的特征阻抗为 Z_c，两个支臂 1-2 和 1-3 的特征阻抗分别为 Z_{02} 和 Z_{03}，其终端所接负载分别为 R_2 和 R_3，电压振幅分别为 V_2 和 V_3，两臂的功率分别为 P_2 和 P_3。若设微带线本身无耗，且两个支臂对应点的对地电压也相等，则可得到下面两个关系式：

$$P_2 = \frac{1}{2}\frac{|V_2|^2}{R_2} \tag{8.19}$$

$$P_3 = \frac{1}{2}\frac{|V_3|^2}{R_3} \tag{8.20}$$

端口 3 和端口 2 之间的功率比是一个常数，为方便讨论，可写成如下形式：

$$P_3 = k^2 P_2 \tag{8.21}$$

由前面的假设知 $V_2 = V_3$，所以联合上面三式有

$$\frac{P_3}{P_2} = k^2 = \frac{R_2}{R_3} \tag{8.22}$$

$$R_2 = k^2 R_3 \tag{8.23}$$

设 Z_{i2} 和 Z_{i3} 分别是从接头处向支臂 1-2 和 1-3 看去的输入阻抗，两者的关系为

$$Z_{i2} = k^2 Z_{i3} \tag{8.24}$$

从主臂 1 向两臂看去时应该是匹配的，于是有

$$Z_0 = \frac{Z_{i2}Z_{i3}}{Z_{i2}+Z_{i3}} = \frac{k^2}{1+k^2}Z_{i3} \tag{8.25}$$

即

$$Z_{i3} = \frac{1+k^2}{k^2}Z_0 \tag{8.26}$$

由上式得

$$Z_{i2} = (1+k^2)Z_0 \tag{8.27}$$

因为常数 k 与特征阻抗 Z_0 是给定的，Z_{i2} 和 Z_{i3} 就可由上面两式求出。前面说过 $R_2 = k^2 R_3$，若选定 R_2 和 R_3 中的任意一个，即可立即确定另一个的值。在此，为方便计算，选择如下：

$$R_2 = kZ_0 \tag{8.28}$$

$$R_3 = \frac{Z_0}{k} \tag{8.29}$$

根据式（8.26）～式（8.29）即可求出两个支臂的特征阻抗 Z_{02} 与 Z_{03} 分别为

$$Z_{02} = \sqrt{Z_{i2}R_2} = Z_0\sqrt{k(1+k^2)} \tag{8.30}$$

$$Z_{03} = \sqrt{Z_{i3}R_3} = Z_0\sqrt{\frac{1+k^2}{k^3}} \tag{8.31}$$

上面讨论了两臂的特征阻抗的取值，下面说明隔离电阻 R 的作用及如何确定隔离电阻的值。

若没有隔离电阻 R，则当信号由端口②输入时，一部分功率将进入主臂 1，另一部分功率则途经支臂 1-3 到达端口③；反过来，当信号由端口③输入时，一部分功率将进入主臂 1，另一部分功率则途经支臂 1-2 到达端口②。如此一来，端口②和③之间就会相互影响。为了消除两个端口之间的耦合，加入了隔离电阻 R。我们可以选择隔离电阻 R 的值，使得当信号从主臂 1 输入时，R

两端的电压值相等，此时电阻 R 上无电流通过，且不影响功率分配。若信号由端口②输入，一部分能量直接经隔离电阻 R 到达端口③，另一部分能量除了经支臂 1-2 输入主臂 1，还有一部分经 1-3 支臂达到端口③。这部分能量与直接经 R 到达端口③的能量相位上相差 180°，因此它们相互抵消，导致端口 3 输出的能量极少。

同理，当信号由端口③输入时，在端口②输出的能量也很少。若 R 的位置与大小选择恰当，就能得到比较理想的隔离效果。

下面讨论如何求出隔离电阻 R 的表达式。同样使用图 8.7，图和公式中的电压与电流指的皆是其复振幅。设在端口②接上电压为 V 的信号源，此时会在整个电路中引起电压与电流。设端口①、②和③电压分别为 V_1、V_2 和 V_3，电流从左向右分别为 I_1、I_2'、I_3'，I_2、I_{20}、I_R、I_3 和 I_{30}。因为两个支臂的长度均为 $\lambda_g/4$，所以由传输线理论有如下结论。

对支臂 1-2 有

$$V_2 = V_1 \cos(\beta l) + jI_2' Z_{02} \sin(\beta l) = jI_2' Z_{02} \tag{8.32}$$

$$I_2 = I_2' \cos(\beta l) + j\frac{V_1}{Z_{02}} \sin(\beta l) = j\frac{V_1}{Z_{02}} \tag{8.33}$$

对支臂 1-3 有

$$V_1 = V_3 \cos(\beta l) + jI_3 Z_{03} \sin(\beta l) = jI_3 Z_{03} \tag{8.34}$$

$$I_3' = I_3 \cos(\beta l) + j\frac{V_3}{Z_{03}} \sin(\beta l) = j\frac{V_3}{Z_{03}} \tag{8.35}$$

对主臂与两支臂的交接点，由电路理论可得

$$I_2' = I_1 + I_3' = \frac{V_1}{Z_0} + I_3' \tag{8.36}$$

在隔离电阻 R 与端口③的交接处，有

$$I_3 = I_{30} - I_R = \frac{V_3}{R_3} - I_R \tag{8.37}$$

式中，

$$I_R = \frac{V_2 - V_3}{R} \tag{8.38}$$

将式（8.32）和式（8.35）代入式（8.36）得

$$\frac{V_1}{Z_0} + j\frac{V_2}{Z_{02}} + j\frac{V_3}{Z_{03}} = 0 \tag{8.39}$$

将式（8.34）和式（8.38）代入式（8.37）得

$$j\frac{V_1}{Z_{03}} - \frac{V_2 - V_3}{R} + \frac{V_3}{R_3} = 0 \tag{8.40}$$

当端口②和③之间隔离时，端口③无能量输出，即 $V_3 = 0$。由式（8.39）和式（8.40）得

$$\frac{V_1}{V_2} = -j\frac{Z_0}{Z_{02}} = -j\frac{Z_{03}}{R} \tag{8.41}$$

根据式（8.30）、式（8.31）和式（8.41）得

$$R = \frac{Z_{02}Z_{03}}{Z_0} = \frac{1+k^2}{k}Z_0 \tag{8.42}$$

这便是隔离电阻的表达式。当然，该表达式也可由网络理论来得到，此处不做介绍。

8.1.4　Wilkinson 功率分配器

在实际应用中，常常使用的功分器还有 Wilkinson 功分器。

无耗 T 形结功率分配器具有不能在全部端口匹配的缺点，且输出端口之间没有任何隔离。电阻性功率分配器能在全部端口匹配，但不是无耗的，而且仍然达不到隔离。然而，由 8.1.1 节的讨论我们知道，有耗三端口网络能制成全部端口匹配，且在输出端口之间有隔离。Wilkinson 功率分配器是这样一种网络：当输出端口都匹配时，仍具有无耗的有用特性，只是耗散了反射功率。

我们可以制成任意功率分配比的 Wilkinson 功率分配器，但首先考虑等分（3dB）情况。这种功率分配器常制成微带或带状线形式，如图 8.8(a)所示；图 8.8(b)给出了相应的传输线电路。我们可将这个电路化为两个简单的电路（在输出端口用对称和反对称源驱动）来进行分析。这是偶/奇模分析技术，它对我们在后面几节中分析其他网络也是有用的。

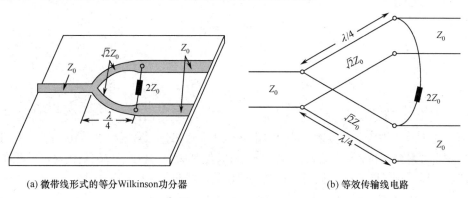

(a) 微带线形式的等分Wilkinson功分器　　　　　　　(b) 等效传输线电路

图 8.8　Wilkinson 功分器

偶/奇模分析　为简单起见，我们用特征阻抗 Z_0 归一化所有阻抗，重新画出图 8.8(b)所示的电路，并在输出端口接电压源，如图 8.9 所示。这个画出来的网络，形式上与横向中心平面对称，两个归一化源电阻值是 2，并联组成的归一化电阻值为 1，代表匹配源的阻抗。$\lambda/4$ 线有归一化特征阻抗 Z，并联电阻有归一化值 r；我们看到，对等分功率分配器的这些值，如图 8.8 给出的那样，应该是 $Z = \sqrt{2}$ 和 $r = 2$。

下面定义图 8.9 所示电路激励的两个分离的模式：偶模，$V_{g2} = V_{g3} = 2V_0$；奇模，$V_{g2} = -V_{g3} = 2V_0$。然后，这两个模叠加，有效激励是 $V_{g2} = 4V_0$，$V_{g3} = 0$，由此可以求出网络的 **S**

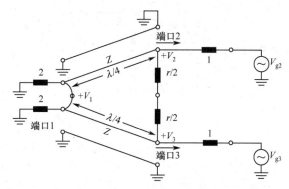

图 8.9　归一化和对称形式下的 Wilkinson 功率分配器电路

参量。现在分别处理这两个模式。

偶模 对于偶模激励，$V_{g2} = V_{g3} = 2V_0$，因此 $V_2^e = V_3^e$，没有电流流过 $r/2$ 电阻，或者说端口 1 的两个传输线输入直接短路。于是，我们能将图 8.9 的网络在这些点上剖开，获得如图 8.10(a)所示的网络（$\lambda/4$ 线的接地侧未显示）。于是，从端口 2 向里看去的阻抗为

$$Z_{\text{in}}^e = Z^2 / 2 \tag{8.43}$$

因为传输线看起来像一个 $\lambda/4$ 变换器，如果 $Z = \sqrt{2}$，那么对偶模激励端口 2 是匹配的，因为 $Z_{\text{in}}^e = 1$，所以 $V_2^e = V_0$。在这种情况下，因为 $r/2$ 电阻的一端开路，所以是无用的。下一步是从传输线方程求 V_1^e。若令端口 1 处 $x = 0$，则端口 2 处 $x = -\lambda/4$，传输线段上的电压可表示为

$$V(x) = V^+(e^{-j\beta x} + \Gamma e^{j\beta x}) \tag{8.44}$$

则有

$$\begin{aligned} V_2^e &= V(-\lambda/4) = jV^+(1-\Gamma) = V_0 \\ V_1^e &= V(0) = V^+(1+\Gamma) = jV_0 \frac{\Gamma+1}{\Gamma-1} \end{aligned} \tag{8.45}$$

在端口 1，向归一化值为 2 的电阻看去的反射系数 Γ 是

$$\Gamma = \frac{2 - \sqrt{2}}{2 + \sqrt{2}}$$

且

$$V_1^e = -jV_0\sqrt{2} \tag{8.46}$$

奇模 对于奇模激励，$V_{g2} = -V_{g3} = 2V_0$，因此 $V_2^0 = -V_3^0$，沿图 8.9 电路的中线是电压零点，所以能将中心平面上的两个点接地，进而将电路剖分为两部分，给出如图 8.10(b)所示的网络。从端口②向里看，看到阻抗 $r/2$，因为并联的传输线长度是 $\lambda/4$，且在端口①处短路，因此在端口②看是开路。这样，若选择 $r = 2$，则对奇模激励端口②是匹配的，有 $V_2^0 = V_0$ 和 $V_1^0 = 0$；对于这种激励模式，全部功率都传送到 $r/2$ 电阻上，而没有功率进入端口①。

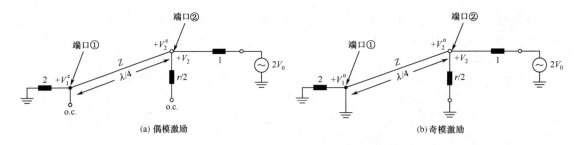

(a) 偶模激励　　　　　　　　　　　　　　　　(b) 奇模激励

图 8.10　图 8.9 所示电路剖分为两部分

最后，必须求出当端口②和端口③端接匹配负载时，Wilkinson 功率分配器的端口①处的输入阻抗。求解的电路如图 8.11(a)所示，可以看出它与偶模激励相似，因为 $V_2 = V_3$，没有电流流过归一化值为 2 的电阻，所以可以移走它，留下如图 8.11(b)所示的电路。现在有两个端接归一化值为 1 的负载电阻的 $\lambda/4$ 变换器并联。于是，输入阻抗是

$$Z_{\text{in}} = \frac{1}{2}(\sqrt{2})^2 = 1 \qquad\qquad (8.47)$$

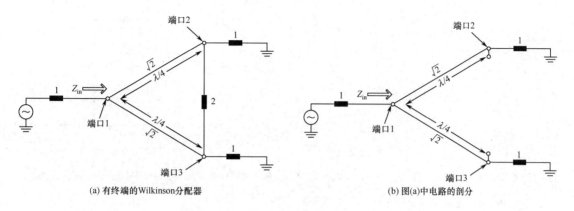

(a) 有终端的Wilkinson分配器　　　　　　　　　(b) 图(a)中电路的剖分

图 8.11　对 Wilkinson 功率分配器找 S_{11} 的分析

总之，对 Wilkinson 功率分配器可以确定如下 **S** 参量：

$S_{11} = 0$ （在端口 1，$Z_{\text{in}} = 1$）

$S_{22} = S_{33} = 0$ （端口 2 和端口 3 匹配，对偶模和奇模）

$S_{12} = S_{21} = \dfrac{V_1^{\text{e}} + V_1^{\text{o}}}{V_2^{\text{e}} + V_2^{\text{o}}} = -\text{j}/\sqrt{2}$ （对称，由于互易性）

$S_{13} = S_{31} = -\text{j}/\sqrt{2}$ （端口 2 和端口 3 对称）

$S_{23} = S_{32} = 0$ （剖分下的短路或开路）

上面的 S_{12} 方程之所以成立，是因为当终端接匹配负载时，全部端口都是匹配的。注意，当功率分配器在端口 1 驱动且输出匹配时，没有功率消耗在电阻上。因此，当输出都匹配时，功率分配器是无耗的，只有从端口 2 或端口 3 反射的功率消耗在电阻上。因为 $S_{23} = S_{32} = 0$，端口 2 和端口 3 是隔离的。

Wilkinson 功率分配器也可制成不等分功率分配，其微带结构如图 8.12 所示。若端口 2 和端口 3 之间的功率比是 $K^2 = P_3/P_2$，则应用下面的设计公式：

$$Z_{03} = Z_0\sqrt{\frac{1+K^2}{K^3}} \qquad\qquad (8.48\text{a})$$

$$Z_{02} = K^2 Z_{03} = Z_0\sqrt{K(1+K^2)} \qquad\qquad (8.48\text{b})$$

$$R = Z_0\left(K + \frac{1}{K}\right) \qquad\qquad (8.48\text{c})$$

注意，当 $K = 1$ 时，上面的结果化简为功率等分情况。还可看到输出线与阻抗 $R_2 = Z_0 K$ 和 $R_3 = Z_0/K$ 匹配，而不与阻抗 Z_0 匹配。匹配变换器可用来改变这些输出阻抗。

Wilkinson 功率分配器还可推广到 N 路功率分配器或合成器，如图 8.13 所示。这个电路可在所有端口上达到匹配，且所有端口之间彼此隔离。然而，缺点是当 $N \geqslant 3$ 时，功率分配器需要电阻跨接。这就使得平面电路制作较为困难。为了提高带宽，Wilkinson 功率分配器也可采用阶梯式多节结构。

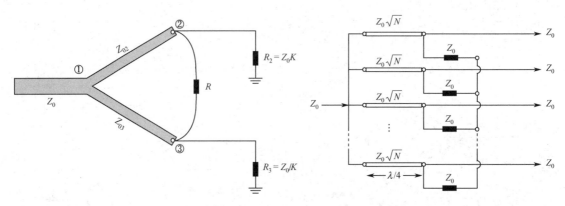

图 8.12　微带形式的不等分功率分配的 Wilkinson 功率分配器　　图 8.13　N 路等分的 Wilkinson 功率分配器

下面举两个关于 Wilkinson 功率分配器的例子。

【例 8.2】 设计 Wilkinson 功分器。设计目标：工作频率为 1.8～2.2GHz，中心频率为 2GHz，回波损耗小于−10dB，插入损耗满足功率一分二的要求。衬底层的厚度为 1.6mm，相对介电常数为 4.4，损耗角正切为 0.02。

解：分配器中 $\lambda/4$ 传输线的特征阻抗为 $Z = \sqrt{2}Z_0 = 70.7\Omega$，并联电阻的值是 $R = 2Z_0 = 100\Omega$。

图 8.14 所示为设计版图，图 8.15 所示为版图仿真结果。

注意，我们在设计频率 2GHz 处得到了端口 2 和端口 3 的完善的等功率分配，但是因为基板有损耗，所以不是严格取 1/2 时的−3.010dB。

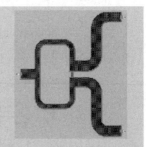

图 8.14　例 8.2 的设计版图

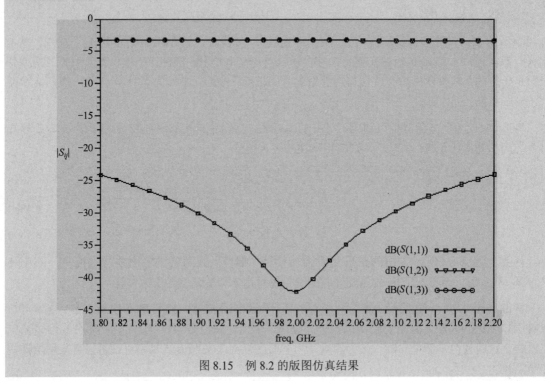

图 8.15　例 8.2 的版图仿真结果

【例 8.3】设计用 3 个 Wilkinson 功分器的 4 路功分器。设计目标：工作频率为 1.8～2.2GHz，中心频率为 2GHz，回波损耗小于−10dB，插入损耗满足功率一分四的要求。衬底层厚度为 1.6mm，相对介电常数为 4.4，损耗角正切为 0.02。

解： 图 8.16 所示为设计版图，图 8.17 所示为版图仿真结果。

注意，我们在设计频率 2GHz 处得到了端口 2、端口 3、端口 4 和端口 5 的完善的等功率分配，但是因为基板有损耗，所以不是严格取 1/4 时的−6.021dB。

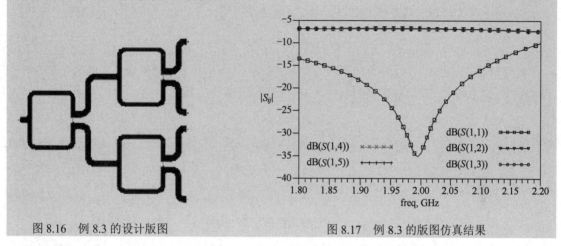

图 8.16　例 8.3 的设计版图　　　　　　图 8.17　例 8.3 的版图仿真结果

8.2　定向耦合器

与功率分配器一样，定向耦合器也是一种常用的微波器件。定向耦合器是一种能将微波信号按比例定向传输的四端口元件。

本节首先讨论四端口元件的基本特性，然后给出定向耦合器常用的技术指标，最后给出一个双口定向耦合器的例子。

8.2.1　定向耦合器的基本特性

对功分器而言，前面已经证明三端口网络不能是无耗的、互易的和全端口匹配的。那么对于四端口网络呢？下面证明任何无耗的、互易的、全端口匹配的四端口网络是一个定向耦合器。

所有端口都匹配的互易四端口网络的散射矩阵 $\boldsymbol{S}$ 为

$$\boldsymbol{S} = \begin{bmatrix} 0 & S_{12} & S_{13} & S_{14} \\ S_{12} & 0 & S_{23} & S_{24} \\ S_{13} & S_{23} & 0 & S_{34} \\ S_{14} & S_{24} & S_{34} & 0 \end{bmatrix} \tag{8.49}$$

若网络是无耗的，则可由能量守恒得到 10 个方程。现在让散射矩阵的第一行与第二行进行共轭点乘，第四行与第三行进行共轭点乘，得到

$$S_{13}^* S_{23} + S_{14}^* S_{24} = 0 \tag{8.50a}$$

$$S_{14}^* S_{13} + S_{24}^* S_{23} = 0 \tag{8.50b}$$

式（8.50a）乘以 S_{24}^* 减去式（8.50b）乘以 S_{13}^*，得到

$$S_{14}^* \left(\left| S_{13} \right|^2 - \left| S_{24} \right|^2 \right) = 0 \tag{8.51}$$

同理，若用第一行与第三行进行共轭点乘，第四行与第二行进行共轭点乘，则有

$$S_{12}^* S_{23} + S_{14}^* S_{34} = 0 \tag{8.52a}$$

$$S_{14}^* S_{12} + S_{34}^* S_{23} = 0 \tag{8.52b}$$

S_{12} 乘以式（8.52a）减去 S_{34} 乘以式（8.52b），得到

$$S_{23} \left(\left| S_{12} \right|^2 - \left| S_{34} \right|^2 \right) = 0 \tag{8.53}$$

能够满足式（8.51）和式（8.53）的一种方式是令 $S_{14} = S_{23} = 0$，结果成了定向耦合器。若使式（8.49）给出的幺正矩阵 $\boldsymbol{S}$ 的各行自乘，则可得到以下 4 个方程：

$$\left| S_{12} \right|^2 + \left| S_{13} \right|^2 = 1 \tag{8.54a}$$

$$\left| S_{12} \right|^2 + \left| S_{24} \right|^2 = 1 \tag{8.54b}$$

$$\left| S_{13} \right|^2 + \left| S_{34} \right|^2 = 1 \tag{8.54c}$$

$$\left| S_{24} \right|^2 + \left| S_{34} \right|^2 = 1 \tag{8.54d}$$

从上面 4 个方程可得 $\left| S_{13} \right| = \left| S_{24} \right|$（由前两式得到）和 $\left| S_{12} \right| = \left| S_{34} \right|$（由后两式得到）。

通过选择四个端口中的三个端口的相位参考点，可以进一步简化。这里的选择是：$S_{12} = S_{34} = \alpha$，$S_{13} = \beta \mathrm{e}^{\mathrm{j}\theta}$ 和 $S_{24} = \beta \mathrm{e}^{\mathrm{j}\phi}$，其中 α 和 β 是实数，θ 和 ϕ 是待定的相位常数。将 $\boldsymbol{S}$ 矩阵的第二行与第三行相乘得

$$S_{12}^* S_{13} + S_{24}^* S_{34} = 0 \tag{8.55}$$

于是，满足上式的相位常数间的关系式为

$$\theta + \phi = \pi \pm 2n\pi \tag{8.56}$$

可见，两个相位常数中仍有一个可以自由选定。若略去 2π 的整数倍，则在实际中通常有两种特定的选择。

（1）对称耦合器：$\theta = \phi = \pi/2$。散射矩阵可以写为

$$\boldsymbol{S} = \begin{bmatrix} 0 & \alpha & \mathrm{j}\beta & 0 \\ \alpha & 0 & 0 & \mathrm{j}\beta \\ \mathrm{j}\beta & 0 & 0 & \alpha \\ 0 & \mathrm{j}\beta & \alpha & 0 \end{bmatrix} \tag{8.57}$$

（2）反对称耦合器：$\theta = 0$，$\phi = \pi$。散射矩阵可以写为

$$\boldsymbol{S} = \begin{bmatrix} 0 & \alpha & \beta & 0 \\ \alpha & 0 & 0 & -\beta \\ \beta & 0 & 0 & \alpha \\ 0 & -\beta & \alpha & 0 \end{bmatrix} \tag{8.58}$$

注意，这两个耦合器的差别仅在于参考平面的选择。因为 α 和 β 不是独立的，按照式（8.54a），要求

$$\alpha^2 + \beta^2 = 1 \qquad (8.59)$$

满足式（8.51）和式（8.53）的另一种方式是，假设 $|S_{13}| = |S_{24}|$ 和 $|S_{12}| = |S_{34}|$，若选择相位参考点使 $S_{13} = S_{24} = \alpha$，$S_{12} = S_{34} = \mathrm{j}\beta$［满足式（8.56）］，则式（8.50a）给出 $\alpha(S_{23} + S_{14}^{*}) = 0$，式（8.52a）给出 $\beta(S_{23} + S_{14}^{*}) = 0$。这两个方程有两个可能的解。一个解是 $S_{14} = S_{23} = 0$，与上面定向耦合器的解相同；另一个解是当 $\alpha = \beta = 0$ 时，$S_{12} = S_{13} = S_{24} = S_{34} = 0$。对此，我们不再做进一步的讨论。

至此，我们得出结论：任何无耗的、互易的、所有端口匹配的四端口网络是一个定向耦合器。

8.2.2　定向耦合器的技术指标

定向耦合器是一个具备方向性的功率耦合元件，是一个四端口元件，由主传输线和副传输线两段传输线组合而成。主副传输线之间通过耦合的机构（如缝隙、孔、耦合线段等）将主线的一部分或全部功率耦合到副线上，且功率在副线中只传向其中的一个端口，另一个端口无功率输出。若主线中功率流的方向相反，则副线中有功率输出和无功率输出的端口随之改变。也就是说，功率的耦合是有方向性的。

波导、同轴线、带状线、微带线均可以用来构成定向耦合器。为了描述定向耦合器的特性，可以使用图 8.18 来说明，即用一个四端口元件来表征定向耦合器。

设从端口 1 输入电压振幅为 1 的入射电压波，其余端口均接上匹配负载。端口 2、3 和 4 的电压传输系数分别用 S_{21}、S_{31} 和 S_{41} 表示，设端口 4 无功率输出（隔离端），端口 3 有功率输出（耦合端）。根据以上假设，可以定义定向耦合器的三个常用技术指标。

图 8.18　定向耦合器原理示意图

（1）耦合度 C：主线中端口 1 的输入功率与耦合到副线正方向（端口 3）的功率之比的对数，即

$$C = 10\lg \frac{1}{|S_{31}|^2} \quad \mathrm{dB} \qquad (8.60)$$

（2）方向性系数 D：在副线中沿正向（端口 3）传输的功率与沿负向（端口 4）传输的功率之比的对数，即

$$D = 10\lg \frac{|S_{31}|^2}{|S_{41}|^2} \quad \mathrm{dB} \qquad (8.61)$$

（3）隔离度 I：主线中端口 1 传输的功率与副线中沿负向（端口 4）传输的功率之比的对数，即

$$I = 10\lg \frac{1}{|S_{41}|^2} \quad \mathrm{dB} \qquad (8.62)$$

耦合度代表耦合到输出端口的功率与输入功率之比。方向性如同隔离度那样，是耦合器隔离前向波和反向波能力的量度。这些量之间的关系为

$$I = D + C \quad \mathrm{dB} \qquad (8.63)$$

理想耦合器具有无限大的方向性和隔离度（$S_{41} = 0$），因此 S_{21} 可根据耦合度 C 确定。

混合网络耦合器是定向耦合器的特殊情况，其耦合度是 3dB，这意味着 $S_{21} = 1/\sqrt{2}$。混合网络有两类。一类是正交混合网络，即在端口 1 馈入时，端口 2 和端口 3 之间有 90°的相移（$\theta = \phi = \pi/2$），是一个对称的耦合器，其 $\boldsymbol{S}$ 矩阵为

$$\boldsymbol{S} = \frac{1}{\sqrt{2}} \begin{bmatrix} 0 & 1 & j & 0 \\ 1 & 0 & 0 & j \\ j & 0 & 0 & 1 \\ 0 & j & 1 & 0 \end{bmatrix} \tag{8.64}$$

另一类是魔 T 混合网络或环形波导（rat-race）混合网络，即在端口 4 馈入时，端口 2 和端口 3 之间有 180°的相差，是一个反对称耦合器，其 $\boldsymbol{S}$ 矩阵为

$$\boldsymbol{S} = \frac{1}{\sqrt{2}} \begin{bmatrix} 0 & 1 & 1 & 0 \\ 1 & 0 & 0 & -1 \\ 1 & 0 & 0 & 1 \\ 0 & -1 & 1 & 0 \end{bmatrix} \tag{8.65}$$

定向耦合器的常见技术指标还有输入驻波比和工作频带等，这里不做过多的介绍。定向耦合器的具体结构有多种，这里只介绍最简单的双孔定向耦合器，且只讨论耦合度 C 和方向性系数 D，其余技术指标不再讨论。

8.2.3　双孔定向耦合器

图 8.19 所示为矩形波导中双孔定向耦合器的原理示意图。在主副波导的公共壁上开有两个尺寸和形状完全相同的小孔，两个孔间的距离为 l。设由主波导端口 1 输入电压振幅为 1 的电压波，且这个波从孔 a 传播到孔 b 时，振幅没有明显的改变，即符合弱耦合的情况。下面具体讨论这种定向耦合器的技术指标。

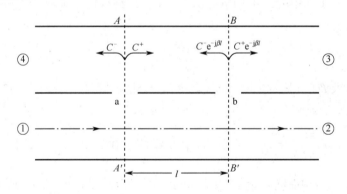

图 8.19　双口定向耦合器的原理示意图

在孔 a 处，由主波导耦合到副波导的正向（端口 3）传输波的电压耦合系数用 C^+ 表示，反向（端口 4）传输波的电压耦合系数用 C^- 表示。在孔 b 处，正向（端口 3）传输的波用 $C^+\mathrm{e}^{-\mathrm{j}\beta l}$ 表示，反向（端口 4）传输的波用 $C^-\mathrm{e}^{-\mathrm{j}\beta l}$ 表示。在副波导中，传向端口 3 的波由两部分在参考面 BB' 叠加而成，因为两个孔完全相同，所以 C^+ 是相等的。于是，可得

$$S_{31} = C^+\mathrm{e}^{-\mathrm{j}\beta l} + C^+\mathrm{e}^{-\mathrm{j}\beta l} = 2C^+\mathrm{e}^{-\mathrm{j}\beta l} \tag{8.66a}$$

取模得

$$|S_{31}| = 2|C^+| \tag{8.66b}$$

在副波导中，传向端口 4 的波在参考面 AA' 处叠加后得

$$S_{41} = C^- + C^- e^{-j2\beta l} = 2C^- e^{-j\beta l} \cos(\beta l) \tag{8.67a}$$

取模得

$$|S_{41}| = 2|C^- \cos(\beta l)| \tag{8.67b}$$

耦合度 C 为

$$C = 10 \lg \frac{1}{|S_{31}|^2} = 10 \lg \frac{1}{|C^+|^2} - 10 \lg 4 \tag{8.68}$$

方向性系数 D 为

$$D = 10 \lg \frac{|S_{31}|^2}{|S_{41}|^2} = 10 \lg \frac{|C^+|^2}{|C^-|^2} + 10 \lg \frac{1}{|\cos(\beta l)|^2} = D_{固} + D_{阵} \tag{8.69}$$

式中，$D_{固}$ 是小孔本身的固有方向性系数，即

$$D_{固} = 10 \lg \frac{|C^+|^2}{|C^-|^2} \tag{8.70}$$

$D_{阵}$ 为

$$D_{阵} = 10 \lg \frac{1}{|\cos(\beta l)|^2} \tag{8.71}$$

它是由小孔排列成阵后，在副波导的各个反向传输波之间因行程差造成相位差所形成的方向性，所以称为阵列方向性。若小孔本身没有方向性（如孔开在波导公共窄壁上，且为 TE_{10} 模时），$D_{固}$ 为零。

对于双孔定向耦合器，一般取 $l = \lambda_{g0}/4$，λ_{g0} 是与中心频率对应的波导波长。此时，由式（8.67）知 $|S_{41}| = 0$，即功率只传向端口 3，端口 4 无功率输出。由此实现了功率耦合的方向性。物理意义上的解释如下：向端口 3 传输的波是同相叠加的，向端口 4 传输的波是反向相消的。双孔定向耦合器的频带较窄，为了改善这种情况，可采用多孔定向耦合器。具体讨论方法与双孔定向耦合器的相同，此处不做介绍。

在实际应用中，定向耦合器的隔离端口一般都接有匹配负载，以避免产生反射波，否则反射波将影响其他端口的功率匹配，使耦合器的性能下降。

8.2.4 正交（90°）混合网络

正交混合网络是 3dB 定向耦合器，其直通和耦合臂的输出之间有 90°的相位差。这种类型的混合网络通常做成微带线或带状线形式，如图 8.20 所示，也称分支线混合网络（branch-line hybrid）。其他 3dB 耦合器，如耦合线耦合器或 Lange 耦合器，也可用作正交耦合器。下面使用类似于 Wilkinson 功率分配器所用的偶/奇模分解技术来分析正交混合网络的工作过程。

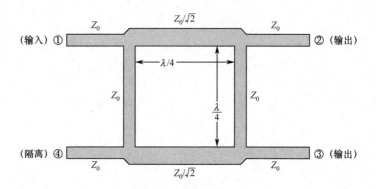

图 8.20　分支线耦合器的几何形状

参考图 8.20，分支线耦合器的基本运作如下：所有端口都是匹配的，从端口 1 输入的功率对等地分配给端口 2 和端口 3，这两个输出端口之间有 90° 的相移，没有功率耦合到端口 4（隔离端）。所以 S 矩阵为

$$S = \frac{-1}{\sqrt{2}} \begin{bmatrix} 0 & j & 1 & 0 \\ j & 0 & 0 & 1 \\ 1 & 0 & 0 & j \\ 0 & 1 & j & 0 \end{bmatrix} \tag{8.72}$$

注意，分支线混合网络高度对称，任意端口都可作为输入端口，输出端口总在与网络输入端口相反的一侧，隔离端是输入端口同侧的余下端口。对称性反映在散射矩阵中是，每行可从第一行互换位置得到。

偶/奇模分析

我们首先用归一化形式画出分支线耦合器的电路示意图，如图 8.21 所示。此处要了解每条线代表一根传输线，线上表示的值是用 Z_0 归一化的特征阻抗，对每条传输线的公共接地没有表示。假设在端口 1 输入单位振幅（$A_1 = 1$）的波。

现在，图 8.21 所示电路可分解为偶模激励和奇模激励的叠加，如图 8.22 所示。注意，重叠这两组激励的波可产生图 8.21 所示的原始激励波，因为该电路是线性的，所以实际的响应（散射波）可由偶模和奇模激励响应之和获得。

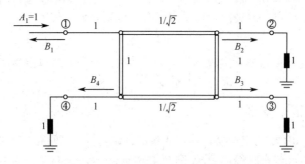

图 8.21　归一化形式的分支线混合耦合器电路

因为激励的对称性和反对称性，四端口网络能分解为一组两个无耦合的二端口网络，如图 8.22

所示。因为这两个端口的输入波振幅是 ±1/2，分支线混合网络每个端口处的出射波的振幅可表示为

$$B_1 = \frac{1}{2}\Gamma_e + \frac{1}{2}\Gamma_o \qquad (8.73a)$$

$$B_2 = \frac{1}{2}T_e + \frac{1}{2}T_o \qquad (8.73b)$$

$$B_3 = \frac{1}{2}T_e - \frac{1}{2}T_o \qquad (8.73c)$$

$$B_4 = \frac{1}{2}\Gamma_e - \frac{1}{2}\Gamma_o \qquad (8.73d)$$

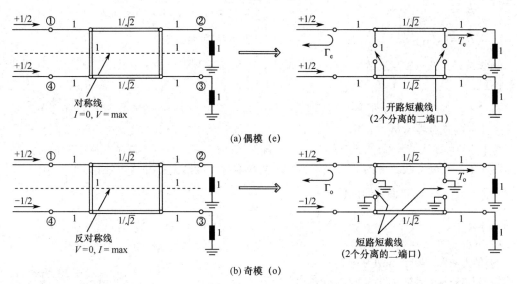

图 8.22 分支线耦合器分解为偶模和奇模

式中，$\Gamma_{e,o}$ 和 $T_{e,o}$ 是图 8.22 所示二端口网络的偶模和奇模的反射系数和传输系数。首先考虑偶模二端口电路 Γ_e 和 T_e 的计算。将电路中每个级联器件的 $ABCD$ 矩阵相乘，得到

$$\begin{bmatrix} A & B \\ C & D \end{bmatrix}_e = \underbrace{\begin{bmatrix} 1 & 0 \\ j & 1 \end{bmatrix}}_{\text{并联数}Y=j} \underbrace{\begin{bmatrix} 0 & j/\sqrt{2} \\ j\sqrt{2} & 0 \end{bmatrix}}_{\lambda/4\text{传输线}} \underbrace{\begin{bmatrix} 1 & 0 \\ j & 1 \end{bmatrix}}_{\text{并联数}Y=j} = \frac{1}{\sqrt{2}}\begin{bmatrix} -1 & j \\ j & -1 \end{bmatrix} \qquad (8.74)$$

式中，各个矩阵可以在常用二端口电路的 $ABCD$ 参量表中找到，并联开路 $\lambda/8$ 短截线的导纳为 $Y = j\tan(\beta l) = j$。然后，通过二端口网络的各参量转换表，可将 $ABCD$ 参量（此处使用定义 $Z_0 = 1$）转换到与反射系数和传输系数等效的 S 参量。于是，有

$$\Gamma_e = \frac{A + B - C - D}{A + B + C + D} = \frac{(-1 + j - j + 1)/\sqrt{2}}{(-1 + j + j - 1)/\sqrt{2}} = 0 \qquad (8.75a)$$

$$T_e = \frac{2}{A + B + C + D} = \frac{2}{(-1 + j + j - 1)/\sqrt{2}} = -\frac{1}{\sqrt{2}}(1 + j) \qquad (8.75b)$$

同样，对奇模有

$$\begin{bmatrix} A & B \\ C & D \end{bmatrix}_o = \frac{1}{\sqrt{2}}\begin{bmatrix} 1 & j \\ j & 1 \end{bmatrix} \qquad (8.76)$$

反射系数和传输系数为

$$\Gamma_o = 0, \qquad T_o = \frac{j}{\sqrt{2}}(1-j) \tag{8.77}$$

然后，将式（8.75a）、式（8.75b）和式（8.77）代入式（8.73a）至式（8.73d），得到

$B_1 = 0$ （端口 1 是匹配的）

$B_2 = -\dfrac{j}{\sqrt{2}}$ （半功率，从端口 1 到端口 2，$-90°$相移）

$B_3 = -\dfrac{1}{\sqrt{2}}$ （半功率，从端口 1 到端口 3，$-180°$相移）

$B_4 = 0$ （无功率到端口 4）

这些结果与式（8.72）给出的 S 矩阵的第 1 行和第 1 列是一致的；剩下的矩阵元可通过互换位置找到。

事实上，由于需要有$\lambda/4$，分支线混合网络的带宽限制为10%～20%。然而，和多节匹配变换器及多孔定向耦合器一样，使用多节级联，分支线混合网络的带宽可提高十倍或者更多。此外，这个基本设计经修正后，可用于非等分功率分配和/或输出端口具有不同特征阻抗的情形。另一个实际问题是，在分支线耦合器节点出现的不连续性效应可能需要将并联臂延长10°～20°。

下面给出一个定向耦合器的例子。

【例 8.4】 设计 3dB 定向耦合器。设计目标：工作频率为 1.8～2.2GHz，中心频率为 2GHz，端口 1 回波损耗小于-10dB，端口 4 隔离度小于-10dB，端口 2 和端口 3 实现 3dB 功率分配。衬底层厚度为 1.6mm，相对介电常数为 4.4，损耗角正切为 0.02。

解： 分支线特征阻抗为$Z_0/\sqrt{2} = 50/\sqrt{2} = 35.4\Omega$。

图 8.23 所示为设计版图，图 8.24 所示为版图仿真结果。

注意，我们在设计频率 2GHz 处得到了端口 2 和端口 3 的完善的等功率分配，但是因为基板有损耗，所以不是严格取 1/2 时的-3.010dB。

不考虑基板损耗，即设置损耗角正切为 0，再进行一次仿真，得到的仿真结果如图 8.25 所示。可见，此时端口 2 和端口 3 为完善的 3dB 功率分配。

图 8.23 例 8.4 的设计版图

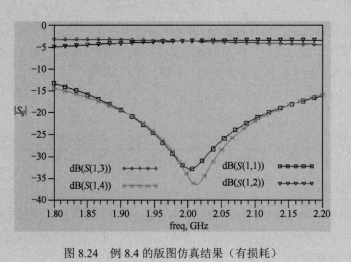

图 8.24 例 8.4 的版图仿真结果（有损耗）

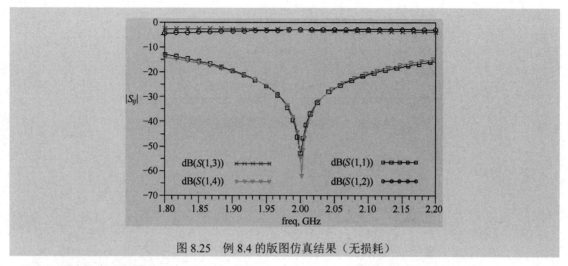

图 8.25　例 8.4 的版图仿真结果（无损耗）

8.2.5　耦合线定向耦合器

当两条无屏蔽的传输线紧靠在一起时，由于各条传输线的电磁场的相互作用，在传输线之间可以有功率耦合。这种传输线称为耦合传输线，通常由靠得很近的三个导体组成，当然也可使用更多的导体。图 8.26 显示了耦合传输线的几个例子。通常假设耦合传输线工作在 TEM 模，这对带状线结构来说是严格正确的，而对微带线结构来说是近似正确的。一般来说，如图 8.26 所示的那样，3 线传输线能提供两种性质不同的传播模式。这种特性可用于实现定向耦合器、混合网络和滤波器。

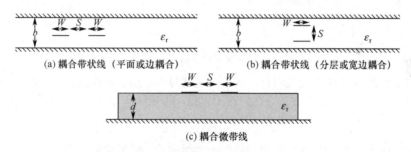

图 8.26　各种耦合传输线的几何形状

下面首先讨论耦合线的理论，介绍耦合带状线和耦合微带线的某些设计数据，然后分析单节定向耦合器的工作，并将这些结果推广到多节耦合器的设计中。

图 8.26 所示的耦合线或任何其他 3 线传输线都能用图 8.27 所示的结构来表示。若假设传输的是 TEM 模，则耦合线的电特性可完全由线间的等效电容和线上的传输速度决定。如图 8.27 中画出的那样，C_{12} 代表两个条状导体之间的电容，C_{11} 和 C_{22} 代表每个条状导体和地之间的电容，若这些条状导体的尺寸和相对于接地导体的位置是相等的，则有 $C_{11} = C_{22}$。注意，将第三个导体指定为"接地"，除了方便，并无特殊的关系，在许多应用中，该导体是带状线和微带电路的接地板。

下面考虑耦合线的两种特殊激励类型：①偶模，此时两个带状导体上电流的振幅相等，方向相同；②奇模，此时带状导体上电流的振幅相等，方向相反。这两种情况下的电力线示意图如图 8.28 所示。

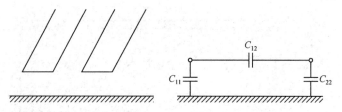

图 8.27　3 线耦合传输线及其等效电容网络

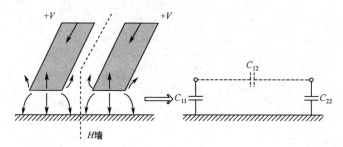

(a) 偶模激励

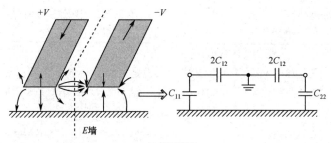

(b) 奇模激励

图 8.28　耦合线的偶模和奇模激励及其等效电容网络

对于偶模，电场关于中心线偶对称，在两个带状导体之间无电流流过。这时，导出的等效电路如图 8.28(a)所示，其中 C_{12} 等效于开路。对于偶模，每根线和地之间的电容是

$$C_e = C_{11} = C_{22} \tag{8.78}$$

如果这两个带状导体的尺寸和位置相同，则对偶模的特征阻抗是

$$Z_{0e} = \sqrt{\frac{L}{C_e}} = \frac{\sqrt{LC_e}}{C_e} = \frac{1}{v_p C_e} \tag{8.79}$$

式中，v_p 是在线上传播的相速度。

对于奇模，电力线关于中心线奇对称,在两个带状导体之间存在零电压。我们可将它想象为 C_{12} 的中间有一个接地面，导致如图 8.28(b)所示的等效电路。在这种情况下，每条带状线和地之间的等效电容是

$$C_o = C_{11} + 2C_{12} = C_{22} + 2C_{12} \tag{8.80}$$

对于奇模，特征阻抗是

$$Z_{0o} = \frac{1}{v_p C_o} \tag{8.81}$$

简言之，当耦合线工作于偶（奇）模时，Z_{0e}（Z_{0o}）是带状导体相对于地的特征阻抗。耦合线的任何激励总可视为偶模和奇模的对应振幅的叠加。上述分析假设线是对称的，且边缘电容对偶模和奇模是相同的。

假如耦合线传输的是纯 TEM 模，如同轴线、平行板或带状线，分析方法如保角映射，可以计算线的单位长度的电容，然后决定偶模或奇模的特征阻抗。对于准 TEM 波传输线，如微带线，可以用数值求解得到这些结果，或者采用准静态近似方法。不管哪种情况，这些计算通常都要比我们想象的复杂，这里只介绍两个关于耦合线设计数据的例子。

对于图 8.26(a)所示的对称耦合带状线，可以利用图 8.29 中的设计图，对给定的一组特征阻抗 Z_{0e} 和 Z_{0o}，以及介电常数，确定所需要的带宽和间距。该图适用于大多数实际应用中参量覆盖的范围，且可用于任意值的介电常数，因为带状线支持纯 TEM 模。

对于微带线，结果未对介电常数进行定标，所以必须对特定的介电常数作出设计图。图 8.30 所示为 $\varepsilon_r = 10$ 的基片上的耦合微带线设计图。使用耦合微带线的另一个困难是，这两个模式传播的相速度通常是不同的，因为两个工作模式在空气-介质界面附近有不同的场结构，这会降低耦合器的方向性。

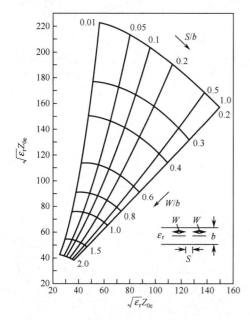

图 8.29 边缘耦合带状线的归一化偶-奇模特征阻抗设计数据

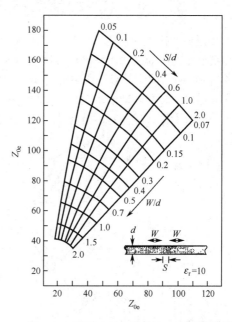

图 8.30 对于 $\varepsilon_r = 10$ 的基片上的耦合微带线，偶模和奇模特征阻抗设计数据

下面给出一个单耦合线阻抗计算的例子。

【例 8.5】单耦合线的阻抗。 对图 8.26(b)所示的宽边耦合带状线结构，假设 $W \gg S$ 和 $W \gg b$，因此可以忽略边缘场，从而确定偶模和奇模特征阻抗。

解： 首先求出等效网络电容 C_{11} 和 C_{12}（线是对称的，有 $C_{22} = C_{11}$）。带宽为 W、间距为 d 的宽边平行传输线的单位长度电容是

$$\bar{C} = \frac{\varepsilon W}{d} \ (\text{Fd/m})$$

式中，ε 是基片的介电常数；注意，这个公式忽略了边缘场。

C_{11} 是一个条带到接地板的电容，因此单位长度电容是

$$\bar{C}_{11} = \frac{2\varepsilon_r\varepsilon_0 W}{b-S} \text{ (Fd/m)}$$

两个条带之间的单位长度电容是

$$\bar{C}_{12} = \frac{\varepsilon_r\varepsilon_0 W}{S} \text{ (Fd/m)}$$

然后，由式（8.78）和式（8.80）求出偶模和奇模电容为

$$\bar{C}_e = \bar{C}_{11} = \frac{2\varepsilon_r\varepsilon_0 W}{b-S} \text{ (Fd/m)}$$

$$\bar{C}_o = \bar{C}_{11} + 2\bar{C}_{12} = 2\varepsilon_r\varepsilon_0 W\left(\frac{1}{b-S} + \frac{1}{S}\right) \text{ (Fd/m)}$$

线上的相速度是 $v_p = 1/\sqrt{\varepsilon_r\varepsilon_0\mu_0} = c/\sqrt{\varepsilon_r}$，所以特征阻抗为

$$Z_{0e} = \frac{1}{v_p\bar{C}_e} = \eta_0\frac{b-S}{2W\sqrt{\varepsilon_r}}$$

$$Z_{0o} = \frac{1}{v_p\bar{C}_o} = \eta_0\frac{1}{2W\sqrt{\varepsilon_r}\left[1/(b-S) + 1/S\right]}$$

使用前面定义的偶模和奇模特征阻抗，我们可将偶/奇模分析应用于一段耦合线，得出单节耦合线耦合器的设计公式。这种耦合线如图 8.31 所示。在这个四端口网络中，3 个端口接有负载阻抗 Z_0。端口①用 $2V_0$ 的电压源驱动，内阻为 Z_0。我们将说明可以设计出具有任意耦合度的耦合器，输入（端口①）是匹配的，端口④是隔离的，端口②是直通端口，端口③是耦合端口。在图 8.31 中，可以认为接地导体对两个带状导体是共用的。

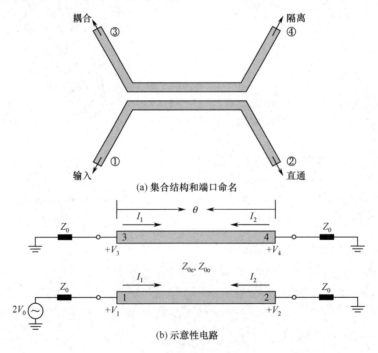

(a) 集合结构和端口命名

(b) 示意性电路

图 8.31　单节耦合线耦合器

对于这个问题，我们将使用偶/奇模分析技术与线的输入阻抗，而不使用线的反射系数和传输系数。因此，通过叠加，图 8.31 中端口 1 的激励可视为图 8.28 中的偶模和奇模激励之和。由于对称性，对于偶模，可认为 $I_1^e = I_3^e$、$I_4^e = I_2^e$、$V_1^e = V_3^e$ 和 $V_4^e = V_2^e$；而对于奇模，可认为 $I_1^o = -I_3^o$、$I_4^o = -I_2^o$、$V_1^o = -V_3^o$ 和 $V_4^o = -V_2^o$。

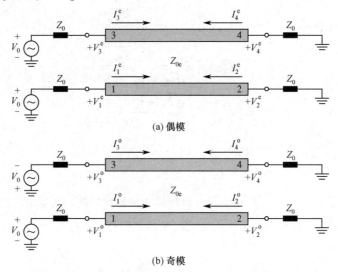

(a) 偶模

(b) 奇模

图 8.32　耦合线耦合器分解为偶模和奇模激励

因此，图 8.31 所示耦合器在端口①处的输入阻抗可以表示为

$$Z_{\text{in}} = \frac{V_1}{I_1} = \frac{V_1^e + V_1^o}{I_1^e + I_1^o} \qquad (8.82)$$

现在，若令端口①处偶模的输入阻抗是 Z_{in}^e，奇模的输入阻抗是 Z_{in}^o，则有

$$Z_{\text{in}}^e = Z_{0e} \frac{Z_0 + jZ_{0e} \tan\theta}{Z_{0e} + jZ_0 \tan\theta} \qquad (8.83a)$$

$$Z_{\text{in}}^o = Z_{0o} \frac{Z_0 + jZ_{0o} \tan\theta}{Z_{0o} + jZ_0 \tan\theta} \qquad (8.83b)$$

对于每种模，该线都像是特征阻抗为 Z_{0e} 或 Z_{0o}、终端有负载阻抗 Z_0 的传输线，因此分压可得

$$V_1^o = V_0 \frac{Z_{\text{in}}^o}{Z_{\text{in}}^o + Z_0} \qquad (8.84a)$$

$$V_1^e = V_0 \frac{Z_{\text{in}}^e}{Z_{\text{in}}^e + Z_0} \qquad (8.84b)$$

$$I_1^o = \frac{V_0}{Z_{\text{in}}^o + Z_0} \qquad (8.85a)$$

$$I_1^e = \frac{V_0}{Z_{\text{in}}^e + Z_0} \qquad (8.85b)$$

将这些结果代入式（8.82）得

$$Z_{\text{in}} = \frac{Z_{\text{in}}^{\text{o}}(Z_{\text{in}}^{\text{e}} + Z_0) + Z_{\text{in}}^{\text{e}}(Z_{\text{in}}^{\text{o}} + Z_0)}{Z_{\text{in}}^{\text{e}} + Z_{\text{in}}^{\text{o}} + 2Z_0} = Z_0 + \frac{2(Z_{\text{in}}^{\text{o}}Z_{\text{in}}^{\text{e}} - Z_0^2)}{Z_{\text{in}}^{\text{e}} + Z_{\text{in}}^{\text{o}} + 2Z_0} \tag{8.86}$$

现在，若令

$$Z_0 = \sqrt{Z_{0e}Z_{0o}} \tag{8.87}$$

则式（8.83a, b）可简化为

$$Z_{\text{in}}^{\text{e}} = Z_{0e} \frac{\sqrt{Z_{0o}} + \text{j}\sqrt{Z_{0e}}\tan\theta}{\sqrt{Z_{0e}} + \text{j}\sqrt{Z_{0o}}\tan\theta}$$

$$Z_{\text{in}}^{\text{o}} = Z_{0o} \frac{\sqrt{Z_{0e}} + \text{j}\sqrt{Z_{0o}}\tan\theta}{\sqrt{Z_{0o}} + \text{j}\sqrt{Z_{0e}}\tan\theta}$$

所以 $Z_{\text{in}}^{\text{e}}Z_{\text{in}}^{\text{o}} = Z_{0e}Z_{0o} = Z_0^2$，且式（8.86）可简化为

$$Z_{\text{in}} = Z_0 \tag{8.88}$$

因此，只要满足式（8.87），端口 1 将是匹配的（根据对称性，其他端口同样如此）。

现在，若满足式（8.87），则 $Z_{\text{in}} = Z_0$，通过分压我们有 $V_1 = V_0$。端口 3 处的电压是

$$V_3 = V_3^{\text{e}} + V_3^{\text{o}} = V_1^{\text{e}} - V_1^{\text{o}} = V_0 \left[\frac{Z_{\text{in}}^{\text{e}}}{Z_{\text{in}}^{\text{e}} + Z_0} - \frac{Z_{\text{in}}^{\text{o}}}{Z_{\text{in}}^{\text{o}} + Z_0} \right] \tag{8.89}$$

这里用到了式（8.84）。由式（8.83）和式（8.87）得

$$\frac{Z_{\text{in}}^{\text{e}}}{Z_{\text{in}}^{\text{e}} + Z_0} = \frac{Z_0 + \text{j}Z_{0e}\tan\theta}{2Z_0 + \text{j}(Z_{0e} + Z_{0o})\tan\theta}$$

$$\frac{Z_{\text{in}}^{\text{o}}}{Z_{\text{in}}^{\text{o}} + Z_0} = \frac{Z_0 + \text{j}Z_{0o}\tan\theta}{2Z_0 + \text{j}(Z_{0e} + Z_{0o})\tan\theta}$$

因此式（8.89）简化为

$$V_3 = V_0 \frac{\text{j}(Z_{0e} - Z_{0o})\tan\theta}{2Z_0 + \text{j}(Z_{0e} + Z_{0o})\tan\theta} \tag{8.90}$$

现在定义 C 为

$$C = \frac{Z_{0e} - Z_{0o}}{Z_{0e} + Z_{0o}} \tag{8.91}$$

我们很快将看到这确实是频带中心处的电压耦合系数 V_3/V_0。因此，

$$\sqrt{1 - C^2} = \frac{2Z_0}{Z_{0e} + Z_{0o}}$$

所以

$$V_3 = V_0 \frac{\text{j}C\tan\theta}{\sqrt{1 - C^2} + \text{j}\tan\theta} \tag{8.92}$$

同样，可以证明

$$V_4 = V_4^{\mathrm{e}} + V_4^{\mathrm{o}} = V_2^{\mathrm{e}} - V_2^{\mathrm{o}} = 0 \qquad (8.93)$$

和

$$V_2 = V_2^{\mathrm{e}} + V_2^{\mathrm{o}} = V_0 \frac{\sqrt{1-C^2}}{\sqrt{1-C^2}\cos\theta + \mathrm{j}\sin\theta} \qquad (8.94)$$

我们可用式（8.92）和式（8.94）画出耦合端口和直通端口电压与频率的关系曲线，如图 8.33 所示。在很低的频率处（$\theta \ll \pi/2$），全部功率实际上都传输到了直通端口②，因此没有功率耦合到端口③。当 $\theta = \pi/2$ 时，耦合到端口③有第一个最大值，对应该工作点的耦合器通常具有小的尺寸和小的传输线损耗。另外，响应是周期的，在 $\theta = \pi/2, 3\pi/2, \cdots$ 处 V_3 有最大值。

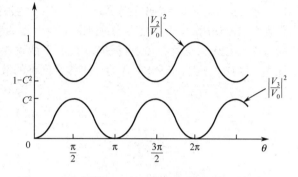

图 8.33　对于图 8.31 所示的耦合线耦合器，耦合和直通端口电压（平方）与频率的关系曲线

对于 $\theta = \pi/2$，耦合器的长度是 $\lambda/4$，且式（8.92）和式（8.94）可简化为

$$\frac{V_3}{V_0} = C \qquad (8.95)$$

$$\frac{V_2}{V_0} = -\mathrm{j}\sqrt{1-C^2} \qquad (8.96)$$

这表明在设计频率即 $\theta = \pi/2$ 处，电压耦合因数 $C<1$。注意，这些结果满足功率守恒，因为 $P_{\mathrm{in}} = \frac{1}{2}\frac{|V_0|^2}{Z_0}$，而输出功率 $P_2 = \frac{1}{2}\frac{|V_0|^2}{Z_0} = \frac{1}{2}(1-C^2)\frac{|V_0|^2}{Z_0}$，$P_3 = \frac{1}{2}|C|^2\frac{|V_0|^2}{Z_0}$，$P_4 = 0$，所以 $P_{\mathrm{in}} = P_2 + P_3 + P_4$。还要注意到在两个输出端口电压之间有 90° 的相移，所以这种耦合器可用作正交混合网络。只要满足式（8.87），耦合器就能在输入端匹配，且在任何频率处都完全隔离。

最后，若特征阻抗 Z_0 和电压耦合系数 C 是设定的，则可容易地由式（8.87）和式（8.91）推导出用于设计所需偶模和奇模特征阻抗的公式：

$$Z_{0\mathrm{e}} = Z_0 \sqrt{\frac{1+C}{1-C}} \qquad (8.97\mathrm{a})$$

$$Z_{0\mathrm{o}} = Z_0 \sqrt{\frac{1-C}{1+C}} \qquad (8.97\mathrm{b})$$

在上面的分析中，已假设耦合线结构对偶模和奇模有同样的传播速度，所以该线对两种模式有同样的电长度。耦合微带线和其他非 TEM 传输线通常不满足这个条件，耦合器的方向性较差。耦合微带线具有不同的偶模和奇模相速度，这个事实也通过考查图 8.28 所示的电力线图给出了直观解释。图中表示空气区域偶模比奇模的边缘场少，所以其有效介电常数应该较高，表示偶模有较小的相速度。为了使偶模和奇模的相速度相同，可采用耦合线补偿技术，包括使用介电涂覆层和各向异性基片。

这种类型的耦合器最适用于弱耦合情况，因为强耦合需要线靠得很近，这是不切实际的，或者需要偶模和奇模特征阻抗合并，而这是无法实现的。

8.2.6 180°混合网络

180°混合结是在两个输出端口之间有 180°相移的四端口网络。它也可工作于同相输出。180°混合网络所用的符号如图 8.34 所示。施加到端口 1 的信号将在端口②和端口③被均匀地分成两个同相分量，端口④将被隔离。若输入施加到端口④，则输入将在端口②和端口③等分成两个有180°相位差的分量，端口 1 将被隔离。作为合成器使用时，输入信号施加在端口②和端口③，在

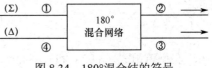

图 8.34　180°混合结的符号

端口 1 形成输入信号的和，而在端口④则形成输入信号的差。因此，端口①称为和端口，端口②称为差端口。于是，理想 3dB 的 180°混合网络的散射矩阵为

$$S = \frac{-j}{\sqrt{2}} \begin{bmatrix} 0 & 1 & 1 & 0 \\ 1 & 0 & 0 & -1 \\ 1 & 0 & 0 & 1 \\ 0 & -1 & 1 & 0 \end{bmatrix} \tag{8.98}$$

可以证明，这个矩阵是幺正的和对称的。

180°混合网络可以制作成几种形式。图 8.35(a)所示的环形混合网络或环形波导（rat-race）容易制成平面（微带线或带状线）形式，也可制成波导形式。另一类平面型 180°混合网络使用渐变匹配线和耦合线，如图 8.35(b)所示。下面使用类似于分支线混合网络所用的偶/奇模分析法分析环形混合网络，并且使用类似的技术分析渐变线混合网络。

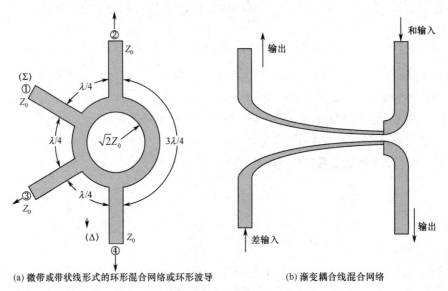

(a) 微带或带状线形式的环形混合网络或环形波导　　(b) 渐变耦合线混合网络

图 8.35　混合结

环形混合网络的偶-奇模分析

首先考虑一个单位振幅的波在图 8.35(a)所示的环形混合网络的端口①（和端口）输入。在环形结中波将分成两个分量，同相到达端口②和端口③，而在端口④相位相差 180°。用偶/奇模分析技术，可将这种情况分解为图 8.36 所示的两个较简单的电路和激励的叠加。最后，来自环形混合

网络的散射波振幅是

$$B_1 = \tfrac{1}{2}\Gamma_e + \tfrac{1}{2}\Gamma_o \qquad (8.99a)$$

$$B_2 = \tfrac{1}{2}T_e + \tfrac{1}{2}T_o \qquad (8.99b)$$

$$B_3 = \tfrac{1}{2}\Gamma_e - \tfrac{1}{2}\Gamma_o \qquad (8.99c)$$

$$B_4 = \tfrac{1}{2}T_e - \tfrac{1}{2}T_o \qquad (8.99d)$$

我们可用图 8.36 所示偶模和奇模二端口电路的 *ABCD* 矩阵来计算图 8.36 定义的反射和传输系数，结果为

$$\begin{bmatrix} A & B \\ C & D \end{bmatrix}_e = \begin{bmatrix} 1 & j\sqrt{2} \\ j\sqrt{2} & -1 \end{bmatrix} \qquad (8.100a)$$

$$\begin{bmatrix} A & B \\ C & D \end{bmatrix}_o = \begin{bmatrix} -1 & j\sqrt{2} \\ j\sqrt{2} & 1 \end{bmatrix} \qquad (8.100b)$$

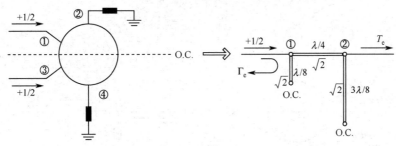

(a) 偶模

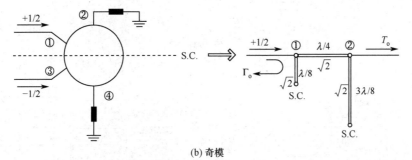

(b) 奇模

图 8.36　当端口 1 用单位振幅输入波激励时，环形混合网络分解为偶模和奇模

然后，利用二端口网络的各参量转换表，得

$$\Gamma_e = \frac{-j}{\sqrt{2}} \qquad (8.101a)$$

$$T_e = \frac{-j}{\sqrt{2}} \qquad (8.101b)$$

$$\Gamma_o = \frac{j}{\sqrt{2}} \qquad (8.101c)$$

$$T_o = \frac{-j}{\sqrt{2}} \qquad (8.101d)$$

将这些结果代入式（8.99）得

$$B_1 = 0 \qquad (8.102a)$$

$$B_2 = \frac{-j}{\sqrt{2}} \tag{8.102b}$$

$$B_3 = \frac{-j}{\sqrt{2}} \tag{8.102c}$$

$$B_4 = 0 \tag{8.102d}$$

这表明输入端是匹配的，端口 4 是隔离的，输入功率是等分的，端口②和端口③之间是同相的。这些结果形成了由式（8.98）给出的散射矩阵中的第 1 行和第 1 列。

现在考虑单位振幅波在图 8.35(a)所示环形混合网络的端口④（差端口）输入的情形。在环上，这两个波分量同相到达端口②和端口③，而这两个端口之间的净相位差为 180°。这两个波分量在端口①的相位差为 180°。这种情况可以分解为图 8.37 所示的两个较简单的电路和激励的叠加。而该散射波的振幅是

$$B_1 = \frac{1}{2}T_e - \frac{1}{2}T_o \tag{8.103a}$$

$$B_2 = \frac{1}{2}\Gamma_e - \frac{1}{2}\Gamma_o \tag{8.103b}$$

$$B_3 = \frac{1}{2}T_e + \frac{1}{2}T_o \tag{8.103c}$$

$$B_4 = \frac{1}{2}\Gamma_e + \frac{1}{2}\Gamma_o \tag{8.103d}$$

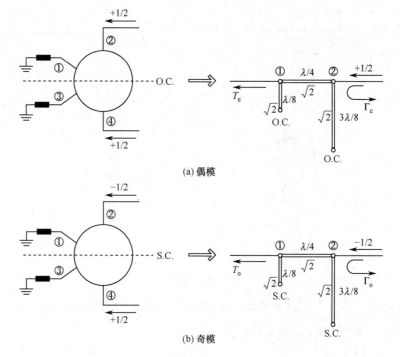

(a) 偶模

(b) 奇模

图 8.37　当端口④用单位振幅输入波激励时，环形混合网络分解为偶模和奇模

图 8.37 中偶模和奇模电路的 $ABCD$ 矩阵是

$$\begin{bmatrix} A & B \\ C & D \end{bmatrix}_e = \begin{bmatrix} -1 & j\sqrt{2} \\ j\sqrt{2} & 1 \end{bmatrix} \tag{8.104a}$$

$$\begin{bmatrix} A & B \\ C & D \end{bmatrix}_o = \begin{bmatrix} 1 & j\sqrt{2} \\ j\sqrt{2} & -1 \end{bmatrix} \tag{8.104b}$$

然后，由二端口网络的各参量转换表可得所需的反射和传输系数是

$$\Gamma_e = \frac{-j}{\sqrt{2}} \tag{8.105a}$$

$$T_e = \frac{-j}{\sqrt{2}} \tag{8.105b}$$

$$\Gamma_o = \frac{-j}{\sqrt{2}} \tag{8.105c}$$

$$T_o = \frac{-j}{\sqrt{2}} \tag{8.105d}$$

将这些结果代入式（8.103）得

$$B_1 = 0 \tag{8.106a}$$

$$B_2 = \frac{j}{\sqrt{2}} \tag{8.106b}$$

$$B_3 = \frac{-j}{\sqrt{2}} \tag{8.106c}$$

$$B_4 = 0 \tag{8.106d}$$

这表明输入端口是匹配的，端口①是隔离的，输入功率等分到端口②和端口③有180°相位差。这些结果形成了式（8.98）给出的散射矩阵的第4行和第4列。矩阵中的余下元素可由对称性得到。

环形混合网络的带宽受限于与环长度有关的频率。添加节数或采用对称环电路，通常可增加带宽。

下面举一个环形混合网络的例子。

【例 8.6】环形混合网络的设计和特性。设计一个有 50Ω 系统阻抗的 180°环形混合网络。画出从 $0.5f_0$ 到 $1.5f_0$ 的 S 参量（S_{ij}）的振幅，其中 f_0 是设计频率。

解：参考图 8.35(a)，环形传输线的特征阻抗是

$$\sqrt{2}Z_0 = 70.7\Omega$$

而馈线阻抗是 50Ω。S 参量振幅与频率的关系曲线如图 8.38 所示。

图 8.35(b)所示的渐变耦合线 180°混合网络可提供任意功率分配比，且有十倍或更大的带宽。这种混合网络也称非对称渐变耦合线耦合器。

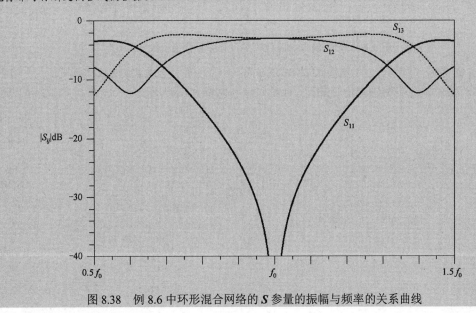

图 8.38　例 8.6 中环形混合网络的 S 参量的振幅与频率的关系曲线

这种耦合器的电路示意图如图 8.39 所示。用数字标记的端口与图 8.34 和图 8.35 中的 180° 混合网络的相应端口具有相同的功能。耦合器由两根长度为 $0 < z < L$ 且有渐变特征阻抗的耦合线组成。在 $z = 0$ 处，线之间的耦合很弱，$Z_{0e}(0) = Z_{0o}(0) = Z_0$，而在 $z = L$ 处，耦合使得 $Z_{0e}(L) = Z_0/k$ 和 $Z_{0o}(L) = kZ_0$，其中 $0 \leqslant k \leqslant 1$ 是耦合因数，该耦合因数可与电压耦合因数相联系。这样，耦合线的偶模就将负载阻抗 Z_0/k（$z = L$ 处）与 Z_0 匹配，而奇模将负载阻抗 kZ_0 与 Z_0 匹配；注意，对所有 z 有 $Z_{0e}(z)Z_{0o}(z) = Z_0^2$。通常使用 Klopfenstein 渐变线作为这些渐变匹配线。对于 $L < z < 2L$，线是无耦合的，两根线的特征阻抗均为 Z_0；对于耦合线段的相位补偿，这些线是需要的。每段的长度 $\theta = \beta L$ 必须相同，且应是在所希望的带宽内提供良好阻抗匹配的电长度。

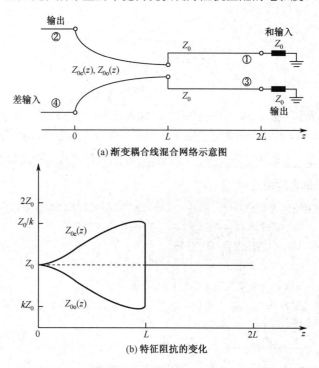

图 8.39 渐变耦合线混合网络示意图和特征阻抗的变化

首先，考虑施加到端口④（差输入端口）的振幅为 V_0 的输入电压波。该激励可概括为图 8.40(a) 和(b)所示的偶模激励和奇模激励的叠加。在耦合线和无耦合线的连接处（$z = L$），渐变线的偶模和奇模的反射系数为

$$\Gamma_e' = \frac{Z_0 - Z_0/k}{Z_0 + Z_0/k} = \frac{k-1}{k+1} \tag{8.107a}$$

$$\Gamma_o' = \frac{Z_0 - kZ_0}{Z_0 + kZ_0} = \frac{1-k}{1+k} \tag{8.107b}$$

在 $z = 0$ 处，这些反射系数变换为

$$\Gamma_e = \frac{k-1}{k+1} e^{-2j\theta} \tag{8.108a}$$

$$\Gamma_o = \frac{1-k}{1+k} e^{-2j\theta} \tag{8.108b}$$

因此，端口②和端口④的散射参量叠加后如下：

$$S_{44} = \frac{1}{2}(\Gamma_e + \Gamma_o) = 0 \tag{8.109a}$$

$$S_{24} = \frac{1}{2}(\Gamma_e - \Gamma_o) = \frac{k-1}{k+1}e^{-2j\theta} \tag{8.109b}$$

由于对称性，还有 $S_{22} = 0$ 和 $S_{42} = S_{24}$。

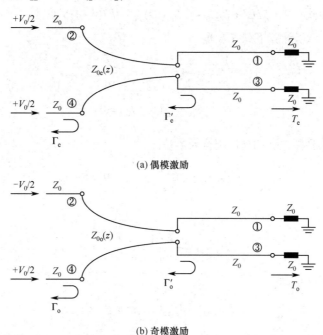

(a) 偶模激励

(b) 奇模激励

图 8.40　渐变耦合线混合网络的激励

为了计算进入端口①和端口③的传输系数，我们使用图 8.41 所示等效电路的 $ABCD$ 参量，这里假设渐变匹配是理想的，并用变压器代替。传输线-变压器-传输线级联的 $ABCD$ 矩阵可用这些元件的三个单独的 $ABCD$ 矩阵相乘求出，但事实上传输线段只影响传输系数的相位，它比较容易算出。对于偶模，变压器的 $ABCD$ 矩阵是

$$\begin{bmatrix} \sqrt{k} & 0 \\ 0 & 1/\sqrt{k} \end{bmatrix}$$

对于奇模，变压器的 $ABCD$ 矩阵是

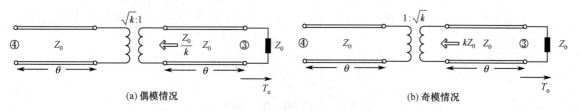

(a) 偶模情况　　　　　　　　　　　　(b) 奇模情况

图 8.41　渐变耦合线混合网络的等效电路，用于从端口④到端口③传输

$$\begin{bmatrix} 1/\sqrt{k} & 0 \\ 0 & \sqrt{k} \end{bmatrix}$$

从而偶模和奇模传输系数是

$$T_e = T_o = \frac{2\sqrt{k}}{k+1} e^{-2j\theta} \tag{8.110}$$

因为对这两种模式有 $T = 2/(A + B/Z_0 + CZ_0 + D) = 2\sqrt{k}/(k+1)$，系数 $e^{-2j\theta}$ 考虑了两个传输线段的相位延迟。然后，可以计算下列 $\boldsymbol{S}$ 参量：

$$S_{34} = \frac{1}{2}(T_e + T_o) = \frac{2\sqrt{k}}{k+1} e^{-2j\theta} \tag{8.111a}$$

$$S_{14} = \frac{1}{2}(T_e - T_o) = 0 \tag{8.111b}$$

于是，从端口④到端口③的电压耦合因数是

$$\beta = |S_{34}| = \frac{2\sqrt{k}}{k+1}, \qquad 0 < \beta < 1 \tag{8.112a}$$

而从端口④到端口②的电压耦合因数是

$$\alpha = |S_{24}| = -\frac{k-1}{k+1}, \qquad 0 < \alpha < 1 \tag{8.112b}$$

功率守恒可用下式证明：

$$|S_{24}|^2 + |S_{34}|^2 = \alpha^2 + \beta^2 = 1$$

若现在在端口①和端口③施加偶模和奇模激励，以叠加得出端口 1 的输入电压，则能推导出其余的散射参量。用输入端口作为相位参考，端口①处偶模和奇模反射系数为

$$\Gamma_e = \frac{1-k}{1+k} e^{-2j\theta} \tag{8.113a}$$

$$\Gamma_o = \frac{k-1}{k+1} e^{-2j\theta} \tag{8.113b}$$

然后，我们可计算下列 $\boldsymbol{S}$ 参量：

$$S_{11} = \frac{1}{2}(\Gamma_e + \Gamma_o) = 0 \tag{8.114a}$$

$$S_{31} = \frac{1}{2}(\Gamma_e - \Gamma_o) = \frac{1-k}{1+k} e^{-2j\theta} = \alpha e^{-2j\theta} \tag{8.114b}$$

根据对称性，还有 $S_{33} = 0$、$S_{13} = S_{31}$ 和 $S_{14} = S_{32}$、$S_{12} = S_{34}$。因此，渐变耦合线 180° 混合网络有下列散射矩阵：

$$\boldsymbol{S} = \begin{bmatrix} 0 & \beta & \alpha & 0 \\ \beta & 0 & 0 & -\alpha \\ \alpha & 0 & 0 & \beta \\ 0 & -\alpha & \beta & 0 \end{bmatrix} e^{-2j\theta} \tag{8.115}$$

本章小结

1. 三端口网络

无源微波三端口网络通常用于功率的分配或组合，在功率分配中将一个输入信号分解成两个较小的功率信号，在功率组合中则将两个输入信号组合成一个较大的功率信号，这是两个对称的逆过程。注意，构建所有端口都匹配的三端口无耗互易网络是不可能的。常见的三端口网络有 T 形结功率分配器和 Wilkinson 功率分配器。

2. 四端口网络

任何互易、无耗、匹配的无源微波四端口网络是一个定向耦合器，可将输入功率按照任意功率分配比进行分配，4 个端口通常分别为输入端口、直通端口、耦合端口和隔离端口。表征定向耦合器的参量包括耦合度、方向性和隔离度，如下表所示。常见的四端口网络有倍兹孔定向耦合器、正交（90°）混合网络、耦合线定向耦合器和 180°混合网络（环形混合环，渐变耦合线混合网络），耦合器的其他类型还包括多孔定向耦合器、波导魔 T、Moreno 正交波导耦合器、Schwinger 反相耦合器、Riblet 短缝耦合器、对称渐变耦合线耦合器以及平面线上有孔的耦合器等。

定向耦合器参量一览表

参量	符合	定义
耦合度	C	输入功率与耦合输出功率之比
方向性	D	耦合输出功率与隔离端口输出功率之比
隔离度	I	输入功率与隔离端口输出功率之比
相互关系		$I = D + C$

3. 偶/奇模分析

偶/奇模分析法是分析功率分配器和定向耦合器的重要分析技术，它可将电路化为两个较简单的电路以简化分析。

偶/奇模分析法的基本思路是，叠加相互分离的偶模激励和奇模激励来等效电路的原始激励，进而将电路分解为两个结构对称的电路，这两个电路中分别采用偶模激励和奇模激励，偶模激励的对称性和奇模激励的反对称性会相应地引入虚拟开路点和虚拟短路点，进而简化电路的分析过程。两个简化电路的分析结果叠加后，即为原始电路的分析结果。

偶/奇模分析法的基本思路基于叠加原理，因此这种分析技术只适用于线性电路。

术 语 表

Bethe hole coupler　倍兹孔耦合器

characteristic impedance　特征阻抗

circulator　环形器

coupler　耦合器

coupled lines　耦合线

cross guide　正交波导

directional coupler　定向耦合器

even-odd mode characteristic impedance
偶/奇模特征阻抗

magic-T　魔 T

power divider　功分器

quadrature hybrid　正交混合网络

rat-race　环形波导

reciprocal network　互易网络

reflectmeter　反射计

resistive　电阻性

reversed phase　反相

ring hybrid　环形混合网络

S parameters　*S* 参量

scattering matrix　散射矩阵

short slot　短缝隙　　　　　　　　　　　　　　　two-port network　二端口网络
T-junction　T 形结　　　　　　　　　　　　　　unitary matrix　幺正矩阵
tapered line　渐变线

习　题

8.1 考虑有特征阻抗 Z_1、Z_2 和 Z_3 的 3 线 T 形结，如题图 8.1 所示。证明向结看去所有 3 线都匹配是不可能的。

8.2 一个定向耦合器有如下散射矩阵，求方向性、耦合度、隔离度，以及当其他端口都接匹配负载时入射端的回波损耗。

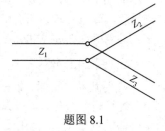

题图 8.1

$$S = \begin{bmatrix} 0.05\angle 30° & 0.96\angle 0 & 0.1\angle 90° & 0.05\angle 90° \\ 0.96\angle 0 & 0.05\angle 30° & 0.05\angle 90° & 0.1\angle 90° \\ 0.1\angle 90° & 0.05\angle 90° & 0.04\angle 30° & 0.96\angle 0 \\ 0.05\angle 90° & 0.1\angle 90° & 0.96\angle 0 & 0.05\angle 30° \end{bmatrix}$$

8.3 两个理想的 90°耦合器（$C = 8.34\text{dB}$）按题图 8.3 所示的方法连接。求在端口②′和端口③′处产生的相位与振幅（相对于端口①）。

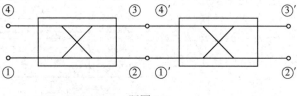

题图 8.3

8.4 一个 2W 功率源接到了一个定向耦合器的输入端，耦合器的 $C = 20\text{dB}$，$D = 25\text{dB}$，插入损耗是 0.7dB。求直通、耦合和隔离端口的输出功率（用 dBm 表示），假设所有端口是匹配的。

8.5 设计一个无耗 T 形结功率分配器，它有 30Ω 的源阻抗，功率分配比是 3:1。设计一个 $\lambda/4$ 匹配变换器，将输出线的特征阻抗转换到 30Ω，确定这些电路的 *S* 参量的振幅，使用 30Ω 的特征阻抗。

8.6 考虑如题图 8.6 所示的 T 形和 π 形电阻性衰减器电路。假设输入和输出匹配到 Z_0，输出电压与输入电压之比是 α。推导每个电路的 R_1 和 R_2 的设计公式。若 $Z_0 = 50\Omega$，计算每种衰减器的衰减量为 3dB、10dB 和 20dB 时的 R_1 与 R_2。

8.7 设计一个等功率分配的三端口电阻性功率分配器，系统阻抗是 100Ω，如题图 8.7 所示。假如端口③是匹配的，计算当端口②先连接一个匹配负载，然后改接 $\Gamma = 0.3$ 的失配负载时，端口③输出功率的变化（用 dB 表示）。

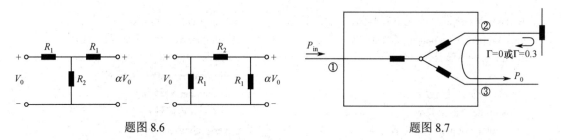

题图 8.6　　　　　　　　　　　　　　　　　题图 8.7

8.8 考虑如题图 8.8 所示的通用电阻性功率分配器。对于任意功率分配比 $\alpha = P_2/P_3$，推导出 R_1、R_2、R_3 和使得所用端口是匹配的输出特征阻抗 Z_{02}、Z_{03} 的表达式，假设源阻抗是 Z_0。

8.9 设计一个 Wilkinson 功率分配器，其功率分配比为 $P_3/P_2 = 1/3$，源阻抗为 50Ω。

8.10 对非等分 Wilkinson 功率分配器，推导出设计公式（8.48a, b, c）。

8.11 考虑题图 8.11 所示的普通分支线耦合器，并联臂的特征阻抗为 Z_a，串联臂的特征阻抗为 Z_b。用偶/奇模分析方法，推导出有任意功分比 $\alpha = P_2/P_3$ 且输入端口（端口①）匹配的正交混合耦合器的设计公式。假设所有臂长是 $\lambda/4$。通常端口④是否隔离？

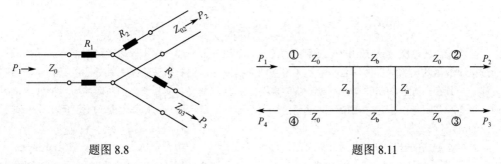

题图 8.8   题图 8.11

8.12 有一个接地板间距为 0.32cm 的边耦合带状线，其介电常数为 2.2，所需的偶模和奇模特征阻抗分别为 $Z_{0e} = 70\Omega$ 和 $Z_{0o} = 40\Omega$，求所需带状线的宽度和间距。

8.13 对于 $\varepsilon_r = 4.2$ 和 $d = 0.158$cm 的 FR-4 基片上的耦合微带线，微带线的宽度是 0.30cm，带间距是 0.1173cm。求偶模和奇模的特征阻抗。

8.14 重做 8.2.5 节中对单节耦合线耦合器的推导，用反射系数和传输系数代替电压和电流。

8.15 设计一个单节耦合线耦合器，耦合度为 19.1dB，系统阻抗为 60Ω，中心频率为 8GHz。假设该耦合器是用 $\varepsilon_r = 2.2$ 和 $d = 0.32$cm 的带状线（边耦合）制作的。求所需带状线的宽度和间距。

8.16 考虑题图 8.16 所示的四端口混合变压器，确定该器件的散射矩阵，并证明它在形式上与 180°混合网络的散射矩阵是相似的。令端口特征阻抗为 $Z_{01} = Z_{04} = Z_0$、$Z_{02} = Z_{03} = 2Z_0$（这种变压器常用于电话线路）。

8.17 输入信号 V_1 施加到 180°混合网络的和端口上，另一个信号 V_4 施加到差端口上，求输出信号。

8.18 计算题图 8.18 所示的对称混合网络的输出电压。假设端口①馈入 $1\angle 0$V 的输入波，并输出是匹配的。

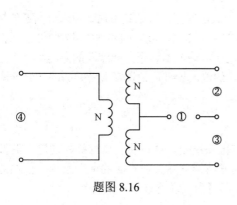

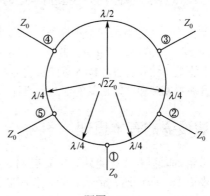

题图 8.16   题图 8.18

第9章 微波滤波器

工程背景

    微波滤波器是微波系统中一个很重要的器件，是用来过滤或分离不同微波频率信号的元件，它通过在滤波器的通带内提供信号传输及在阻带内提供衰减，控制微波系统中某处的频率响应。如何设计一个具有高性能的滤波器，对设计微波电路系统具有重要意义。典型的频率响应包括低通、高通、带通和带阻特性，它们在微波中继通信、卫星通信、雷达技术、电子对抗和微波测量中都有着广泛的应用。

    微波滤波器的理论和实践始于第二次世界大战前几年，开拓者有 Mason、Sykes、Darlington、Fano、Lawson 和 Richards。滤波器设计的镜像参量法是在 20 世纪 30 年代后期开发的，用在无线电和电话的低频滤波器中。20 世纪 50 年代初期，斯坦福研究所由 G. Matthaei、L. Young、E. Jones、S. Cohn 和其他人组成的研究小组成为微波滤波器和耦合器开发的最活跃组织。滤波器和耦合器方面的多卷资料手册都源于这些人的研究经验和工作积累，具有很高的参考价值。如今，大多数微波滤波器设计是用商用电磁仿真软件进行的。

自学提示

    原型电路设计方法是滤波器设计的关键方法，本章要求学生掌握低通滤波器原型，集总参数到分布参数电路的实现，低通到带通、带阻和高通的转换等。

推荐学习方法

    第 3 章和第 5 章是本章学习的重要基础，掌握第 3 章和第 5 章的基础理论后，读者就可理解传输线的等效，熟练掌握实际低通滤波器的设计。

    本章首先介绍滤波器的基本原理，包括滤波器的低通原型，低通到带通、带阻、高通的转换，LC 集总电路到微波电路的转换，并以低通滤波器为例给出微波滤波器的实现。因为滤波器元件在实际系统中的重要性和各种各样的可能实现方法，加之微波滤波器这个主题涉及的内容相当广泛，这里只给出基本原理和一些常见的滤波器设计，更深入的滤波器理论请读者参考相关的滤波器图书。

9.1 滤波器的基本原理

    滤波器的基础是谐振电路，只要能构成谐振的电路组合，就可以实现滤波器功能。滤波器有 4 个基本原型，即低通、带通、带阻和高通。实现滤波器就是实现相应的谐振系统。低通滤波器可用现有的各种方法实现，带通、带阻和高通滤波器可由低通滤波器转换得到。

9.1.1 滤波器的原理

    微波滤波器的原理框图如图 9.1 所示，其工作频带称为通频带，通步带内的传输特性可用插入衰减 L_i 表示：

$$L_i = 10 \lg \frac{P_i}{P_L} = 10 \lg \frac{1}{|S_{21}|^2} \tag{9.1}$$

式中，P_i 为网络输入端的入射波功率，P_L 为匹配负载吸收的功率。

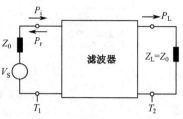

图 9.1　微波滤波器的原理框图

9.1.2　主要技术指标

滤波器的指标形象地描述了滤波器的频率响应特性。

（1）工作带宽。滤波器的通带频率范围，它有两种定义形式：①3dB 带宽：通带最小插入损耗点（通带传输特性最高点）下移 3dB 后所测得的通带宽度。②插损带宽：满足插入损耗时所测得的通带带宽。

（2）插入损耗。由于滤波器的介入，在系统内引入的损耗。　　　　插入损耗是滤波器插入前负载所接收到的功率和滤波器插入后同一负载所接收到的功率之比，常以分贝为单位。

（3）带内波纹。插入损耗的波动范围。值越小越好，否则会增加通过滤波器的不同频率范围的功率起伏。

（4）带外抑制。规定滤波器在什么频率上阻断信号。也可用带外滚降来描述，即规定滤波器通带外每多少频率下降多少分贝。带外抑制还包括滤波器的寄生通带损耗越大越好，即谐振电路的二次、三次等高次谐振峰越低越好。

（5）插入相移和时延频率特性。插入相移是指信号通过滤波器时引入的相位滞后，即网络散射参量 S_{21} 的相角 φ_{21}。它是频率 f（或角频率 ω）的函数，画成曲线就是滤波器的插入相移特性 $\varphi_{21} \sim \omega$，相位滞后相当于信号经过滤波器时所产生的时延。插入相移 φ_{21} 与角频率 ω 之比称为二端口网络的相位时延 t_p，即 $t_p = \varphi_{21}/\omega$，画成 $t_p \sim \omega$ 曲线即为滤波器的时延频率特性。

在微波通信系统中，为了不失真地传输信号，不仅要求滤波器的幅频响应满足预定的指标，而且要求在整个通频带内具有恒定不变的时延，以减少延迟失真，所以要求 φ_{21} 与 ω 具有良好的线性关系。

滤波器的分类方法有多种：按功能分，有低通、高通、带通和带阻四种类型；按结构分，有波导型、同轴线型、微带线型和带状线型；按工作方式分，有反射式滤波器和吸收式滤波器等；按应用分，有可调滤波器和固定滤波器等；按功率分，有大功率滤波器和小功率滤波器等；按工作频带的宽窄分，有窄带滤波器和宽带滤波器等。显然，这些分类多少有些随意，因此在各种分类方式之间有一些重叠。

9.1.3　微波滤波器的综合设计程序

滤波器的设计方法很多，复杂程度也不尽相同。但由于低通滤波器的综合设计方法已非常成熟，针对低通原型滤波器的衰减特性已有一整套的设计程序和图表，所以对微波滤波器而言，最简单的设计方法是将实际滤波器的衰减特性通过频率变换，变换成低通原型滤波器的衰减特性，然后查图表，找到相应的集总元件低通原型滤波器的电路结构和各元件的归一化值，再应用频率变换得到所需滤波器的集总元件表示电路，最后根据微波滤波器工作波段的不同、功率容量的大小等具体要求，选用不同传输系统的分布参数元件替代上述滤波器电路中的各集总元件。综上所述，实际微波滤波器可按图 9.2 所示的程序进行设计。

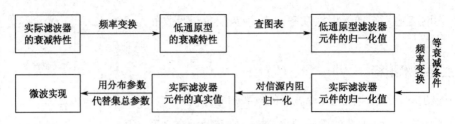

图 9.2 实际微波滤波器的综合设计过程

9.2 低通原型

集总元件低通原型滤波器是运用上述方法设计微波滤波器的基础,后面将讨论的低通、高通、带通、带阻四种滤波器的插入衰减特性大多是根据低通原型的衰减特性变换得到的。下面介绍低通原型的一般概念,然后介绍它的设计。

9.2.1 低通原型的一般概念

理想低通滤波器的衰减特性随频率变化而发生明显改变,ω 在 $0\sim\omega_c$ 范围内时,衰减为零,称为"通带",而当 $\omega > \omega_c$ 时,衰减为无穷大,称为"阻带"。ω_c 称为截止频率。然而,工程上如此理想的特性是无法实现的。之前介绍的滤波器设计方法也采用所谓的"最佳函数"去表示理想低通滤波器的衰减特性,然后令低通原型电路的衰减特性逼近"最佳函数",进而求出满足逼近条件的元件参数值。工程中常用的逼近函数有最大平坦函数、等波纹函数、椭圆函数等。需要说明的是,"最佳函数"是相对的,仅在一定条件下才能说是"最佳的"。例如,若最小插入损耗最重要,则选择最大平坦函数;切比雪夫函数可以满足锐截止的需要,而采用线性相位滤波器设计法能够获得较好的相位响应。

常用低通原型滤波器的梯形电路等效如图 9.3 所示。为了使这两种电路结构对各种信号源阻抗和频率都通用,图 9.3(a)和图 9.3(b)中的所有电路元件阻抗都用信号源阻抗归一化,所以 $g_0 = 1$,然后将截止频率归一化,即 $\omega_c = 1$。图中电路元件值的编号从信号源的内阻值 g_0 开始,一直到负载阻抗值 g_{n+1}:

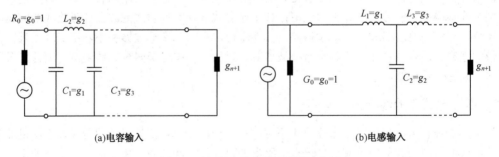

(a)电容输入   (b)电感输入

图 9.3 低通原型滤波器的梯形电路

$$g_0 = \begin{cases} 源电阻\left[g_1 = C_1(电容输入)\right] \\ 源电导\left[g_1 = L_1(电感输入)\right] \end{cases}$$

$$g_k\big|_{k=1\sim n} = \begin{cases} 串联电感 \\ 并联电容 \end{cases}$$

$$g_{n+1} = \begin{cases} \text{负载电阻} \left[g_n = C_n \text{（末端元件是并联电容）} \right] \\ \text{负载电导} \left[g_n = L_n \text{（末端元件是串联电感）} \right] \end{cases}$$

图 9.3(a)和图 9.3(b)所示电路图中的串联电感和并联电容的归一化值都相同；图 9.3(a)和图 9.3(b)中的电路互为对偶，都可用作低通原型滤波器，不管选用哪个电路，元件数值都不变，且响应相同。

9.2.2 功率损耗比

通常，滤波器响应由其插入损耗或功率损耗比 P_{LR} 定义：

$$P_{LR} = \frac{\text{来自源的可用功率}}{\text{传送到负载的功率}} = \frac{P_{inc}}{P_{load}} = \frac{1}{1 - |\Gamma(\omega)|^2} \tag{9.2}$$

若负载和源都是匹配的，则这个量是 $|S_{21}|^2$ 的倒数。用 dB 表示的插入损耗（IL）是

$$IL = 10 \lg P_{LR} \tag{9.3}$$

$|\Gamma(\omega)|^2$ 是 ω 的偶函数，因此可以表示为 ω^2 的多项式。于是，这里推荐表示为

$$|\Gamma(\omega)|^2 = \frac{M(\omega^2)}{M(\omega^2) + N(\omega^2)} \tag{9.4}$$

式中，M 和 N 是 ω^2 的实数多项式。将这一形式代入上式得

$$P_{LR} = 1 + \frac{M(\omega^2)}{N(\omega^2)} \tag{9.5}$$

因此，对于物理上可实现的滤波器，其功率损耗比必须取上式的形式。注意，设定的功率损耗比同时制约着反射系数 $|\Gamma(\omega)|$。

9.2.3 最大平坦特性

该特性也称二项式或巴特沃斯响应，与多节阻抗变换器的最大平坦特性一致，在给定的滤波器复杂性或阶数下，它提供可能具有的最大平坦通带响应，在这个意义上它是最佳的。滤波器衰减特性的平坦度可借助它对频率的导数来判断，如果其一阶、二阶、三阶甚至更高阶的导数在 $\omega = 0$ 处等于零，那么衰减特性就比较平坦。因此，对于该类型的低通滤波器，插入损耗和衰减函数可以设为

$$IL = 10 \lg \left[1 + k^2 (\omega/\omega_c)^{2N} \right], \quad P_{LR} = 1 + k^2 (\omega/\omega_c)^{2N} \tag{9.6}$$

式中，N 是滤波器的阶数，即图 9.3 所示电路中串联电感和并联电容的总数量。ω_c 是截止频率。一般来说，当 $\omega = \omega_c$ 时，最大平坦滤波器的插入损耗 $IL = 3dB$，ω_c 就是其 3dB 通带宽度（简称"带宽"），而且此时功率损耗比为 $1 + k^2$，有 $k = 1$。当 $\omega > \omega_c$ 时，衰减随着频率的增加而单调上升，如图 9.4 所示。当 $\omega \gg \omega_c$ 时，$P_{LR} \approx k^2 (\omega/\omega_c)^{2N}$，表示插入损耗增加率是 $20N$ dB/十倍频程。图 9.5 显示了最大平坦滤波器原型的衰减与归一化频率的关系曲线，

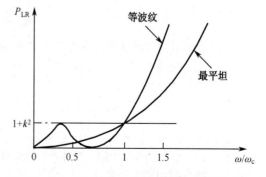

图 9.4 最大平坦和等波纹低通滤波器响应（$N = 3$）

表 9.1 中给出了最大平坦低通滤波器的元件值。

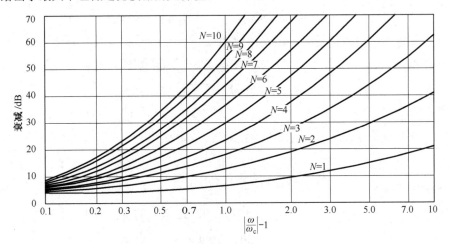

图 9.5   最大平坦滤波器原型的衰减与归一化频率的关系曲线

表 9.1   最大平坦低通滤波器的元件值（$g_0 = 1$, $\omega_c = 1$, $N = 1\sim10$）

N	g_1	g_2	g_3	g_4	g_5	g_6	g_7	g_8	g_9	g_{10}	g_{11}
1	2.0000	1.0000									
2	1.4142	1.4142	1.0000								
3	1.0000	2.0000	1.0000	1.0000							
4	0.7654	1.8478	1.8478	0.7654	1.0000						
5	0.6180	1.6180	2.0000	1.6180	0.6180	1.0000					
6	0.5176	1.4142	1.9318	1.9318	1.4142	0.5176	1.0000				
7	0.4450	1.2470	1.8019	2.0000	1.8019	1.2470	0.4450	1.0000			
8	0.3902	1.1111	1.6629	1.9615	1.9615	1.6629	1.1111	0.3902	1.0000		
9	0.3473	1.0000	1.5321	1.8794	2.0000	1.8794	1.5321	1.0000	0.3473	1.0000	
10	0.3129	0.9080	1.4142	1.7820	1.9754	1.9754	1.7820	1.4142	0.9080	0.3129	1.0000

9.2.4   等波纹特性

等波纹特性也称切比雪夫特性，它与多节阻抗变换器的等波纹特性一致。使用切比雪夫多项式设定 N 阶低通滤波器的功率损耗比为

$$P_{\mathrm{LR}} = 1 + k^2 T_N^2(\omega/\omega_c) \tag{9.7}$$

图 9.6 所示为切比雪夫低通滤波器功率损耗比随频率的变化。如图所示，$1+k^2$ 是通带的波纹高度。切比雪夫多项式有下面的特性：

$$T_N(0) = \begin{cases} 0, & N \text{ 为奇数} \\ 1, & N \text{ 为偶数} \end{cases}$$

根据式（9.7），在 $\omega = 0$ 处，当 N 为奇数时，滤波器的功率损耗比为 1，但在 $\omega = 0$ 处，当 N 为偶数时，功率损耗比为 $1+k^2$。因此，考虑到 N 取值的两种不同情况，切比雪夫低通滤波器的插入损耗的数学表达式为

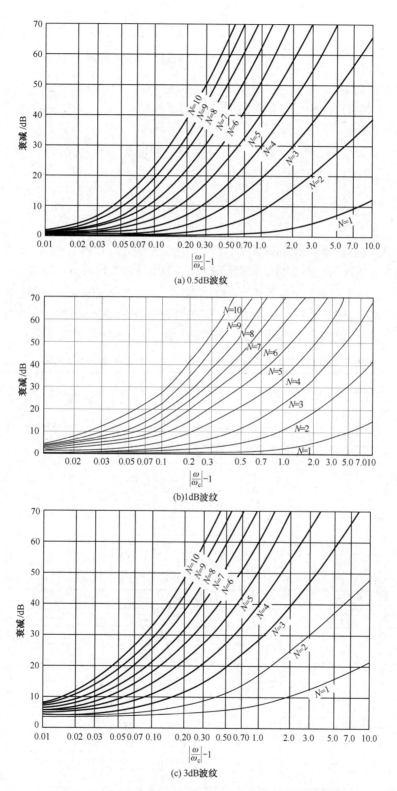

图9.6 等波纹滤波器原型的衰减与归一化频率的关系曲线

$$\mathrm{IL} = 10\lg\left[1 + k^2 T_N^2(\omega/\omega_c)\right] = \begin{cases} 10\lg\left\{1 + k^2\cos^2\left[N\arccos(\omega/\omega_c)\right]\right\}, & \omega \leqslant \omega_c \\ 10\lg\left\{1 + k^2\mathrm{ch}^2\left[N\mathrm{arch}(\omega/\omega_c)\right]\right\}, & \omega \geqslant \omega_c \end{cases}$$

由上式可知，当 $\omega = \omega_c$ 时，插入损耗 $\mathrm{IL} = L_{\mathrm{Ar}} = 10\lg(1 + k^2)$，它是通带内衰减的最大值，称为通带波纹。具有等波纹特性的低通滤波器同样可以采用图 9.3 中的梯形电路来实现，N 同样表示电路中的电抗元件数量。

对于切比雪夫多项式，当 $|x| \leqslant 1$ 时，$T_N(x)$ 在 ± 1 之间振荡，对于大的 x，$T_N(x) \approx \frac{1}{2}(2x)^N$，因此对于 $\omega \gg \omega_c$，功率损耗比近似为

$$P_{\mathrm{LR}} \approx \frac{k^2}{4}\left(\frac{2\omega}{\omega_c}\right)^{2N} \tag{9.8}$$

比较切比雪夫低通原型响应和最大平坦低通原型响应发现，虽然它们的上升率都是 $20N$ dB/十倍频程，但当 $\omega \ll \omega_c$ 时，对于给定的通带衰减 L_{Ar} 和电抗元件数量 N，切比雪夫低通滤波器的功率损耗比是最大平坦低通滤波器的 $(2^{2N})/4$ 倍。因此，切比雪夫滤波器的选择性更好，或者说在实现相同通带衰减 L_{Ar} 的条件下，采用切比雪夫响应的滤波器电抗元件数量 N 更少，结构更简单。然而，它是以增加通带内的损耗为代价的。表 9.2 中给出了等波纹低通滤波器的元件值。

表 9.2 等波纹低通滤波器的元件值（$g_0 = 1$，$\omega_c = 1$，$N = 1 \sim 10$）

0.5 dB 波纹										
N	g_1	g_2	g_3	g_4	g_5	g_6	g_7	g_8	g_9	g_{10}	g_{11}
1	0.6986	1.0000									
2	1.4029	0.7071	1.9841								
3	1.5963	1.0967	1.5963	1.0000							
4	1.6703	1.1926	2.3661	0.8419	1.9841						
5	1.7058	1.2296	2.5408	1.2296	1.7058	1.0000					
6	1.7254	1.2479	2.6064	1.3137	2.4758	0.8696	1.9841				
7	1.7372	1.2583	2.6381	1.3444	2.6381	1.2583	1.7372	1.0000			
8	1.7451	1.2647	2.6564	1.3590	2.6964	1.3389	2.5093	0.8796	1.9841		
9	1.7504	1.2690	2.6678	1.3673	2.7239	1.3673	2.6678	1.2690	1.7504	1.0000	
10	1.7543	1.2721	2.6754	1.3725	2.7392	1.3806	2.7231	1.3485	2.5239	0.8842	1.9841

1.0 dB 波纹										
N	g_1	g_2	g_3	g_4	g_5	g_6	g_7	g_8	g_9	g_{10}	g_{11}
1	1.0177	1.0000									
2	1.8219	0.6850	2.6599								
3	2.0236	0.9941	2.0236	1.0000							
4	2.0991	1.0644	2.8311	0.7892	2.6599						
5	2.1349	1.0911	3.0009	1.0911	2.1349	1.0000					
6	2.1546	1.1041	3.0634	1.1518	2.9367	0.8101	2.6599				
7	2.1664	1.1116	3.0934	1.1736	3.0934	1.1116	2.1664	1.0000			
8	2.1744	1.1161	3.1107	1.1839	3.1488	1.1696	2.9685	0.8175	2.6599		
9	2.1797	1.1192	3.1215	1.1897	3.1747	1.1897	3.1215	1.1192	2.1797	1.0000	
10	2.1836	1.1213	3.1286	1.1933	3.1890	1.1990	3.1736	1.1763	2.9824	0.8210	2.6599

N	g_1	g_2	g_3	g_4	g_5	g_6	g_7	g_8	g_9	g_{10}	g_{11}
					3.0dB 波纹						
1	1.9953	1.0000									
2	3.1013	0.5339	5.8095								
3	3.3487	0.7117	3.3487	1.0000							
4	3.4389	0.7483	4.3471	0.5920	5.8095						
5	3.4817	0.7618	4.5381	0.7618	3.4817	1.0000					
6	3.5045	0.7685	4.6061	0.7929	4.4641	0.6033	5.8095				
7	3.5182	0.7723	4.6386	0.8039	4.6386	0.7723	3.5182	1.0000			
8	3.5277	0.7745	4.6575	0.8089	4.6990	0.8018	4.4990	0.6073	5.8095		
9	3.5340	0.7760	4.6692	0.8118	4.7272	0.8118	4.6692	0.7760	3.5340	1.0000	
10	3.5384	0.7771	4.6768	0.8136	4.7425	0.8164	4.7260	0.8051	4.5142	0.6091	5.8095

9.2.5 椭圆函数特性

最大平坦和等波纹响应在阻带内都有单调上升的衰减。在许多应用中，需要设定一个最小的阻带衰减，以便在这种情况下获得较好的截止响应。此类滤波器称为椭圆函数滤波器，在通带和阻带内都有等波纹响应。椭圆滤波器的衰减响应特性如图 9.7(b)所示。可以看出，这种类型的滤波器在解决滤波器通带和阻带之间的快速过渡方面又向前迈了一步。虽然滤波器阻带内的衰减特性也是起伏的，但不会对使用指标构成影响，因为在设计时就保证了通带中的最大衰减值小于指定的最大衰减值，阻带中的最小衰减值大于指定的最小带外抑制值。因为通带和阻带的衰减特性都经过合理安排，所以通带和阻带之间的过渡更为陡峭。

椭圆滤波器同样可用前面介绍的方法进行设计，但要注意的是，椭圆滤波器不能采用图 9.3 所示的梯形电路来设计，其低通原型电路的集总参数电抗元件的排列如图 9.7(a)所示。由于椭圆滤波器原型电路较复杂，相应微波滤波器使用带状线形式的较多，而使用微带线形式的不多。椭圆函数滤波器难以进行综合，这里不做深入探讨。

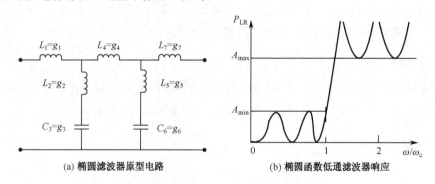

(a) 椭圆滤波器原型电路   (b) 椭圆函数低通滤波器响应

图 9.7　椭圆滤波器的原型电路及其滤波特性

9.2.6 线性相位

上面的滤波器设定了振幅响应，但在有些应用中（如通信中的多路滤波器），为了避免与信号发生干扰，通带中要有线性相位响应。因为陡截止响应通常不兼容于好的相位响应，加之伴随有较差的衰减特性，滤波器的相位响应必须仔细加以综合。线性相位特性可用下面的相位响应得到：

$$\phi(\omega) = A\omega\left[1 + p(\omega/\omega_c)^{2N}\right] \quad\quad (9.9)$$

式中，$\phi(\omega)$ 是滤波器电压传递函数的相位，p 是常数。相关的量是群时延，它定义为

$$\tau_d = \frac{\mathrm{d}\phi}{\mathrm{d}\omega} = A\left[1 + p(2N+1)(\omega/\omega_c)^{2N}\right] \quad\quad (9.10)$$

上式表明线性相位滤波器的群时延是最大平坦函数。

对于具有最大平坦时延或线性相位响应的滤波器，可以参照前面介绍的方法，运用图 9.3 所示梯形电路进行设计，但电压传递函数的相位不像振幅那样具有简单的表达式，因此显得更复杂。表 9.3 中给出了最大平坦时延低通滤波器的元件值。

表 9.3　最大平坦时延低通滤波器的元件值（$g_0 = 1$, $\omega_c = 1$, $N = 1\sim10$）

N	g_1	g_2	g_3	g_4	g_5	g_6	g_7	g_8	g_9	g_{10}	g_{11}
1	2.0000	1.0000									
2	1.5774	0.4226	1.0000								
3	1.2550	0.5528	0.1922	1.0000							
4	1.0598	0.5116	0.3181	0.1104	1.0000						
5	0.9303	0.4577	0.3312	0.2090	0.0718	1.0000					
6	0.8377	0.4116	0.3158	0.2364	0.1480	0.0505	1.0000				
7	0.7677	0.3744	0.2944	0.2378	0.1778	0.1104	0.0375	1.0000			
8	0.7125	0.3446	0.2735	0.2297	0.1867	0.1387	0.0855	0.0289	1.0000		
9	0.6678	0.3203	0.2547	0.2184	0.1859	0.1506	0.1111	0.0682	0.0230	1.0000	
10	0.6305	0.3002	0.2384	0.2066	0.1808	0.1539	0.1240	0.0911	0.0557	0.0187	1.0000

9.3　滤波器的频率变换

上述低通滤波器原型是使用源阻抗 $R_s = 1\,\Omega$ 和截止频率 $\omega_c = 1$ 的归一化设计。下面说明这些设计是如何使用阻抗和频率定标转换成高通、带通或带阻特性的。

9.3.1　阻抗定标

阻抗定标是指在原型设计中，源和负载电阻是 1。源阻抗 R_0 可通过将原型设计的阻抗值与 R_0 相乘得到。用带撇号的符号表示阻抗定标后的值后，可得到新滤波器的元件值为

$$L' = R_0 L \quad\quad (9.11a)$$
$$C' = C/R_0 \quad\quad (9.11b)$$
$$R'_S = R_0 \quad\quad (9.11c)$$
$$R'_L = R_0 R_L \quad\quad (9.11d)$$

式中，L、C 和 R_L 是原始原型元件的值。

9.3.2　低通滤波器频率定标

为了将低通原型的截止频率从 1 改为 ω_c，需要乘以因子 $1/\omega_c$ 来定标滤波器的频率，而这是用

ω/ω_c 代替 ω 得到的：

$$\omega \leftarrow \omega/\omega_c \tag{9.12}$$

因此，新的功率损耗比是

$$P'_{LR} = P_{LR}(\omega/\omega_c) \tag{9.13}$$

式中，ω_c 是新的截止频率，截止发生在 $\omega/\omega_c = 1$ 或 $\omega = \omega_c$ 处。这种转换可视为对原始通带的展宽或扩大，如图 9.8 所示。

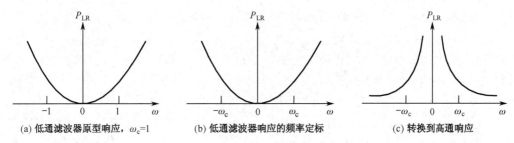

(a) 低通滤波器原型响应，$\omega_c=1$ (b) 低通滤波器响应的频率定标   (c) 转换到高通响应

图 9.8 低通滤波器频率定标并转换到高通响应

将上式代入原型滤波器的串联电抗 $j\omega L_k$ 和并联电纳 $j\omega C_k$ 可得到新的元件值：

$$jX_k = j\frac{\omega}{\omega_c}L_k = j\omega L'_k \tag{9.14a}$$

$$jB_k = j\frac{\omega}{\omega_c}C_k = j\omega C'_k \tag{9.14b}$$

这表明新元件值是

$$L'_k = \frac{L_k}{\omega_c} \tag{9.15a}$$

$$C'_k = \frac{C_k}{\omega_c} \tag{9.15b}$$

当阻抗和频率都按要求定标时，式（9.15）变为

$$L'_k = \frac{R_0 L_k}{\omega_c} \tag{9.16a}$$

$$C'_k = \frac{C_k}{R_0 \omega_c} \tag{9.16b}$$

【例 9.1】低通滤波器的设计。

设计一个最大平坦低通滤波器，其截止频率为 2GHz，阻抗为 50Ω，3GHz 处的衰减至少为 15dB。计算和画出 $f = 0 \sim 4$GHz 时的振幅响应和群时延，并与具有相同级数的等波纹（3.0dB 波纹）和线性相位滤波器比较。

解：首先找出 3GHz 处满足插入损耗特性要求的最大平坦滤波器的阶数。我们有 $|\omega/\omega_c|-1 = 0.5$，由图 9.5 看出 $N = 5$ 就已足够。表 9.1 中给出原型元件值为

$$g_1 = 0.618,\quad g_2 = 1.618,\quad g_3 = 2.000,\quad g_4 = 1.618,\quad g_5 = 0.618$$

使用式（9.16）得到定标后的元件值为

$$C_1' = 0.984\text{pF}，L_2' = 6.438\text{nH}，C_3' = 3.183\text{pF}，L_4' = 6.438\text{nH}，C_5' = 0.984\text{pF}$$

最终的滤波器电路如图 9.9 所示，其中用到了图 9.3(a)中的梯形电路和图 9.3(b)中的电路。

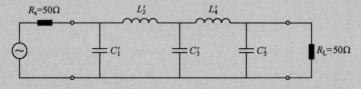

图 9.9　例 9.1 中的低通最大平坦滤波器电路

　　等波纹滤波器和线性相位滤波器的元件值，可从表 9.2 和表 9.3 中对应 $N=5$ 的数据得到。对这三类滤波器求出的振幅和群时延结果如图 9.10 所示。结果清楚地显示了这三类滤波器的优缺点：等波纹响应有最陡峭的截止特性，但有最坏的群时延特性；最大平坦响应在通带内有较平坦的衰减特性，但有较慢变化的截止陡度；线性相位滤波器有最坏的截止陡度，但有很好的群时延特性。

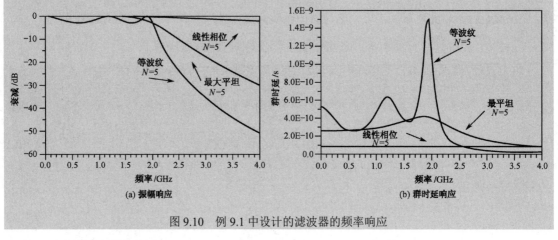

图 9.10　例 9.1 中设计的滤波器的频率响应

9.3.3　低通到高通的转换

　　如图 9.8(c)所示，用来将低通响应转换到高通响应的频率替换为

$$\omega \leftarrow -\frac{\omega_c}{\omega}$$

该替换将 $\omega=0$ 映射为 $\omega=\pm\infty$ ，反之亦然；截止发生在 $\omega=\pm\omega_c$ 处。为了将电感（或电容）转换到现实的电容（或电感），负号是必需的。应用原型滤波器的串联电抗 $\text{j}\omega L_k$ 和并联电纳 $\text{j}\omega C_k$ ，有

$$\text{j}X_k = -\text{j}\frac{\omega_c}{\omega}L_k = \frac{1}{\text{j}\omega C_k'} \tag{9.17a}$$

$$\text{j}B_k = -\text{j}\frac{\omega_c}{\omega}C_k = \frac{1}{\text{j}\omega L_k'} \tag{9.17b}$$

这表明串联电感 L_k 必须用电容 C_k' 确定，电容 C_k 必须用电感 L_k' 替代。新元件值为

$$C_k' = \frac{1}{\omega_c L_k} \tag{9.18a}$$

$$L'_k = \frac{1}{\omega_c C_k} \tag{9.18b}$$

使用上式包含的阻抗定标，有

$$C'_k = \frac{1}{R_0 \omega_c L_k} \tag{9.19a}$$

$$L'_k = \frac{R_0}{\omega_c C_k} \tag{9.19b}$$

9.3.4 低通到带通的转换

假设带通滤波器的通带边界是 ω_1 和 ω_2，则带通响应可用下面的频率替换得到：

$$\omega \leftarrow \frac{\omega_0}{\omega_2 - \omega_1}\left(\frac{\omega}{\omega_0} - \frac{\omega_0}{\omega}\right) = \frac{1}{\Delta}\left(\frac{\omega}{\omega_0} - \frac{\omega_0}{\omega}\right) \tag{9.20}$$

式中，

$$\Delta = \frac{\omega_2 - \omega_1}{\omega_0} \tag{9.21}$$

是通带的相对宽度。中心频率 ω_0 能按 ω_1 和 ω_2 的算术平均值选择。但是，若选择下面的几何平均，则这个公式更简单：

$$\omega_0 = \sqrt{\omega_1 \omega_2} \tag{9.22}$$

于是，式（9.20）的转换可将图 9.11(b)中的带通特性映射到图 9.11(a)中的低通响应，如下所示：

$$\frac{1}{\Delta}\left(\frac{\omega}{\omega_0} - \frac{\omega_0}{\omega}\right) = \begin{cases} 0, & \omega = \omega_0 \\ \frac{1}{\Delta}\left(\frac{\omega_1^2 - \omega_0^2}{\omega_0 \omega_1}\right) = -1, & \omega = \omega_1 \\ \frac{1}{\Delta}\left(\frac{\omega_2^2 - \omega_0^2}{\omega_0 \omega_2}\right) = 1, & \omega = \omega_2 \end{cases}$$

该滤波器元件是由式（9.17）中的串联电抗和并联电纳确定的。于是，有

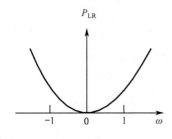

(a) 低通滤波器原型响应，$\omega_c = 1$

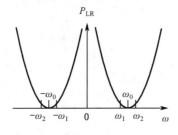

(b) 转换到带通响应

(c) 转换到带阻响应

图 9.11 带通和带阻频率转换

$$jX_k = \frac{j}{\Delta}\left(\frac{\omega}{\omega_0} - \frac{\omega_0}{\omega}\right)L_k = j\frac{\omega L_k}{\Delta\omega_0} - j\frac{\omega_0 L_k}{\Delta\omega} = j\omega L_k' - j\frac{1}{\omega C_k'} \qquad (9.23)$$

该式表明串联电感 L_k 转换成了串联 LC 电路，元件值为

$$L_k' = \frac{L_k}{\Delta\omega_0} \qquad (9.24a)$$

$$C_k' = \frac{\Delta}{\omega_0 L_k} \qquad (9.24b)$$

同样，我们有

$$jB_k = \frac{j}{\Delta}\left(\frac{\omega}{\omega_0} - \frac{\omega_0}{\omega}\right)C_k = j\frac{\omega L_k}{\Delta\omega_0} - j\frac{\omega_0 C_k}{\Delta\omega} = j\omega C_k' - j\frac{1}{\omega L_k'} \qquad (9.25)$$

该式表明并联电容 C_k 转换成了并联 LC 电路，元件值为

$$L_k' = \frac{\Delta}{\omega_0 C_k} \qquad (9.26a)$$

$$C_k' = \frac{C_k}{\Delta\omega_0} \qquad (9.26b)$$

因此，低通滤波器在串联臂上的元件变换成了串联谐振电路（谐振时低阻抗），而在并联臂上的元件变换成了并联谐振电路（谐振时高阻抗）。注意，这两个串联和并联谐振单元都有谐振频率 ω_0。

9.3.5 低通到带阻的频率变换

将低通向带通的转换进行逆变换可得到带阻响应，所用的频率替换为

$$\omega \leftarrow \Delta\left(\frac{\omega}{\omega_0} - \frac{\omega_0}{\omega}\right)^{-1} \qquad (9.27)$$

式中，Δ 和 ω_0 的定义与式（9.20）和式（9.21）中的相同。于是，低通原型的串联电感变换到并联 LC 电路，元件值为

$$L_k' = \frac{\Delta L_k}{\omega_0} \qquad (9.28a)$$

$$C_k' = \frac{1}{\omega_0 \Delta L_k} \qquad (9.28b)$$

低通原型的并联电容变换到串联 LC 电路，元件值为

$$L_k' = \frac{1}{\omega_0 \Delta C_k} \qquad (9.29a)$$

$$C_k' = \frac{\Delta C_k}{\omega_0} \qquad (9.29b)$$

表 9.4 所示为原型滤波器转换一览表，其中不包括阻抗定标。

表 9.4 原型滤波器转换一览表（$\Delta = (\omega_2 - \omega_1)/\omega_0$）

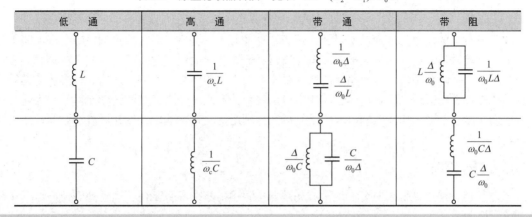

低 通	高 通	带 通	带 阻
L	$\dfrac{1}{\omega_c L}$	$\dfrac{1}{\omega_0 \Delta}$, $\dfrac{\Delta}{\omega_0 L}$	$L\dfrac{\Delta}{\omega_0}$, $\dfrac{1}{\omega_0 L \Delta}$
C	$\dfrac{1}{\omega_c C}$	$\dfrac{\Delta}{\omega_0 C}$, $\dfrac{C}{\omega_0 \Delta}$	$\dfrac{1}{\omega_0 C \Delta}$, $C\dfrac{\Delta}{\omega_0}$

【例 9.2】 带通滤波器的设计。

设计一个等波纹响应为 0.5dB 的带通滤波器，$N=3$，中心频率是 1GHz，带宽是 10%，阻抗是 50Ω。

解： 由表 9.4 可知，图 9.3(b)所示低通原型电路的元件值为

$$g_1 = 1.5963 = L_1 , \quad g_2 = 1.0967 = C_2 , \quad g_3 = 1.5963 = L_3 , \quad g_4 = 1.000 = R_L$$

由式（9.11）、式（9.24）和式（9.26）给出图 9.12 所示电路的阻抗定标及频率变换的元件值为

$$L_1' = \frac{L_1 Z_0}{\Delta \omega_0} = 127.0\text{nH} , \quad C_1' = \frac{\Delta}{\omega_0 L_1 Z_0} = 0.199\text{pF} , \quad L_2' = \frac{\Delta Z_0}{\omega_0 C_2} = 0.726\text{nH}$$

$$C_2' = \frac{C_2}{\omega_0 \Delta Z_0} = 34.91\text{pF} , \quad L_3' = \frac{L_3 Z_0}{\omega_0 \Delta} = 127.0\text{nH} , \quad C_3' = \frac{\Delta}{\omega_0 L_3 Z_0} = 0.199\text{pF}$$

最后得到的振幅响应如图 9.13 所示。

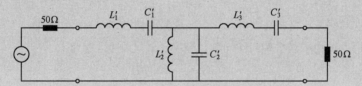

图 9.12 例 9.2 中的带通滤波器电路

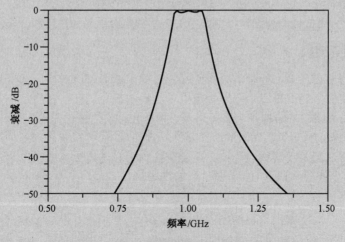

图 9.13 例 9.2 中带通滤波器的振幅响应

9.4 滤波器的实现

前几节讨论的集总元件滤波器设计，通常在低频时工作良好，但在微波频段则会出现两个问题。第一个问题是，集总元件如电感和电容通常只能在有限的值域内使用，且在微波频率下实现很困难。第二个问题是，在微波频率滤波器中，元件之间的距离是不可忽视的。理查德变换可将集总元件变换成传输线段，科洛达恒等变换可以使用传输线段分隔各个滤波器元件。因为这种添加的传输线段并不影响滤波器响应，所以可以充分利用这些传输线段来设计微波滤波器，进而改进滤波器响应。

9.4.1 理查德变换

如前所述，采用传输线节可实现微波滤波器电路中的集总参数元件。理查德变换为这一实现提供了变换关系。

根据一段长为 l 的终端短路或开路的均匀无耗传输线的输入阻抗公式，理查德变换为

$$\Omega = \tan(\beta l) = \tan(\omega l / v_p) \tag{9.30}$$

它将 ω 平面映射到 Ω 平面，并以周期 $\omega l / v_p = 2\pi$ 重复出现。这个变换是为利用开路和短传输线来综合 LC 网络而引入的。于是，若用 Ω 替换频率变量 ω，则电感的电抗表示为

$$jX_L = j\Omega L = jL \tan(\beta l) \tag{9.31}$$

电容的电纳表示为

$$jB_C = j\Omega C = jC \tan(\beta l) \tag{9.32}$$

这表明，我们可以用电长度为 βl、特性阻抗为 $Z_0 = L$ 的终端短路线代替集总电感，用特性导纳为 $Y_0 = C$ 的终端开路线代替集总电容。对于低通原型滤波器，为了使其截止发生在单位频率处，且使经理查德变换后的滤波器得到同样的截止频率，式（9.30）变为

$$\Omega = 1 = \tan(\beta l) \tag{9.33}$$

此时，支节线的长度 l 为 $\lambda/8$，其中 λ 是传输线在截止频率 ω_c 处的波长。显然，当频率为 $\omega = 2\omega_c$ 时，将发生衰减的极值点，而原型滤波器的响应随频率周期性地出现，周期为 $4\omega_c$。于是，应用理查德变换，可将低通原型滤波器电路中的电感和电容用终端短路和开路的支节线代替。

9.4.2 科洛达恒等变换

在微带滤波器的设计中，通常需要将终端短路的串联微带线转换为终端开路的并联微带结构，因为终端短路的串联微带线不能直接用微带结构实现。因此，在将终端短路的串联微带线转换为终端开路的并联微带结构时，需要引入"单位元件"。"单位元件"是一段串联的微带线，其长度 l 在频率 ω_c 处为 $\lambda/8$（也可根据需要选取），特性阻抗为 Z_0。因此，需要利用单位元件进一步完成串联支节线到并联结构的变换，这种变换称为科洛达恒等变换。科洛达恒等变换有 4 种，它们之间的关系如图 9.14 所示。事实上，特性阻抗为 Z_1、长度为 $\lambda/8$ 的单位元件的 $ABCD$ 矩阵为

$$\begin{bmatrix} A & B \\ C & D \end{bmatrix} = \begin{bmatrix} \cos(\beta l) & jZ_1 \sin(\beta l) \\ \frac{j}{Z_1} \sin(\beta l) & \cos(\beta l) \end{bmatrix} = \frac{1}{\sqrt{1+\Omega^2}} \begin{bmatrix} 1 & j\Omega Z_1 \\ j\frac{\Omega}{Z_1} & 1 \end{bmatrix} \tag{9.34}$$

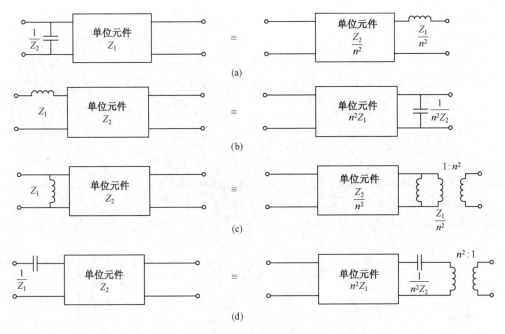

图9.14 4种科洛达恒等变换（$n^2 = 1 + Z_2/Z_1$）

式中，$\Omega = \tan(\beta l)$。图 9.14(a)中左边电路的 $ABCD$ 矩阵为

$$\begin{bmatrix} A & B \\ C & D \end{bmatrix}_{\mathrm{L}} = \frac{1}{\sqrt{1+\Omega^2}}\begin{bmatrix} 1 & 0 \\ \mathrm{j}\frac{\Omega}{Z_2} & 1 \end{bmatrix}\begin{bmatrix} 1 & \mathrm{j}\Omega Z_1 \\ \mathrm{j}\frac{\Omega}{Z_1} & 1 \end{bmatrix} = \frac{1}{\sqrt{1+\Omega^2}}\begin{bmatrix} 1 & \mathrm{j}\Omega Z_1 \\ \mathrm{j}\Omega\left(\frac{1}{Z_1}+\frac{1}{Z_2}\right) & 1-\Omega^2\frac{Z_1}{Z_2} \end{bmatrix} \quad (9.35)$$

式中，$\mathrm{j}\Omega/Z_2$ 可视为特性阻抗为 Z_2、长度为 $\lambda/8$ 的开路并联支节线的输入导纳，而图 9.14(a)中右边电路的 $ABCD$ 矩阵为

$$\begin{bmatrix} A & B \\ C & D \end{bmatrix}_{\mathrm{R}} = \frac{1}{\sqrt{1+\Omega^2}}\begin{bmatrix} 1 & \mathrm{j}\frac{\Omega Z_2}{n^2} \\ \mathrm{j}\frac{\Omega n^2}{Z_2} & 1 \end{bmatrix}\begin{bmatrix} 1 & \mathrm{j}\frac{\Omega Z_1}{n^2} \\ 0 & 1 \end{bmatrix} = \frac{1}{\sqrt{1+\Omega^2}}\begin{bmatrix} 1 & \mathrm{j}\frac{\Omega}{n^2}(Z_1+Z_2) \\ \mathrm{j}\frac{\Omega n^2}{Z_2} & 1-\Omega^2\frac{Z_1}{Z_2} \end{bmatrix} \quad (9.36)$$

式中，$\mathrm{j}\Omega Z_1/n^2$ 可视为特性阻抗为 Z_1/n^2、长度为 $\lambda/8$ 的终端短路串联支节线的输入阻抗。显然，上面两式相等的条件是

$$n^2 = 1 + Z_2/Z_1 \quad (9.37)$$

类似地，其他三种电路的恒等关系也可得到证明。

【例 9.3】微带线低通滤波器的设计。

用微带或带状线实现低通滤波器的一种简单方法是使用支节线设计低通滤波器。低通滤波器的设计指标如下：滤波器阶数为 3，截止频率为 4GHz，波纹特性为 3.0dB，阻抗为 50 Ω。

解：由表 9.2 查得归一化低通滤波器的元件值是

$$g_1 = 3.3487 = L_1, \quad g_2 = 0.7117 = C_2$$
$$g_3 = 3.3487 = L_3, \quad g_4 = 1.0000 = R_{\mathrm{L}}$$

其集总元件电路如图 9.15(a)示。

下一步是利用理查德变换将串联电感转换为串联支节线，将并联电容转换为并联支节线，如图 9.15(b)

所示。根据式（9.31）和式（9.32），串联支节线（电感）的特性阻抗为 L，并联支节线（电容）的特性阻抗为 $1/C$。对公比线综合，所有支节线在 $\omega = \omega_c$ 处的长度都是 $\lambda/8$（通常在设计的最后一步归一化值）。

图 9.15(b) 中的串联支节线用微带形式实现很困难，因此我们用科洛达恒等变换之一将其变成并联支节线。首先在滤波器的每段添加单位元件，如图 9.15 (c) 所示，这些冗余元件和负载匹配不影响滤波器的性能。然后，对滤波器的两端应用科洛达恒等变换，有

$$n^2 = 1 + \frac{Z_2}{Z_1} = 1 + \frac{1}{3.3487} = 1.299$$

结果如图 9.15(d) 所示。

最后，对电路的阻抗和频率定标。这很简单，只需用 50Ω 乘以归一化阻抗，并在 4GHz 时选择支节线长度为 $\lambda/8$，最终的电路如图 9.15(e) 所示，图 9.15(f) 是微带线布局图。

使用电磁仿真软件计算各元件对应的微带线长和线宽，仿真并优化，直至得到期望的结果。

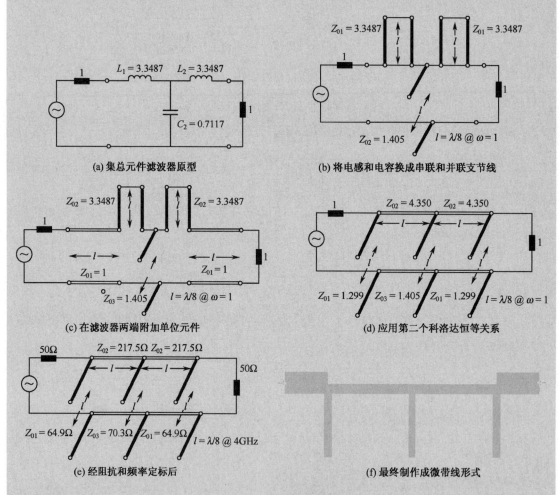

图 9.15 滤波器设计过程

采用的基片参数为 $d = 0.79\text{mm}$，$\varepsilon_r = 2.54$，$\tan\delta = 0.02$，铜导体的厚度为 $t = 0.035\text{mm}$。该微波电路的 S_{21} 参数如图 9.16 所示。

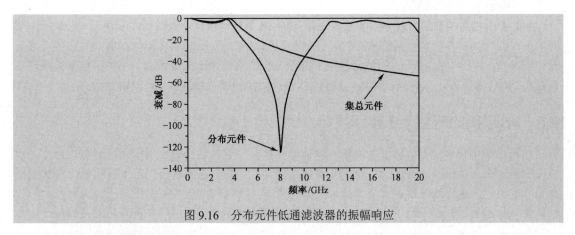

图 9.16　分布元件低通滤波器的振幅响应

9.4.3　阻抗和导纳倒相器

前面说过，当我们用特定类型的传输线来实现滤波器时，常常希望只使用串联元件或并联元件。科洛达恒等变换可用于这种形式的变换。然而，另一种可能是用阻抗（K）或导纳（J）倒相器，这些倒相器特别适合窄带宽（10%）的带通或带阻滤波器。

阻抗和导纳倒相器概念上的运作如图 9.17 所示；因为这些倒相器本质上是使负载阻抗或导纳反相，所以可用它们将串联元件变换为并联元件，反之亦然，详见后面的说明。

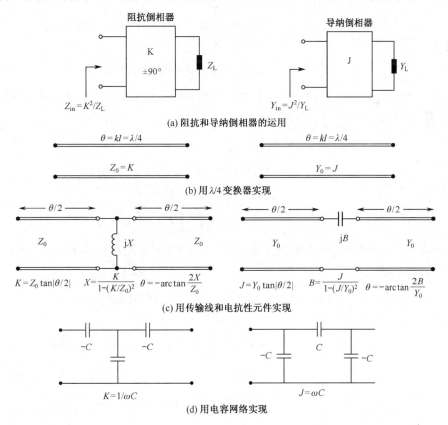

图 9.17　阻抗和导纳倒相器

J 或 K 倒相器的最简形式可用合适特性阻抗的 $\lambda/4$ 变换器制成，如图 9.17(b)所示。这种方法实现的倒相器的 *ABCD* 矩阵容易查表得到。其他类型的电路也能用作 J 或 K 倒相器。另一种可选形式如图 9.17(c)所示，这种形式的倒相器用于模拟 9.7 节的耦合谐振滤波器。这类倒相器通常需要长为 $\theta/2$ 的传输线段，这些线段如果可被吸收到两端连接的传输线中，就不成问题。

9.5　阶跃阻抗低通滤波器

用微带或带状线实现低通滤波器的一种简单方法是，采用特性阻抗很高和很低的传输线段交替排列的结构。这样的滤波器通常称为阶跃阻抗或高 Z－低 Z 滤波器。与用支节线制作的类似低通滤波器相比，这种滤波器更容易设计，且结构紧凑，所以较为流行。然而，因为这种滤波器的近似性，其电特性不是很好，所以通常只用在不需要陡峭截止的应用中（如抑制带外混频器产物）。

集总参数电感和电容的主要电性能特点是，感抗和容纳皆与频率 ω 呈线性关系，这就使得电感、电容串并联为梯形电路时，可以得到低通滤波特性。而在分布参数的传输线中，虽然也可取一段线作为电路元件，但是其电抗或电纳与频率的关系不是线性的。例如，取一段长度为 l 的短路线，其输入电抗为

$$Z_{\text{in}} = jZ_0 \tan\theta = jZ_0 \tan(2\pi l/\lambda_{\text{g}}) = jZ_0 \tan(\omega l/v_{\text{p}}) \tag{9.38}$$

可见，它和 ω 不呈线性关系。于是，如以传输线段代替集总参数 L、C 构成低通滤波器，其滤波特性将与原型滤波器有差别。

然而，在一定的条件下，分布参数电路元件的特性可近似于集总参数。例如，当短路线长度为 $l < \lambda_{\text{g}}/8$ 时，有 $\tan\theta \approx \theta = \omega l/v_{\text{p}}$，则式（9.38）变为

$$Z_{\text{in}} = jX = jZ_0 \tan\tfrac{\omega}{v_{\text{p}}}l \approx j\omega(Z_0 l/v_{\text{p}}) \tag{9.39}$$

可见，此时电抗 X 与频率 ω 近似呈线性关系，其中等效电感 $L = Z_0 l/v_{\text{p}}$，即一段很短的短路线（$l/\lambda_{\text{g}} < 1/8$）可近似等效为一个集总参数电感。

同理，对长度为 l 的开路线来说，其电纳为

$$Y_{\text{in}} = jY_0 \tan\theta = jY_0 \tan(2\pi l/\lambda_{\text{g}}) = jY_0 \tan(\omega l/v_{\text{p}}) \tag{9.40}$$

当 $l < \lambda_{\text{g}}/8$ 时，有

$$Y_{\text{in}} = jB \approx jY_0\tfrac{\omega}{v_{\text{p}}}l \tag{9.41}$$

即一段短开路线可近似等效为一个集总参数电容，电容值为 $C = Y_0 l/v_{\text{p}}$。因此，我们可将一段短传输线作为半集总参数元件。

当我们将一段传输线作为二端口网络处理时，根据微波网络相关原理，可将它表达成各种矩阵形式，且可用等效的 T 形或 π 形电路表示，如图 9.18 所示。

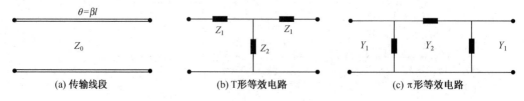

图 9.18　传输线段的等效电路

根据传输线的阻抗矩阵表，查出图9.18(a)的归一化阻抗矩阵后，将其反归一化得

$$\boldsymbol{Z} = \begin{bmatrix} -\mathrm{j}Z_0 \cot(\beta l) & \dfrac{Z_0}{\mathrm{j}\sin(\beta l)} \\ \dfrac{Z_0}{\mathrm{j}\sin(\beta l)} & -\mathrm{j}Z_0 \cot(\beta l) \end{bmatrix} \tag{9.42}$$

式中，$\beta = \omega\sqrt{L_0 C_0} = 2\pi/\lambda$ 是传输线的相位函数。

对于 T 形网络，根据 $\boldsymbol{Z}$ 矩阵各参量的定义，可求得

$$\begin{aligned} Z_{11} &= Z_{22} = Z_1 + Z_2 \\ Z_{12} &= Z_{21} = Z_2 \end{aligned} \tag{9.43}$$

要使 T 形网络等效地代表一段传输线，二者的阻抗矩阵应该相同。因此，我们有

$$Z_2 = \frac{Z_0}{\mathrm{j}\sin(\beta l)} \quad \text{或} \quad \mathrm{j}B_2 = \frac{\mathrm{j}\sin(\beta l)}{Z_0}$$

$$\begin{aligned} Z_1 = Z_{11} - Z_2 &= -\mathrm{j}Z_0 \cot(\beta l) + \mathrm{j}\frac{Z_0}{\sin(\beta l)} = -\mathrm{j}Z_0\left(\frac{\cos(\beta l)}{\sin(\beta l)} - \frac{1}{\sin(\beta l)}\right) \\ &= \mathrm{j}Z_0 \frac{1 - \cos(\beta l)}{\sin(\beta l)} = \mathrm{j}Z_0 \frac{2\sin^2(\beta l/2)}{2\sin(\beta l/2)\cos(\beta l/2)} = \mathrm{j}Z_0 \tan(\beta l/2) \end{aligned} \tag{9.44}$$

即

$$\mathrm{j}X_1 = \mathrm{j}Z_0 \tan(\beta l/2) \tag{9.45}$$

同样，若将传输线等效成 π 形网络，则 π 形网络的参量为

$$\mathrm{j}B_1 = Y_1 = \frac{\mathrm{j}}{Z_0} \tan(\beta l/2) \tag{9.46}$$

$$\mathrm{j}X_2 = \frac{1}{Y_2} = \mathrm{j}Z_0 \sin(\beta l) \tag{9.47}$$

因此，无论所得等效电路是 T 形的还是 π 形的，其串联元件均是感性的，并联元件均是容性的，如图9.19所示。

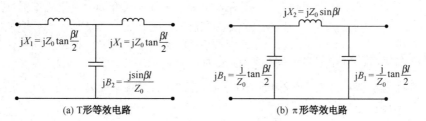

(a) T形等效电路　　　　　　　　(b) π形等效电路

图9.19　传输线段的 T 形和 π 形等效电路参量

当 $l \ll \lambda(l < \lambda/8)$ 时，可得如下近似公式：

$$\sin(\beta l) = \sin\frac{\omega}{v_\mathrm{p}}l = \frac{\omega}{v_\mathrm{p}}l \tag{9.48}$$

$$\tan(\beta l/2) = \tan\frac{\omega l}{2v_\mathrm{p}} = \frac{\omega l}{2v_\mathrm{p}} \tag{9.49}$$

因此，对 T 形电路，有

$$jX_1 \approx jZ_0 \frac{\omega l}{2v_{\mathrm{p}}} \tag{9.50}$$

$$jB_2 \approx j\frac{1}{Z_0} \frac{\omega l}{v_{\mathrm{p}}} \tag{9.51}$$

对 π 形电路，有

$$jB_1 \approx j\frac{1}{Z_0} \frac{\omega l}{2v_{\mathrm{p}}} \tag{9.52}$$

$$jX_2 \approx jZ_0 \frac{\omega l}{v_{\mathrm{p}}} \tag{9.53}$$

可以看出，对于长度 l 很短的传输线段，其二端口网络特性同样具有半集总参数性质，即其等效 T 形或 π 形网络的串联电抗、并联电纳均近似地与 ω 呈线性关系。还可以看出，两种等效电路的总串联电感、总并联电容均等于分布电感、分布电容乘以传输线的长度，而串联电感、并联电容同时存在。

形式上看，传输线段的等效电路具有和低通滤波器电路相同的形状，实则不然。它和一般集总参数的 LC 低通滤波器不同，具体特点如下。

（1）只有当传输线段长度远小于波长时，才接近集总参数的 LC 低通滤波电路。如果长度增加，串联感抗和并联容纳就不再与频率 ω 呈线性关系。如果长度继续增加，电抗或电纳甚至改变符号，即串联电抗可能变为容性的，并联电纳可能变为感性的，与低通滤波器的形式不再相同。

（2）LC 集总参数低通滤波器通常存在截至频率 ω_{c}。例如，对于串联 L 和并联 C 构成的简单 T 形低通电路，公式给出的截止频率为 $\omega_{\mathrm{c}} = \sqrt{2/LC}$。当 $\omega < \omega_{\mathrm{c}}$ 时，衰减很小；而当 $\omega > \omega_{\mathrm{c}}$ 时，衰减迅速增加，这就是低通滤波特性。而对于一段传输线，当其负载为其特性阻抗值时，根据传输线的基本理论，无论任何频率，其输入阻抗均均等于特性阻抗，因此在整个频率范围内，功率全部通过而无衰减，成为一个全通电路，或者成为一个截止频率趋于无限大的"低通滤波器"。对于集总参数 LC 电路，因为电抗的比值随频率变化，电路对频率有选择性。当一段传输线端接特性阻抗时，线上是行波；尽管其等效电路可画成 LC 分布参数的梯形电路，但在任何频率下，其电磁作用在波动过程中始终是平衡的，而不像集总参数那样在改变频率时电磁作用发生变化。因此，行波状态的传输线无频率选择作用，即无低通特性。为了打破平衡状态，可采取图 9.20 所示的高低阻抗传输线段相间排列的结构。

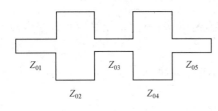

图 9.20　高低特性阻抗的微带低通滤波器

设有一长度为 l（$l \ll \lambda$）、特性阻抗为 Z_0 的传输线段，其终端接负载阻抗 Z_{L}。根据传输线的基本原理，其输入阻抗 Z_{in} 可表示为

$$Z_{\mathrm{in}} = Z_0 \frac{Z_{\mathrm{L}}/Z_0 \cdot \cos(\beta l) + j\sin(\beta l)}{\cos(\beta l) + jZ_{\mathrm{L}}/Z_0 \cdot \sin(\beta l)} \tag{9.54}$$

若端接负载阻抗 $Z_{\mathrm{L}} \ll Z_0$，则上式可近似地写成

$$Z_{\mathrm{in}} \approx Z_0 \frac{Z_{\mathrm{L}}/Z_0 \cdot \cos(\beta l) + j\sin(\beta l)}{\cos(\beta l)} = Z_{\mathrm{L}} + jZ_0 \tan(\beta l) \approx Z_{\mathrm{L}} + j\omega L_0 l \tag{9.55}$$

若端接负载阻抗 $Z_{\mathrm{L}} \gg Z_0$，则有

$$Z_{\text{in}} \approx Z_0 \frac{Z_L/Z_0 \cdot \cos(\beta l)}{\cos(\beta l) + jZ_L/Z_0 \cdot \sin(\beta l)}$$

即

$$Y_{\text{in}} = \frac{1}{Z_{\text{in}}} \approx \frac{1}{Z_0} \cdot \frac{\cos(\beta l) + jZ_L/Z_0 \cdot \sin(\beta l)}{Z_L/Z_0 \cdot \cos(\beta l)} = \frac{1}{Z_L} + \frac{j}{Z_0} \tan(\beta l) \tag{9.56}$$

由以上两式可以看出，当负载阻抗远小于传输线特性阻抗时。传输线段端接负载阻抗 Z_L 近似相当于一个电感和 Z_L 串联；反之，近似相当于一个电容和 Z_L 并联，如图 9.21 所示。由此可知，传输线是表现为感性还是表现为容性，应视其特性阻抗和端接负载阻抗的相对关系如何。如果取负载阻抗等于一般标准传输线的特性阻抗 Z_0（在微带线中通常取为 $50\,\Omega$ ），那么将特性阻抗高于 Z_0 的高阻传输线段和低于 Z_0 的低阻传输线段相间连接，就能得到串联电感和并联电容的梯形电路，即构成低通滤波器。

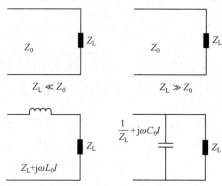

图 9.21　短传输线的等效电路

下面是阶跃阻抗低通滤波器的设计步骤。

（1）给出的初始数据为电源内阻（一般取传输线特性阻抗 Z_0）、截止频率 ω_c、截止频率处的衰减（对最大平坦度滤波器，一般取 3dB ）或通带内的衰减波纹（对切比雪夫滤波器），以及通带外衰减上升陡度。根据给定的带内衰减及带外衰减上升陡度的要求，由最大平坦度特性和切比雪夫特性曲线图，确定滤波器的最少节数。

（2）根据节数 n，查询最大平坦特性和切比雪夫特性的低通原型滤波器归一化元件参量数值表，找出各节元件参量值。

（3）根据给出的内阻及截止频率值，应用滤波器的转换公式，将原型表中的归一化元件值转化成实际滤波器的元件值。

（4）在微波传输线中，利用不同特性阻抗的传输线段作为半集总参数来实现。原则上，高阻段特性阻抗应尽量高，低阻段特性阻抗应尽量低。这样对集总参数的接近程度更好一些，但也要兼顾实际加工和结构上的可能性。对于同轴线，其高阻特性阻抗可取为 $100 \sim 150\,\Omega$，低阻特性阻抗取为 $5 \sim 15\,\Omega$。对于微带线，要考虑工艺和结构的限制，范围可取得更小一些。

根据前面的分析，高阻段和低阻段的作用分别对应于串联感抗和并联容纳。如果要更精确一些，可根据图 9.19 作为 T 形或 π 形电路处理。必要时，还要考虑高阻段和低阻段之间因尺寸突变而存在的跳变串联电感 L_0。经串并联归并后，得到 LC 梯形电路，再与计算出的集总参数元件值进行比较，算出传输线段尺寸。

图 9.22 所示为高低阻抗传输线段及其等效电路，其中 $l_1, l_3, \cdots$ 均为高阻段，是由一个串联电感和两个并联电容构成的 π 形网络表示；$l_2, l_4, \cdots$ 为低阻段，是一个由两个串联电感和一个并联电容构成的 T 形网络表示。例如，对于 l_3 段，由式（9.46）和式（9.47）得到其等效电路元件的参数值为

$$L_4' = \frac{Z_{01}}{\omega} \sin(\beta l_3) = \frac{Z_{01}}{\omega} \sin\left(\frac{2\pi}{\lambda_{g1}} l_3\right) = \frac{Z_{01}}{\omega} \sin\left(\frac{\omega}{v_{p1}} l_3\right)$$

$$C'_4 = C'_6 = \frac{1}{Z_{01}\omega}\tan(\beta l_3/2) \approx \frac{\beta l_3}{2Z_{01}\omega} = \frac{\pi l_3}{\lambda_{g1}Z_{01}\omega} = \frac{l_3}{2Z_{01}v_{p1}}$$

对于 l_2 段，由式（9.44）和式（9.45）得到其等效电路元件参数值为

$$C'_3 = \frac{1}{Z_{02}\omega}\sin(\beta l_2) \approx \frac{\beta l_2}{Z_{02}\omega} = \frac{l_2}{Z_{02}v_{p2}}$$

$$L'_2 = L'_3 = \frac{1}{\omega}Z_{02}\tan\frac{\beta l_2}{2} \approx \frac{Z_{01}l_2}{2v_{p2}}$$

式中，Z_{01}、v_{p1}、λ_{g1} 分别为高阻段的特性阻抗、相速度和传输线波长，Z_{02}、v_{p2}、λ_{g2} 分别为低阻段的特性阻抗、相速度和传输线波长。

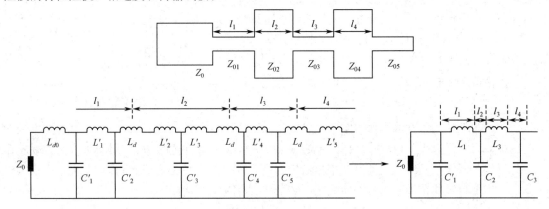

图 9.22　微带低通滤波器的等效电路参量

上述等效电路中的电感、电容究竟是应用严格公式还是应用近似公式计算，应视其正弦函数、正切函数的角度大小而定。因为低阻段的长度一般很短，相应的角度很小，所以可用近似关系（即 $\sin x \approx x$ 和 $\tan x \approx x$）将公式简化。对于高阻段，因为其长度通常较低阻段长，所以在计算 L 时不能近似，但在计算 C 时，角度是 $kl/2$，比 L 相应的角度要小一半，因此仍能采用近似公式。然而，无论怎样，高阻段和低阻段的长度至少不应超过 $\lambda/8$，否则就会失去半集总参数的性质，其滤波特性也将和低通原型滤波器有很大差异。

得到的电感和电容数量很多，为便于计算，原则上应使一段传输线只包含一个元件。为此，需要尽量合并上述元件。当串联感抗小而并联容抗大时，可先互换二者的位置，然后合并同类元件，最后得到合并后的等效电路元件为

$$L_1 = L'_1 + L'_2 + L_{d0} + L_d = \frac{Z_{01}}{\omega}\sin(\frac{\omega}{v_{p1}}l_3) + \frac{Z_{02}l_2}{2v_{p2}} + L_{d0} + L_d \tag{9.57}$$

$$C_1 = C'_2 + C'_3 + C'_4 = \frac{l_1}{2v_{p1}Z_{01}} + \frac{l_2}{2v_{p2}Z_{02}} + \frac{l_1}{2v_{p1}Z_{01}} \tag{9.58}$$

$$L_3 = L'_3 + L'_4 + L'_5 + 2L_d = \frac{Z_{01}}{\omega}\sin(\frac{\omega}{v_{p1}}l_3) + \frac{Z_{02}l_2}{2v_{p2}} + 2L_d \tag{9.59}$$

式中，L_{d0} 和 L_d 为微带线跳变串联电感，其值可在相关的资料中查得。

应用式（9.57）至式（9.59）进行计算很烦琐，因为每个等效集总参数均与三段传输线参量有关，设计时必须解联立方程，因此计算起来十分不便。在实际设计过程中，完全可做适当的近似

而使公式简化。首先将串联跳变电容 L_d 略去，因为计算结果表明忽略 L_d 对低通滤波器截止频率的影响仅为 3%~4%，在一般工程计算中问题不大。其次，低阻段因特性阻抗低、长度短，提供的电感分量很小，因此也可略去。

高阻段的特性阻抗较高，提供的分布电容小，但其长度一般较长，电容值不能忽略。此时，可以根据式（9.57）将 L 和 C 的作用归结为一个电感 $L = \frac{Z_{01}}{\omega} \tan \frac{\omega}{v_p} l$。按照上述方式进行简化虽然属于近似，但对工程实际应用影响不大，因此可以得到下列各式：

$$L_1 \approx \frac{Z_{01}}{\omega} \tan \frac{\omega}{v_p} l_1 \tag{9.60}$$

$$C_2 \approx \frac{l_2}{Z_{02} v_p} \tag{9.61}$$

$$L_3 \approx \frac{Z_{03}}{\omega} \tan \frac{\omega}{v_p} l_3 \tag{9.62}$$

注意，高阻段的感抗和频率 ω 不呈线性关系，所以在式（9.60）和式（9.61）中取某个频率进行计算时，对另一个频率来说就不符合。因为我们希望截止频率附近的滤波特性与原型滤波器的符合得较好，尤其是截止频率值应严格等于设计要求值，所以应在截止频率处令分布参数的电抗值等于集总参数电抗值，于是，在上述公式中，取 $\omega = \omega_c$ 来进行计算。

对微带线来说，其高阻段和低阻段的相速度 v_p 是不同的，应取各个相应的值。

确定传输线的高阻特性阻抗 Z_{01} 和低阻段特性阻抗 Z_{02}，且由低通原型滤波器得到相应的实际滤波器的集总参数元件值后，就可根据式（9.60）至式（9.62）计算各段的长度。

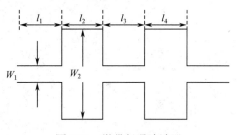

图 9.23　微带低通滤波器

对于微带线低通滤波器，当其低阻段的长度 l 取得较小时，其宽度 W 可能相当大，甚至远大于其长度，如图 9.23 所示。此时，电压、电流沿 W 方向将呈驻波分布，因此应视为两段宽度为 l、长度为 $W/2$ 的开路线的并联，并由式（9.40）和式（9.41）求出其等效电容。当然，W 也应远小于波长。当低阻段的宽度小于其长度时，仍然要根据式（9.61）计算等效电容。

（5）得出传输线段各部分的尺寸后，低通滤波器基本上就设计完毕，但最后要考虑寄生通带的问题。前面讲过，只有当传输线段尺寸远小于波长时，才能维持其半集总参数的性质。此时，所得低通滤波器的特性才基本上和低通原型滤波器的相仿。而当工作频率远高于截止频率时，相应的波长不再远大于传输线段的尺寸，因此半集总参数关系不再维持，相应的滤波特性也不再与原型滤波器的符合。也就是说，当频率一直增加时，衰减并不像原型滤波器那样一直上升，而在某些频率范围内形成一些衰减较小的区域，称为寄生通带，如图 9.24 所示。其中，ω_c 为截止频率，ω_2、ω_3 分别为寄生通带的中心频率。因此，要注意的是，当在电路中

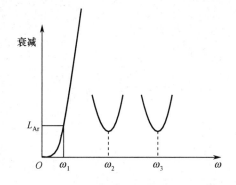

图 9.24　微带低通滤波器的通带和寄生通带

应用低通滤波器时，应事先估计寄生通带的位置，以便使得截止频率不落入寄生通带内。

第一个寄生通带的中心频率对应的波长，约为高阻传输线段长度的两倍。

寄生通带的存在再次说明，半集总参数的性质完全取决于工作波长和传输线段长度之间的相对关系。在图 9.24 中，当 $\omega < \omega_c$ 时，大致维持半集总参数关系，因此滤波特性和低通原型的很接近。当 $\omega \gg \omega_c$ 时，半集总性质破坏，滤波特性出现了很大的畸变。

【例9.4】 微带线阶跃阻抗低通滤波器的设计。

设计一个微带低通滤波器，微带线特性阻抗为 50Ω，最高工作频率为 5000MHz，滤波器呈切比雪夫特性，带内衰减波纹值为 1dB，当频率为 9000MHz 时衰减应大于 25dB，且要保证 $f = 15000$MHz 时能够截止。微带线基片厚度为 1mm，相对介电常数为 $\varepsilon_r = 9.6$。

解： 设计步骤如下。

（1）根据带内最高工作频率确定滤波器的截止频率 ω_c，原则上其应比最高工作频率大约 20%。如果太靠近，设计和制造误差会使最高工作频率的通过得不到保证。如果所留的余量太大，使得 ω_c 甚大于最高工作频率，就很难满足带外衰减要求，导致滤波器的节数增加。然而，在某些情况下，为了确保对一些频率的抑制，也可以提高 ω_c，使寄生通带中心频率提高，进而使待截止的频率不落入寄生通带。

我们选取 $\omega_c = 6000$MHz。当 $\omega = 9000$MHz 时，对 ω_c 的相对频率为

$$\frac{\omega}{\omega_c} = \frac{9000}{6000} = 1.5, \qquad \left|\frac{\omega}{\omega_c}\right| - 1 = 0.5$$

（2）采用切比雪夫特性的滤波器，根据带外衰减陡度的要求，选定滤波器最少节数 n。

根据切比雪夫特性的曲线图 9.6(b)，因为对应于 $L_{Ar} = 1$dB，又因为当频率为 9000MHz 时衰减应大于 25dB，查得最少节数为 $N = 5$。

（3）查表（衰减波纹为 1dB），得到低通原型滤波器的如下归一化元件参量值：

$$g_1 = 2.1349, \qquad g_2 = 1.0911, \qquad g_3 = 3.0009$$
$$g_4 = 1.0911, \qquad g_5 = 2.1349, \qquad g_6 = 1.0000$$

（4）由归一化元件参数值换算成实际滤波器的集总参数元件参量值：

$$L_1 = \frac{R_0}{\omega_c} \cdot L_1' = 50 \times \frac{1}{2\pi \times 6 \times 10^9} \times 2.1439$$

$$C_2 = \frac{1}{R_0 \omega_c} \cdot C_2' = \frac{1}{50} \times \frac{1}{2\pi \times 6 \times 10^9} \times 1.0911$$

$$L_3 = \frac{R_0}{\omega_c} \cdot L_3' = 50 \times \frac{1}{2\pi \times 6 \times 10^9} \times 3.0009$$

$$C_4 = C_2$$
$$L_5 = L_1$$
$$R_6 = 50\Omega，为负载阻抗$$

（5）根据式（9.60）至式（9.62），将上述集总参数参量换算为微带线尺寸。这里取高阻段 $Z_{01} = 100\Omega$，可使用电磁仿真软件进行计算，或者查表得到 $W/h = 0.14$，$\sqrt{\varepsilon_e} = 2.41$。

由式（9.60）有

$$L_1 = L_5 \approx \frac{Z_{01}}{\omega_c} \tan \frac{\omega_c}{v_p} l_1$$

可得

$$\tan\frac{\omega_c}{v_p}l_1 = \frac{\omega_c}{Z_{01}}L_1 = \frac{2\pi\times6\times10^9}{100}\times50\times\frac{1}{2\pi\times6\times10^9}\times2.1349 = 1.067$$

$$\frac{\omega_c}{v_p}l_1 = 47° \approx 0.82\text{rad}, \qquad l_1 \approx \frac{3\times10^{11}\times0.82}{2\pi\times6\times10^9\times2.41} \approx 2.7\text{mm}, \qquad l_5 = l_1$$

同理可得

$$l_3 \approx 3.3\text{mm}$$

低阻段 $Z_{02} = 30\Omega$，可使用电磁仿真软件进行计算，或者查表得到 $W/h = 2.3$，$\sqrt{\varepsilon_e} = 2.68$。

由式（9.61）有

$$l_2 \approx C_2 Z_{02} v_p = \frac{1}{50}\times\frac{1}{2\pi\times6\times10^9}\times1.0911\times30\times3\times10^{11}/2.68 = 1.95\text{mm}$$

因为与 W_2 较接近，所以用式（9.61）计算也是可以的。

这样，我们就得到了微带低通滤波器的所有尺寸。最后看下最低寄生通带频率。因为其波长应为高阻段 3.3mm 的两倍，所以有

$$f = \frac{v_p}{2\times3.3\text{mm}} = \frac{3\times10^{11}}{2\times3.3\times2.41} \approx 19000\text{MHz}$$

待截止的频率为 $f = 15000\text{MHz}$，和寄生通带之间尚有一定的间隔，可保证其得到截止。

最后得到的低通滤波器的尺寸如图 9.25 所示。

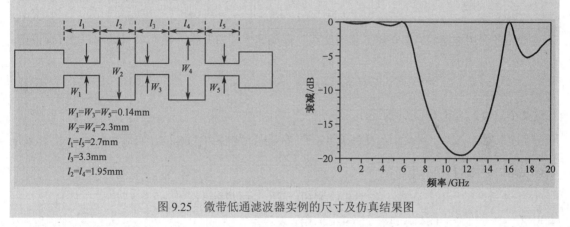

$W_1=W_3=W_5=0.14\text{mm}$
$W_2=W_4=2.3\text{mm}$
$l_1=l_5=2.7\text{mm}$
$l_3=3.3\text{mm}$
$l_2=l_4=1.95\text{mm}$

图 9.25　微带低通滤波器实例的尺寸及仿真结果图

9.6　耦合线滤波器

前面讨论的平行耦合传输线也可用于构建多种类型的滤波器。要制作带宽小于 20% 的微带或带状线型多节带通或带阻耦合线滤波器，实际上很容易办到。更宽的带宽滤波器通常需要很紧密的耦合线，这在制造上较为困难。下面首先研究单个 $\lambda/4$ 耦合线段的滤波器特性，然后说明如何用这些耦合线段来设计带通滤波器。

9.6.1　耦合线段的滤波特性

图 9.26(a) 中显示了平行耦合线段，并且带有端口电压和电流的定义。考虑图 9.26(b) 所示的偶模和奇模激励的叠加，可为这个四端口网络推导出开路阻抗矩阵。因此，电流源 i_1 和 i_3 驱动该线的偶模，而 i_2 和 i_4 驱动该线的奇模。通过叠加，我们看到总端口电流 I_i 可用偶模和奇模电流表示为

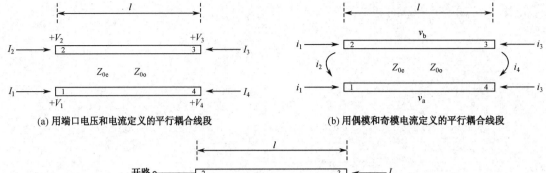

(a) 用端口电压和电流定义的平行耦合线段　　　　(b) 用偶模和奇模电流定义的平行耦合线段

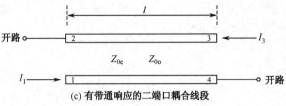

(c) 有带通响应的二端口耦合线段

图 9.26　关于耦合线滤波器的定义

$$I_1 = i_1 + i_2 \tag{9.63a}$$

$$I_2 = i_1 - i_2 \tag{9.63b}$$

$$I_3 = i_3 - i_4 \tag{9.63c}$$

$$I_4 = i_3 + i_4 \tag{9.63d}$$

首先考虑用电流源 i_1 在偶模下驱动此线。假如其他端口开路，在端口 1 或端口 2 看到的阻抗为

$$Z_{\text{in}}^{\text{e}} = -\text{j}Z_{0\text{e}} \cot(\beta l) \tag{9.64}$$

在这两个导体上的电压可以表示为

$$v_{\text{a}}^1(z) = v_{\text{b}}^1(z) = V_{\text{e}}^+ \left[\text{e}^{-\text{j}\beta(z-l)} + \text{e}^{\text{j}\beta(z-l)} \right] = 2V_{\text{e}}^+ \cos\left[\beta(l-z)\right] \tag{9.65}$$

所以在端口 1 或端口 2 的电压是

$$v_{\text{a}}^1(0) = v_{\text{b}}^1(0) = 2V_{\text{e}}^+ \cos(\beta l) = i_1 Z_{\text{in}}^{\text{e}}$$

利用这个结果和式（9.64），可将式（9.65）用 i_1 表示为

$$v_{\text{a}}^1(z) = v_{\text{b}}^1(z) = -\text{j}Z_{0\text{e}} \frac{\cos\left[\beta(l-z)\right]}{\sin(\beta l)} i_1 \tag{9.66}$$

同样，用电流源 i_3 驱动线时的偶模电压是

$$v_{\text{a}}^3(z) = v_{\text{b}}^3(z) = -\text{j}Z_{0\text{e}} \frac{\cos(\beta z)}{\sin(\beta l)} i_3 \tag{9.67}$$

现在考虑电流源 i_2 驱动线上奇模的情形。若其他端开路，在端口 1 或端口 2 看到的阻抗是

$$Z_{\text{in}}^{\text{o}} = -\text{j}Z_{0\text{o}} \cot(\beta l) \tag{9.68}$$

在每个导体上的电压可以表示为

$$v_{\text{a}}^2(z) = -v_{\text{b}}^2(z) = V_0^+ \left\lfloor \text{e}^{-\text{j}\beta(z-l)} + \text{e}^{\text{j}\beta(z-l)} \right\rfloor = 2V_0^+ \cos\left[\beta(l-z)\right] \tag{9.69}$$

则在端口 1 或端口 2 的电压是

$$v_a^2(0) = -v_b^2(0) = 2V_0^+ \cos(\beta l) = i_2 Z_{in}^o$$

用这个结果和式（9.68），可将式（9.69）用 i_2 表示为

$$v_a^2(z) = -v_b^2(z) = -jZ_{0o} \frac{\cos[\beta(l-z)]}{\sin(\beta l)} i_2 \tag{9.70}$$

同样，用电流源 i_4 驱动线时的奇模电压是

$$v_a^4(z) = -v_b^4(z) = -jZ_{0o} \frac{\cos(\beta z)}{\sin(\beta l)} i_4 \tag{9.71}$$

现在端口 1 的总电压是

$$V_1 = v_a^1(0) + v_a^2(0) + v_a^3(0) + v_a^4(0) = -j(Z_{0e}i_1 + Z_{0o}i_2)\cot\theta - j(Z_{0e}i_3 + Z_{0o}i_4)\csc\theta \tag{9.72}$$

此处用到了式（9.66）、式（9.67）、式（9.70）和式（9.71）的结果及 $\theta = \beta l$。接着，求解式（9.63），得到用 I 表示的 i_j：

$$i_1 = \tfrac{1}{2}(I_1 + I_2) \tag{9.73a}$$

$$i_2 = \tfrac{1}{2}(I_1 - I_2) \tag{9.73b}$$

$$i_3 = \tfrac{1}{2}(I_3 + I_4) \tag{9.73c}$$

$$i_4 = \tfrac{1}{2}(I_4 - I_3) \tag{9.73d}$$

将这些结果代入式（9.72）得

$$V_1 = \frac{-j}{2}(Z_{0e}I_1 + Z_{0e}I_2 + Z_{0o}I_1 - Z_{0o}I_2)\cot\theta - \frac{j}{2}(Z_{0e}I_3 + Z_{0e}I_4 + Z_{0o}I_4 - Z_{0o}I_3)\csc\theta \tag{9.74}$$

该结果给出描述耦合线段的开路阻抗矩阵 $\boldsymbol{Z}$ 的第一行。根据对称性，一旦知道第一行，就能求出其他矩阵元素。于是，矩阵元素是

$$Z_{11} = Z_{22} = Z_{33} = Z_{44} = \frac{-j}{2}(Z_{0e} + Z_{0o})\cot\theta \tag{9.75a}$$

$$Z_{12} = Z_{21} = Z_{34} = Z_{43} = \frac{-j}{2}(Z_{0e} - Z_{0o})\cot\theta \tag{9.75b}$$

$$Z_{13} = Z_{31} = Z_{24} = Z_{42} = \frac{-j}{2}(Z_{0e} - Z_{0o})\csc\theta \tag{9.75c}$$

$$Z_{14} = Z_{41} = Z_{23} = Z_{32} = \frac{-j}{2}(Z_{0e} + Z_{0o})\csc\theta \tag{9.75d}$$

一个二端口网络可由耦合线段形成，方法是将四个端口中的两个终端开路或短路；共有 10 种可能的电路组合，这些电路具有不同的频率响应，包括低通、带通、全通和全阻。对于带通滤波器，我们最感兴趣的是图 9.26(c)所示的情况，因为在制作上开路比短路容易。在这种情况下，$I_2 = I_4 = 0$，所以四端口阻抗矩阵公式简化为

$$V_1 = Z_{11}I_1 + Z_{13}I_3 \tag{9.76a}$$
$$V_3 = Z_{31}I_1 + Z_{33}I_3 \tag{9.76b}$$

式中，Z_{ij} 由式（9.75）给出。

我们可通过计算镜像阻抗（端口 1 和端口 3 的阻抗相同）和传播常数来分析该电路的滤波特

性。用 Z 参量表示的镜像阻抗是

$$Z_i = \sqrt{Z_{11}^2 - \frac{Z_{11}Z_{13}^2}{Z_{33}}} = \frac{1}{2}\sqrt{(Z_{0e} - Z_{0o})^2 \csc^2\theta - (Z_{0e} + Z_{0o})^2 \cot^2\theta} \qquad (9.77)$$

当耦合线段长为 $\lambda/4$（$\theta = \pi/2$）时，镜像阻抗简化为

$$Z_i = \frac{1}{2}(Z_{0e} - Z_{0o}) \qquad (9.78)$$

这是一个正实数，因为 $Z_{0e} > Z_{0o}$。但是，当 $\theta \to 0$ 或 π 时，$Z_i \to \pm j\infty$，表明是阻带。镜像阻抗的实部如图 9.27 所示。此处，截止频率可由式（9.77）求得如下：

$$\cos\theta_1 = -\cos\theta_2 = \frac{Z_{0e} - Z_{0o}}{Z_{0e} + Z_{0o}}$$

也可算出传播常数为

$$\cos\beta = \sqrt{\frac{Z_{11}Z_{33}}{Z_{13}^2}} = \frac{Z_{11}}{Z_{13}} = \frac{Z_{0e} + Z_{0o}}{Z_{0e} - Z_{0o}}\cos\theta \qquad (9.79)$$

这表明对于 $\theta_1 < \theta < \theta_2 = \pi - \theta_1$，$\beta$ 是实数，其中 $\cos\theta_1 = (Z_{0e} - Z_{0o})/(Z_{0e} + Z_{0o})$。

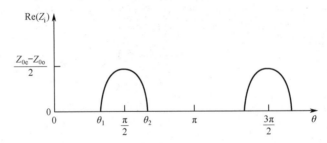

图 9.27　图 9.26(c)所示带通网络的镜像阻抗实部

9.6.2　耦合线带通滤波器的设计

窄带带通滤波器可制成如图 9.26(c)所示的级联耦合线段。为了推导这类滤波器的设计公式，

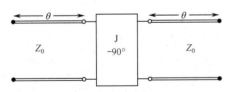

图 9.28　图 9.26(c)中耦合线段的等效电路

我们首先说明单耦合线段可以近似地用图 9.28 所示的等效电路模拟。下面计算这个等效电路的镜像阻抗和传播常数，证明它们与 $\theta = \pi/2$（对应于通带响应的中心频率）的耦合线段近似相等。

等效电路的 $ABCD$ 参量可根据传输线的 $ABCD$ 矩阵计算：

$$\begin{bmatrix} A & B \\ C & D \end{bmatrix} = \begin{bmatrix} \cos\theta & jZ_0\sin\theta \\ \frac{j}{Z_0}\sin\theta & \cos\theta \end{bmatrix} \begin{bmatrix} 0 & -j/J \\ -jJ & 0 \end{bmatrix} \begin{bmatrix} \cos\theta & jZ_0\sin\theta \\ \frac{j}{Z_0}\sin\theta & \cos\theta \end{bmatrix}$$

$$= \begin{bmatrix} (JZ_0 + \frac{1}{JZ_0})\sin\theta\cos\theta & j(JZ_0^2\sin^2\theta - \frac{\cos^2\theta}{J}) \\ j(\frac{1}{JZ_0^2}\sin^2\theta - J\cos^2\theta) & (JZ_0 + \frac{1}{JZ_0})\sin\theta\cos\theta \end{bmatrix} \qquad (9.80)$$

导纳倒相器的 $ABCD$ 参量可通过将它考虑为特性阻抗为 $1/J$ 的 $\lambda/4$ 传输线段得到。该等效电路

的镜像阻抗为

$$Z_{\mathrm{i}} = \sqrt{\frac{B}{C}} = \sqrt{\frac{JZ_0^2 \sin^2 \theta - \cos^2 \theta / J}{\frac{1}{JZ_0^2} \sin^2 \theta - J\cos^2 \theta}} \tag{9.81}$$

在中心频率 $\theta = \pi/2$ 处，上式简化为

$$Z_{\mathrm{i}} = JZ_0^2 \tag{9.82}$$

其传播常数是

$$\cos \beta = A = (JZ_0 + \tfrac{1}{JZ_0}) \sin \theta \cos \theta \tag{9.83}$$

由镜像阻抗式（9.78）和式（9.82）相等及传播常数式（9.79）和式（9.83）相等，可得到下列等式：

$$\frac{1}{2}(Z_{0\mathrm{e}} - Z_{0\mathrm{o}}) = JZ_0^2$$

$$\frac{Z_{0\mathrm{e}} + Z_{0\mathrm{o}}}{Z_{0\mathrm{e}} - Z_{0\mathrm{o}}} = JZ_0 + \frac{1}{JZ_0}$$

式中，已假定当 θ 接近 $\pi/2$ 时 $\sin \theta \approx 1$。由这些公式可求解出偶模和奇模线阻抗为

$$Z_{0\mathrm{e}} = Z_0 \left[1 + JZ_0 + (JZ_0)^2 \right] \tag{9.84a}$$

$$Z_{0\mathrm{o}} = Z_0 \left[1 - JZ_0 + (JZ_0)^2 \right] \tag{9.84b}$$

现在考虑 $N+1$ 个耦合线段级联而成的带通滤波器，如图 9.29(a)所示。线段从左至右编号，负载在右边，但滤波器可以反过来使用而不影响其响应。因为每个耦合线段的等效电路形式如图 9.28 所示，所以级联等效电路如图 9.29(b)所示。在任意两个倒相器之间，都有一个有效长度为 2θ 的传输线段，这条线的长度在滤波器带通范围附近近似为 $\lambda/2$，它有由并联平行 LC 谐振器组成的近似等效电路，如图 9.29(c)所示。

证实该等效性的第一步是求出图 9.29(c)所示 T 形等效电路和理想变压器电路的参量（精确等效）。该电路的 $ABCD$ 矩阵如下所示：

$$\begin{bmatrix} A & B \\ C & D \end{bmatrix} = \begin{bmatrix} \dfrac{Z_{11}}{Z_{12}} & \dfrac{Z_{11}^2 - Z_{12}^2}{Z_{12}} \\[2ex] \dfrac{1}{Z_{12}} & \dfrac{Z_{11}}{Z_{12}} \end{bmatrix} \begin{bmatrix} -1 & 0 \\ 0 & -1 \end{bmatrix} \begin{bmatrix} -\dfrac{Z_{11}}{Z_{12}} & \dfrac{Z_{12}^2 - Z_{11}^2}{Z_{12}} \\[2ex] -\dfrac{1}{Z_{12}} & -\dfrac{Z_{11}}{Z_{12}} \end{bmatrix} \tag{9.85}$$

这个结果与长度为 2θ、特性阻抗为 Z_0 的传输线的 $ABCD$ 参量相等，由此得到该等效电路的参量为

$$Z_{12} = \frac{-1}{C} = \frac{\mathrm{j}Z_0}{\sin 2\theta} \tag{9.86a}$$

$$Z_{11} = Z_{22} = -Z_{12} A = -\mathrm{j}Z_0 \cot 2\theta \tag{9.86b}$$

而串联臂阻抗是

$$Z_{11} - Z_{12} = -\mathrm{j}Z_0 \frac{\cos 2\theta + 1}{\sin 2\theta} = -\mathrm{j}Z_0 \cot \theta \tag{9.87}$$

这个1:−1变压器提供180°相移，不能单独用T形网络得到；因为这不影响滤波器的振幅响应，所以可将它弃之不用。对于 $\theta \sim \pi/2$ ，串联臂的阻抗式（9.87）接近零，因此也可以忽略。然而，并联阻抗 Z_{12} 看起来像是 $\theta \sim \pi/2$ 的并联谐振电路的阻抗。若令 $\omega = \omega_0 + \Delta\omega$ ，且在中心频率 ω_0 处 $\theta = \pi/2$ ，则有 $2\theta = \beta l = \omega l / v_{\mathrm{p}} = (\omega_0 + \Delta\omega)\pi/\omega_0 = \pi(1 + \Delta\omega/\omega_0)$ ，因此对于小 $\Delta\omega$ ，式（9.86a）可以表示为

$$Z_{12} = \frac{jZ_0}{\sin \pi (1 + \Delta\omega/\omega_0)} \approx \frac{-jZ_0\omega_0}{\pi(\omega - \omega_0)} \tag{9.88}$$

有前面的章节可知，并联LC电路接近谐振时的阻抗是

$$Z = \frac{-jL\omega_0^2}{2(\omega - \omega_0)} \tag{9.89}$$

式中， $\omega_0^2 = 1/LC$ 。上式与式（9.88）相等，由此得到等效电感和电容值为

$$L = \frac{2Z_0}{\pi\omega_0} \tag{9.90a}$$

$$C = \frac{1}{\omega_0^2 L} = \frac{\pi}{2Z_0\omega_0} \tag{9.90b}$$

图 9.29(b)所示电路的最后一段需要做不同的处理。在滤波器的每一端，长度为 θ 的线是与 Z_0 相匹配的，可以忽略。两端的倒相器 J_1 和 J_{N+1} 分别代表后面接有 $\lambda/4$ 线段的变压器，如图 9.29(d) 所示。匝数比为 N 的变压器与 $\lambda/4$ 线级联的 $ABCD$ 矩阵是

$$\begin{bmatrix} A & B \\ C & D \end{bmatrix} = \begin{bmatrix} \frac{1}{N} & 0 \\ 0 & N \end{bmatrix} \begin{bmatrix} 0 & -jZ_0 \\ \frac{-j}{Z_0} & 0 \end{bmatrix} = \begin{bmatrix} 0 & \frac{-jZ_0}{N} \\ \frac{-jN}{Z_0} & 0 \end{bmatrix} \tag{9.91}$$

将该式与导纳倒相器［式（9.90）中一部分］的 $ABCD$ 矩阵比较，发现匝数比必须是 $N = JZ_0$ 。 $\lambda/4$ 线仅产生一个相移，因此可以忽略。

对图 9.29(b)所示电路的中段和末端应用这些结果，可将它转换为图 9.29(e)所示的电路，这是专门针对 $N = 2$ 的情况。我们看到，每对耦合线段导出一个等效并联LC谐振器，在每对并联谐振器之间存在一个导纳倒相器。下一步证明倒相器具有将并联LC谐振器转换为串联LC谐振器的作用，最终得出图9.29(f)所示的等效电路（ $N = 2$ ）。因此，我们可从低通原型的元件值确定允许的导纳倒相器常数 J 。下面对 $N = 2$ 的情况加以证明。

参考图 9.29(e)，恰好位于 J_2 倒相器右边的导纳是

$$j\omega C_2 + \frac{1}{j\omega L_2} + Z_0 J_3^2 = j\sqrt{\frac{C_2}{L_2}}\left(\frac{\omega}{\omega_0} - \frac{\omega_0}{\omega}\right) + Z_0 J_3^2 \tag{9.92}$$

因为变压器用匝数比的平方定标负载导纳，所以在滤波器的输入处看到的导纳是

$$\begin{aligned}
Y &= \frac{1}{J_1^2 Z_0^2}\left\{ j\omega C_1 + \frac{1}{j\omega L_1} + \frac{J_2^2}{j\sqrt{C_2/L_2}\left[(\omega/\omega_0) - (\omega_0/\omega)\right] + Z_0 J_3^2} \right\} \\
&= \frac{1}{J_1^2 Z_0^2}\left\{ j\sqrt{\frac{C_1}{L_1}}\left(\frac{\omega}{\omega_0} - \frac{\omega_0}{\omega}\right) + \frac{J_2^2}{j\sqrt{C_2/L_2}\left[(\omega/\omega_0) - (\omega_0/\omega)\right] + Z_0 J_3^2} \right\}
\end{aligned} \tag{9.93}$$

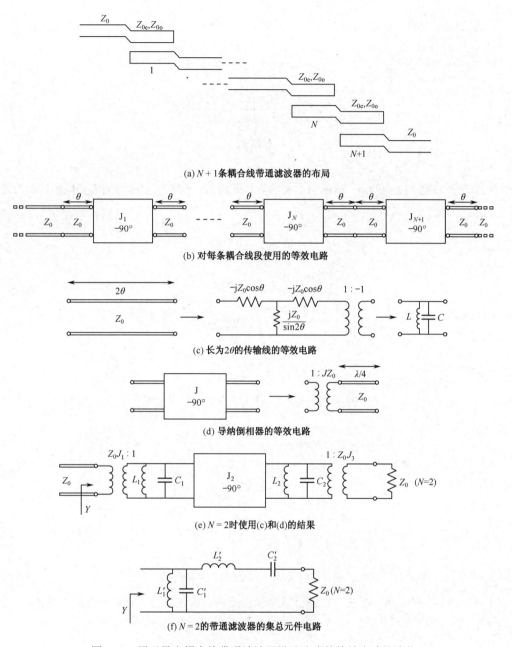

(a) $N+1$ 条耦合线带通滤波器的布局

(b) 对每条耦合线段使用的等效电路

(c) 长为 2θ 的传输线的等效电路

(d) 导纳倒相器的等效电路

(e) $N=2$ 时使用(c)和(d)的结果

(f) $N=2$ 的带通滤波器的集总元件电路

图 9.29   用于导出耦合线带通滤波器设计公式的等效电路的演化

这些结果也用到了由式（9.90）得出的对所有 LC 谐振器均成立的 $L_nC_n = 1/\omega_0^2$。现在向图 9.29(f) 所示电路看去的导纳是

$$
\begin{aligned}
Y &= \mathrm{j}\omega C_1' + \frac{1}{\mathrm{j}\omega L_1'} + \frac{1}{\mathrm{j}\omega L_2' + 1/\mathrm{j}\omega C_2' + Z_0} \\
&= \mathrm{j}\sqrt{\frac{C_1'}{L_1'}}\left(\frac{\omega}{\omega_0} - \frac{\omega_0}{\omega}\right) + \frac{1}{\mathrm{j}\sqrt{L_2'/C_2'}\left[(\omega/\omega_0) - (\omega_0/\omega)\right] + Z_0}
\end{aligned}
\tag{9.94}
$$

此式形式上与式（9.93）完全相同，所以若满足下面的条件，则这两个电路是等效的：

$$\frac{1}{J_1^2 Z_0^2}\sqrt{\frac{C_1}{L_1}}=\sqrt{\frac{C_1'}{L_1'}} \tag{9.95a}$$

$$\frac{J_1^2 Z_0^2}{J_2^2}\sqrt{\frac{C_2}{L_2}}=\sqrt{\frac{L_2'}{C_1'}} \tag{9.95b}$$

$$\frac{J_1^2 Z_0^3 J_3^2}{J_2^2}=Z_0 \tag{9.95c}$$

由式（9.90）可知 L_n 和 C_n，从低通原型的集总元件值，经阻抗定标和频率变换到带通滤波器，就可定出 L_n' 和 C_n'：

$$L_1'=\frac{\Delta Z_0}{\omega_0 g_1} \tag{9.96a}$$

$$C_1'=\frac{g_1}{\Delta\omega_0 Z_0} \tag{9.96b}$$

$$L_2'=\frac{g_2 Z_0}{\Delta\omega_0} \tag{9.96c}$$

$$C_2'=\frac{\Delta}{\omega_0 g_2 Z_0} \tag{9.96d}$$

式中， $\Delta=(\omega_2-\omega_1)/\omega_0$ 是滤波器的相对带宽，而由式（9.95）可以解出倒相器常数（ $N=2$ ）：

$$J_1 Z_0=\left(\frac{C_1 L_1'}{L_1 C_1'}\right)^{1/4}=\sqrt{\frac{\pi\Delta}{2g_1}} \tag{9.97a}$$

$$J_2 Z_0=J_1 Z_0^2\left(\frac{C_2 C_2'}{L_2 L_2'}\right)^{1/4}=\frac{\pi\Delta}{2\sqrt{g_1 g_2}} \tag{9.97b}$$

$$J_3 Z_0=\frac{J_2}{J_1}=\sqrt{\frac{\pi\Delta}{2g_2}} \tag{9.97c}$$

求得 J_n 后，每个耦合线段的 Z_{0e} 和 Z_{0o} 就可由式（9.84）计算得出。

上述结果针对的是 $N=2$ 的特定情况（3个耦合线段），但也能推出针对任意段数和 $Z_L\neq Z_0$ （或 $g_{N+1}\neq 1$ ）的普遍结果。因此，有 $N+1$ 个耦合线段的带通滤波器的设计公式是

$$J_1 Z_0=\sqrt{\frac{\pi\Delta}{2g_1}} \tag{9.98a}$$

$$J_n Z_0=\frac{\pi\Delta}{2\sqrt{g_{n-1}g_n}} \qquad n=2,3,\cdots,N \tag{9.98b}$$

$$J_{N+1} Z_0=\sqrt{\frac{\pi\Delta}{2g_N g_{N+1}}} \tag{9.98c}$$

然后，用式（9.84）就可求出偶模和奇模特性阻抗。

9.7 耦合谐振器滤波器

前面说过，带通和带阻滤波器需要具有串联或并联谐振电路特性的元件，前一节的耦合线带通滤波器就属于这种类型。下面考虑其他几种采用传输线或空腔谐振器的微波滤波器。

9.7.1 用 $\lambda/4$ 谐振器的带阻和带通滤波器

我们知道，$\lambda/4$ 开路传输线支节线或短路传输线支节线就像串联谐振电路或并联谐振电路。因此，我们可在传输线上并联这种支节线来实现带通或带阻滤波器，如图 9.30 所示。支节线之间的 $\lambda/4$ 传输线段作为导纳倒相器，是为了有效地将并联谐振器转换为串联谐振器。支节线和传输线段在中心频率 ω_0 处的长度都是 $\lambda/4$。

对一些窄频带用 N 个支节线的滤波器响应，基本上与用 $N+1$ 节耦合线的滤波器相同。支节线滤波器的内阻抗是 Z_0，而在耦合线滤波器情况下末段需要转换阻抗数值。这就使得支节线滤波器更方便和更容易设计。然而，用支节线谐振器的滤波器所需的特性阻抗实际上难以实现。

首先考虑用 N 节开路支节线的带通滤波器，如图 9.30(a)所示。所需支节线特性阻抗 Z_{0n} 的设计公式，可用等效电路由低通原型元件值推导出来。因为短路支节线带通类型的分析能按同样的步骤进行，这里不再详细这些情况的设计公式。

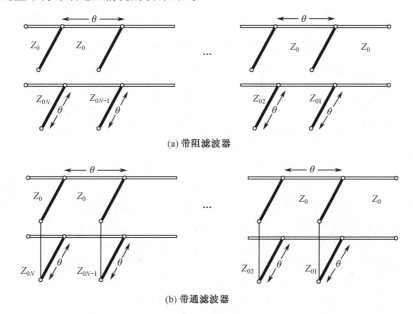

(a) 带阻滤波器

(b) 带通滤波器

图 9.30 并联传输线谐振器的带阻和带通滤波器（在中心频率处 $\theta = \pi/2$）

如图 9.31(a)所示，当开路支节线的长度接近90°时，它可近似为串联 LC 谐振器。特性阻抗为 Z_{0n} 的开路传输线的输入阻抗是

$$Z = -\mathrm{j}Z_{0n}\cot\theta \tag{9.99}$$

式中，对 $\omega = \omega_0$ 有 $\theta = \pi/2$。若令 $\omega = \omega_0 + \Delta\omega$，其中 $\Delta\omega \ll \omega_0$，则 $\theta = \pi/2(1+\Delta\omega/\omega_0)$，阻抗可近似为

$$Z = -jZ_{0n}\tan\frac{\pi\Delta\omega}{2\omega_0} \approx \frac{jZ_{0n}\pi(\omega-\omega_0)}{2\omega_0} \quad (9.100)$$

对中心频率 ω_0 附近的频率，串联 LC 电路的阻抗是

$$Z = j\omega L_n + \frac{1}{j\omega C_n} = j\sqrt{\frac{L_n}{C_n}}\left(\frac{\omega}{\omega_0}-\frac{\omega_0}{\omega}\right) \approx 2j\sqrt{\frac{L_n}{C_n}}\frac{\omega-\omega_0}{\omega_0} \approx 2jL_n(\omega-\omega_0) \quad (9.101)$$

式中，$L_nC_n = 1/\omega_0^2$。按照谐振器参量，式（9.100）和式（9.101）给出的支节线的特性阻抗为

$$Z_{0n} = \frac{4\omega_0 L_n}{\pi} \quad (9.102)$$

然后，如果将支节线之间的 $\lambda/4$ 线段考虑为理想导纳倒相器，图 9.30(a)所示带阻滤波器就可用图 9.31(b)所示的等效电路来表示。该等效电路的电路元件与图 9.31(c)所示带阻滤波器原型的集总元件有关。

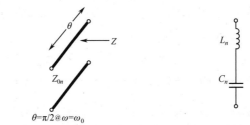

(a) 开路支节线 θ 接近 $\pi/2$ 时的等效电路

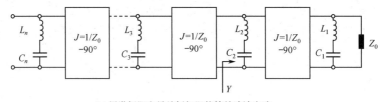

(b) 用谐振器和导纳倒相器的等效滤波电路

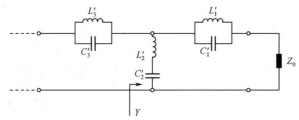

(c) 等效的集总元件带阻滤波器

图 9.31　图 9.30(a)中带阻滤波器的等效电路

参考图 9.31(b)，向 L_2C_2 谐振器看去的导纳 Y 是

$$
\begin{aligned}
Y &= \frac{1}{j\omega L_2 + 1/j\omega C_2} + \frac{1}{Z_0^2}\left[\frac{1}{j\omega L_1 + 1/j\omega C_1} + \frac{1}{Z_0}\right]^{-1} \\
&= \frac{1}{j\sqrt{L_2/C_2}\,[(\omega/\omega_0)-(\omega_0/\omega)]} + \frac{1}{Z_0}\left\{\frac{1}{j\sqrt{L_1/C_1}\,[(\omega/\omega_0)-(\omega_0/\omega)]} + \frac{1}{Z_0}\right\}
\end{aligned}
\quad (9.103)
$$

在图 9.31(c)所示的电路中，对应点的导纳是

$$Y = \frac{1}{j\omega L_2' + 1/j\omega C'} + \left[\frac{1}{j\omega C_1' + 1/j\omega L'} + Z_0\right]^{-1}$$

$$= \frac{1}{j\sqrt{L_2'/C_2'}\left[(\omega/\omega_0) - (\omega_0/\omega)\right]} + \left\{\frac{1}{j\sqrt{C_1'/L_1'}\left[(\omega/\omega_0) - (\omega_0/\omega)\right]} + Z_0\right\}^{-1}$$

（9.104）

若满足下面的条件，则这两个结果相等：

$$\frac{1}{Z_0^2}\sqrt{\frac{L_1}{C_1}} = \sqrt{\frac{C_1'}{L_1'}}$$

（9.105a）

$$\sqrt{\frac{L_2}{C_2}} = \sqrt{\frac{L_2'}{C_2'}}$$

（9.105b）

因为 $L_n C_n = L_n' C_n' = 1/\omega_0^2$，由这些结果可以解出 L_n：

$$L_1 = \frac{Z_0^2}{\omega_0^2 L_1'}$$

（9.106a）

$$L_2 = L_2'$$

（9.106b）

然后，用式（9.102）和表 9.4 给出的阻抗定标后的带阻滤波器元件，得到支节线特性阻抗为

$$Z_{01} = \frac{4Z_0^2}{\pi\omega_0 L_1'} = \frac{4Z_0}{\pi g_1 \Delta}$$

（9.107a）

$$Z_{02} = \frac{4\omega_0 L_2'}{\pi} = \frac{4Z_0}{\pi g_2 \Delta}$$

（9.107b）

式中，$\Delta = (\omega_2 - \omega_1)/\omega_0$ 是滤波器的相对带宽。容易看出，带阻滤波器的特性阻抗的一般结果是

$$Z_{0n} = \frac{4Z_0}{\pi g_n \Delta}$$

（9.108）

用于短路支节线谐振器的带通滤波器的相应结果是

$$Z_{0n} = \frac{\pi Z_0 \Delta}{4 g_n}$$

（9.109）

这些结果只适用于输入和输出阻抗为 Z_0 的滤波器，而不能用于 N 为偶数的等波纹设计。

$\lambda/4$ 谐振器滤波器的特性可通过改变互连传输线的特性阻抗来改进；此外，可以证明，用耦合线的带通滤波器或带阻滤波器是精确对应的。这种情况的详细设计可在其他参考文献中找到。

9.7.2 用电容性耦合串联谐振器的带通滤波器

可用微带线或带状线方便制作的另一种带通滤波器是电容性缝隙耦合谐振器滤波器，如图 9.32 所示。这种形式的 N 阶滤波器使用 N 个串联谐振的传输线段，它们之间有 $N+1$ 个电容性缝隙。这些缝隙可以近似为串联电容，电容与缝隙尺寸和传输线参量有关的设计数据在其他参考文献中

可以查出。该滤波器的模型如图9.32(b)所示。在中心频率 ω_0 处，谐振器的长度近似为 $\lambda/2$。

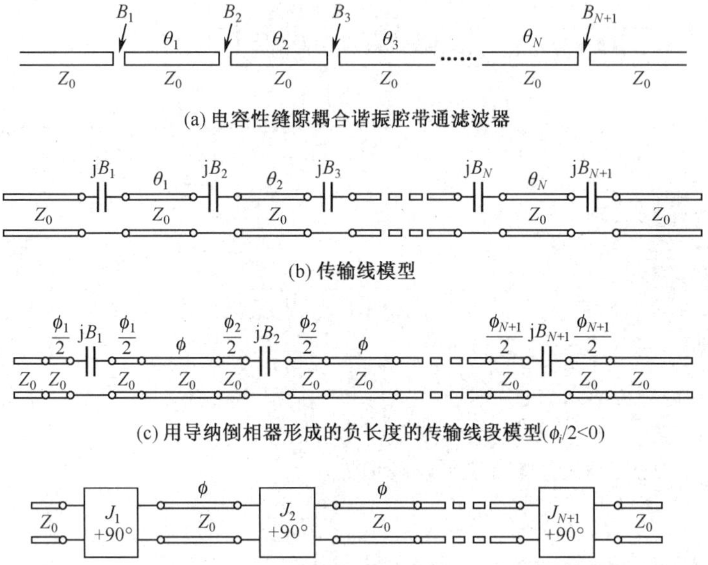

(a) 电容性缝隙耦合谐振腔带通滤波器

(b) 传输线模型

(c) 用导纳倒相器形成的负长度的传输线段模型($\phi_i/2<0$)

(d) 用倒相器和$\lambda/2$谐振器（$\phi=\pi$在ω_0处）。至此，
这个电路和图9.29(b)耦合线带通滤波器的等效电路在形式上是一致的

图 9.32　电容性缝隙耦合谐振腔带通滤波器与耦合线带通滤波器具有等效的演化过程

下面在串联电容两侧用负长度传输线段来重画图 9.32(b)所示的等效电路。在 ω_0 处，线长 $\phi=\lambda/2$，所以图9.32(a)和(b)中第 i 段的电长度 θ_i 是

$$\theta_i = \pi + \frac{1}{2}\phi_i + \frac{1}{2}\phi_{i+1}, \qquad i = 1, 2, \cdots, N \tag{9.110}$$

且有 $\phi_i < 0$。这样做的原因是，串联电容和负长度传输线组合形成了导纳倒相器的等效电路，如图9.17(c)所示。为了使这个等效关系成立，线的电长度和容性电纳之间的如下关系式必须成立：

$$\phi_i = -\arctan(2Z_0 B_i) \tag{9.111}$$

从而得出倒相器常数和容性电纳的关系为

$$B_i = \frac{J_i}{1 - (Z_0 J_i)^2} \tag{9.112}$$

电容性缝隙耦合滤波器可用图9.32(d)模拟。下面考虑图9.32(b)所示耦合线带通滤波器的等效电路。因为这两个电路是相同的（因为 $\phi = 2\theta = \pi$，在中心频率处），所以可用来自耦合线滤波器分析的结果来解答当前的问题。利用式（9.98），由低通原型值（g_i）和相对带宽 Δ 求出导纳倒相器常数 J_i。如同耦合线滤波器情况那样，N 阶滤波器有 $N+1$ 个倒相器常数。然后，可用式（9.112）求出第 i 个耦合缝的电纳 B_i。最终，谐振器段的电长度可由式（9.110）和式（9.111）求出为

$$\theta_i = \pi - \frac{1}{2}\big[\arctan(2Z_0 B_i) + \arctan(2Z_0 B_{i+1})\big] \tag{9.113}$$

本章小结

微波滤波器是非常重要的无源电路元件，掌握其原理和设计方法很重要。本章的主要内容如下。

（1）介绍了滤波器的工作原理，确定了其主要性能指标。由滤波器的工作原理可知微波滤波器设计的主要矛盾是：既要使通带和阻带具有高性能指标（通带衰减尽量小，阻带衰减尽量大），又要使通带和阻带间有陡峭的过渡。

（2）为了经济且合理地解决这一矛盾，我们提出了滤波器的综合设计方法。首先建立一个由串联电容和并联电阻组成的低通滤波器原型电路。为了确定这些元件参数值，将频率取为截止频率的归一化值，元件参数取为内阻的归一化值。这样，原型电路就成为实际滤波器的一个设计参考标准，根据转换公式，即可将低通原型滤波器的元件参数值转换为各种实际低通滤波器的元件参数值。对于带通、带阻和高通滤波器，可根据滤波特性、滤波元件和低通原型滤波器的对应关系，找到各种滤波器和低通原型滤波器的频率、元件参数之间的对应关系。这样，就可由低通原型滤波器推出所有滤波器。

（3）在分布参数的微带电路中，如何具体实现一个滤波器很重要，因为低通原型滤波器及由其转换得到的各种带通、带阻、高通滤波器都是集总参数的。集总元件如电感和电容通常只能在有限的值域内使用，且在微波频率下实现起来很困难。理查德变换可将集总元件变换成传输线段。因此，对于微带低通滤波器，可借助半集总参数的高低阻抗传输线段来实现。对于带通、带阻滤波器，可以用分布参数的谐振元件代替 LC 回路。

（4）对于实际的微带滤波器，还应考虑具体结构问题，必须使谐振元件及其连接在微带线上的方式都相同，且元件之间能相互隔开。为此，采取倒相器或科洛达恒等变换来实现串并联元件之间的转换，且后者还用冗余传输线段来实现各滤波器元件之间的分离。采取上述措施后，就建立了一套比较系统的以低通原型滤波器为基础的微带滤波器设计方法。

本章涉及的主要公式如下。

（1）低通原型到各类滤波器的转换公式（R_0 为源阻抗，L 和 C 为查表所得低通原型元件值）。

① 低通原型-低通：$\omega \leftarrow \omega/\omega_c$

$$L' = \frac{R_0 L}{\omega_c}, \qquad C' = \frac{C}{R_0 \omega_c}$$

② 低通原型-高通：$\omega \leftarrow -\omega_c/\omega$

$$L' = \frac{R_0}{\omega_c C}, \qquad C' = \frac{1}{R_0 \omega_c L}$$

③ 低通原型-带通：$\omega \leftarrow \frac{\omega_0}{\omega_2 - \omega_1}\left(\frac{\omega}{\omega_0} - \frac{\omega_0}{\omega}\right) = \frac{1}{\Delta}\left(\frac{\omega}{\omega_0} - \frac{\omega_0}{\omega}\right)$

低通原型的串联电感 L 转换成串联 $L'C'$：$\omega_0 L' = \frac{1}{\omega_0 C'} = \frac{R_0 L}{\Delta}$

低通原型的并联电容 C 转换成并联 $L'C'$：$\frac{1}{\omega_0 L'} = \omega_0 C' = \frac{C}{\Delta R_0}$

④ 低通原型-带阻：$\omega \leftarrow \Delta\left(\frac{\omega}{\omega_0} - \frac{\omega_0}{\omega}\right)^{-1}$

低通原型的串联电感 L 转换成并联 $L'C'$：$\frac{1}{\omega_0 L'} = \omega_0 C' = \frac{1}{\Delta R_0 L}$

低通原型的并联电容 C 转换成串联 $L'C'$：$\omega_0 L' = \frac{1}{\omega_0 C'} = \frac{R_0}{\Delta C}$

（2）短传输线（$l < \lambda/8$）的近似等效公式（其中 λ 对应截止频率时的波长）。

高阻传输线等效为串联电感：$L = Z_h \beta l$

低阻传输线等效为并联电容：$C = \frac{\beta l}{Z_l}$

（3）理查德变换公式。

① 集总电感可用电长度为 βl、特性阻抗为 $Z_C = L$ 的短路短截线代替：

$$jX_L = j\Omega L = jL\tan(\beta l)$$

② 集总电容可用电长度为 βl、特性阻抗为 $Z_C = 1/C$ 的开路短截线代替：

$$jB_C = j\Omega C = jC\tan(\beta l)$$

（4）耦合线段的偶模和奇模阻抗计算公式：

$$Z_{0e} = Z_0\left[1 + JZ_0 + \left(JZ_0\right)^2\right], \qquad Z_{0o} = Z_0\left[1 - JZ_0 + \left(JZ_0\right)^2\right]$$

（5）有 $N+1$ 个耦合线段的带通滤波器的设计公式：

$$J_1 Z_0 = \sqrt{\frac{\pi\Delta}{2g_1}}\,; \qquad J_n Z_0 = \frac{\pi\Delta}{2\sqrt{g_{n-1}g_n}}\,, \quad n = 2,3,\cdots,N\,; \qquad J_{N+1}Z_0 = \sqrt{\frac{\pi\Delta}{2g_N g_{N+1}}}$$

术 语 表

lowpass filter	低通滤波器	Chebyshev	切比雪夫
bandpass filter	带通滤波器	scattering matrix	散射矩阵
bandstop filter	带阻滤波器	lumped element	集总元件
highpass filter	高通滤波器	attenuation	衰减
stub	支节线	elliptic filter	椭圆滤波器
insertion loss method	插入损耗法	quarter wave transformer	1/4 波长变换器
linear phase	线性相位	conductivity	电导率
transmission line	传输线	dielectric constant	介电常数
frequency response	频率响应	loss tangent	损耗角正切
strip	带状线	maximally flat filter response	最大平坦滤波器响应
coupled line	耦合线	reflection	反射
characteristic impedance	特性阻抗	propagation constant	传播常数
microstrip	微带线	stepped impedance filter	阶跃阻抗滤波器

习 题

9.1 微波滤波器与低频集总参数滤波器有何异同？

9.2 何为低通原型滤波器？它有几种基本电路？

9.3 滤波器有哪几个主要的技术指标？

9.4 什么是频率变换？它有何作用？

9.5 设计一个 5 节最平坦响应低通滤波器，要求其 3dB 带宽为 500MHz，电路的特性阻抗为 $Z_0 = 50\Omega$，计算其各元件值。如果用微带高低阻抗线实现，所用介质板的相对介电常数为 $\varepsilon_r = 10.2$，厚度 $h = 1.270\text{ mm}$，微带线宽度 $w = 25.40\text{ mm}$。试确定各线段的特性阻抗及长度。

9.6 设计一个 5 节高通滤波器，要求其 3dB 带宽为 500MHz，输入输出线的特性阻抗为 $Z_0 = 50\Omega$。要求计算各元件的值，如果采用与上题相同的介质板，确定各线段的特性阻抗与长度。

9.7 设计一个等波纹带通滤波器，在 5%带宽内的波纹值为 0.5dB，中心频率为 6GHz，阻带在 $6 \pm 1\text{GHz}$ 处的最小插入损耗 $\geqslant 45\text{ dB}$。计算集总参数电路各调谐元件的值，其串联支路为串联谐振回路，并联支路为并联谐振器。

9.8 设计一带阻滤波器，要求无限大衰减的频率为 6GHz，带宽为 300MHz，通带波纹为 2%的频率点的最小插入衰减为 20dB。计算集总参数电路各元件的值，其串联支路为并联谐振回路，并联支路为串联谐振回路。

9.9 用综合设计法设计一个特性如下的复合低通滤波器：$R_0 = 50\Omega$，$f_c = 50\text{MHz}$ 和 $f_\infty = 52\text{MHz}$。画出插入损耗与频率的关系曲线。

9.10 用综合设计法设计一个特性如下的复合高通滤波器：$R_0 = 50\Omega$，$f_c = 50\text{MHz}$ 和 $f_\infty = 48\text{MHz}$。画出插入损耗与频率的关系曲线。

9.11 求解 9.2 节中 $N = 2$ 的等波纹滤波器元件的设计公式，假定波纹设定值为 1dB。

9.12 设计一个低通最平坦集总元件滤波器，其通带为 0～3GHz，5GHz 处的衰减为 20dB，特征阻抗为 75Ω。画出插入损耗与频率的关系曲线。

9.13 设计一个 5 节高通集总元件滤波器，其等波纹响应为 3dB，截止频率为 1GHz，阻抗为 50Ω。0.6GHz 处的衰减是多少？画出插入损耗与频率的关系曲线。

9.14 设计一个 4 节带通集总元件滤波器，它有最平坦的群时延响应，中心频率为 2GHz，带宽为 5%，阻抗为 50Ω。画出插入损耗与频率的关系曲线。

9.15 设计一个 3 节带阻集总元件滤波器，其等波纹响应为 0.5dB，带宽为 10%，中心频率为 3GHz，阻抗为 75Ω。3.1GHz 处的衰减是多少？画出插入损耗与频率的关系曲线。

9.16 计算两个电路的 *ABCD* 矩阵，证实图 9.14(b)中的科洛达恒等关系。

9.17 只用串联短路支节线设计一个低通 3 节最平坦滤波器，截止频率为 6GHz，阻抗为 50Ω。画出插入损耗与频率的关系曲线。

9.18 只用串联短路支节线设计一个低通 4 节最平坦滤波器，截止频率为 8GHz，阻抗为 50Ω。画出插入损耗与频率的关系曲线。

9.19 通过计算 *ABCD* 矩阵，证明图 9.17 所示导纳倒相器的工作原理，并与用 $\lambda/4$ 传输线制成的导纳倒相器的 *ABCD* 矩阵进行比较。

9.20 证明由短传输线段的 π 形等效电路可得出大和小特征阻抗等效电路，且这两个等效电路分别与图 9.21 中的两个相同。

9.21 设计一个阶跃阻抗低通滤波器，其截止频率为 3GHz，用 5 阶 0.5dB 等波纹响应。假定 $R_0 = 50\Omega$，$Z_l = 15\Omega$ 和 $Z_h = 120\Omega$：（1）求出所需 5 节的电长度，画出从 0 到 6GHz 的插入损耗；（2）该滤波器在 FR4 介质板上使用微带实现的布线图，FR4 介质板有 $\varepsilon_r = 4.4$，$d = 0.08\text{cm}$，$\tan\delta = 0.02$，铜导体厚 0.5mil。画出滤波器通带内插入损耗与频率的关系曲线，并与无耗情况进行比较。

9.22 用图 9.21 所示精确传输线等效电路设计一个 $f_c = 2.0\text{GHz}$ 和 $R_0 = 50\Omega$ 的阶跃阻抗低通滤波器，假定一个 $N = 5$ 的最平坦响应，求解出必需的线长和阻抗，假定 $Z_l = 10\Omega$ 和 $Z_h = 150\Omega$。画出插入损耗与频率的关系曲线。

9.23 设计一个等波纹响应为 0.5dB 的 4 节耦合线带通滤波器，其中心频率为 2.45GHz，带宽为 10%。阻抗为 50Ω：（1）求耦合线段所需的偶模和奇模阻抗，计算 2.1GHz 处的准确衰减值，画出从 1.55GHz 至 3.35GHz 的插入损耗；（2）画出在 FR4 介质板上使用微带实现的布局图，介质板参数为 $\varepsilon_r = 4.4$，$d = 0.16\text{cm}$，$\tan\delta = 0.01$，铜导体厚 0.5mil。画出滤波器通带中插入损耗与频率的关系曲线，并与无耗情况进行比较。

9.24 用 4 个开路 $\lambda/4$ 短路支节线谐振器设计一个最平坦带阻滤波器，其中心频率为 3GHz，带宽为 15%，阻抗为 40Ω。画出插入损耗与频率的关系曲线。

9.25 用 3 个 $\lambda/4$ 短路支节线谐振器设计一个带通滤波器，其等波纹响应为 0.5dB，中心频率为 3GHz，带宽为 20%。阻抗为 100Ω：（1）求谐振器所需的特征阻抗，画出从 1GHz 到 5GHz 的插入损耗；（2）画出谐振器在 FR4 介质板上使用微带实现的布局图，基片参数为 $\varepsilon_r = 4.4$，$d = 0.08\text{cm}$，$\tan\delta = 0.02$，铜导体厚 0.5mil。画出该滤波器通带内插入损耗与频率的关系曲线，并与无耗情况进行对比。

9.26 设计一个用电容性缝隙耦合谐振器的带通滤波器。响应是最平坦的，中心频率为 4GHz，带宽为 12%，3.6GHz 处至少有 12dB 衰减，特征阻抗为 50Ω。求线的电长度和耦合电容值，画出插入损耗与频率的关系曲线。

9.27 设计一个用于 PCS 接收机的带通滤波器，其工作频带为 824～849MHz，在发射频段（824～849MHz）的最低端必须提供至少 30dB 的隔离度。用电容性耦合短路并联谐振器设计一个满足这些特性的 1dB 等波纹带通滤波器，假设阻抗是 50Ω。

参 考 文 献

[1] E. Bailey. *Microwave Measurement*[M]. Peter Peregrinus, London, 1985.

[2] Bhag Guru. *Electromagnetic Field Theory Fundamentals*, 2e[M]. Cambridge University Press, 2004

[3] Chang K. *RF and Mircowave Wireless Systems*[M]. New York: John Wiley&Sons Inc., 2000.

[4] David M. Pozar. 微波工程（第三版）[M]. 张肇仪等译. 北京：电子工业出版社，2006.

[5] Hee-Ran Ahn, Ingo Wolff. *Three-Port 3dB Power Divider Terminated by Different Impedances and Its Application to MMIC's*[J]. IEEE Transactions on microwave theory and techniques, 1999, 47(6): 786-794.

[6] Hong J. S. *Microwave Filters for RF/Microwave Application*[M]. New York: John Wiley&Sons Inc., 2001.

[7] Joseph F. White. 射频与微波工程实践导论[M]. 李秀萍，高建军译. 北京：电子工业出版社，2009.

[8] L. Young. *Stepped-Impedance Transformers and Filter Prototypes*[J]. IEEE Trans. Microwave Theory Techn., vol. 10, no. 5, pp. 339-359, 1962.

[9] M. M. 拉德马内斯. 射频与微波电子学[M]. 顾继慧，李鸣译. 北京：电子工业出版社，2012.

[10] M. W. Pospieszalski. *Cylindrical Dielectric Resonators and Their Applications in TEM Line Microwave Circuits*[J]. IEEE Trans. *Microwave Theory and Techniques*, vol. MTT-27, PP. 233-238, March 1979.

[11] Matthew M. Radmanesh. *Radio Frequency and Microwave Electronics Illustrated*[M]. New Jersey: Prentice Hall PTR, 2001.1

[12] R. E. Colin. *Field Theory of Guided Waves*[M]. McGaw-Hill, N.Y., 1960.

[13] R. E. Collin. *Foundations for Microwave Engineering, Second Edition*[M]. McGraw-Hill, N.Y, 1992.

[14] Reinhold Ludwig, Pavel Bretchko. 射频电路设计：理论与应用[M]. 北京：电子工业出版社，2002.

[15] Rohde U. L. *RF/Microwave Design for Wireless Applications*[M]. New York: John Wiley&Sons Inc., 2000.

[16] S. B. Cohn. *Micorwave Bandpass Filters Containing High-Q Dielectric Resonators*[J]. IEEE Trans. Microwave Theory and techniques, vol. MTT-16, PP. 218-227, April 1968.

[17] Y. Xie, X. Li, Q. Li, et al. *A direct analytical and exact synthesis for multi-section impedance transformers*[J]. Int J RF Microw Comput Aided Eng, vol. 31, no. 12, 2021.

[18] 陈邦园. 射频通信电路[M]. 北京：科学出版社，2002.

[19] 陈洪亮，张峰，田社平. 电路基础[M]. 北京：高等教育版社，2007.

[20] 陈镇国. 微波技术基础与应用. 北京：北京邮电大学出版社，2004.

[21] 董金明，林萍实. 微波技术[M]. 北京：机械工业出版社，2009.

[22] 范寿康，李进，胡容. 微波技术、微波电路及天线[M]. 北京：机械工业出版社，2009.

[23] 傅文斌. 微波技术与天线[M]. 北京：机械工业出版社，2007.

[24] 黄志洵，王晓金. 微波传输线理论与实用技术[M]. 北京：科学出版社，1996.

[25] 焦其祥. 电磁场与电磁波[M]. 北京：科学出版社，2004.

[26] 雷振亚，明正峰，李磊，谢拥军. 微波工程导论[M]. 北京：科学出版社，2009.

[27] 雷振亚. 射频/微波电路导论[M]. 西安：西安电子科技大学出版社，2005.

[28] 黎滨洪，周希朗. 毫米波技术及其应用[M]. 上海：上海交通大学出版社，1990.

[29] 李绪益. 微波技术与微波电路[M]. 广州：华南理工大学出版社，2007.

[30] 李宗谦，佘京兆，高葆新. 微波工程基础[M]. 北京：清华大学出版社，2004.

[31] 廖承恩. 微波技术基础[M]. 西安：西安电子科技大学出版社，1994.

[32] 栾秀珍，房少军. 微波技术[M]. 北京：北京邮电大学出版社，2009.

[33] 孟庆鼐. 微波技术[M]. 合肥：合肥工业大学出版社，2004.

[34] 清华大学《微带电路》编写组编. 微带电路[M]. 北京：人民邮电出版社，1976.

[35] 王文祥. 微波工程技术[M]. 北京：国防工业出版社，2009.

[36] 王新稳，李萍. 微波技术与天线[M]. 北京：电子工业出版社，2003.

[37] 徐锐敏，王锡良. 微波网络及其应用[M]. 北京：科学出版社，2010.

[38] 闫润卿，李英惠. 微波技术基础（第三版）[M]. 北京：北京理工大学出版社，2004.

[39] 杨铨让，毫米波传输线[M]. 北京：电子工业出版社，1986.

[40] 赵春晖，张朝柱. 微波技术[M]. 北京：高等教育出版社，2007.

[41] 赵克玉，许福永. 微波原理与技术[M]. 北京：高等教育出版社，2006.

[42] 周希朗. 微波技术与天线[M]. 南京：东南大学出版社，2009.